Bart Kosko
Die Zukunft ist fuzzy

Bart Kosko

Die Zukunft ist fuzzy

Unscharfe Logik verändert die Welt

Aus dem Amerikanischen
von Thorsten Schmidt

Mit 6 Abbildungen

Piper
München Zürich

Die amerikanische Originalausgabe erschien 1999 unter dem Titel »The Fuzzy Future« bei Harmony Books (Member of the Crown Publishing Group), New York.

Wichtiger Hinweis
Die umfangreichen und sehr komplexen Anmerkungen der amerikanischen Originalausgabe wurden für die deutsche Ausgabe mit Zustimmung des Autors erheblich gekürzt. Übernommen wurden die in den Anmerkungen enthaltenen Literaturhinweise. Anmerkungen ohne Literaturhinweise wurden gestrichen. Die Anmerkungsziffern der nicht in den Anmerkungsteil aufgenommenen Anmerkungen wurden im Text in eckige Klammern gesetzt.
Leser, die die vollständigen Anmerkungen der Originalausgabe in Englisch einsehen möchten, können diese per E-Mail unter info@piper.de mit dem Stichwort »Kosko Notes« anfordern.

ISBN 3-492-04187-6
© 1999 by Bart Kosko
Deutsche Ausgabe:
© Piper Verlag GmbH, München 2001
Satz: Ziegler + Müller, Kirchentellinsfurt
Druck und Bindung: GGP Media, Pößneck
Printed in Germany

Für Tony Kosko
1920–1970
der mich lehrte, selbständig zu denken,
und dessen früher Tod mich lehrte,
aus eigener Kraft zu denken.

Inhalt

Vorwort

Der Weg in die Zukunft ist immer unscharf.
Anonymus

Angenommen, wir würden unser Gehirn durch einen Computerchip ersetzen. Wie würden wir uns verändern? Wären wir noch dieselben? Und was passierte, wenn wir nur zwei Drittel oder die Hälfte unseres Gehirns durch einen Chip ersetzen würden? Würden wir dann nur noch schwarzweiße digitale Gedanken denken? Würde unser digitales Gehirn einen digitalen Geist beherbergen? Oder würde unser Geist fuzzylogisch funktionieren? Wären unsere Gedanken unscharf beziehungsweise grau?

Dieses Buch befaßt sich mit unscharfen beziehungsweise grauen Problemen, wie sie im digitalen Zeitalter auftreten. Aber was bedeuten diese Begriffe überhaupt? Was bedeutet »unscharf« (»fuzzy«, »vage«)? Was heißt »digital«?

Der Terminus »unscharf« bezeichnet eigentlich Grauschattierungen zwischen 0 und 100 Prozent. Die meisten Begriffe sind unscharf, weil sie keine exakt definierten Grenzen haben. Es gibt keine scharfe Trennlinie zwischen warmem und nicht warmem Wasser oder zwischen Sonnenuntergängen, die orangerot, und solchen, die nicht orangerot sind, oder auch zwischen schiefen und nicht schiefen Vorderzähnen. Die Bedeutungen dieser Begriffe und ihrer Gegenteile gehen fließend ineinander über.

Scharfe Trennlinien begegnen uns am häufigsten in der Mathematik und der Politik. Kreise und Quadrate haben schwarzweiße Grenzen, weil wir sie vor weit über 2000 Jahren mit der binären Logik so definiert haben. Aber wir können eine unendliche Menge von unscharfen Kreisen und Quadraten definieren, die eine Verallgemeinerung der alten binären Kreise und Quadrate darstellen. Ein unscharfer Kreis sieht aus wie ein ungleichmäßiger idealer Kreis. Der Grad seiner Ungleichmäßigkeit wäre dann ein Maß seiner Unschärfe beziehungsweise seiner Ähnlichkeit mit einem Nichtkreis. Ein ultra-unscharfer Kreis wäre etwa einer, der mit einer Sprühdose statt mit einem Tintenstift gezogen wird.

In der Politik geht es immer um scharfe Abgrenzungen und ihre Untermauerung durch die Kraft des Gesetzes. Die Grenze zwischen gesetzlich noch erlaubtem und nicht mehr erlaubtem Blutalkoholgehalt ist eine scharfe Trennlinie, weil sie vom Staat als solche festgelegt wird. Eine exakte Grenze in der Mathematik hängt vom Geltungsbereich der Definition ab. Eine scharfe Trennlinie in der Politik hängt sowohl von der definitorischen Festlegung als auch von der rechtlichen Geltung ab. Daher kann derselbe Blutalkoholgehalt einen Fahrer in einem Staat hinter Gitter bringen, während er in einem anderen Staat unbehelligt weiter andere Verkehrsteilnehmer gefährden darf.

Der Staat deckt einen Großteil des gesellschaftlichen Bedarfs an exakten Grenzziehungen ab. Ein flüchtiger Blick auf ein beliebiges Steuergesetz zeigt, daß Regierungen sogar dazu neigen, diesen Bedarf überzuerfüllen. Die juristische Sprache der Steuergesetze ist selbst von allen erdenklichen Vagheiten durchsetzt. Diese Unschärfe eröffnet einen größeren Ermessensspielraum, allerdings nur selten zugunsten des Steuerzahlers. Sie gibt den Regierenden eine größere Gestaltungsmacht, weil so Grenzen durch ausgedehntere Handlungssphären gezogen werden können. Sie gibt den Regierenden logische Manövrierfreiheit. Daher lautet die Fuzzy-Version der Goldenen Regel: Wer die Macht hat, legt die Grenzen fest. Die binäre Logik ist von jeher die Logik der Macht gewesen.

Der Begriff »digitales Zeitalter« bezeichnet ein Informationszeitalter, das auf den binären Einheiten der Information, 1 und 0 beziehungsweise ja und nein, basiert. Diese Ein-Aus-Bits sind digitale Bausteine. Sie definieren, was wahr und was unwahr ist. Wir können zwei beliebige Symbole verwenden und sie auf Papier schreiben, in Lehm drücken oder in die beiden Zustände eines Ein-/Ausschalters oder einer Gatterschaltung einbauen. Ein digitaler Chip kann aus Millionen winzig kleiner Ein-/Ausschalter bestehen, deren Zustände davon abhängen, ob genü-

gend Elektronen durch ein Gatter fließen oder ob eine Senke
genügend Elektronen einfängt.

Ein digitaler Schaltkreis in einem Chip kann beispielsweise
einen Bitwert als 1 speichern, wenn die Eingangsspannung über
drei Volt liegt, und als 0, wenn die Spannung kleiner als zwei
Volt ist. Der Chip muß dann aber auf irgendeine Weise Span-
nungen, die zwischen zwei und drei Volt, also im unscharfen
»Rauschabstand«, liegen, runden können. Ein faseroptisches
digitales System weist den Bitwert von 1 zu, wenn Licht durch
die Faser geleitet wird, und es weist einen Bitwert von 0 zu,
wenn kein Licht weitergeleitet wird. Auch hier muß der unscharfe Übergangsbereich schwacher Lichtwerte gerundet werden. Das gleiche gilt für den digitalen Polymer-Speicherchip der
Zukunft. Ein solcher Kunststoffchip weist den Bitwert 1 zu,
wenn sich ein Molekül in einem bestimmten Zustand befindet,
und den Bitwert 0, wenn sich das Molekül in einem anderen
Zustand befindet. Die digitalen Quantencomputer, die einstweilen noch Zukunftsmusik sind, gehen sogar einen Schritt weiter.
Sie weisen einem Quantenbit (»Qubit«) nicht nur den Wert 1
zu, wenn ein Atomkern sich in einem »Up«-Zustand um die
eigene Achse dreht, und den Wert 0, wenn sich der Atomkern
in einem »Down«-Zustand dreht. Die statistischen Gesetze der
Quantenmechanik erlauben demselben Qubit zudem, gleichzeitig den Wert 1 und den Wert 0 anzunehmen.

Rechnerchips haben das digitale Zeitalter vorangetrieben,
aber sie haben es nicht begründet. Dies leistete vielmehr die
binäre Logik, das Gesetz des »Entweder-Oder«. Doch die Art
und Weise, wie wir denken beziehungsweise logische Schlüsse
ziehen, läßt sich nicht so leicht in die binäre Logik pressen.
Unser Gehirn muß sich anstrengen, um einen Kreis als die Orts-
kurve von Punkten, die alle gleich weit vom Mittelpunkt entfernt sind, zu definieren. Wir mühen uns ab, die logischen
Schritte bei einem Streit in einem Wirtshaus, in einer Urteils-
begründung oder in einem mathematischen Beweis nachzuvoll-
ziehen.

Der Geist ist kein digitaler Prozessor. Unsere Begriffe sind
zutiefst unscharf, und unser Denken ist approximativ. Die Aussage »Rote Äpfel schmecken gut« gilt für jeden von uns nur bis

zu einem gewissen Grad. Die Unschärfe beziehungsweise Vagheit der Aussage ist zum Teil auf die Subjektivität des Geschmacksempfindens und auf die Unbestimmtheit der Termini »Geschmack« und »guter Geschmack« zurückzuführen. Der hauptsächliche Grund für die Unbestimmtheit einer Aussage ist jedoch die Unbestimmtheit eines objektiven »Sachverhalts«: Ein bestimmter roter Apfel ist kein völlig oder hundertprozentig roter Apfel. Es gibt ein Kontinuum von Ausnahmen zwischen einem völlig roten Apfel und einem völlig nicht-roten Apfel. Und dieses Kontinuum von Ausnahmen gibt es immer.

Wir ziehen scharfe Grenzen durch das unscharfe Kontinuum, um mit den Ausnahmen besser zurechtzukommen. Dadurch verzichten wir auf Genauigkeit zugunsten besserer Übersichtlichkeit, und zugleich bewerten wir Handlungsfähigkeit höher als Beschreibungstreue. So bilden wir die Welt mit den Einsen und Nullen des digitalen Zeitalters ab. Die Technik ist grob und unsauber, aber sie erfüllt meist ihren Zweck. Sie hilft uns nicht nur, rote Äpfel zu pflücken, zu sortieren und zu verkaufen, sondern auch, Aussagen über ihren Geschmack zu machen.

Probleme tauchen dann auf, wenn wir diese binären Unterteilungen zu ernst nehmen. Dann können wir das Gleichgewicht zwischen Unschärfe und Genauigkeit verlieren. Wir verwechseln womöglich die flüchtige Skizze eines Berges mit dem Berg selbst. Dies hat unseren binären Instinkt von jeher dazu bewogen, die Gesellschaft in logische Gruppen oder Kasten zu zerlegen und andere danach zu beurteilen, ob sie dazugehören oder nicht, ob sie für uns oder gegen uns sind. Wir alle haben den Stachel dieses binären Instinkts von Kindesbeinen an gespürt. Vielleicht spürt ihn niemand stärker als Kinder aus gemischtrassigen Ehen. Die »maßgeschneiderten« Kinder der Zukunft werden ihn vermutlich ebenfalls spüren. Der binäre Instinkt prägt unser Denken und unsere Institutionen so tief, daß er durchaus eine genetische Grundlage haben könnte. Vielleicht hat die natürliche Selektion jene begünstigt, die rasch »runden« und handeln, im Unterschied zu den unscharfen Denkern, die innehalten und die Autorität des Binären in Frage stellen.

Die Ironie des digitalen Zeitalters liegt freilich darin, daß die Dinge unschärfer sind denn je. Die Fuzzigkeit nimmt mit der

Menge der einströmenden Bits zu. Präzisere »Fakten« haben es uns nicht leichter gemacht, eine Linie zu ziehen, die entscheidet, ob ein Embryo lebendig ist, eine bestimmte Aktie aussichtsreich ist oder ob es einen kriegerischen Akt darstellt, die zur Abwicklung von Bankgeschäften benutzte Software eines Landes zum Absturz zu bringen. Bitströme aus Einsen und Nullen haben zwar die Praxis von Recht, Kunst und Wissenschaft verändert, sie haben jedoch keine schärferen Grenzen um diese Felder gezogen. Dank der Telemedizin kann ein Chirurg in Frankreich einem Patienten, der wach auf einem OP-Tisch in Kanada liegt, einen Hirntumor entfernen. Solche digitalen Meisterleistungen können Leben retten und einzelstaatliche medizinische Dienstleistungsmonopole untergraben. Aber sie erlauben keine exaktere Abgrenzung zwischen Hirntumoren und Nichttumoren oder zwischen denjenigen, welche die Kompetenz besitzen, uns medizinisch optimal zu versorgen, und denjenigen, die dies nicht tun.

Das digitale Zeitalter hat seine eigene Unschärferelation: *Sachverhalte werden in dem Maß unschärfer, wie ihre Teile präziser werden.* Eine Vielzahl kleiner schwarzer und weißer Elemente verschmilzt zu einem grauen Gesamtbild. Die Vagheit insgesamt bleibt gleich oder nimmt sogar zu. Digitale Präzision beseitigt diese Vagheit nicht. Wir zeichnen inzwischen Wetterkarten bis ins kleinste digitale Detail, obgleich unsere Begriffe »leichter Regen«, »kühle Brise« und »teilweise bedeckter Himmel« heute noch genauso vage sind wie vor der Einführung des Fernsehens. Mit Hilfe von Sonar und GPS-Satelliten können wir – bis auf den Quadrat- beziehungsweise Kubikmeter genau – bestimmen, wo sich ein beliebiges Schiff auf den Weltmeeren befindet. Gleichzeitig bleiben die meisten Eigentumsrechte an den Meeren unscharf, und dies hat nachteilige Folgen. Wir wissen nicht, wem der größte Teil des Ozeans gehört, weil es nur wenig eindeutige Grenzen zwischen mein und dein gibt. Daher erleben wir eine zunehmende »Tragödie der globalen Gemeinschaftsgüter« durch Umweltverschmutzung und Überfischung.

Das Internet liefert uns das eindrucksvollste Beispiel dafür, wie die Unschärfe in einem digitalen Medium zunimmt. Jeder Staat versucht die unscharfen Grenzen von Verleumdung,

Obszönität und nationaler Sicherheit im Internet durch gesetzliche Bestimmungen eindeutig zu kennzeichnen. Andere wollen das Internet-Chatten und den Internet-Commerce besteuern. Die meisten dieser Bemühungen bleiben erfolglos. Sie scheitern aufgrund der kumulativen Vagheit der konkurrierenden Rechtsbegriffe, aber vor allem wegen der Unschärfe der nationalen Rechtshoheiten.

Das Internet wirft eine alte unscharfe Frage in einem digitalen Kontext auf: Wo hört der eine Staat auf, und wo beginnt der nächste? Und dies führt zu einer schwierigen unscharfen Frage auf einer höheren Ebene: Wer zieht denjenigen Grenzen, die die Grenzen ziehen?

Staaten definierten sich zunächst durch ihre Gewaltmonopole über ein Gebiet. Ihre Logik war die alte Logik des Schwertes. Landkarten verzeichneten die exakten Grenzverläufe bis in den hintersten Winkel, und Schwerter verliehen diesen Landkarten Nachdruck. Diese binären Gewaltmonopole lassen sich nicht so leicht auf die Welt der Bits übertragen. Die Grenzen verschwimmen durch Bits. Staaten können zwar ihre Rechtsnormen auch im Cyberspace veröffentlichen, doch in den meisten Fällen haben sie nicht mehr die Gewalt, ihnen Geltung zu verschaffen. Die eifrigsten Bemühungen von Staaten, Glücksspiel im Internet zu definieren und auszumerzen, haben lediglich dazu geführt, daß neue Methoden der Online-Bezahlung und Datenverschlüsselung entwickelt wurden.

Der Wettbewerb zwischen den Bits erhöht die Unschärfe weiter. Das Internet konkurriert mit den Gewaltmonopolen und läßt sie miteinander konkurrieren. Auf diese Weise setzt die Welt der Bits der Welt der Atome heute eindeutige Grenzen. Die Finanzmärkte waren die ersten, die diese unscharfen Grenzen überschritten und den Staaten die Kontrolle über ihr Geld entrissen. Auch wenn es den Währungshütern nicht gefallen mag, floriert der bescheidene Eurodollar (nicht zu verwechseln mit der neuen Euro-Währung) als eine staatenlose Währung im Cyberspace.

Im ersten Kapitel dieses Buches gebe ich einen Überblick über das Phänomen »Unschärfe«; dann lege ich dar, daß politische Macht und wissenschaftliche Wahrheit ihrem Wesen nach unscharf sind. Schließlich soll gezeigt werden, daß auch unsere persönliche Identität im Grunde unbestimmt ist: Ist die Biologie unser Schicksal? Sind wir mehr als die Summe unserer Synapsen? Wird sich unser Bewußtsein verändern, wenn es nicht mehr auf elektrochemischen Reaktionen in einem drei Pfund schweren Organ, sondern auf einem Bitstrom aus Einsen und Nullen in einem Chip beruht? Wird die Religion weiterhin ein funktionierendes Monopol auf die Begriffe »Seele«, »Leben nach dem Tod« und »Himmel« besitzen?

Die Wissenschaft hat Gott zwar nicht getötet, aber sie hat ihn entthront. Dieses subtile Machtspiel hat alle Ideen frei verkäuflich gemacht. Das digitale Zeitalter wird unsere Ideen weiter hinterfragen und formen, während sich unser Schwerpunkt von der alten Welt der Atome auf die neue Welt der Bits verlagert. Dieser Übergang von Atomen zu Bits und vom im Laufe der Evolution entwickelten Gehirn auf das Chip-Gehirn wird vielleicht nicht glatt verlaufen – doch er wird mit Sicherheit fuzzy sein.

1 Einleitung: schleichende Unschärfe

I hear fuzzy logic has hit the big time.
They say it's number one in Tokyo.
Well I'm the first to say I ain't no Einstein.
But I had fuzzy logic long ago.

I had fuzzy logic before fuzzy logic was cool.
Fuzzy thinking helped me get through
twelve long years of school.
Fuzzy logic helps me keep my married life content.
And fuzzy thinking made me a success in government.

Bob Hirshon, »The Fuzzy Logic Song«
(abgedruckt mit freundlicher Genehmigung des Autors);
gesendet auf National Public Radio, 8. Oktober 1993

Als der Prophet, ein zufriedener fetter Mann,
Auf dem Berggipfel eintraf,
Rief er: »Verflucht sei mein Wissen!
Ich wollte gute weiße Länder sehen
Und schlechte schwarze Länder.
Aber ich sehe nur grau.«

Stephen Crane

Grau ist die Farbe der Wahrheit.

McGeorge Bundy, ehemaliger
Nationaler Sicherheitsberater der USA, 1967

Es ist seltsam, daß wir, wenn wir Schmerzen leiden,
überzeugt davon sind, alles sei schwarz und weiß.
Doch wenn es etwas zu gewinnen gibt,
glauben wir an Grauschattierungen.

Dr. Laura Schlessinger

■■■■■ Unschärfe schleicht sich allmählich in einen Prozess ein. Angenommen, wir schneiden ein kleines Stück aus Ihrem Gehirn heraus. Dann ersetzen wir dieses Stück Hirngewebe durch einen winzigen Chip, der das gleiche leistet wie das entfernte Stück Gewebe. Sie sind nach wie vor dieselbe Person. Aber das materielle Substrat Ihres Ich besteht nun aus etwas weniger Gehirn und aus etwas mehr Nichtgehirn. Dabei hat sich Unschärfe eingeschlichen.

Nehmen wir jetzt an, wir würden ein weiteres Stück Gehirn herausschneiden und durch einen weiteren Chip ersetzen. Dann wäre die materielle Grundlage Ihres Bewußtseins noch weniger Gehirn und noch mehr Nichtgehirn. Wir können so fortfahren, bis das materielle Substrat Ihres Bewußtseins vollständig aus Nichtgehirn besteht. Sie würden mit Chips statt mit drei Pfund Hirngewebe denken. Dennoch wären Sie immer noch dieselbe Person.

Oder nehmen wir an, der Staat ließe Ihnen ein gewisses Mitspracherecht bei der Verwendung Ihrer Steuergelder. Gegenwärtig ist Ihr Mitspracherecht nicht unscharf, sondern binär: Sie haben null mitzureden. Gewählte und bestellte Amtsträger entscheiden an Ihrer Statt über die Verwendung Ihres Geldes. Sie haben lediglich Ihre Wahlstimme und diese wiederum hat einen verschwindend geringen Einfluß auf das Wahlergebnis.

Doch unterstellen wir einmal, in diesem Jahr würde Ihnen der Staat erlauben, über die Verwendung von 1 Prozent Ihrer Steuerschuld frei zu entscheiden. Vielleicht sagen Sie dem Staat, er möge diesen winzigen Teil des gesamten Steueraufkommens dazu verwenden, die Staatsverschuldung zu verringern, die Straßen instandzusetzen oder die Krebsforschung zu fördern. Vielleicht würde Ihnen diese kleine, unscharfe Kostprobe der Wahlfreiheit so sehr gefallen, daß Sie als nächstes mitbestimmen möchten, wofür der Staat 2 Prozent oder 10 Prozent oder gar 50 Prozent Ihrer Steuergelder verwendet.

Dann hätte sich die Unbestimmtheit in die Rechtsstruktur unserer gesellschaftlichen Mitwirkungsoptionen eingeschlichen. Sie hätte einige unserer schwarzweißen Machtstrukturen verwischt. Kapitel 4 beschreibt unscharfe Steuerformulare als Instrumente, mit denen sich unsere politischen Mitwirkungsoptionen »fuzzyfizieren« lassen.

Oder nehmen wir an, Ihre Nachbarn mögen Sie so sehr, daß sie sich ein Kind wünschen, das dieselben Gene hat wie Sie. Sie möchten ein maßgeschneidertes Kind, und das Modell dazu liefern Sie. Angenommen, Sie sind mit diesem Vorhaben nicht einverstanden und Sie möchten sie davon abhalten. Ihr Körper ist hundertprozentig Ihr Eigentum. Dies bedeutet Ihres Erachtens auch, daß Ihnen das alleinige Verfügungsrecht über Ihre genetische Blaupause zusteht. Das Gesetz gibt Ihnen wahrscheinlich recht. Aber es steht vielleicht nicht mehr auf Ihrer Seite, wenn sich das Paar ein Kind mit nur 95 Prozent oder 50 Prozent beziehungsweise 33 Prozent Ihrer Gene wünscht.

Unschärfe hätte sich in unsere fundamentalsten Eigentumsrechte eingeschlichen. Und sie macht hier nicht halt.

Schleichende Unschärfe in Wissenschaft und Technik

Unschärfe *(fuzz)* erweitert die Optionen, wenn sie sich in einen Prozeß einschleicht. Sie erzeugt Grauschattierungen zwischen den extremen Optionen Schwarz und Weiß. Dieses Kontinuum der Grauschattierungen stellt Weltanschauungen mit »Entweder-Oder«-Kategorisierungen – angefangen von der Behauptung eines Kindes, ein Fremder sei entweder ein Freund oder ein Feind, bis hin zu der Auffassung eines Wissenschaftlers, alle »wohlformulierten« Tatsachenbehauptungen seien entweder wahr oder falsch – in Frage.

Unschärfe gibt solche einfachen Ansprüche auf Gewißheit auf. *Fuzz* zwingt uns nicht zu einer Wahl zwischen den Behauptungen, der Himmel sei blau, *oder* er sei nicht blau. Unschärfe erlaubt uns die Aussage, daß der Himmel bis zu einem gewissen Grad blau *und* nicht-blau ist. Sie erweitert Aristoteles' logische Haarspalterei, wonach *A oder Nicht-A* gilt, zu der Yin-

Yang-Option von *A und Nicht-A* bis zu einem gewissen Grad. Diese Erweiterung mag belanglos erscheinen, doch sie räumt mit über 2000 Jahren formaler Logik und Mathematik auf. Und sie entspricht überdies dem gesunden Menschenverstand.

Unschärfe hat sich in unsere alltäglich gebrauchten Begriffe eingeschlichen, seit wir über Sprachfähigkeit verfügen. Unsere Wörter beschreiben unbestimmte beziehungsweise vage Muster wie etwa *kühle Luft* oder *großer Baum* oder *hoher Preis*. Wir benutzen Ausdrücke wie *kraftvolle Sprache* oder *hübsches Gesicht* oder *gerechtes Verfahren*, auch wenn wir ihre Grenzen nicht mit eindeutigen Entweder-Oder-Linien definieren können. Wir verbinden diese vagen Muster zu Sätzen wie »Wenn der Preis hoch ist, ist die Nachfrage niedrig«, welche die elementaren Bausteine unseres Alltagswissens darstellen. Wir denken und unterhalten uns in diesen unscharfen Termini, obwohl keine zwei Personen genau die gleiche· Bedeutung damit verbinden.

Die moderne Wissenschaft ist gegenüber dem unscharfen Denken nicht so tolerant gewesen. Sie hat Unschärfe vielfach ignoriert oder sie einfach wegzudefinieren versucht, indem sie nur schwarzweiße Wahrheitsalternativen zuließ.

Die formale Sprache der Wissenschaft ist die Schwarzweißsprache der Mathematik. Diese Sprache eignet sich vornehmlich zur Behandlung logisch wahrer Aussagen wie »eins und eins ist zwei« oder »alle Junggesellen sind unverheiratete Männer« oder »blau ist blau«. Logisch wahre Aussagen sind hundertprozentig wahr, weil wir sie im Einklang mit den Gesetzen der binären Logik entsprechend konstruieren. Die Aussagen sind aufgrund ihrer Form, nicht wegen ihres Inhalts, wahr. Sie stellen keine Beschreibungen der Welt dar. Sie sind Aussagen des formalen Systems, das wir Logik nennen, und keine Aussagen der empirischen Wissenschaft selbst. Die Wissenschaft befaßt sich mit realen oder vorgeblichen Sachverhalten der Welt. Sie befaßt sich mit dem, was die alten Metaphysiker Ursache und Wirkung nannten.

Die formale Wissenschaftssprache benutzt denselben schwarzweißen Wahrheitsformalismus, um empirisch wahre Aussagen wie »Gras ist grün« oder »die Schwerkraft verursacht

Erosion« oder »eine Flüssigkeit kann nicht zerbrochen werden« zu machen. Auch diese Sprache ist digital. Jede Aussage ist grundsätzlich entweder hundertprozentig wahr oder hundertprozentig falsch, auch wenn wir nicht wissen, welches von beidem der Fall ist. Dies gilt auch dann noch, wenn wir solche binären Aussagen mit einem einschränkenden Wahrscheinlichkeitsetikett wie »vermutlich« oder »häufig« oder »in der Regel« versehen. Die Aussage »Gras ist vermutlich grün« stellte eine Art Wette darauf dar, daß Gras grün oder nicht-grün ist. Das Wahrscheinlichkeitsetikett ändert nichts an dem binären Status, wonach Gras entweder grün oder nicht-grün ist. Wissenschaft auf diesem Niveau gleicht einem Spielkasino. In beiden Fällen werden Wetten auf den binären Wahrheitsgehalt von Aussagen abgeschlossen.

Dennoch funktioniert dies in vielen Fällen. Die sich an der Mathematik orientierende Sprache der Wissenschaft hat sich als ein derart leistungsfähiges Instrument zur Modellierung und Gestaltung der Welt erwiesen, daß wir manchmal vergessen, daß die Sprache der Mathematik die Welt, die sie beschreibt, nur näherungsweise abbildet. Die Erde ist kein vollkommenes, abgeflachtes Sphäroid, und ihre Umlaufbahn um die Sonne hat nicht die Form einer vollkommenen Ellipse. Die Energie eines Körpers ist nicht exakt gleich seiner Masse, multipliziert mit dem Quadrat der Lichtgeschwindigkeit. Und der Himmel ist nicht entweder blau oder nicht-blau. Die Wahrheit beziehungsweise die Genauigkeit dieser Tatsachenbehauptungen ist graduell. So schleicht sich die Vagheit sogar in unsere Wahrheitsbegriffe ein.

Die Unschärfe erinnert uns auch daran, daß schwarzweiße Wahrheiten unser Erkenntnisvermögen übersteigen. Wir haben einige Aussagen über die Energie von Pulsaren auf mehr als 14 Dezimalstellen genau gemessen. Wir müßten aber unendlich viele Dezimalstellen berechnen, um zu einer reinen binären Wahrheit zu gelangen und zu wissen, daß wir eine solche erreicht haben. Dieser Punkt hat auch eine ökonomische Dimension: Unschärfe erinnert uns daran, daß binäre Präzision kein kostenloses Gut ist. Wir müßten sie teuer bezahlen und haben es bislang nie getan.

Unsere Beschreibung der Welt bleibt grau beziehungsweise unscharf.

Mindestens eine Richtung in der modernen Physik lehnt diese Weltsicht entschieden ab. Sie behauptet, das Universum selbst sei nichts als ein gigantischer Haufen binärer Informationsbits – ein Haufen aus etwa 10^{120} Einsen und Nullen. In Kapitel 11 schauen wir uns diese radikale binäre These der »Bit-Welt« genauer an. Diese These mutet phantastisch an. Auf sie kommt man, wenn man fragt, was geschieht, wenn wir das gesamte Universum in ein Schwarzes Loch werfen. Doch letztlich resultiert sie aus der Projektion der binären Logik auf die Welt, wobei man dann aus dieser Annahme den logischen Schluß zieht. Mit anderen Worten: Man folgert aus der Annahme das, was man vorher in sie hineingelegt hat.

Die Unschärfe hat sich (in Form der Fuzzy-Logik) viel stärker auf die Welt der Technik und des Handels ausgewirkt, die von ihr abhängt. Hunderttausende Menschen fahren Autos, die automatische Getriebe mit Fuzzy-Regelung haben.[1] Sehr viele besitzen einen Camcorder, eine Waschmaschine oder einen Mikrowellenherd, deren Steuerchip mit Fuzzy-Logik arbeitet. Canon brachte 1990 mit dem Modell H800 den ersten Fuzzy-Camcorder auf den Markt. Er benutzt fuzzy-logische Wenn-Dann-Regeln, um die Linse nach dem relativen Kontrast und der relativen Helligkeit der Bildsegmente zu fokussieren. Technisch fortgeschrittenere Fuzzy-Camcorder stabilisieren mit Hilfe von Fuzzy-Regeln das Bild, wenn die Hand des Benutzers zittert.[2] Die Fuzzy-Regeln können eine Bewegung innerhalb des Bildrahmens von einer Bewegung zwischen Bildrahmen unterscheiden. Alle Punkte, aus denen sich ein Bild zusammensetzt, bewegen sich in dieselbe Richtung, wenn der Camcorder in der zitternden Hand des Benutzers wackelt.

Chips haben zur breiten Anwendung der Fuzzy-Logik im Wirtschaftsleben geführt. Die Steuerchips in Hunderten von Konsumgütern arbeiten mit Fuzzy-Logik. Und ein neues Auto kann heute mehr als hundert Chips enthalten. Die Firmen, die diese Fuzzy-Produkte verkaufen, erwähnen die Fuzzy-Logik in ihren Werbeanzeigen meist nicht. Viele der Produkte stammen aus Japan oder Korea, weil diese Länder einen hohen Weltmarkt-

anteil im Bereich der Konsumelektronik haben. In diesen fern-
östlichen Länder gab es auch keinen so starken philosophisch
begründeten Widerstand gegen die Benutzung von Fuzzy-Logik
in Wissenschaft und Technik. Zweifellos spielte die Kultur dabei
zumindest anfänglich eine gewisse Rolle. Schließlich enthalten
die Nationalflaggen Südkoreas und der Mongolei das Yin-
Yang-Symbol. Fuzzy-Logik machte diese Produkte der Konsumelektronik »intelligenter«, wenn ihre Steuerchips neu programmiert wurden. Diese Veränderungen der Software kosten vielleicht nur ein bis zwei Pfennige pro Gerät und erfordern nur
selten eine neue Hardware.

Die Fuzzy-Technik hat sich auch nach Europa und auf andere
Kontinente ausgebreitet. Deutschland übernahm Ende der
neunziger Jahre die Führung bei den Fuzzy-Anwendungen in
Europa, so wie Japan zehn Jahre zuvor die Führung im Fernen
Osten übernommen hatte. Die Anwendungen konzentrieren
sich auf die Schwerindustrie und die Fertigungssteuerung. Die
meisten japanischen Anwendungen finden sich nach wie vor in
der Konsumelektronik, obwohl mittlerweile auch Anwendungen in der Produktion, im Bankwesen und in Informationssyste-
men hinzukommen. Die Deutschen sind bei der Einführung von
Fuzzy-Systemen dem technischen Beispiel der Japaner gefolgt.
Allerdings kam dabei eine spezifische Mischung aus deutscher
Kultur und Ökonomie zum Tragen. Die Begriffe Yin und Yang
gehörten nicht dazu.

Fuzzy-Systeme in Deutschland verringern das Schwanken
großer Industriekräne und steuern die Temperatur in Kunst-
stoff-Preßmaschinen. Ein Fuzzy-System in Bonn regelt die
Abwasseraufbereitung, um den Phosphatgehalt zu verringern.
Fuzzy-Systeme in Hamburg und Mannheim steuern den Ver-
brennungsprozeß in Müllverbrennungsanlagen.[3] Fuzzy-Ingenieure haben ein Fuzzy-System zur Steuerung der Energieer-
zeugung in einem belgischen Kernreaktor getestet.[4] Fuzzy-
Systeme in Brasilien helfen bei der Fahrplanoptimierung von
Zügen und beim Aufspüren und Erschließen von Offshore-Erd-
ölvorkommen.[5] Ein Fuzzy-System in Südafrika hilft bei der
Überprüfung eingetippter Kennwörter.[6]

Andere Fuzzy-Softwaresysteme steuern mittlerweile Aufzüge in großen Gebäuden und helfen bei vielen Geschäfts- und Investitionsentscheidungen, ja sie filtern sogar E-Mails mit Werbemüll aus.[7] Ingenieure haben in der Fachliteratur – neben den hier erwähnten – Tausende von Fuzzy-Anwendungen beschrieben. In den Kapiteln 9 und 10 gehen wir auf die formale Struktur und die Grenzen von Fuzzy-Systemen sowie ihre Fähigkeit ein, aus Trainingsdaten ihre eigenen Fuzzy-Regeln abzuleiten.

Fuzzylogische Ideen haben sich weit über den Camcorder hinaus ausgebreitet. Man kann sich heute in einem der neuen Fuzzy-Wissenschaftsmagazine oder -Lehrbücher[8] über die formale Fuzzy-Logik informieren. Und man kann bei Dutzenden von Fuzzy-Logik-Workshops und -Konferenzen, die jedes Jahr weltweit stattfinden, ihre praktische Umsetzung verfolgen. Wissenschaftler, die früher einmal behauptet hatten, Fuzzy-Logik sei das »Kokain der Wissenschaft«[9], schlugen ihre im Juli 1993 erschienene Nummer des *Scientific American* auf und fanden dort meinen Artikel über Fuzzy-Logik.[10] Das wissenschaftliche Establishment hatte eine buchstäbliche »Randtechnologie« absorbiert. Die Fuzzy-Logik ist sogar in die moderne Kunst eingedrungen und wird in Science-fiction-Romanen und -Filmen beiläufig erwähnt.[11] Grau ist anerkannt, es ist heute sogar regelrecht »in«.

Die folgenden Kapitel erfordern ein tieferes Verständnis der Fuzzy-Logik, und wir wollen hier eine Zäsur machen, um ihre Grundlagen zu rekapitulieren. Der Leser mit Grundkenntnissen in der Fuzzy-Logik kann ohne weiteres die folgenden Seiten überspringen. In jedem Kapitel werden jeweils nur einige wenige neue Fuzzy-Konzepte vorgestellt. Und jedes Kapitel ist thematisch in sich geschlossen, so daß der Leser beliebig von einem Kapitel zum nächsten springen kann.

Manchmal benutzen wir Unschärfe in dem einfachen Sinne von Grauschattierungen. Dies ist bei den Kapiteln in Teil Eins der Fall, welche die unscharfe Struktur politischer Systeme, von Steuern, Eigentumsrechten und der Kriegführung beleuchten. Diese Art der Unschärfe tritt auf, wenn wir fragen, wem unser Körper gehört oder wem der Mond gehört. Die Kapitel in den Teilen Zwei und Drei kombinieren Grauschattierungen mit formalen Fuzzy-Systemen. Teil Zwei konzentriert sich auf die wissenschaftlichen Grundlagen von Fuzzy-Systemen und die Unschärfe in wissenschaftlichen Systemen. Teil Drei faßt all diese Konzepte der Unschärfe zusammen und gibt einen Ausblick auf die mögliche digitale Zukunft mit ihrem Gleichgewicht von unscharfen und digitalen Begriffen.

Der Schlüssel zu allem ist die einfache und ausdrucksvolle Fuzzy-Menge.

Fuzzy-Logik für Anfänger

Fuzzy-Logik ist Denken in vagen Begriffen. Fuzzy-Logik ist der schlimmste Alptraum für Mister Spock vom »Raumschiff Enterprise«: Sie ist Wissenschaft ohne Mathematik. Sie läßt uns mit Wörtern und Grauschattierungen rechnen statt mit spröden Gleichungen, deren Lösungen jemand näherungsweise geschätzt hat. Fuzzy-Logik ist ein Teilgebiet der Künstlichen Intelligenz, bei der versucht wird, Maschinen das Denken beizubringen – sie vielleicht sogar intelligenter zu machen, als wir es sind.

Die Fuzzy-Logik fußt auf neuen mathematischen Ideen, und es dauerte Jahrtausende, bis sie gefunden wurden. Dieser Fund ist der entscheidende Beitrag der Fuzzy-Logik. Die gute Nachricht ist, daß man diese mathematischen Grundlagen nicht beherrschen muß, um Fuzzy-Logik anzuwenden. Wir brauchen nur einen Knopf zu drücken, um die Waschmaschine einzuschalten, deren Steuerchip mit einem Fuzzy-Regler ausgestattet ist. Wir können auch viele Fuzzy-Systeme in Englisch oder anderen Sprachen programmieren und umprogrammieren. Ich werde hin und wieder auf einige dieser neuen Ergebnisse in der Fuzzy-Mathematik hinweisen, sofern sie zu einer neuen Idee führen oder mir helfen, ein Argument zu untermauern. Ich werde die formale Version dieser und anderer mathematischer Ergebnisse auf die Anmerkungen beschränken.

Selbst auf dem Niveau der Mathematik gibt es eine Fuzzy-Ironie: Die Mathematik der Fuzzy-Logik ist nicht unscharf. Aber mit dieser Mathematik können wir die Mathematik insgesamt erweitern und fuzzyfizieren.

Die Fuzzy-Logik steht im Zentrum des alten Tauziehens zwischen Denken und Handeln. Wir finden uns nicht mit einem Geschworenenurteil ab, das eine 75 prozentige Schuld statuiert, auch wenn die Angeklagte nur 75 Prozent schuldig ist oder nur 75 Prozent der Geschworenen sie für schuldig halten. Wir möchten, daß unsere Handlungen schwarz oder weiß sind, selbst wenn unsere Gedanken grau oder unscharf sind. In vielen Fällen bilden wir einen Durchschnitt unserer fuzzigen Gedanken, um ein Argument vorzubringen, Stellung zu beziehen oder unsere Stimme abzugeben. Es geht darum, Rechner mit mehr als nur unseren gerundeten schwarzen und weißen Konzepten arbeiten zu lassen.

Die Fuzzy-Logik bildet ein vages Konzept wie *kühle Luft* durch eine Fuzzy-Menge ab. Doch bevor wir eine Fuzzy-Menge definieren, wollen wir zunächst rekapitulieren, was wir unter einer Menge verstehen.

Eine Menge besteht aus Elementen. Jedes Element gehört entweder zu der Menge oder nicht. Es gibt keine dritte Möglichkeit. Die Menge der geraden Zahlen enthält die Zahl 2, aber nicht die Zahl 3. Eine Menge ist eine abstrakte binäre Struktur. Sie erlaubt keine teilweise Zugehörigkeit. Die Zugehörigkeit zu einer Menge ist eine Frage von Entweder-Oder. Die Zahl 2 gehört hundertprozentig zur Menge der geraden Zahlen, während die Zahl 3 zu null Prozent dazugehört.

Eine Menge ist folglich ein digitales Gebilde. Wir können also eine 1 schreiben, wenn ein Element zur Menge gehört, und eine 0, wenn es nicht dazugehört. Auch die Umkehrung ist wahr[12]: Eine digitale Bitliste aus Einsen und Nullen definiert eine Menge. Ein Element gehört zur Menge, wenn an der entsprechenden Stelle in der Bit-Liste eine 1 steht; es gehört nicht zur Menge, wenn an der entsprechenden Stelle eine 0 steht.

Eine Fuzzy-Menge erlaubt eine teilweise Zugehörigkeit. Ein Element kann zu jedem beliebigen Grad beziehungsweise zu jeder beliebigen »Grauschattierung« zwischen 0 Prozent und 100 Prozent zu einer Menge gehören. Die Aussage »der Himmel ist blau« mag nur zu 80 Prozent zutreffen, weil der Himmel nur zu 80 Prozent blau und zu 20 Prozent nicht-blau ist. Der Wert von 80 Prozent ist ein unscharfer Wahrheitswert. Wir können ihn auch als eine Menge mit unscharfen Grenzen behandeln. Jeder Himmel, den wir sehen, gehört zu einem gewissen Grad zur Menge der blauen Himmel.

Betrachten wir nun den Begriff beziehungsweise das Konzept *kühle Luft*. Wir alle haben eine Vorstellung davon. Es wirkt sich auf unsere Kleidung, auf die Planung unserer Häuser und auf die Auswahl unserer Decken aus. Was aber bedeutet das Konzept?

Die Fuzzy-Theorie gibt uns eine subtile Antwort: *Die Bedeutung eines Konzepts ist die unscharfe Menge, die es definiert.*

Diese Antwort impliziert sogleich, daß Konzepte sowohl vage als auch relativ sind. Kühle Luft ist ein vages beziehungsweise unscharfes Konzept, weil die Luft immer bis zu einem gewissen Grad kühl und nicht-kühl ist. Kühle Luft ist relativ, weil keine zwei Personen unter dem Ausdruck »kühle Luft« dasselbe verstehen. Die Bedeutung variiert mit den Sprechern und sogar bei demselben Sprecher mit der Zeit. Was jeder von uns unter dem Ausdruck »kühle Luft« versteht, kann sich von Jahreszeit zu Jahreszeit und manchmal auch von Tag zu Tag ändern. »Kühle Luft« hat also nicht nur eine Bedeutung. Der Ausdruck hat eine unendliche Menge von Bedeutungen, und dennoch bilden diese Bedeutungen eine Einheit. Dieser Sachverhalt wird durch eine unscharfe Menge (Fuzzy-Set) wiedergegeben.

Die folgenden Diagramme stellen lediglich eine von unendlich vielen unscharfen Mengen dar, die den Begriff der kühlen Luft definieren können (siehe nächste Seite).

Betrachten wir dieses Schaubild nun eingehender, um die Grundidee der Fuzzy-Logik zu verstehen.

Das Rechteck definiert »kühle Luft« als eine binäre Menge. Alle Lufttemperaturen sind entweder zu 100 Prozent kühl oder zu 100 Prozent nicht-kühl. Ein Rechteck steht immer für einen schwarzweißen Begriff und umgekehrt. Die binäre Menge gibt uns bestenfalls eine näherungsweise Vorstellung von dem, was wir unter »kühler Luft« verstehen. Man beachte den abrupten Sprung von »nicht-kühl« zu »kühl« beziehungsweise umgekehrt an der Grenze von »kühl« und »nicht-kühl«. Dies bedeutet, daß eine Lufttemperatur von 9,999999999° Celsius zu null Prozent kühl ist, während eine Lufttemperatur von 10° Celsius zu hun-

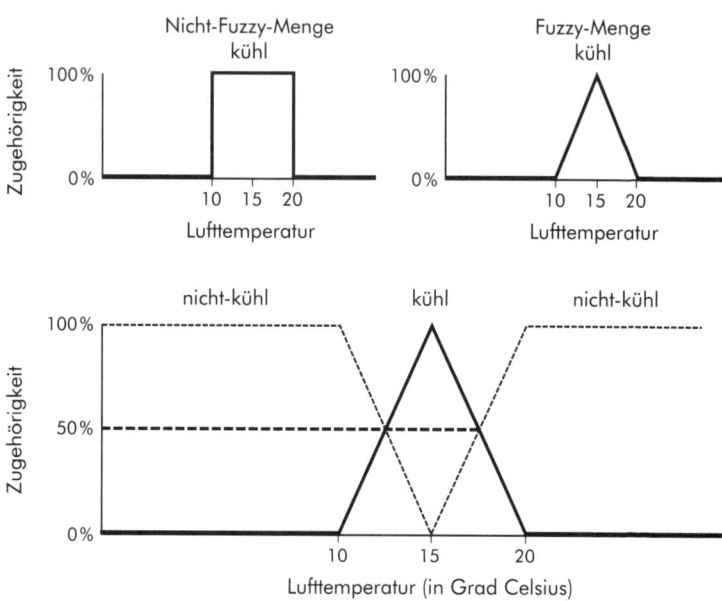

Eine Fuzzy-Menge und ihr Komplement.

dert Prozent kühl ist. Dieser binäre Sprung ist extrem und willkürlich. Er ist Ausdruck einer logischen Schreckensherrschaft.

Das Dreieck definiert eine unscharfe Menge, deren Mittelpunkt bei 15 °C liegt. Nur die Lufttemperatur von 15 °C ist zu hundert Prozent »kühl«. Alle anderen Lufttemperaturen sind zu einem gewissen Grad weniger »kühl«. Der Grad der Kühle sinkt in dem Maß, wie die Lufttemperatur unter 15 °C fällt oder über 15 °C ansteigt. Die beiden Seiten des Dreiecks definieren zwei Kontinua von Zugehörigkeitsgraden. Rechtecke dagegen können dieses Spektrum der partiellen oder abgestuften Zugehörigkeit zu einer Menge nicht zum Ausdruck bringen.

Die Lufttemperaturen von 12,5 °C und 17,5 °C haben in dieser Fuzzy-Menge einen besonderen Fuzzy-Status. Sie sind zu 50 Prozent kühl und zu 50 Prozent nichtkühl. Der 50-Prozent-Faktor sorgt dafür, daß dies nicht zu jener Art von logischem Widerspruch (wie »1 = 2«) führt, der die Mathematik zerstören würde. Diese beiden 50-Prozent-Werte sind reine Fuzzy-Werte beziehungsweise Medianwerte, ähnlich einer Tasse, die sowohl halbleer als auch halbvoll ist. Sie liegen ebensosehr innerhalb der Menge der kühlen Luft wie außerhalb derselben. Das untere Diagramm verdeutlicht dies. Die Fuzzy-Menge »kühle Luft« schneidet die Fuzzy-Menge »nichtkühle« Luft im Medianwert von 50 Prozent. Eine Fuzzy-Menge schneidet ihr Komplement immer im »paradoxen« 50-Prozent-Medianwert.[13] Binäre Mengen schneiden ihre Komplemente nicht.

Sowohl das Rechteck als auch das Dreieck der kühlen Luft sind relativ, weil wir sie auch breiter oder dünner zeichnen beziehungsweise auf der Temperaturachse nach oben oder unten verschieben können. Wir verändern die Bedeutung von »kühle Luft«, wenn wir die sie repräsentierende Fuzzy-Menge verändern. Vielleicht möchten wir den Scheitelpunkt des Dreiecks kühler Luft im Winter bei 15 °C ansetzen, im Sommer dagegen bei 17,5 oder 20 °C. Und das, was für uns zu 90 Prozent kühl ist, ist vielleicht für jemand anderen nur zu 70 Prozent kühl. Vielleicht wollen wir die Symmetrie des Dreiecks brechen und die rechte Seite länger machen als die linke. Die Neigung dieser Seiten beschreibt, wie schnell die grauen Grenzen in Schwarz oder Weiß übergehen. Die Unschärfe nimmt mit wachsender Neigung ab. Ein binäres Rechteck hat die steilste Neigung überhaupt.

Hier erhebt sich eine einfache, aber heikle Frage: Weshalb zeichnen wir die Fuzzy-Menge kühler Luft als ein Dreieck auf? Weshalb zeichnen wir sie nicht als Trapez, als eine stetige Glokkenkurve oder als eine beliebige andere Kurve? Das uralte Prinzip des hinreichenden Grundes verlangt, daß wir einen Grund dafür angeben, warum wir diese Kurve – und keine andere – ausgewählt haben. Leider gibt es keine befriedigende Antwort darauf.

Dreiecke bestehen aus Strecken. Wir können sie leicht zeichnen und mit ihnen rechnen. Fuzzy-Ingenieure benutzen sie häufig, um ein System erster Näherung zu erhalten. Aber Dreiecke ergeben einen einfachen Typus von Fuzzy-System (den »stückweise linearen«), der vielfach zu ungenau ist, um einen realen Prozeß zu steuern oder zu modellieren. Daher müssen Ingenieure die Dreiecke nachbearbeiten beziehungsweise optimieren oder andere Kurven ausprobieren, um ein komplexeres Fuzzy-System zu erhalten.

Dies ist auch der Punkt, wo Fuzzy-Systeme an ihre Schwestertechnologie der neuronalen Netze – Lernsysteme, die nach den neuronalen Verknüpfungen im Gehirn modelliert sind – anschließen. Neuronale Systeme sind Computer, die Muster berechnen. Sie können das unscharfe Muster eines Gesichts, eines Baums oder eines Panzers erlernen, speichern und abrufen, obgleich kein Softwareentwickler diese Muster zur binären Zufriedenheit eines digitalen Rechners definieren kann.

Ein neuronales System lernt Fuzzy-Mengen durch Erfahrung. Es lernt diese Mengen so, wie unser Gehirn Fuzzy-Muster wie kühle Luft oder roter Apfel oder rauhe Oberfläche lernt, wenn der Fluß der Erfahrung über unsere Oberflächenrezeptoren fließt und unser Gehirn trainiert. Ein neuronales System funktioniert wie der sensorische Teil unseres Gehirns. Es lernt Muster. Ein Fuzzy-System verarbeitet diese Fuzzy-Muster und funktioniert eher wie die kognitiven Zentren in unserem Gehirn. Es denkt in Mustern.

Wir können einem neuronalen System das Fuzzy-Muster »kühle Luft« beibringen, so ähnlich wie wir einem Kind die Bedeutung dieses Konzepts beibringen. Wir geben dem neuronalen System Luftproben und sagen ihm, ob und in welchem Ausmaß die Luft kühl ist. Jede Probe wird die Kurve der Fuzzy-Menge geringfügig verschieben beziehungsweise ihre Gestalt verändern.

Dies ist ein Schlüsselmerkmal des Lernens: Lernen verändert immer irgend etwas. Ein neuronales Fuzzy-System verändert die Form seiner Fuzzy-Mengen. Wenn wir Fernsehen schauen oder im Internet surfen, verändert dies in geringfügigem Maß die Biochemie unseres Gehirns. Jedes Bild hinterläßt seinen Abdruck in unseren Synapsen. Denken wir nur daran, wie viele Stichproben auf das Gehirn eines Teenagers einwirken, wenn er den äußerst wichtigen Teenager-Begriff »cool« lernt. Ein Dreieck wäre eine viel zu grobe Näherung.

Was also ist die beste Darstellungsform für eine Fuzzy-Menge? Wir werden es vielleicht nie wissen. Diese Frage ist viel tiefgründiger, als sie sich anhört, und Fuzzy-Ingenieure werden sich zweifellos noch Hunderte von Jahren damit herumschlagen. Der mathematische Raum möglicher Kurven ist einfach so enorm groß, daß er mit den heutigen Computern auch nicht annähernd vollständig abgesucht werden kann. Neuronales Lernen bleibt unser bestes Suchverfahren.

Meine Studenten und ich haben umfangreiche Computersimulationen durchgeführt, um nach der besten Darstellungsform von Fuzzy-Mengen zu suchen, die ein vorgegebenes Testsystem so genau wie möglich modellieren. Wir lassen Fuzzy-Mengen aller Formen und Größen gegeneinander konkurrieren. Wir lassen überdies neuronale Systeme die Fuzzy-Mengen-Kurven optimieren, um so ihre Modellierungstreue hinsichtlich des Testsystems zu verbessern. Dreiecke schneiden bei diesen Wettkämpfen nie besonders gut ab. Die besten Kurven weisen oftmals zahlreiche Buckel auf und entziehen sich einer einfachen verbalen Beschreibung.[14]

Diese fuzzylogische Analyse des Ausdrucks »kühle Luft« sollte den Leser nachdenklich stimmen. Kühle Luft ist eines unserer einfachsten sensorischen Konzepte. Dennoch öffnen wir eine unendlich tiefe Pandorabüchse von Fuzzy-Mengen, wenn wir danach fragen, was das Konzept bedeutet.

Daraus läßt sich die Lehre ziehen, daß wir alle in einem viel größeren Ausmaß, als uns vielleicht bewußt ist, in unserer persönlichen Begriffswelt leben. Wir benutzen beim Sprechen die gleichen Laute und beim Schreiben die gleichen Symbole. Aber wir verbinden mit diesen Lauten und Symbolen unterschiedliche Bedeutungen. Ich nenne dies *Begriffsunschärfe*.[15] Begriffsunschärfe ist im digitalen Zeitalter eine gute Sache.

Die Benutzerfreundlichkeit einer Maschine verdankt sich der Begriffsunschärfe. Intelligente Maschinen können ihre Leistungen entsprechend der Bedeutung, die wir mit unseren unscharfen Begriffen verbinden, modifizieren. Angenommen, Sie haben ein Auto mit einer fuzzy-geregelten Klimaanlage. Das Fuzzy-System besteht aus Wenn-Dann-Regeln wie etwa »Wenn die Luft kühl ist, dann reguliere das Gebläse herunter« und »Wenn die Luft genau die richtige Temperatur hat, dann stelle das Gebläse auf mittelstark« und »Wenn die Luft heiß ist, dann stelle das Gebläse auf stark«. Wir können die Fuzzy-Mengen, die kühle und heiße Luft definieren, genauso einstellen, wie wir den Sitz und den Rückspiegel neu einstellen müssen, wenn ein anderer mit unserem Auto gefahren ist.

Über ein Sprachsystem würden wir aufgefordert, dem System mitzuteilen, welche Luftproben wir als kühl und welche als warm empfinden. Dann würde das neuronale System die Fuzzy-Mengen entsprechend modifizieren. Andere Systeme könnten anhand unserer Einstellungen des Gebläses lernen, was wir unter »kühl« und »heiß« verstehen. Die Regelstruktur würde sich nicht verändern. Kühle Luft wäre weiterhin einem schwachen Gebläse zugeordnet, und warme Luft wäre nach wie vor einem starken Gebläse zugeordnet. Doch die Fuzzy-Mengen, die »kühl« und »warm« definieren, würden sich verändern. Das Fuzzy-System würde sich anpassen, um uns dabei zu helfen, unsere Nische in der unscharfen Welt der Begriffe zu finden.

Ein zweiter Blick auf das Fuzzy-Dreieck für »kühle Luft« wirft viele weitere Fragen über die Natur von Unschärfe und Zufälligkeit auf. Weshalb zeichnen wir die Grenze der Fuzzy-Menge als dünne Linie? Ist das nicht in einer künstlichen Weise exakt? Glaubt wirklich irgend jemand, daß eine Lufttemperatur von 17,5 °C exakt zu 50 Prozent »kühl« ist?

Die Antwort lautet, daß dies ebenfalls eine Näherung ist. Vielleicht wollen wir eigentlich sagen, daß eine Lufttemperatur von 17,5 °C »ungefähr«, »annähernd« oder »um die« 50 Prozent kühl ist. Dann malen wir das Dreieck mit einer Sprühdose statt mit einem spitzen Federhalter. Auf diese Weise erhalten wir eine Ultra-Fuzzy-Menge, bei der jeder Fuzzy-Grad wie etwa 50 Prozent von einer neuen Fuzzy-Menge modelliert wird. Die neue Fuzzy-Menge kann die Form eines Dreiecks oder einer beliebigen Kurve annehmen. Dies kann theoretisch immer so weitergehen. Wir können jeden Fuzzy-Grad in der neuen Fuzzy-Menge mit einer weiteren Fuzzy-Menge modellieren, wodurch wir eine Ultra-Ultra-Fuzzy-Menge erzeugen, und so weiter die Abstraktionsleiter hinauf.

Andere fragen sich vielleicht, weshalb wir das Fuzzy-Dreieck überhaupt als Fuzzy-Menge behandeln und nicht als Wahrscheinlichkeitsverteilung wie etwa die bekannte Glockenkurve der IQ-Werte. Eine streng wissenschaftliche Antwort lautet, daß die Wahrscheinlichkeit, daß irgendein exakter Wert wie etwa 17,5 °C »kühl« ist, immer gleich null ist. Eine bessere Antwort lautet, daß die Standard-Wahrscheinlichkeitstheorie nur binären Ereignissen Eintrittswahrscheinlichkeiten zuordnet. Sie arbeitet mit Mengen, die ein binäres Rechteck brauchen.

Wir können die Wahrscheinlichkeitsrechnung so erweitern, daß wir auch Kurven, die Fuzzy-Mengen modellieren, wie etwa Dreiecke, Wahrscheinlichkeiten zuordnen können. So erhalten wir die Wahrscheinlichkeit eines Fuzzy-Ereignisses, weil sie danach fragt, ob ein vages Ereignis eintreten wird. Ein Beispiel hierfür ist die Aussage des Wetterfroschs: »Morgen kommt es mit einer Wahrscheinlichkeit von 10 Prozent zu leichtem Regen.« Das Muster »leichter Regen« ist eine Fuzzy-Teilmenge aller Regenmuster, da Regen immer zu einem gewissen Grad leicht und nicht leicht ist. Der Begriff des »leichten Regens« trägt den definierenden Fuzzy-Stempel einer gewissen Überlappung mit seinem Gegenteil.

Wir können dies auch umdrehen und die Unschärfe beziehungsweise Vagheit eines Zufallsereignisses messen. Nehmen wir die Aussage: »Morgen wird es mit einer geringen Wahrscheinlichkeit regnen.« Sie impliziert, daß Regen und Nichtregen sowohl binäre Ereignisse als auch Zufallsereignisse sind. Sie impliziert darüber hinaus, daß es vage, ungewiß beziehungsweise unbestimmt ist, ob das zufallsabhängige Regenereignis eintritt. Eine »geringe« Wahrscheinlichkeit ist eine unscharfe Teilmenge der Menge aller möglichen Wahrscheinlichkeiten. Wir können diese Unschärfe mit einem Dreieck oder einer anderen Fuzzy-Kurve beschreiben, deren Zentrum genau bei 10 Prozent liegt.

Aus dem Dreieck, das für kühle Luft steht, läßt sich noch mehr zufallsabhängige Struktur zu Tage fördern. Nach dem Fuzzy-Modell ist eine Lufttemperatur von 17,5 °C eine Lufttemperatur, die zu 50 Prozent kühl ist. Es gibt eine kompliziertere Sichtweise, und es ist nur angemessen, sie hier vorzustellen. Nach dieser Sichtweise ist das Dreieck kein geometrischer Ort von Graden oder unscharfen Zugehörigkeitswerten, sondern ein geometrischer Ort von bedingten Wahrscheinlichkeiten. Dann können wir die unscharfe Aussage »Luft von 17,5 °C ist zu 50 Prozent kühl« mit der Wahrscheinlichkeitsaussage gleichsetzen: »Bei einer Lufttemperatur von 17,5 °C beträgt die Wahrscheinlichkeit, daß die Luft kühl ist, 50 Prozent«. Viel mehr Menschen sagen jedoch, Luft sei zu einem gewissem Grad kühl oder warm, als daß sie von bedingten Wahrscheinlichkeiten sprechen.[16]

Die letzte Frage zielt auf die Quintessenz der Fuzzigkeit ab: Wie unscharf ist eine Menge oder ein Konzept im Vergleich zu einer/einem anderen?

Die Vagheit beziehungsweise Unschärfe von Fuzzy-Mengen läßt ihrerseits Grade zu. Das Fuzzy-Dreieck im Schaubild ist unschärfer als das Rechteck, das eine binäre Menge modelliert, weil alle binären Mengen eine Unschärfe von null besitzen. Doch angenommen, wir würden die linke Seite des Rechtecks leicht verschieben, so daß es eine leichte Neigung von links nach rechts bekäme. Dann würde aus dem Rechteck ein Trapezoid und auf diese Weise eine Fuzzy-Menge. Die Fuzzigkeit der Menge würde sich in dem Maß erhöhen, wie wir den Schenkel nach links verschieben und den Übergang von schwarz nach weiß verlangsamen.

Ein Theorem gibt uns die Antwort: Die Unschärfe eines Konzepts ist der Grad, zu dem das Konzept seinem eigenen Gegenteil entspricht.[17] Es ist der Grad, zu dem das Yin-Yang-Symbol gilt und zu dem eine Menge oder ein Konzept *A* gleich *Nicht-A* ist. Die Unschärfe von kühler Luft hängt davon ab, wie sehr sich das Konzept »kühle Luft« mit seinem Gegenteil »nicht-kühle Luft« überschneidet. Die Unschärfe erreicht ihr Maximum, wenn eine Menge oder ein Konzept gleich ihrem/seinem eigenen Gegenteil ist.

Das gleiche Theorem zeigt auch eine Eigenschaft, die kennzeichnend für die Fuzzytheorie ist: Die Unschärfe eines Konzepts ist der Grad, zu dem ein Teil teilweise ein Ganzes enthält. Diese seltsame Relation des »Ganzen im Teil« hat nur bei binären Mengen und Konzepten den Grad null. Ein damit verbundenes Theorem besagt, daß Wahrscheinlichkeit im Glücksspielsinn einer relativen Häufigkeit dieselbe Relation des »Ganzen im Teil« darstellt, allerdings bei binären Mengen.[18] Ein Beispiel für eine relative Häufigkeit ist das Verhältnis von Kopf-Würfen zur Gesamtzahl der Münzwürfe oder das Verhältnis der Zahl der Männer, die im Alter von fünfzig Jahren an Prostatakrebs erkranken, zur Gesamtzahl der 50jährigen Männer. Diese Relation des »Ganzen im Teil« (die auch Teilmengigkeit genannt wird, um den teilweisen Einschluß anzuzeigen) mißt den Grad, zu dem eine Menge zu einer anderen gehört beziehungsweise ein Konzept sich mit einem anderen deckt. Kühle Luft hat eine gewisse unscharfe Überlappung mit warmer Luft. Folglich sind die beiden Konzepte beziehungsweise Mengen zu einem gewissen Grad ineinander enthalten.

Fuzzy-Mengen sind die Bausteine von Fuzzy-Systemen.

Ein Fuzzy-System baut eine Brücke zwischen Inputs und Outputs. Die Brücke besteht aus Regeln wie »Wenn der Goldpreis hoch ist, dann ist die Nachfrage niedrig« oder »Wenn die Wäsche sehr schmutzig ist, dann sollte viel Waschpulver in die Maschine gegeben werden« oder »Wenn die Luft kühl ist, dann sollte das Gebläse schwächer gestellt werden«. Diese Regeln können beispielsweise im ökonomischen Bereich Marktsituationen Kauf- oder Verkaufsbefehle zuordnen. Oder sie können sensorischen Messungen Regelprozesse zuordnen. Sie verwandeln jedenfalls immer Eingaben in Ausgaben.

Ein Fuzzy-System arbeitet wie ein menschlicher Experte, der eine Menge Wenn-Dann-Faustregeln im Kopf hat. Der Experte benutzt diese Regeln des Alltagsverstands irgendwie, um Gold zu kaufen, Wäsche zu waschen, eine Klimaanlage zu regulieren oder irgendeine andere Aufgabe auszuführen. Der Experte kann nur selten erklären, wie er dies bewerkstelligt. Vielleicht führt er einige Wenn-Dann-Regeln an, aber der Laie erreicht nur selten dessen Leistungsfähigkeit, indem er nach diesen Regeln handelt. Stellen Sie sich vor, es würde genügen, einen Konzertviolinisten zu fragen, wie er Geige spielt, um das Geigenspiel selbst zu beherrschen.

Niemand möchte die Gleichungen, nach denen eine Ladung Wäsche gewaschen, ein Steak gegrillt oder eine Kameralinse fokussiert wird, erraten. Manchmal haben wir Glück und raten richtig, und dann ist alles bestens. Doch die Brücke von Regeln stellt eine einfachere und zuverlässigere Methode dar, um ein System oder einen Prozeß zu steuern. Und sie tut dies so oft, daß Fuzzy-Systeme in der Konsumelektronik und der Prozeßsteuerung ein Multimilliarden-Dollar-Erfolg sind.

Ein Fuzzy-System »aktiviert« all seine Regeln bei jeder neuen Eingabe bis zu einem gewissen Grad. Angenommen, ein Sensor mißt, daß die Lufttemperatur 17,5 °C beträgt. Dieser Meßwert löst die Regel »Wenn die Luft kühl ist, dann regele das Gebläse herunter« nur zu 50 Prozent aus, weil der Input nur zu 50 Prozent kühl ist. Derselbe Eingabe-Meßwert aktiviert die Regel »Wenn die Luft kalt ist, dann schalte das Gebläse aus« zu einem viel geringen Grad, da der Input von 17,5 °C in einem viel geringeren Maß kalt als kühl ist. Das gleiche gilt für die anderen Regeln, die warme Luft oder sehr warme Luft oder heiße Luft als Prämissen ihrer Fuzzy-Mengen haben.

Das Fuzzy-System löst all seine Regeln parallel aus, addiert dann die Ergebnisse und errechnet den Mittelwert. Daraus ergibt sich der endgültige Gebläsebefehl als eine Art gewichteter Mittelwert. So werden Meßwerteingaben in Steuerbefehlausgaben umgewandelt. Dieser Prozeß der Regelaktivierung und Mittelung kann viele Male pro Sekunde erfolgen, wenn Fuzzy-Software auf einem Chip abläuft.

Wir fahren heute beispielsweise mit Autos, die viermal pro Sekunde ihre Regeln aktivieren, um ihre sechs Fuzzy-Eingaben[19] zu aktualisieren, und dann entscheiden, wann das Getriebe heruntergeschaltet wird, wenn der Wagen eine abschüssige Strecke hinabfährt. Das Fuzzy-System fungiert als ein superschneller Experte, der die geringfügigen Veränderungen in den Straßenverhältnissen beobachtet, um zu entscheiden, wann der Gang gewechselt wird: »Wenn die Fahrgeschwindigkeit gering und die Steigung negativ und die Bremszeit lang ist, dann schalte einen Gang zurück.«

Der schwächste Punkt eines Fuzzy-Systems sind seine Regeln. Wenn es zu viele Variablen oder zu wenige Experten oder zu wenige Daten gibt, lassen sich meist keine guten Regeln für ein System formulieren. Die gezielte Auswahl einzelner Aktientitel (»stock picking«) ist ein gutes Beispiel. Das System der Aktienkurse hängt von Tausenden von Variablen ab. Und es gibt nur sehr wenige Anlageexperten, deren langfristige Erfolgsbilanz der durchschnittlichen Performance eines Index beziehungsweise ihrem Eigenlob als herausragende Stock-Picking-Spezialisten, die den normalen Börsenindex schlagen, entspricht. Diese Experten können ihr Wissen und ihre Intuition problemlos in ein Fuzzy-System einspeisen. Und sie können ihre Systeme mit neuronalen Netzen optimieren. Doch die Fuzzy-Regeln enthalten nicht nur ihre Kenntnisse, sondern auch ihre Fehler.

Die größte Schwierigkeit bei den Regeln besteht darin, daß die meisten Fuzzy-Systeme zu viele davon benötigen. Mehr Variablen machen ein System wirklichkeitsgetreuer. So können wir etwa bei einer Fuzzy-Klimaanlage auch Feuchtigkeit und Lichtstärke messen, um das Gebläse besser zu regeln. Die gute Nachricht ist, daß ein Fuzzy-System mit genügend Regeln jedes beliebige System modellieren kann. Diese Aussage hat den Stellenwert eines Theorems. Die schlechte Nachricht ist das Phänomen der Regelexplosion. Im allgemeinen nimmt die Anzahl der Fuzzy-Regeln mit der Zahl der Variablen exponentiell zu. Auch dies ist ein Theorem.

Dies ist der »Fluch der Dimensionalität«. Er betrifft alle mathematischen Systeme, die mit zu vielen Variablen arbeiten. Kapitel 9 befaßt sich mit einigen Abhilfestrategien. Schnellere Chips werden diese rechnerische Grenze langsam zurückdrängen und uns ermöglichen, Fuzzy-Systeme mit immer mehr Regeln und Variablen zu versehen. Doch das Problem ist struktureller Art. Die Zahl der Variablen, die unsere Technologie verarbeiten kann, wird immer begrenzt sein, ganz gleich, wie leistungsfähig unsere digitalen Computer sein werden.

Ein digitaler Chip mag als ein schlechter Wirt für das vage Denken der Fuzzy-Logik erscheinen. Wie können die Einsen und Nullen der binären Chip-Logik die Grauschattierungen der Fuzzy-Logik einfangen?

Nun ist die Mathematik der Fuzzy-Logik ihrerseits nicht unscharf. Sie ist so schwarzweiß wie »zwei und zwei ist vier«. Der Chip muß nicht einmal eine digitale Näherung der meisten Fuzzy-Konzepte vornehmen, wie es bei einer CD geschieht, wenn der Klang der Musikaufnahme wiedergegeben wird, indem sie 44100mal pro Sekunde abgetastet wird. Wir haben die mathematischen Grundlagen erarbeitet, so daß Chips durch bloße Addition und Multiplikation einiger Zahlen exakte Fuzzy-Entscheidungen treffen können. Aus diesem Grund kam es auf dem Höhepunkt des digitalen Zeitalters zu einer Fuzzy-Revolution.

Eine kurze Geschichte der Fuzzy-Logik

Zenon lehrte schon im antiken Griechenland, daß sich ein Sand-
haufen – Körnchen für Körnchen – in einen Nicht-Haufen verwandelt. Der Begriff A geht allmählich in sein Gegenteil *Nicht-*
A über. Der Buddha sagte das gleiche über einen zweirädrigen
Wagen, der langsam auseinanderfällt. Der Logiker Bertrand
Russell kam um die Jahrhundertwende auf diese und andere
»Paradoxien« zurück, als er und Alfred North Whitehead das
erste bedeutende Standardwerk über Logik seit Aristoteles
schrieben.[20]

Russell bemerkte, daß »man die Vagheit aller Dinge erst erkennt, wenn man versucht hat, sie präzise zu fassen«.[21] Ein Kopf
mit etwa hunderttausend Haaren geht Haar um Haar von nicht-
kahl zu kahl über. Ein Tisch geht Molekül um Molekül in einen
Nichttisch über. Die Dinge verwandeln sich allmählich von A in
Nicht-A und sind die meiste Zeit eine Mischung aus beiden. Die
Aristotelische Logik des Entweder-Oder galt für die Mathematik, nicht aber für die Welt oder die Wissenschaft, welche die
Welt zu beschreiben versucht.[22] Die Schwarzweißwelt der Symbole galt nicht für »dieses irdische Leben, sondern nur für das
eingebildete himmlische«.[23]

Russell hatte die Tür zur vagen beziehungsweise unscharfen
Logik aufgestoßen. Bald darauf befaßten sich andere eingehender damit und legten ihre theoretischen Grundlagen. Der polni-
sche Logiker Jan Lukasiewicz arbeitete als erster in den zwanzi-
ger Jahren des 20. Jahrhunderts die unscharfe oder mehrwertige
Logik als direkte Erweiterung der binären Logik heraus.[24] Alle
Aussagen waren nach diesem Modell zu einem gewissem Grad
wahr und falsch. Die einzige Randbedingung lautete, daß sich
die Wahrheitswerte zu 100 Prozent addieren mußten.[25] Die
Behauptung, daß »Zitronen sind gelb« zu 90 Prozent wahr ist,
impliziert, daß die Behauptung »Zitronen sind nicht-gelb« zu
10 Prozent wahr ist und umgekehrt.

Der nächste Fortschritt kam 1937, als der Quantenphilosoph
Max Black einen Fachaufsatz über Vagheit schrieb.[26] Dieser Aufsatz enthielt den Graphen der ersten Fuzzy-Menge. Die Philoso-

phen nahmen praktisch keine Notiz von Blacks Aufsatz, so wie sie zuvor schon die Arbeiten von Russell und Lukasiewicz über unscharfe Logik ignoriert hatten. Es war die Hochzeit des »logischen Positivismus«.[27] Nach dieser radikalen Anschauung hatten nur die formalen Aussagen der Wissenschaft, der Mathematik oder der Logik eine »Bedeutung«. Alle anderen Aussagen waren »sinnlos«. Philosophen bemühten sich, Menschen dazu zu bringen, in der Schwarzweißlogik der Mathematik zu sprechen und einen Tisch oder einen Berg bis hinunter zum letzten Molekül zu definieren.[28]

Fuzzy-Logik hielt 1965 Einzug in die Technik, als Lotfi Zadeh den bahnbrechenden Aufsatz »Fuzzy Sets« [unscharfe Mengen] veröffentlichte und fuzzy zu einem neuen Adjektiv in Naturwissenschaft und Mathematik machte.[29] Zadeh schrieb den Aufsatz, als er noch Vorstand des Fachbereichs Elektrotechnik an der Universität von Kalifornien in Berkeley war. Er war 1944 aus dem Iran in die Vereinigten Staaten gekommen, um am MIT und später an der Columbia-Universität zu studieren. In den fünfziger Jahren hatte er mit anderen die Grundlagen der modernen Systemtheorie gelegt. Doch schon bald folgte er seinen bilderstürmerischen Instinkten und wandte sich der vagen Logik zu.

Zadeh gab dem Fachgebiet einen neuen Namen und eine neue Heimat sowie ein vollständiges neues mathematisches Bezugssystem. Obgleich er den Fuzzy-Logikern, die ihm vorangingen, nie die gebotene Anerkennung zollte, hat er dieses Versäumnis weitgehend dadurch wettgemacht, daß er einen Einmann-Kreuzzug für die Fuzzy-Logik in der Informatik unternahm. Er schrieb Aufsätze und hielt im Lauf der Jahrzehnte zahllose Vorträge auf Workshops und Konferenzen in der ganzen Welt. Kritiker und Anhänger nahmen langsam Notiz davon, und mit der Zeit wurde auch die Presse aufmerksam.

Der Terminus *fuzzy* (beziehungsweise *unscharf*) schlich sich in den wissenschaftlichen Untergrund ein. Er wurde zum Codewort für diejenigen, die bezweifelten, daß das Denken in Entweder-Oder-Kategorien das Gütezeichen der Wissenschaft sei, und die vergeblich nach der einen binären Tatsachenaussage gesucht hatten. Fuzzy-Forscher veröffentlichten Aufsätze in unbekannten Zeitschriften und gründeten schließlich ihre eigenen Fachzeitschriften.[30]

Das Blatt wendete sich, als technische Fuzzy-Spielereien in Japan und Korea auf den Markt kamen. Die Japaner hatten aufmerksam registriert, daß die Firma F. L. Smidt & Company in Kopenhagen 1980 erstmals ein Fuzzy-System zur Steuerung eines Zementofens verwendete.[31] Die Steuerung des Ofens war für die Arbeiter immer eine schwere Strapaze gewesen. Das Fuzzy-System benutzte Regeln der Form »Wenn der Sauerstoffgehalt und die Temperatur hoch sind, wird die Kohlenbeschikkungsrate geringfügig zurückgefahren«. Das Fuzzy-System verbrauchte weniger Brennstoff und steuerte den Ofen genausogut oder sogar besser, als es zuvor die Menschen taten.

Diese und andere Anwendungen gingen aus den bahnbrechenden Arbeiten des Fuzzy-Ingenieurs Ebrahim Mamdani vom Queen Mary College in London hervor. Mamdani entwikkelte den direkten Vorläufer der heutigen regelbasierten Fuzzy-Systeme.[32] Mit Mamdanis Arbeiten in den siebziger Jahren begann die moderne Fuzzy-Technik, und die Fuzzy-Logik, die ursprünglich in Philosophie und Linguistik angesiedelt gewesen war, wurde zu einer angewandten Disziplin in Wirtschaft und Technik.

Die Japaner eigneten sich die Fuzzy-Logik rasch an und setzten sie in kommerzielle Anwendungen um. Japans Ministerium für internationalen Handel und Industrie (MITI) gründete im März 1989 zusammen mit über 40 Firmen das Labor für Internationale Forschung auf dem Gebiet der Fuzzytechnik (LIFE) in Yokohama.[33] Das LIFE-Programm lief von 1989 bis 1995. Die Japaner beherrschen die seltene Kunst, staatliche Forschungsprogramme nicht nur grundsätzlich, sondern obendrein auch noch pünktlich abzuschließen.

Der Durchbruch kam 1988, als Hitachi eine U-Bahn in der Stadt Sendai, nördlich von Tokio, mit einem vollautomatischen Fuzzy-Leitsystem versah.[34] Dann kam die Flut intelligenter Küchenherde und Kfz-Systeme, Roboter-Greifarme und TV-Tuner sowie Hunderte weiterer technischer Apparate.[35] Das Fuzzy-Steuerungssystem der U-Bahn in Sendai ersetzte auf einer 13,6 Kilometer langen Nord-Süd-Strecke mit 16 Haltestellen das Fahrpersonal. Die U-Bahn bremste sanfter ab und verbrauchte weniger Kraftstoff als bei den besten Fahrern.

Einmal fragte ich Lotfi Zadeh, der später einer meiner Doktorväter wurde, ob er nicht daran denke, sich das Konzept der Fuzzy-Mengen patentieren zu lassen. Er sagte, das Patent würde sowieso verfallen, bevor es zu einem kommerziellen Durchbruch auf diesem Gebiet kommen würde. Aber er meinte scherzhaft, er wäre schon längst Millionär, wenn er 1965 seinen ersten Aufsatz nicht »Fuzzy Sets«, sondern »Fuzzy Sex« genannt hätte.

Zadeh bekam keine Millionen Dollar, dafür erhielt er im Juni 1995 etwas, das ihm sehr viel mehr bedeutete und das der Fachwelt in Naturwissenschaft und Technik erneut vor Augen führte, daß die Fuzzy-Logik ihren Durchbruch geschafft hatte. Das Institute for Electrical and Electronics Engineers (IEEE) verlieh Zadeh 1995 seine Ehrenmedaille für dessen Arbeiten über Fuzzy-Mengen.[36] Dies ist die höchste Auszeichnung, die das IEEE vergibt, und sie ist eine Art Nobelpreis für Informatik.

Die Fuzzy-Logik hatte sich auf breiter Front durchgesetzt.

Schleichende Unschärfe im digitalen Zeitalter

In weniger als hundert Jahren hatte sich das Konzept der Vagheit von einem Spielzeug der Logiker in ein Werkzeug der Techniker verwandelt. Wir wenden uns nunmehr der Frage zu, wie sich der Fuzzy-Ansatz auf die Politik und jene Konzepte übertragen ließe, die einem Großteil des modernen gesellschaftlichen Diskurses sowie der Wissenschaft und Kultur zugrunde liegen.

Der Rest dieses Buchs hat drei große Teile. Der erste Teil befaßt sich mit Politik in dem allgemeinen Sinn der Definition und Auswahl gesellschaftlicher Optionen. Das Spektrum dieser Optionen reicht von der Frage, welche Partei oder Ideologie wir unterstützen und welche Steuern wir zahlen, bis zu der Frage, wie wir mit Nachbarn umgehen, die ihre Stereoanlagen bis zum Anschlag aufdrehen.

Der zweite Teil befaßt sich mit neuen wissenschaftlichen und technischen Entwicklungen bei Fuzzy-Systemen. Die formalen Konzepte und Probleme der Fuzzy-Logik haben sich selbst in den neunziger Jahren noch stark gewandelt und dabei um einige wenige Schlüsselbegriffe herum kristallisiert. Diese Ideen sickern jetzt in ein breites Spektrum von Anwendungen und Fachgebieten ein, die von intelligenten Autos über die Finanzanalyse bis zur Informationsstruktur des Universums reichen. Fuzzy- und neuronale Systeme unterliegen grundlegenden Beschränkungen, und doch öffnen diese intelligenten Werkzeuge eine neue Tür in der Wissenschaft: Sie helfen uns, die Welt zu modellieren, ohne über immer komplexere Gleichungen zu spekulieren. Dies ist ein stillschweigender »Paradigmenwechsel«, der an der vordersten Front der Statistik stattfindet.

Die ersten beiden Abschnitte zeichnen sich durch eine Fuzzy-Struktur aus. Jedes Kapitel führt neue Fuzzy-Variablen ein (und damit größere Fuzzy-Würfel beziehungsweise »Hyperkuben«, die sämtliche Fuzzy-Optionen repräsentieren).[37] Dieses Kapitel konzentrierte sich auf die Unschärfe in einer Dimension, wie etwa in dem Spektrum kühler Luft, das von 0 Prozent kühl zu 100 Prozent kühl reicht. Dies definiert eine Strecke (einen Fuzzy-»Würfel« von einer Dimension). Kapitel 3 befaßt sich mit Politik und geht von der Fuzzy-Strecke zum Fuzzy-Quadrat (ein Fuzzy-Würfel mit zwei Dimensionen) über. Kapitel 4 führt mit einem Fuzzy-Steuerformular (das mit Fuzzy-Würfeln von zehn oder mehr Dimensionen arbeitet) weitere Dimensionen politischer Mitwirkung ein. In Kapitel 11 setzen wir uns mit der radikalen These auseinander, die Welt sei nichts anderes als ein riesiger Haufen von Bits. Es beschreibt ein Fuzzy-Modell der Welt als eine Art hochdimensionaler Fuzzy-Strömung (beziehungsweise als eine Welle in einem Fuzzy-Würfel gigantischer Dimension, wo jeder Punkt im Fuzzy-Würfel eine mögliche Welt repräsentiert).

Der dritte Teil des Buches befaßt sich mit der Kultur im digitalen Zeitalter und mit der Frage, wie die in den ersten beiden Teilen beschriebenen Konzepte dazu beitragen, den Weg für die intelligenten digitalen Welten von morgen zu ebnen. Diese intelligenten Welten konvergieren zu einer Antwort auf die uralte Frage, wie alles einmal enden wird.

Die alten Science-Fiction-Filme irren sich. Menschen wie wir werden die digitale Zukunft nicht gestalten, auch wenn einige dieser künftigen Menschen glänzende Metallanzüge tragen. Die Filme irren sich, weil Menschen zu etwas verschmolzen sein werden, das zwischen dem angesiedelt ist, was wir heute als Mensch und als Nichtmensch ansehen. Sie werden den digitalen Pfad der ständigen Ersetzung von Körperteilen durchmessen haben und in einem Strom von Einsen und Nullen ans Ende gelangt sein.

In diesem kalten Universum aus wenigen Atomen in einem unermeßlichen leeren Raum endet alles in einer Weise, die nur wenige geahnt hätten. Es endet in einem digitalen Himmel auf Erden oder zumindest einem Zustand, der dem nahekommt.

Teil I

Fuzzy-Politik

2 Unscharfe Politik

*Für eine neue Welt brauchen wir eine
neue Wissenschaft von der Politik.*

Alexis de Tocqueville, *Demokratie in Amerika*

Allein Gewohnheit vermittelt Gewißheit.

John Stuart Mill, *Utilitarismus*

*Die Menschen sind immer bestrebt, Überzeugungen
in Gewißheiten zu überführen. Zweifel und Skepsis
sind für die meisten Menschen ungewöhnliche und,
wie ich meine, unbeständige Geisteszustände.*

Robert H. Thouless, »The Tendency to Certainty in Religious
Belief«, *British Journal of Psychology*, Bd. 26, Nr. 1, 1935

▬▬▬ Die Politik liefert uns das tägliche Beispiel dafür, wie
unsere Fuzzy-Welten mit den schwarzweißen Linien kollidie-
ren, die sich durch sie und uns hindurchziehen. Die Linien sagen
uns, unter welchen Voraussetzungen es gesetzlich zulässig ist,
seine Stimme abzugeben, ein Fahrzeug zu führen, zu rauchen,
Alkohol zu trinken oder ein Land zu verlassen. Der Haken an
der Sache ist, daß jemand diese Linien für uns zieht.

Politik läuft immer darauf hinaus, daß eine der drei staatlichen Gewalten scharfe Linien durch den grauen Nebel unserer
Freiheiten zieht, zu handeln, unsere Meinung zu äußern, Eigentum zu erwerben oder stillzusitzen. Die scharfen Linien sind die
Grenzen, die unsere Rechte definieren.

Die scharfen Linien definieren nicht nur politische Macht, sie
sind die Macht.

Die fünf Kapitel im ersten Teil betrachten diesen unscharfen
Konflikt im Hinblick darauf, wie ein Fuzzy-Ansatz diese Linien
verwischen und dadurch mehr Optionen verfügbar machen
kann.

Kapitel 3 beginnt mit der Frage, wie wir uns in der politischen Landschaft selbst definieren. Es erkundet die alten Etiketten von links und rechts in der Politik. Diese Etiketten bilden ein Fuzzy-Spektrum, aber eines von geringer Aussagekraft. Die Links-Rechts-Linie ist in einen Fuzzy-Würfel eingebettet, wenn sie als Diagonale zwei Würfelecken miteinander verbindet und durch das Zentrum des Würfels läuft. Ein Quadrat ist die einfachste Form eines Fuzzy-Würfels von mehr als einer Dimension.

Sozialwissenschaftler haben herausgefunden, daß ein Fuzzy-Quadrat die unscharfen Muster der Politik besser beschreibt als eine einfache Rechts-Links-Linie. Eine komplexere Analyse erfordert komplexere Fuzzy-Würfel.

Kapitel 4 betrachtet politische Mitwirkungsoptionen und stellt ein Fuzzy-Steuerformular vor, mit dem sich diese umsetzen lassen. Ein Fuzzy-Steuerformular kann auf Bundes-, Länder- und kommunaler Ebene verwendet werden. Der einzelne Steuerzahler sagt dem Staat, wofür und in welcher Höhe ein Teil seiner Steuern verwendet werden soll. Dies gibt denjenigen, von denen die Mittel stammen, ein größeres Mitspracherecht und kann zur Finanzierung von Forschungsprojekten beitragen. Es gibt mehr bahnbrechende wissenschaftliche Entdeckungen, wenn mehr Mittel für die Forschung bereitgestellt werden. Dem Staat könnten überdies mehr Mittel zufließen, so daß die steuerliche Gesamtbelastung im Lauf der Zeit abnehmen könnte.

Kapitel 5 geht der Frage nach, inwieweit unser Körper uns selbst gehört. Am Anfang unseres Lebens steht eine einzigartige genetische Blaupause (unser Genom), und wir entwickeln uns dann allmählich zu einem empfindungsfähigen Wesen mit subjektiven Rechten und Beschwerdemöglichkeiten. Der Staat zieht scharfe Trennlinien durch den an sich unbestimmten Raum des Übergangs zwischen Selbst und Nichtselbst, so wie er eine scharfe juristische Trennlinie zwischen Leben und Tod durch den unbestimmten Status eines wachsenden Embryos zieht. Dennoch entwickelt sich die Leibesfrucht kontinuierlich vom Nicht-Lebendigen bei der Befruchtung zum Völlig-Lebendigen bei der Geburt. Die Fragen werden komplexer, sobald wir die

Macht haben, die Gene zu verändern, und damit die Macht, unsere eigene Person zu einem gewissen Grad zu verändern.

Kapitel 6 zeigt, wie unscharfe Eigentumsrechte die Grenzen zwischen mein und dein verwischen. Diese Unschärfe schadet jedoch mehr, als sie hilft. Wenn uns jemand Rauch ins Gesicht bläst oder unser Nachbar seine Stereoanlage voll aufdreht oder jemand unter unserem Haus nach Erdöl bohrt, werden rechtliche Fragen aufgeworfen, denen ein Fuzzy-Theorem zugrunde liegt. Hinter diesen Fragen wiederum steht die noch komplexere Frage nach dem Ausmaß, in dem eine Theorie mit der Wirklichkeit übereinstimmt.

Künftige Sozialexperimente auf See und im Weltraum werden diese Übereinstimmung vielleicht eines Tages überprüfen. Diese Experimente werden allerdings explizite Defuzzyfizierungsverfahren erfordern.

Kapitel 7 schließlich befaßt sich mit der Kriegführung. Politik mündet oft in Krieg. Und in gewisser Hinsicht stellt sie eine Art Schattenkrieg von Staat gegen Staat oder Staat gegen Mensch oder Gruppe gegen Gruppe dar. Cyberangriffe auf Informationsnetze werden es schwieriger machen, die Grenze zwischen einer kriegerischen Handlung und einer nicht-kriegerischen Handlung zu ziehen. Sollte die Türkei Griechenland den Krieg erklären, wenn griechische Hacker in Athen die türkische Börse in Ankara zum Absturz bringen?

Künftige *smart wars* werden sich vermutlich ihrem Wesen nach von den Kriegen und Schlachten der Vergangenheit unterscheiden, so wie Kernwaffen die Kriegführung im 20. Jahrhundert grundlegend veränderten. Fuzzy- und andere intelligente Systeme werden die elektronische Intelligenz von Marschflugkörpern und anderen »intelligenten« Waffen steigern, die abzuschießen einem Feind immer schwerer fallen dürfte. Dies wird einen strukturellen Wandel in der Kriegführung auslösen: Zum ersten Mal in der Militärgeschichte wird es billiger sein anzugreifen, als sich zu verteidigen.

Und was für die Politik gilt, gilt auch für Kriege. Das Schlachtfeld der Zukunft wird unscharf und digital sein.

3 Links und rechts und keines von beiden: das politische Fuzzy-Quadrat

Macht korrumpiert, und absolute Macht korrumpiert absolut.

Lord John Emerich Edward Dalberg Acton,
Brief an Bischof Mandell Creighton, 3. April 1883

*Der Grundbegriff der Sozialwissenschaft ist Macht,
so wie Energie der Grundbegriff der Physik ist.*

Bertrand Russell, *Power*

*Macht muß nicht angewendet werden,
um sich durchzusetzen, ihr bloßes Dasein genügt.*

Joseph Schumpeter

Die Macht weicht niemals – es sei denn der Übermacht.

Malcolm X

*Die Ratsherren der Melier antworteten [den Athenern]:
»Gegen euren gerechten Vorschlag, einander in aller Ruhe
zu überzeugen, haben wir nichts einzuwenden, doch scheinen
die kriegerischen Rüstungen, die schon abgeschlossen sind
und nicht erst drohen, damit nicht übereinzustimmen.
Sehen wir euch doch gekommen, selbst Richter zu sein über
alles, was gesprochen werden wird. Und das Ende davon wird
schließlich sein: Siegen wir in dem Rechtsstreit und geben
daher nicht nach, so droht uns Krieg, lassen wir uns aber
von euch bereden, Knechtschaft.«*

Thukydides, *Der Peloponnesische Krieg*, V, 86

Die Macht eines Menschen besteht … in seinen gegenwärtigen Mitteln zur Erlangung eines zukünftigen … Guts.

Thomas Hobbes, *Leviathan*

Politische Macht entspringt den Gewehrläufen.

Mao Zedong

Regieren heißt seine Macht zum Bestrafen einsetzen.

B. F. Skinner, *Science and Human Behavior*

Die Ausübung von Gewalt gegen ein Mitglied einer zivilisierten Gemeinschaft ist – gegen dessen Willen – nur rechtmäßig, wenn dadurch Schaden von anderen abgewendet werden soll. Sein eigenes physisches oder moralisches Wohl ist keine hinreichende Rechtfertigung.

John Stuart Mill, *On Liberty*

Das Ausmaß meiner gesellschaftlichen oder politischen Freiheit ergibt sich aus dem Fehlen von Hindernissen, die nicht nur meinen aktuellen, sondern auch meinen potentiellen Wahlentscheidungen im Wege wären, die mich daran hindern würden, so oder anders zu handeln, wenn ich mich dazu entschlösse.

Isaiah Berlin, *Freiheit. Vier Versuche*

Genetische Studien in den letzten 25 Jahren haben durchweg den Befund erbracht, daß die DNA von Mensch und Schimpanse in jeder beliebigen Region ihres Genoms zu mindestens 98,5 % übereinstimmt.

Ann Gibbons, »Which of Our Genes Make Us Human?«, *Nature*, Bd. 281, 4. September 1998

*Die höchste Macht liegt darin,
die Tagesordnung festzusetzen.*

Anonym

▬▬▬▬ Was ist Macht? Macht ist die Fähigkeit, Dinge zu bewirken. Das meinte der englische Philosoph Thomas Hobbes im 17. Jahrhundert, als er sagte, die Macht einer Person bestehe in ihren gegenwärtigen Mitteln zur Erlangung zukünftiger Güter. Das gleiche meinte der englische Philosoph Bertrand Russell im 20. Jahrhundert, als er Macht in seinem Buch *Power* definierte als »die Erzeugung gewünschter Wirkungen«. Man hat Macht, wenn man das bekommen kann, was man will oder möchte. Und das meinen Menschen auch, wenn sie behaupten, Gott sei allmächtig. Er besitzt absolute, unendliche Macht. Er kann alles Wirklichkeit werden lassen.

Politische Macht ist persönlicher. Sie ist das Vermögen des Staates, eine gewünschte Situation durch Gewalt oder Zwang herbeizuführen und dafür nicht zur Rechenschaft gezogen zu werden. Diejenigen, die politische Macht ausüben, können ungestraft Lohn und Strafe zumessen. Mao sagte über die Macht, sie entspringe den Gewehrläufen. Politische Macht nimmt häufig die Form einer Rechtsordnung an. Wissenschaftler definieren die Rechtsordnung sogar als eine vom Staat ausgeübte gesellschaftliche Kontrolle.[1] Politische Macht schränkt folglich unsere Wahlmöglichkeiten ein. Sie ist umgekehrt proportional zur Macht der Bürger beziehungsweise zu unserer Freiheit, nach Belieben zu handeln. Politische Macht wächst in dem Maß, wie die Macht des einzelnen abnimmt, und umgekehrt.[2]

Unschärfe schafft Wahlmöglichkeiten. Wir können aus den Grauschattierungen auswählen, die Unschärfe definieren. Mehr Freiheitsgrade bedeuten mehr Optionen. Diese Situation kann entweder die Macht der Bürger oder die Macht der Politiker steigern. Es hängt davon ab, wer das Sagen hat. Und mehr Freiheitsgrade bedeuten auch, daß wir stärker im Ungewissen darüber sind, wie wir oder jemand anderer auswählen wird. Einige Menschen möchten mit Gewalt die Wahlfreiheit anderer Personen einschränken und so die Ungewißheit über deren Wahlentscheidungen verringern.

Das Ergebnis ist Politik.

Politik hat von jeher Macht zur Einschränkung von Freiheits-
räumen und zur Festsetzung von Normen genutzt. Der Extremfall ist die reine Gewaltherrschaft. Wir tun genau das, was der
Tyrann von uns verlangt. Wir gehorchen jedem Erlaß. Die
Gesellschaft entscheidet sich dann, und nur dann, für etwas,
wenn sich der Diktator dafür entschieden hat.[3] Es gibt keinerlei
Unschärfe, da es nur eine Option gibt.

Als nächstes kommen die binären Wahlhandlungen. Man
bricht das Gesetz, oder man bricht es nicht. Man unterzeichnet
den Vertrag, oder man unterzeichnet ihn nicht. Man zeigt seinen
Ausweis, oder man zeigt ihn nicht. Die Politik verleiht in der
Regel einer der beiden Optionen Nachdruck. Folglich sind es
Machtverfügungen. Nur ein faires Stimmrecht gibt den Bürgern
eine echte Wahl zwischen zwei Gegensätzen. Demokratien rüh-
men sich, ihre Mitglieder könnten ohne Druck abstimmen, auch
wenn sie sich nur zwischen zwei Kandidaten entscheiden können.

Unschärfe erzeugt eine Art Anarchie der Wahlmöglichkeiten
in der politischen Welt, so wie sie eine Art Begriffsverwirrung in
der geistigen Welt erzeugt. Es ist schwierig, jemanden dazu zu
zwingen, sich für eine bestimmte Gradzahl wie 83 Prozent oder
20 Prozent zu entscheiden, wenn er aus dem gesamten Spektrum auswählen kann. Daher lassen wir nur selten unscharfe
Wahlmöglichkeiten zu. Wir überlassen es dem Staat, eine
scharfe Grenze zu ziehen, der er dann durch Androhung von
Zwang Nachdruck verleiht.

Ein berühmter Fall ist das US-amerikanische Wahlmänner-
kollegium. Die meisten Amerikaner glauben, sie würden ihren
Präsidenten und Vizepräsidenten im Rahmen eines einfachen
Mehrheitswahlsystems direkt wählen. John tritt gegen Jane an,
und derjenige, der die meisten Stimmen erhält, gewinnt die
Wahl. Doch so läuft es nicht. Und die Amerikaner müßten ihre
Verfassung ändern, wollten sie ihr Wahlsystem modifizieren
oder abschaffen.[4] Viele haben genau dies in den letzten 200 Jahren immer wieder versucht.

Jeder US-Bundesstaat hat eine feste Zahl von Wahlmännerstimmen. Tatsächlich hält jeder Bundesstaat eine eigene Abstimmung nach dem Mehrheitswahlsystem ab. Wenn John in Texas

mehr Stimmen als Jane erhält, gewinnt er sämtliche Wahlmännerstimmen in Texas. Somit runden wir die Abstimmung in jedem Bundesstaat und lassen die Stimmen der Wähler, die für den unterlegenen Kandidaten stimmten, außer Betracht.

Der nächste Präsident ist nicht unbedingt der Kandidat, der die meisten Stimmen auf sich vereinigen konnte. Gewinner ist, wer die meisten Wahlmännerstimmen bekommt. John könnte theoretisch Jane unterliegen, wenn John zwar mehr Stimmen als Jane erhält, diese aber in Bundesstaaten erhält, in denen Jane nur wenige Stimmen erhielt. John würde diese Bundesstaaten haushoch gewinnen, jedoch vielleicht die übrigen knapp an Jane verlieren. Janes binäre Rundungen könnten in der Summe mehr Wahlmännerstimmen ergeben als die von John. Ein solches Ergebnis würde zweifellos zu einem raschen Ende des Wahlmännersystems führen. [Wie die letzte US-Präsidentenwahl im Jahr 2000 gezeigt hat, ist die erste Vermutung des Autors eingetreten. Ob er auch mit der zweiten recht behält, scheint derzeit eher unwahrscheinlich. A. d. V.]

Die Politik beinhaltet viele weitere Konflikte zwischen unscharfen Optionen und binären Regeln. Tatsächlich liegt die Logik der Politik in genau diesem Konflikt: *Der Staat zieht öffentliche Schwarzweißlinien durch private graue Wahlhandlungen.* Und er verleiht ihnen unter Androhung von Gewalt Geltung.

Wir gelangen so zu einer guten Faustregel für alle gesellschaftlichen Bereiche außerhalb der Wissenschaft: Wenn man im gesellschaftlichen Leben an eine binäre Grenzlinie stößt, ist es sehr wahrscheinlich, daß ein Politiker sie gezogen hat. Und natürlich ziehen Eltern Grenzen für ihre Kinder, so wie Lehrer sie für ihre Schüler ziehen. Niemand vergißt das demütigende Gefühl, kurz vor Erreichen der Linie zwischen Bestehen und Durchfallen gestolpert zu sein. Eltern und Lehrer fungieren gewissermaßen als örtliche »Träger öffentlicher Gewalt«, wenn sie diese Linien ziehen und ihnen Geltung verschaffen.

Der Staat zieht die großen Linien für uns. Der Staat bestimmt, wann wir volljährig sind, wann wir geschieden sind und wann wir ein Schwerverbrecher sind. Wir können wegen bloßer Worte und ihrer staatlichen Definition eine Geldstrafe bekommen oder eine Lizenz verlieren oder gar ins Gefängnis wandern. Auch wenn unser Auto nur leicht aus der Fahrspur ausschert, kann ein Verkehrspolizist eine »ermessensbedingte« Linie ziehen und dieses Verhalten als verkehrsgefährdendes beziehungsweise rücksichtsloses Fahren definieren. Und wir müssen jedes Mal, wenn wir unsere Steuererklärung einreichen, darauf hoffen, daß der zuständige Sachbearbeiter sein Ermessen zu unserem Besten ausübt.

Der Konflikt zwischen unscharfen und binären Wahlhandlungen in der Politik reicht sogar noch tiefer. Er wirkt sich darauf aus, wo wir uns selbst in der politischen Landschaft einordnen. Und vor allem beeinflußt er, wie andere uns definieren und welche Linien sie durch uns beziehungsweise durch unsere Überzeugungen und Handlungen ziehen.

Hier beginnt die Theorie der Fuzzy-Würfel.

Das Links-Rechts-Spektrum: der eindimensionale Fuzzy-Würfel

Stehen Sie politisch links oder eher rechts? Sind Sie liberal oder konservativ? Diese Begriffe ziehen sich durch fast alle modernen politischen Diskurse. Die Linke und die Rechte definieren die Pole unseres politischen Denkens. Sie liegen sich an der Hauptlinie, welche die politische Ideologie in zwei Hälften teilt, genau gegenüber. Und sie geben TV-Talkshows und Meinungsspalten in Zeitungen ein einfaches Diskussionsformat. Aber was bedeuten sie?

Wir lernen die Termini »rechts« und »links« anhand von Beispielen. Ronald Reagan und Margaret Thatcher waren rechts. François Mitterrand und Michail Gorbatschow waren links. Clint Eastwood und Arnold Schwarzenegger sind rechts. Robert Redford und Warren Beatty sind links.

Politikwissenschaftler behaupten manchmal, die Linke wolle Veränderungen, während die Rechte an dem Bestehenden festhalte.[5] Dies mag auf viele Parlamente in den dreißiger Jahren – in den Tagen des New Deal – und später in den sechziger Jahren, als Lyndon B. Johnsons Programm sozialpolitischer Reformen (»Great Society«) Furore machte, zugetroffen haben. Doch heute verhält es sich in den Vereinigten Staaten, in Südamerika und in vielen anderen Ländern eher umgekehrt. Die Rechte ist vielfach »radikaler«, wenn nicht »progressiver« in ihrer politischen Programmatik, mit der sie die marktwirtschaftliche Privatisierung gewisser staatlicher Aufgaben und die Abschaffung bestimmter öffentlicher Leistungen verlangt.[6]

Angeblich geht die Unterscheidung zwischen rechts und links auf die Französische Revolution zurück. Die Radikalen von 1789 saßen zur Linken des Präsidenten der französischen Nationalversammlung. Diese Bezeichnung blieb hängen, und französische Intellektuelle von Charles Fourier bis Jean-Paul Sartre haben sie seither für sich in Anspruch genommen und sich als Vorkämpfer der politisch Machtlosen verstanden.

Konservative führen vielfach den britischen Staatsmann und Schriftsteller Edmund Burke (1729–1797) als einen der Begründer der Rechten an, obwohl er zu seiner Zeit so etwas wie ein Liberaler war. Burke machte sich einen Namen in der Geschichte des Konservatismus, als er sich in seinem 1790 erschienenen Buch *Reflections on the Revolution in France* gegen die Ziele und Werte der Französischen Revolution wandte. Der Amerikaner Thomas Paine schrieb sein 1791 erschienenes Buch *The Rights of Man* als direkte Erwiderung auf Burke.[7]

Die moderne Linke trägt die Verantwortung für einen Großteil der Stärken und Schwächen des Wohlfahrtsstaates. Sie kann auf staatliche Programme – von den sozialen Sicherungssystemen bis zu Lebensmittelgutscheinen – als Beispiele für die praktische Umsetzung ihres Willens, den Bedürftigen zu helfen, verweisen. Die moderne Rechte dagegen verdient Lob und Tadel dafür, daß sie sich diesen Programmen und der damit verbundenen Erhöhung der Staatsausgaben und der öffentlichen Kreditaufnahme vielfach widersetzt hat.

Die Rechte kann auch auf ihr eigenes Rechtsvermächtnis an die moderne Politik verweisen: das Delikt ohne Geschädigten. Manche nennen dies heute auch »einvernehmliches« Delikt.[8]

So hat die Rechte in fast allen Ländern mit einer aktiven rechtsstehenden Partei private Vergnügungen von Drogen über

Glücksspiel und Prostitution bis zu Pornographie für ungesetzlich erklärt. Diese Gesetze wurzeln in den Verboten der Religionen, welche die Rechte unterstützt oder in der Vergangenheit unterstützt hat. Die Vereinigten Staaten stehen weltweit mit weit über einer Million Strafgefangenen an der Spitze. Über die Hälfte davon sitzt wegen Drogendelikten ein. Sechs Prozent der Briten konsumieren illegale Drogen, gegenüber etwa zwölf Prozent der Amerikaner, die fast 49 Milliarden Dollar pro Jahr für illegale Rauschgifte ausgeben. Amerikaner geben etwa 50 Milliarden Dollar pro Jahr für legale Tabakprodukte aus.[9]

Doch wir haben noch immer nicht die Frage beantwortet, was die Begriffe »rechts« und »links« bedeuten.

Auch wenn sich viele Menschen nicht sicher sind, was diese Termini bedeuten, so sind sie sich doch sicher, daß sie unscharf sind. Man erstellt sich eine Landkarte der Politik zunächst, indem man lernt, wer weiter links und wer weiter rechts steht als man selbst. Die äußerste Linke geht allmählich in den Sozialismus oder Kommunismus über. Die äußerste Rechte geht in den Faschismus beziehungsweise den Nationalsozialismus Hitlerschen Gepräges über.[10] Wir gehen auf diese seltsame Behauptung weiter unten ein. Irgendwo zwischen diesen Extremen liegt die Programmatik der Mitte beziehungsweise der Gemäßigten. Dieses Links-Rechts-Spektrum legt die Agenda der politischen Debatte und Theorie fest und begrenzt sie.

Fuzzy-Mengen erfassen die Segmente des Links-Rechts-Spektrums.* Die Sozialisten der extremen Linken überschnei-

---

* Die folgenden Ausführungen gelten für das politische Spektrum in den Vereinigten Staaten. Die Bezeichnungen für die verschiedenen politischen Richtungen decken sich dabei inhaltlich nur beschränkt mit den entsprechenden deutschen Begriffsverwendungen; so vertritt etwa ein »Liberaler« im US-amerikanischen Verständnis politische Positionen, die gewisse Übereinstimmungen mit denen der deutschen Sozialdemokraten aufweisen, während ein »Libertärer« für ein Maximum an wirtschaftlicher und politischer Freiheit eintritt. Ein »Populist« im amerikanischen Verständnis schließlich ist ein Konservativer, dem es vor allem um das »Volkswohl« zu tun ist, wobei er dieses Ziel nicht notwendigerweise mit demagogischen Mitteln zu erreichen sucht, wie dies ein Populist in unserem Verständnis tut. A. d. Ü.

den sich bis zu einem gewissen Grad mit den Liberalen (im amerikanischen Sinne). Diese überschneiden sich mit den gemäßigten Liberalen. Und diese überschneiden sich wiederum mit den Gemäßigten und so weiter – bis zu den Faschisten am äußersten rechten Rand. Die Mengen sind deshalb unscharf, weil die Menschen ihnen immer nur zu einem gewissen Grad angehören. Dies bedeutet, daß sie ihnen zu einem gewissen Grad auch nicht angehören. Nur wenige Menschen sind lupenreine Liberale, Konservative oder Gemäßigte.

Das folgende Schaubild stellt diese Fuzzy-Mengen als sich überlappende Dreiecke beziehungsweise Trapeze dar und somit als spezielle Teilmengen des Links-Rechts-Spektrums:

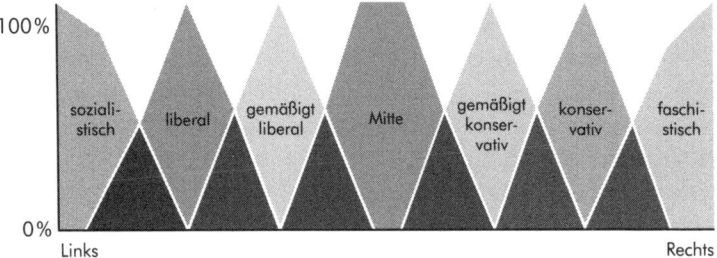

Jede Fuzzy-Menge ist unbestimmt und relativ. Menschen sind immer zu einem gewissen Grad liberal und nicht-liberal. Und verschiedene Menschen ziehen die Grenzen der liberalen Fuzzy-Menge in unterschiedlicher Weise. Einige werden die Grenzen weiter oder enger oder mehr nach links oder mehr nach rechts ziehen. Wir könnten auch einige unscharfe Konzepte hinzufügen oder weglassen. Wir könnten rechts von »konservativ« noch »reaktionär« einfügen. Oder wir könnten die Mengen erweitern und sie auf »liberal«, »gemäßigt«, und »konservativ« beschränken.

Fuzzy-Konzepte helfen uns, das Links-Rechts-Spektrum zu etikettieren, aber sie erklären noch immer nicht, was die Termini »links« und »rechts« bedeuten; Sie helfen uns lediglich, die zirkuläre Natur der Begriffe aufzuzeigen, die dem Links-Rechts-Spektrum zugrunde liegen.

Was ist ein Liberaler (im amerikanischen Verständnis)?
Jemand, der links steht. Wer steht links? Liberale und die
Nicht-Rechte stehen links. Was ist ein Konservativer beziehungsweise Republikaner? Jemand, der rechts steht und nicht
links. Und so bewegen wir uns ständig in logischen Zirkeln. Die
Aussage, jemand sei ein Liberaler, weil er politisch links stehe,
besagt nicht mehr, als daß er liberal ist. Sie erklärt nicht, was
der Terminus bedeutet. Das gleiche gilt für die Ausdrücke
»gemäßigt« und »konservativ«.[11] Wir definieren sie durch sich
selbst und verbinden sie nicht mit anderen Begriffen oder Variablen. Doch man definiert einen Ausdruck dann, und nur dann,
wenn man ihn durch andere Ausdrücke ersetzt (dann, und nur
dann, wenn man das Definiendum durch das Definiens ersetzt).
Im besten Fall ersetzen wir den Ausdruck durch andere Ausdrücke oder Variablen, die meßbar sind.

Das Problem liegt in der Bezeichnung der Links-Rechts-
Achse: Sie hat keine. Welche Quantität oder Qualität schwankt
von links nach rechts beziehungsweise von niedrig nach hoch?
Was mißt sie? Das Links-Rechts-Spektrum gibt uns keinen Aufschluß darüber. Es gibt uns kein Verfahren an die Hand, mit dem
wir seine Ausdrücke auf einfachere Ausdrücke, die jene definieren, zurückführen könnten.

Einige haben die Größe des Staateinflusses als Meßgröße vorgeschlagen. Liberale wollen mehr Staat, und Konservative wollen weniger Staat. Dies mag für gewisse Posten des Sozial-
budgets gelten. Es gilt jedoch in vielen Fälle nicht für die
Verteidigungsausgaben, die Gewährung von Agrarsubventionen
oder die entschlossene Bekämpfung von »Delikten ohne Geschädigten«. Beide Seiten beschuldigen die jeweils andere, diese
wolle für gewisse Politikfelder zu viel Geld ausgeben, für andere
dagegen nicht genug.

So gelangen wir zu einer einfachen, wenn auch verblüffenden
Schlußfolgerung: Wir wissen oft nicht, was wir sagen, wenn wir
über moderne Politik sprechen.

Das Links-Rechts-Spektrum ist unscharf, und seine Ausdrücke sind zirkulär. Es fördert eher die gegenseitige Schmä-
hung, als daß es soziales Verhalten erklärt oder dabei hilft, Ideen
in eine logische Taxonomie einzuordnen. Es spiegelt auch das

Gefühl des Umbruchs in der politischen Wissenschaft selbst wider.[12] Kein Wunder, daß sich so viele Amerikaner eine dritte Partei wünschen.

Dennoch erkennen wir ein Muster bei denjenigen, die wir links oder rechts nennen. Die neuronalen Netze in unserem Gehirn fassen diese Personen und ihre Glaubenssysteme zu Gruppen zusammen. Wir fassen ähnliches mit ähnlichem zusammen und gelangen so zu mindestens zwei Clustern. Das ist eine empirische Tatsache. Wir finden das politische Muster *A* und das politische Muster *B*. Personen, die dem Muster *A* zugeordnet sind, fordern in der Regel die gleichen Veränderungen und widersetzen sich den gleichen Veränderungen. Das gleiche gilt für Personen, die dem politischen Muster *B* zugeordnet sind. Sie behaupten, daß einige Probleme die zentralen Probleme sind, und sie gebrauchen eine ähnliche Sprache und ähnliche Slogans, um ihre Forderungen zu untermauern.

Die Frage ist jedoch, ob die beiden Muster logische Gegenbegriffe definieren. Wir wissen lediglich, daß sich die Muster *A* und *B* voneinander unterscheiden. Dies ist nur eine andere Ausdrucksweise für das, was wir meinen, wenn wir sie als unterschiedliche Muster *A* und *B* statt als ein und dasselbe Muster klassifizieren. Das genügt bei weitem nicht, um zu zeigen, daß Muster *B* von *A* in dem polaren Sinne abhängig ist, daß *B* gleich *Nicht-A* ist und umgekehrt. Eine schwarze Krähe unterscheidet sich von einer weißen Ente, aber die beiden Vogelarten bilden keine polaren Gegensätze. Die Federfarben mögen an den entgegengesetzten Enden des Grauspektrums liegen, aber die beiden Vögel besitzen viele andere gemeinsame Merkmale. Eine Krähe ist keine Anti-Ente in dem Sinn, wie der Tag das Gegenteil der Nacht und »an« das Gegenteil von »aus« ist.

Die Linke und die Rechte haben viel zu viele Gemeinsamkeiten, als daß man sie als reine Gegensätze betrachten könnte. Beide befürworten zu einem gewissen Grad den freien Markt, die nationale Verteidigung und öffentliche Sicherheit und Ordnung. Sie unterscheiden sich lediglich in einer Teilmenge von Fragen beziehungsweise nur im Grad ihrer Unterstützung für bestimmte Fragen. Die Debatte konzentriert sich auf diese Fragen und blendet tendenziell die Gemeinsamkeiten aus. TV-Bildschirme und Zeitungskolumnen fokussieren die Debatte noch weiter auf die Punkte, in denen beide Seiten nicht übereinstimmen. Die Forderung der Medien nach prägnanten, pointierten Stellungnahmen veranlaßt beide Seiten dazu, ihre sachlichen Unterschiede zu überzeichnen.

Wir müssen die Gemeinsamkeiten und die Divergenzen vermessen. Die Politik ist zu komplex, als daß sie auf eine Variable zurückgeführt werden könnte. Sie braucht wenigstens zwei. Sie braucht einen größeren Begriffsraum.

Die Links-Rechts-Linie braucht eine Ebene.

Das politische Fuzzy-Quadrat: mehrdimensionale Ideologie

Wir können das Links-Rechts-Spektrum in ein Fuzzy-Quadrat einbetten. Ein Quadrat besteht aus unendlich vielen Geradenabschnitten (Strecken), die sich von links nach rechts beziehungsweise von oben nach unten aneinanderreihen. Um diese Strekken werden wir uns nicht kümmern. Statt dessen werden wir eine der zwei langen Diagonalen verwenden, die ein Quadrat durchschneiden.

Das Quadrat selbst ist eine Art Fuzzy-Würfel. Jeder Punkt in dem Würfel (Kubus) gibt an, in welchem Ausmaß die beiden Objekte oder Muster *A* und *B* dazugehören. Die Punkte stehen in unserem Fall für den Grad zweier Formen von Freiheit. Die vier Ecken stehen für die vier binären beziehungsweise Alles-Oder-Nichts-Fälle. Die Punkte haben nur dann Fuzzy-Werte beziehungsweise -prozente, wenn sie innerhalb des Würfels liegen. Es zeigt sich, daß die Theorie der Fuzzy-Mengen eine Theorie der Würfel ist.[13]

Eine Strecke ist der einfachste »Würfel«. Die Prozentsätze von 0 Prozent bis 100 Prozent definieren einen eindimensionalen Würfel. Er mißt die Werte einer Fuzzy-Variablen. Das Links-Rechts-Spektrum ist ein solcher eindimensionaler Fuzzy-Würfel, auch wenn nicht klar ist, was genau die eine Achse mißt. Beide Fuzzy-Variablen ergeben ein Fuzzy-Quadrat beziehungsweise einen zweidimensionalen Fuzzy-Würfel. Drei ergeben einen räumlichen oder dreidimensionalen Fuzzy-Würfel und so weiter. Im nächsten Kapitel werden wir gesellschaftliche Wahlhandlungen als Punkte in Fuzzy-Würfeln mit zehn Dimensionen und mehr modellieren. Wir können uns diese hochdimensionalen Fuzzy-Würfel nicht mehr anschaulich vorstellen, weil wir uns nicht vorstellen können, wie vier verschiedene Strecken alle rechtwinklig aufeinanderstehen können. Die mathematische Formelsprache erlaubt uns jedoch, mit Würfeln, die eine Million Dimensionen haben, genauso einfach zu arbeiten wie mit Würfeln, die lediglich zwei oder drei Dimensionen haben. Dies wird in Kapitel 11 zu einem wesentlichen Aspekt, wo ein Fuzzy-Würfel, der das Universum als einen Punkt in sich beschreibt, mehr Dimensionen besitzt, als das Universum Atome enthält.

Wir konzentrieren uns jetzt lediglich auf die beiden Variablen, die einen zweidimensionalen Fuzzy-Würfel beziehungsweise ein Fuzzy-Quadrat definieren. Die Variablen messen zwei Arten von Freiheit, und wir definieren sie jetzt. Das beginnt damit, wie wir Freiheit selbst definieren.

Was ist Freiheit?

Die Popsängerin Janis Joplin behauptete in einem Song, der Ende der sechziger Jahre fast zur Ikone einer ganzen Generation wurde, Freiheit bedeute, daß man »nichts mehr zu verlieren hat« (»Freedom's just another word for nothing left to lose«). Dieser Slogan hört sich an wie das Risikoprofil eines zum Tode Verurteilten. Und er macht deutlich, daß wir vielleicht in Zukunft einen größeren Handlungsspielraum haben werden, wenn wir uns einer selbstauferlegten Beschränkung unseres Verhaltens – wie z. B. dem Bestreben, unser Vermögen zu erhalten – entledigen. Doch der Fokus des Slogans auf Optionen ist zu breit. Er deutet an, daß politische Freiheit jeden beliebigen Typ von Freiheit umfaßt, wie etwa die Freiheit zum Müßiggang, die Redefreiheit oder die Freiheit zu Kopfschmerzen. Die Freiheit, über die wir diskutieren und uns manchmal heftig streiten, ist die politische Freiheit. Sie befaßt sich mit »legaler« Macht.

Freiheit ist ein negatives Konzept in dem Sinne, daß es die Abwesenheit von Unfreiheit bedeutet. Es ist die Abwesenheit von Einschränkungen. Und politische Freiheit ist ein Sonderfall.

Politische Freiheit ist die Abwesenheit staatlicher Freiheitsbeschränkungen. Wir sind lediglich in dem Maß frei, wie uns der Staat kein bestimmtes Verhalten aufzwingt oder uns gewaltsam von einem bestimmten Verhalten abhält. Politische Freiheit endet dort, wo staatlicher Zwang beginnt.

Politische Freiheit bedeutet nicht, daß man die Mittel oder die Macht besitzt, nach Gutdünken zu handeln. Macht besteht, wie wir uns erinnern, in der Fähigkeit, Dinge zu bewirken, beziehungsweise in der heutigen Verfügungsgewalt über Mittel, mit denen sich künftige Ziele verwirklichen lassen. Janis Joplins Slogan von dem »nichts mehr zu verlieren haben« ist eine gute Beschreibung für Machtlosigkeit. Der mittellose Strafgefangene ist in diesem Sinne machtlos, und dennoch besitzt er wenig oder gar keine politische Freiheit.

Robinson Crusoe kann auf seiner Insel tun und lassen, was er möchte. Er besitzt weder die Mittel noch die Macht, gewisse Freiheiten zu verwirklichen. Er kann fischen und jagen, Muscheln knacken und den lieben langen Tag lauthals fluchen. Aber er kann weder Nachrichten anschauen noch Felsen sprengen, noch ein Loch in einem Zahn füllen.

Macht gibt uns mehr Wahlmöglichkeiten. Freiheit läßt uns die Wahl unter den verfügbaren Optionen. Mehr Optionen erzeugen somit mehr Möglichkeiten zur Ausübung von Druck. Je größer die Freiheit, um so mehr Wahlmöglichkeiten gibt der Staat seinen Bürgern, ohne sie zu bestrafen. Wir könnten hier theoretisch ganz auf philosophische Begriffe verzichten und die Wahlfreiheit rein in Kategorien des Verhaltens beschreiben. Das Verhalten beziehungsweise Nicht-Verhalten einer Person gibt Aufschluß über ihre Wahlhandlungen beziehungsweise Präferenzen.[14] Handlungen in der Raumzeit sprechen eine deutlichere Sprache als Gedanken in den neuronalen Schaltkreisen.

Regierungen spielen manchmal mit Begriffen, um den mentalen Akt des Entschlusses mit dem physischen Akt der Wahl zu vermischen. So behauptet etwa die US-Regierung, die Sozialabgaben seien »freiwillige Beiträge«. Sie behauptet, die Bundessteuerbehörde sei auf die »freiwillige Steuerehrlichkeit« angewiesen. Die Bürger können sich jedoch nur in Gedanken frei dazu entschließen, die Abgaben nicht zu entrichten. Denn der Staat bestraft sie, wenn sie ihre Abgaben nicht höchstpersönlich zahlen. Es ist die gleiche Art »freiwilliger Ehrlichkeit«, auf die sich der Klassenschläger verläßt, wenn er einen Schüler auffordert, ihm das Essensgeld oder das Handy zu geben: Bezahl, sonst passiert was!

Freiheit hängt *nicht* davon ab, ob der Handelnde einen »freien Willen« hat.[15] Dies ist weniger strittig, als es sich anhört.

Ein Roboter ist in dem Maß frei, wie er sich nach den Wünschen richten kann, die jemand in sein Chipgehirn einprogrammiert hat. Vielleicht fügen wir einen zufallsselektierten Ausgangswert in seine Wahllogik ein, damit wir seine Wahlakte und Handlungen schwerer vorhersagen können. Wir können auch eine nichtlineare Dynamik einbauen, die es für uns noch schwerer macht, sein Verhalten vorherzusagen, weil dann nicht nur ähnliche Inputs nicht immer zu ähnlichen Outputs führen, sondern weil sogar der gleiche Input oft zu unterschiedlichen Outputs führt. Ein freier Roboter kann zwar tun, was er will, aber er kann nicht wollen, was er will.

Das gleiche gilt für »Bioroboter« wie uns Menschen. Andere Kräfte bestimmen, was der Roboter will, so wie wir bis zu einem gewissen Grad von den Genen und der Außenwelt gesteuert werden. Dies betrifft nicht unsere politische Freiheit. Moderne Philosophen haben versucht, eine Lösung für diese Probleme zu finden und die scheinbare Dichotomie zwischen freiem Willen und Determinismus zu überwinden. Der an der Harvard-Universität lehrende Philosoph Willard Van Orman Quine faßte die hundertjährige Analyse dieser Frage folgendermaßen zusammen:

> Wie Spinoza, Hume und so viele andere betrachte ich eine Handlung dann als frei, wenn die Motive beziehungsweise Triebfedern des Handelnden ein Glied in deren Kausalkette sind. Diese Motive und Triebfedern selbst können dabei beliebig streng determiniert sein.[16]

Quines »Handelnder« kann ebensogut ein selbstprogrammierter Roboter wie ein posthominides politisches Subjekt sein.

Freiheit zerfällt in mindestens zwei Fuzzy-Mengen von Freiheiten oder freien Handlungen. Dies bedeutet, daß die Freiheit mehrdimensional ist. Man kann in einer Hinsicht zu einem gewissen Grad frei sein und in einer anderen Hinsicht zu einem gewissen Grad nicht frei.

Die Bürgerrechte bilden die erste allgemeine Fuzzy-Menge von individuellen Handlungsfreiheiten. Die meisten davon beziehen sich auf Spielräume der persönlichen Selbstentfaltung. Sie bestimmen, was wir sagen und schreiben dürfen, unter welchen Voraussetzungen die Polizei uns durchsuchen beziehungsweise unser Telefon abhören darf, ob wir Sex, Drogen, Alkohol oder Pokerchips kaufen oder verkaufen dürfen. Einige beziehen sich auf den Umfang der staatlichen Gewährleistung persönlicher Religionsfreiheit. In den meisten Ländern gibt es wohl nur wenige bekennende schwule Atheisten in hohen öffentlichen Ämtern. Einige islamische Länder haben das Bekenntnis zu Atheismus und Agnostizismus gesetzlich verboten, so wie es früher in den meisten westlichen Ländern der Fall war. Saudi-Arabien verlangt, daß auch nicht-muslimische Touristen während des Monats Ramadan tagsüber fasten.

Bürgerrechte verbürgen auch den Zugang zu und die Verbreitung von Informationen. So verbietet Schweden Sexfilme im Fernsehen vor 21 Uhr und Werbespots in Kindersendungen. Großbritannien verbietet Sexfilme im Fernsehen vor 21.30 Uhr, Frankreich verbannt diese Filme von 6 Uhr bis 22.30 von den Bildschirmen, und in Deutschland sind sie erst nach 23 Uhr erlaubt. Jeder Staat zieht seine eigene scharfe Grenze durch den unscharfen Übergang zwischen dem Sittenwidrigen und dem Nicht-Sittenwidrigen. Der amerikanische Nachrichtendienst National Security Agency verbietet es amerikanischen Bürgern und Firmen, Software mit bestimmten mathematischen Verfahren zu verschlüsseln, obwohl diese mathematischen Verfahren öffentlich zugänglich sind und die meisten anderen Länder ihre Nutzung erlauben.[17]

Ökonomische Freiheitsrechte bilden die zweite große Fuzzy-Menge von Handlungsfreiheiten. Sie werden um so stärker eingeschränkt, je höher die Belastung durch Steuern, Zölle und Regulierungen ist. Auch Mietpreisbindungen, Mindestlöhne, eine gesetzliche Krankenversicherungspflicht oder ein beliebiger anderer Eingriff des Staates in die Wirtschaft schränken diese Freiheiten ein. Ihren Tiefststand erreichen sie in einer Planwirtschaft. Die frühere Sowjetunion versuchte mit ihren aufoktroyierten Fünfjahresplänen einen solchen Zustand zu erreichen, blieb jedoch weit hinter dem Ziel der zentralen Planung zurück, indem sie Arbeitern erlaubte, ihre Stellen weitgehend nach Belieben zu wechseln, und einigen sogar gestattete, auf kleinen Parzellen Agrarprodukte für den privaten Verkauf auf dem Markt anzubauen. Heute kommen die US-amerikanischen Streitkräfte einer reinen Kommandowirtschaft am nächsten.

Die Staatsausgaben sind ein grobes Maß für die ökonomische Freiheit. Je höher die Ausgaben, um so höher die Steuereinnahmen und um so geringer die ökonomische Freiheit. In Schweden beläuft sich das Verhältnis der Staatsausgaben zum Bruttoinlandsprodukt (BIP) auf etwa 68 Prozent. In Deutschland beträgt diese sogenannte Staatsquote 49 Prozent, in den Vereinigten Staaten 33 Prozent und in Singapur etwa 20 Prozent.[18] Die Verteidigungsausgaben begrenzen die ökonomische Freiheit ebenfalls graduell. Und desgleichen das Verbot der Postzustellung an Sonn- und Feiertagen.

Das politische Fuzzy-Quadrat hat zwei Achsen. Die Bürgerrechte werden auf der vertikalen Achse von 0 bis 100 Prozent abgetragen. Und die ökonomischen Freiheiten werden auf der horizontalen Achse von 0 bis 100 abgetragen.

Jeder Punkt im Quadrat definiert eine einfache Fuzzy-Menge. Der Punkt gibt das Ausmaß an, in dem der einzelne ein Befürworter der bürgerlichen Freiheiten und der ökonomischen Freiheiten ist. Der bürgerliche Libertäre befürwortet ein Maximum an staatsbürgerlichen Freiheiten. Der wirtschaftliche Libertäre befürwortet ein Maximum an ökonomischen Freiheiten. Der Liberale ist für ein Höchstmaß an bürgerlichen Freiheiten, nicht aber für ein Höchstmaß an ökonomischen Freiheiten. Ein Konservativer ist für weitgehende ökonomische Freiheit, aber für begrenzte bürgerliche Freiheit. Ein Populist ist weder für das eine noch für das andere. Ein Libertärer ist für beides.

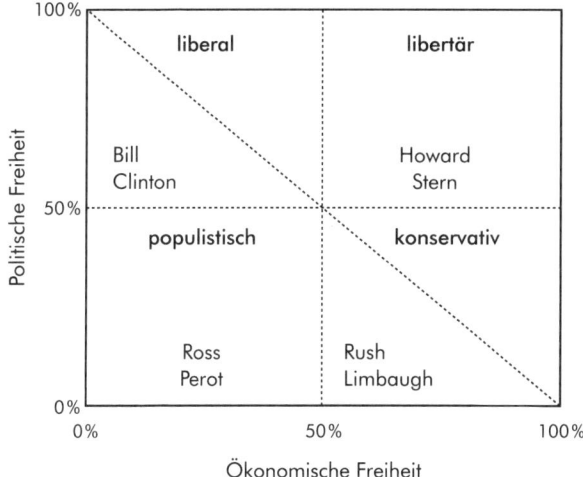

Die obige Abbildung zeigt ein politisches Fuzzy-Quadrat mit den Bezeichnungen der vier Muster in den vier Quadranten. Die Quadranten enthalten auch die Namen einiger der neueren Vertreter dieser Positionen in der amerikanischen Öffentlichkeit.

Man beachte die gestrichelte Linie, die von der oberen linken zur unteren rechten Ecke verläuft. Sie stellt eine der beiden Diagonalen des Quadrats dar, da sie den Mittelpunkt des Fuzzy-Quadrats schneidet. Ein Theorem besagt, daß diese Diagonale die beiden binären Eckpunkte des reinen bürgerlichen *libertarianism* (Ultraliberalismus) und des reinen ökonomischen Ultraliberalismus miteinander verbindet. Und so ergibt sich als logische Folge, daß die gestrichelte Linie das in einen zweidimensionalen Fuzzy-Würfel eingebettete, altbekannte Links-Rechts-Spektrum ist.

Die Links-Rechts-Extreme sind nach wie vor Gegensätze, und die Linke und die Rechte treffen sich nach wie vor in der Mitte. Konservative, wie etwa Rush Limbaugh[19], der Gastgeber einer Radio-Talkshow, geraten noch immer hart mit Liberalen wie Ex-Präsident Bill Clinton aneinander und vertreten bei den meisten gesellschaftlichen Fragen einen anderen Standpunkt, so wie sich die weitgehend konservativen Staaten Deutschland und Japan von den weitgehend liberalen Staaten Schweden und

Kanada unterscheiden. Das Fuzzy-Quadrat stellt ihren Gegensatz unter dem Gesichtspunkt dar, inwieweit sie bereit sind, Freiheit zugunsten staatlicher Kontrolle zu beschneiden. Der Fortschritt liegt hier darin, daß sich diese Links-Rechts-Linie als eine Art von Theorem aus dem Fuzzy-Quadrat ergibt. Sie folgt aus der geometrischen Struktur des politischen Fuzzy-Quadrats.

Die beiden Variablen des Fuzzy-Quadrats vermeiden auch die Zirkularität, unter der das alleinstehende Links-Rechts-Spektrum leidet. Jeder Punkt auf der Diagonalen ist ein speziell gewogener Mittelwert aus reinem bürgerlichen und ökonomischen Ultraliberalismus. Wenn ein Liberaler auf dieser Linie zu 60 Prozent für uneingeschränkte bürgerliche Freiheiten ist, ist er gleichzeitig zu 40 Prozent für uneingeschränkte ökonomische Freiheiten. Die beiden Prozentsätze summieren sich dann, und nur dann, zu 100 Prozent, wenn die politische Position auf der Diagonalen liegt. Dies ist die Nullsummenstruktur, welche die politischen Positionen der Linken und Rechten polarisiert. Aber wir definieren »liberal« nicht einfach als »nicht-konservativ«, und wir definieren »links« nicht als »nicht-rechts« und setzen dann unsere zirkulären Definitionen fort, indem wir »konservativ« als »nicht-liberal« und »rechts« als »nicht-links« definieren. Vielmehr definieren wir »liberal« und »konservativ« anhand der beiden unabhängigen Variablen bürgerliche und ökonomische Freiheit.

Das Fuzzy-Quadrat zeigt vier Fuzzy-Muster und zwei Paare von Gegensätzen. Liberale stehen im Gegensatz zu Konservativen, und eine Diagonale zeigt ihr Gegensatzverhältnis an. Populisten stehen im Gegensatz zu den Libertären, und die zweite Diagonale zeigt ihren Gegensatz an. Alle vier Muster stehen in einem gewissen Grad im Gegensatz zueinander, allerdings nicht immer bei denselben Themen. Liberale und Libertäre stimmen in Fragen der bürgerlichen Freiheiten weitgehend überein, während die Populisten und Konservativen hier anderer Meinung sind. Konservative und Libertäre sind sich weitgehend einig in Fragen der ökonomischen Freiheiten, während sie hier mit den Liberalen und Populisten über Kreuz liegen.

Das Fuzzy-Quadrat zeigt, wie das Links-Rechts-Spektrum diese dritten Parteien wegdefiniert.

Es zeigt darüber hinaus, daß das Votum für eine »dritte Partei« nicht bloß aus einer Reaktion auf das Links-Rechts-Dogma besteht, sondern die beiden gegensätzlichen Positionen des Ultraliberalismus und des Populismus umfaßt. Dies erklärt mit, weshalb bislang in den Vereinigten Staaten keine dritte Partei Fuß gefaßt hat, welche die große Zahl von Wählern repräsentieren würde, die nicht die Links-Rechts-Optionen des Liberalismus und Konservatismus unterstützen. Libertäre und Populisten unterscheiden sich sogar noch stärker voneinander als von den Liberalen beziehungsweise den Konservativen.

Das Fuzzy-Quadrat definiert die Libertären als Verfechter uneingeschränkter bürgerlicher und wirtschaftlicher Freiheiten. Dies ist die formale Definition des »schlanken« Staates, der sich auf wenige Kernaufgaben beschränkt. Viele Libertäre ziehen den älteren Terminus »klassischer Liberaler«[20] beziehungsweise die neuere Bezeichnung »Marktliberaler«[21] vor. Der Ultraliberalismus firmiert außerhalb der Vereinigten Staaten und in wissenschaftlichen Fachjournalen noch immer unter der Bezeichnung »Liberalismus« und meint dann oftmals einen Verfassungsliberalismus. Der Historiker Francis Fukuyama hat in seinem umstrittenen Buch *Das Ende der Geschichte* den konstitutionellen politischen Liberalismus folgendermaßen definiert: »Der politische Liberalismus läßt sich einfach als Rechtsstaatsprinzip definieren, das gewisse individuelle Schutz- beziehungsweise Freiheitsrechte gegen staatliche Eingriffe verbürgt.« John Stuart Mill und andere britische Radikale gründeten in den achtziger Jahren des 19. Jahrhunderts die Liberal Party in England.[22] Sie leiteten ihre Forderungen nach bürgerlichen Freiheitsrechten von den empiristischen britischen Philosophen Thomas Hobbes und John Locke sowie von der gewohnheitsrechtlichen Überlieferung in England her, die noch vor den 15. Juni 1215 zurückreicht, als die Barone König Johann auf der Ebene von Runnymede dazu zwangen, die Magna Charta zu unterzeichnen. Die Liberalen leiteten ihre wirtschaftliche Laissez-faire-Programmatik von den Marktwirtschaftstheorien Adam Smiths und David Ricardos her.

Eine Meinungsumfrage im Jahr 1994 ergab, daß sich 22 Prozent der Amerikaner als libertär einstufen.[23] Die meisten von ihnen wählen jedoch die Demokraten oder die Republikaner.

Der berühmteste amerikanische Libertäre war Thomas Jefferson, von dem das Diktum stammt: »Jene Regierung ist die beste, die am wenigsten regiert.«[24] Jefferson war als Sklavenbesitzer wohl kaum ein Vorkämpfer der Freiheit. Wort und Tat klafften bei ihm auseinander. DNA-Tests haben nachgewiesen, daß er wenigstens ein Kind mit seiner Sklavin Sally Hemings zeugte.[25] Hemings war die Halbschwester von Jeffersons Frau. Jefferson war möglicherweise auch der Vater von weiteren ihrer sieben Kinder. Er hielt sich jeweils neun Monate, bevor die einzelnen Kinder geboren wurden, (mit einer Ausnahme) in seinem Haus in Monticello auf. Jeffersons Heuchelei war ebenso unmenschlich wie wohlüberlegt. Dies ändert nichts an der Triftigkeit seiner Argumente für eine starke Begrenzung der Rolle des Staates. Aber es läßt sein Eintreten dafür als bloße rhetorische Übung erscheinen: Wie kann ein Verfechter der Freiheit andere Menschen als Eigentum besitzen und verkaufen und seine Frau und seine Kinder als Sklaven leben lassen? Auch Benjamin Franklin besaß viele Jahre lang Sklaven, aber zumindest im hohen Alter wurde er zu einem Anhänger der Sklavenbefreiung.

Die Welt hat sich in 200 Jahren so tiefgreifend verändert, daß der große Staatsmann und Schriftsteller Jefferson seinen modernen libertären Nachfolger in dem Radio-Entertainer und Millionär Howard Stern gefunden hat. Stern hatte sich 1994 für die Libertären um das Amt des Gouverneurs von New York beworben. Er schied jedoch aus dem Rennen aus, als die Behörden von ihm verlangten, seine Finanzen offenzulegen, und er sich weigerte, weil er darin einen Eingriff in seine Privatsphäre sah.

Howard Sterns Platz auf dem Fuzzy-Quadrat spiegelt das wider, was die Zeitschrift *Rolling Stone* und andere Nachrichtenmagazine als einen libertären Trend unter den etwa 130 Millionen Amerikanern unter 35 Jahren und der noch jüngeren Generation X[26] ansehen. Politikwissenschaftler beobachten schon seit langem, daß sich der ideologische Standpunkt einer Person in der Regel dann herausbildet, wenn sie volljährig wird. Die heutigen jungen Leute neigen dazu, den Staat als ein Herrschaftsinstrument der Alten und Ergrauenden zu betrachten. Viele, wenn nicht die meisten jungen Leute bezweifeln, daß sie jemals nennenswerte staatliche Renten erhalten werden. So kam eine

Studie aus dem Jahr 1994 zu dem Ergebnis, daß der Staat einer 72-jährigen Frau während ihres gesamten Lebens 98 600 Dollar mehr an Leistungen ausbezahlte, als sie in Form von Steuern an den Staat zahlte. Doch jemand, der heute 27 Jahre alt ist, wird während seines Lebens 203 000 Dollar mehr an Steuern bezahlen, als er an staatlichen Leistungen erhält.[27] Die Position des einzelnen im Fuzzy-Quadrat dürfte weitgehend von so groben Maßen wie öffentlichen Abgaben und Leistungen bestimmt werden.

Das Quadrat definiert den Populisten als die Gegenfigur des Libertären. Populisten befürworten weder uneingeschränkte bürgerliche noch ökonomische Freiheiten. Ihr Motto ließe sich umreißen mit »so viele Gesetze wie möglich«. Populisten sind für die Wehrdienstpflicht und gewisse Formen von Zensur. Mitunter treten sie überdies für Gesetze ein, die bestimmte sexuelle Handlungen oder Lebensstile verbieten oder einschränken. Wie die Liberalen sind sie für ein hohes Steueraufkommen, ökonomische Regulierung und die obligate staatliche Zulassung von Ärzten, Rechtsanwälten und anderen freien Berufen. Sie sind strikt gegen unbegrenzte Zuwanderung und die Freigabe von Drogen.

Der Milliardär Ross Perot ist so etwas wie ein moderner patriotischer Populist. Seine Reform Party gilt als eine populistische Partei der Mitte. Perot ist ebenso gegen den freien Handel wie gegen Drogen, ausländisches Erdöl, Steuervergünstigungen und hohe Gehälter für Führungskräfte und Kongreßabgeordnete. Er ist dafür, daß der Straßenbau, Kommunen, mittelständische Unternehmen und die Computerforschung mit öffentlichen Mitteln gefördert werden. Perot befürwortet auch eine höhere Einkommensteuer, um die Staatsverschuldung so schnell wie möglich zurückzuführen, und höhere Steuern auf Gas und Mineralöl sowie eine Stärkung der Finanzverwaltung, damit die Einkommensteuer und andere Bundessteuern effizienter erhoben werden können.[28]

Der frühere Wrestling-Champion Jesse »The Body« Ventura bewarb sich 1998 als Kandidat der Reform Party um das Amt des Gouverneurs von Minnesota und wurde auch gewählt. Ventura forderte eine Stärkung der ökonomischen Freiheit durch niedrigere Steuern und weniger Regulierung und eine Ausweitung der bürgerlichen Freiheiten. Er bekundete seine Sympathie für die Entkriminalisierung von Drogenkonsum und Prostitution. Somit war sein Standpunkt eher libertär als populistisch. Die meisten Anhänger der populistischen Reform Party von Ross Perot fordern hingegen eine stärkere strafrechtliche Sanktionierung des Rauschgiftkonsums.

Extremer Populismus geht in Totalitarismus über, während extremer Liberalismus in eine weitgehende staatsfreie Anarchie des freien Marktes übergeht. Diese Extreme bilden die beiden binären Eckpunkte des zweidimensionalen Fuzzy-Würfels und befinden sich an den gegenüberliegenden Enden einer Diagonalen. Sie belegen die ironische Erkenntnis der Politikwissenschaftler, wonach die einzigen konsistenten politischen Positionen Totalitarismus und Anarchismus sind. Sie zeigen auch, daß sich Markt- beziehungsweise individualistischer Anarchismus von dem bekannteren kommunistischen beziehungsweise kollektivistischen Anarchismus unterscheidet. Der individualistische Anarchist möchte keine Regierung. Der kollektivistische Anarchist möchte eine starke oder gar totalitäre Regierung, um die Regierungslosigkeit durchzusetzen.

Der Begriff Faschismus war einfach ein Synonym für Totalitarismus. Die *Columbia Encyclopedia* definiert Faschismus als eine »totalitäre Staatsauffassung, die Staat und Volk verherrlicht und dem Staat die Kontrolle über jeden Aspekt des gesellschaftlichen Lebens zuweist«.[29] Der italienische Faschist Benito Mussolini stellte dies in seinem Buch *La dottrina del fascismo* klar und postulierte sogar die Polarität zwischen dem Faschismus und der modernen libertären Auffassung (beziehungsweise dem klassischen Liberalismus): »Der [klassische] Liberalismus hat den Staat im Namen des Individuums negiert. Der Faschismus bekräftigt dagegen die Rechte des Staates als Ausdruck des eigentlichen Wesens des Individuums.«[30]

Hitler, Mussolini und Franco unterdrückten ökonomische ebenso wie politische Freiheiten. Sie teilen ihre Position im Fuzzy-Quadrat mit Josef Stalin, Mao Zedong, Muammar el-Gaddafi, Saddam Hussein und Dutzenden anderer Diktatoren, die über genügend Macht verfügen, um wirklich die Geschicke ihres Landes zu bestimmen. Das moderne China hat sich unterdessen in den konservativen Quadranten verlagert, da es das marktwirtschaftliche Modell übernommen hat, ohne indes die Einschränkungen der bürgerlichen Freiheiten aufzugeben. Das gleiche ist in vielen Ländern Südasiens geschehen, von Südkorea bis Singapur.

Daß der Faschismus an den äußersten rechten Rand des Links-Rechts-Spektrums gerückt wurde, hatte immer mehr mit polemischer Überspitzung als mit Logik zu tun. Das Fuzzy-Quadrat zeigt, daß der Faschismus sich in gleicher Weise auf Ideen der extremen Linken wie der extremen Rechten stützt. Das alte Links-Rechts-Spektrum wollte uns glauben machen, daß die Linke und die Rechte im Totalitarismus enden.

Wo aber würden wir dann die Anarchie einordnen? Die Einwohner von Island lebten in einer Anarchie mit privater beziehungsweise »konsensueller« Regierung, bis sie 1263 durch Abstimmung beschlossen, den König von Norwegen als ihren König anzuerkennen.[31] Das Volk versammelte sich zu öffentlichen »Thingen«, bei denen Gesetze beschlossen und Streitigkeiten entschieden wurden. Ihr dezentraler »Staat« hatte zwar eine Legislative und eine Judikative, aber keine Exekutive. Sie konnten sich den Luxus dieser Anarchie zum Teil deshalb leisten, weil sie nicht von fremdländischen Invasoren bedroht wurden. Auch Irland hatte in seiner blutigen Geschichte ruhige Perioden der Anarchie.

Eine Form des Fuzzy-Quadrats ist seit mindestens 25 Jahren gebräuchlich und wird vielfach als Nolan-Diagramm bezeichnet.[32] Sowohl Wirtschaftswissenschaftler als auch Politikwissenschaftler haben es benutzt, obwohl keiner von ihnen die formale Verbindung zur Fuzzy-Logik erkannte. Der mit dem Nobelpreis ausgezeichnete Wirtschaftswissenschaftler Paul Samuelson benutzte das politische Fuzzy-Quadrat im letzten Kapitel seines in den siebzigern Jahren populären Lehrbuchs *Economics*. Doch der bekennende Liberale Samuelson definierte den konservativen Quadranten als »faschistisch« und den populistischen Quadranten als »Sklaverei«.[33] Dies entsprach weder dem gängigen Sprachgebrauch noch dem politischen Quadrat.

Die Politologen William Maddox und Stuart Lilie untersuchten die Struktur der amerikanischen Politik in den siebziger Jahren mit Hilfe von Fragebogen, um die Position des Befragten im politischen Fuzzy-Quadrat zu ermitteln. Sollte der Staat die Inhalte von Fernsehen, Rundfunk oder Internet kontrollieren? Sollten wir Prostitution, Glücksspiel oder Rauschgiftkonsum legalisieren? Sollten wir das Einkommensteuergesetz, das Gesetz über Mindestlöhne beziehungsweise über Agrarsubventionen abschaffen? Sollten die Vereinigten Staaten für die Verteidigung Europas oder Asiens zahlen?

Maddox und Lilie fanden heraus, daß sich 1980 etwa die Hälfte der Amerikaner einer »dritten« parteipolitischen Ideologie zuordnen ließ.[34] Die Populisten führten mit 26 Prozent der Wähler. Die Liberalen folgten mit 24 Prozent und die Libertären mit 17 Prozent. Die Konservativen hinkten mit 17 Prozent der Wähler hinterher. Die anderen 16 Prozent hatten keine Meinung oder fielen in die Mitte des Quadrats.

Dies wirft eine zentrale Fuzzy-Frage auf: Was befindet sich in der Mitte des Quadrats?

Im Mittelpunkt liegt das politische Zentrum. Und es geht allmählich nach allen Seiten in andere Positionen über. Der Mittelpunkt ist der unschärfste Punkt in einem Fuzzy-Würfel. Er ist in dieser Hinsicht einzigartig. Er liegt gleich weit von jedem binären Eckpunkt entfernt. Kein anderer Punkt in einem Würfel hat diese Eigenschaft. Der Wert ½ liegt in einem eindimensionalen Fuzzy-Würfel beziehungsweise im Links-Rechts-Spektrum gleich weit von null und eins entfernt. Das gleiche gilt für ein Fuzzy-Quadrat oder einen Fuzzy-Würfel beliebiger Dimension. Der Mittelpunkt des Würfels hat keine Entsprechung in der binären Logik oder Mathematik. Er bildet die unreife Zitrone ab, die genauso gelb wie nicht-gelb ist, oder den vollkommen neutralen Wähler.

Mit dem Mittelpunkt eines Würfels hat es sogar noch mehr auf sich. Er erklärt die »Paradoxien«, unter denen die binäre Logik zumindest seit der Zeit der alten Griechen leidet. Lügt der Kreter, wenn er sagt, daß alle Kreter lügen? Wenn er die Wahrheit sagt, dann lügt er, und folglich sagt er nicht die Wahrheit. Doch wenn er lügt, dann sagt er die Wahrheit. Dies zwingt uns zu der Schlußfolgerung, daß der Kreter gleichzeitig lügt und nicht lügt. Das ist in der binären Logik unmöglich. Aber es ist in der Fuzzy-Logik in Ordnung, wenn er zu je 50 Prozent lügt und die Wahrheit sagt.[35]

Die gleiche Fuzzy-Logik gilt für die Person, die sich auf der eindimensionalen Fuzzy-Linie als liberal und konservativ einstuft und sich im zweidimensionalen Fuzzy-Quadrat nicht nur als liberal und konservativ, sondern auch noch als populistisch und libertär einordnet. Diese »paradoxen« Positionen rücken sie in den Mittelpunkt des Würfels beziehungsweise ins politische Zentrum. Die Person landet auch im Mittelpunkt, wenn sie sich auf der eindimensionalen Fuzzy-Linie weder als Liberaler noch als Konservativer einstuft oder wenn sie sich nicht nur als weder liberal noch konservativ, sondern auch als weder populistisch noch libertär einstuft.

Diese Analyse hört bei zwei Dimensionen nicht auf. Wir können das Fuzzy-Quadrat um weitere Variablen ergänzen und so die Dimensionen der politischen Analyse erhöhen. Mehr Dimensionen machen den Würfel wirklichkeitsgetreuer. Sie machen die Analyse aber auch schwerfälliger und beeinträchtigen ihre Überprüfbarkeit. Was wäre eine gute dritte Variable? Welche Auffassung beziehungsweise welches Konzept würde dabei helfen, jeden Quadranten weiter zu unterteilen? Die dritte Variable kann alles sein, was wir messen oder mit einem Fragebogen oder einem anderen Instrument erheben können.

Die Abtreibung wäre eine gute dritte Variable. Sind Sie ein Abtreibungsgegner oder ein Abtreibungsbefürworter? Diese beiden Extreme definieren ein eigenes Wahlspektrum von 0 bis 100 Prozent. Sie würden das Fuzzy-Quadrat in einen richtigen dreidimensionalen Fuzzy-Würfel mit acht Quadranten verwandeln. Die meisten Konservativen sind für den Schutz des ungeborenen Lebens, und das gilt auch für die meisten Populisten. Die meisten Liberalen und Libertären dagegen stellen stärker auf die Eigenverantwortung der Frau ab. Aber es bleiben immer noch genügend übrig, die die acht Quadranten nicht ausfüllen. Dies gilt um so mehr für die Frage der späten Schwangerschaftsunterbrechung.

Es gibt so viele Ausnahmen, daß es möglicherweise sinnvoll ist, das Problem der Abtreibung als eine dritte Achse zu behandeln. Wir können es aber auch mit den bürgerlichen Freiheiten in einen Topf werfen. Beide Ansätze verbessern das einfache eindimensionale Links-Rechts-Spektrum, das die politischen Debatten, geisteswissenschaftlichen Seminare und die Meinungskolumnen der Zeitungen über einhundert Jahre lang bestimmt hat.

Die Dynamik des Fuzzy-Quadrats: Ist der Staat unser Schicksal?

Das Fuzzy-Quadrat liefert uns einen neuen Ansatz für die Analyse der Politik in Vergangenheit und Zukunft. Gesellschaftliche Trends legen Pfade durch das Quadrat. Die meisten Staaten haben nach der bolschewistischen Revolution in Rußland im Jahr 1917 die ökonomischen Freiheiten eingeschränkt. Die osteuropäischen Staaten haben nach dem Zusammenbruch der Sowjetunion im Jahr 1991 die ökonomischen Freiheitsrechte ihrer Bürger erweitert. Ihre Punkte im Fuzzy-Quadrat wurden folglich in Richtung der ökonomischen Rechten verschoben.

Dies zeigt uns, daß das Fuzzy-Quadrat mehr ist als nur ein neues Beschreibungsmodell für die Politik. Es gibt uns ein Bezugssystem an die Hand, in dem wir soziale Hypothesen formulieren und überprüfen können. Es läßt uns gesellschaftliche Bewegungen als dynamische Systeme definieren, die sich selbst erhalten und die sich wandeln, wenn sich die Rahmenbedingungen ändern.

Eine einfache, aber plausible Hypothese lautet folgendermaßen: Die vier binären Eckpunkte sind instabil.

Selbst der auf wenige Kernaufgaben beschränkte Staat neigt dazu, sich auszudehnen. Selbst die am besten formulierte Verfassung erreicht nicht viel mehr, als das Anwachsen des staatlichen Machtapparats zu verlangsamen beziehungsweise seine Größe zu verringern. Die Volksrepublik China hat 1983 eine Verfassung verabschiedet, die unmißverständliche Forderungen nach Freiheit enthält, doch sie hat wenig getan, um diese Freiheitsrechte praktisch umzusetzen. Und die vollkommene Unterdrückung von politischen oder ökonomischen Freiheiten zerstört sich selbst. Fast alle totalitären Staaten haben sich ihr Grab selbst geschaufelt. Herrscher haben auch eine Art bäuerlichen Anreiz, um ihren Untertanen genügend Freiheit zu geben, damit diese einen hinreichenden Ertrag an Gütern und Dienstleistungen produzieren. Denn was für den Landwirt gilt, gilt vermutlich auch für die herrschende politische Klasse: Das langfristige Niveau der Freiheit in einer Gesellschaft korreliert augenscheinlich mit ihrem maximalen, dauerhaft zu erzielenden Ertrag an Steuern und persönlicher Verfügungsgewalt.

Eine spekulativere Hypothese lautet folgendermaßen: Der Eigennutz der Wähler zieht die Gesellschaft zum Mittelpunkt des Quadrats.

Der Mittelpunkt des Quadrats kann als eine Art dynamischer Fixpunkt-Attraktor wirken. Dies bedeutet, daß alle Straßen zum Mittelpunkt führen können. Oder der Eigennutz der Wähler bewirkt, daß sich die Gesellschaft spiralförmig oder in Sprüngen von einem Quadranten zum nächsten bewegt. Soziale Pfade können dann zu einem geschlossenen Zyklus oder Kreislauf im Quadrat konvergieren. Oder sie wandern in einem chaotischen Gleichgewicht umher. Nur Tests und Daten können uns darüber Aufschluß geben.

Fuzzige Politik-Würfel beliebiger Dimension ermöglichen uns, die klarste politische Frage überhaupt zu erkunden: Ist der Staat unvermeidlich?

Viele Menschen gehen offenbar davon aus, daß der Staat eine schicksalhafte Notwendigkeit ist. Dies rührt zumindest teilweise von einem lebenslangen »staatsähnlichen« Muster der Verstärkung und sozialen Kontrolle her. Menschen lernen quasi von Geburt an, sich staatsähnlicher Autorität zu fügen. Eltern steuern das Verhalten ihrer Kinder mit einer Art »Hausordnung«, die gesetzesähnliche Normen und Sanktionen umfaßt.

Wenig später kontrollieren Lehrer ihr Verhalten mit einem noch strengeren disziplinarischen System. Der an der Harvard-Universität lehrende Psychologe B. F. Skinner meinte, daß Schulen und Hochschulen die staatlichen Muster der Verstärkung auf Schüler und Studenten übertragen: »Staatlich finanzierte Schulen können dahin tendieren, ihre pädagogischen Methoden im

Sinne des Staates einzusetzen und ihren erzieherischen Auftrag
so auszuführen, daß er nicht in Konflikt mit staatlichen Techniken der Kontrolle gerät oder die Quellen staatlicher Macht
bedroht.«[36] Diese staatlich geförderte Konditionierung reicht
vom Inhalt »genehmigter« Lehrbücher für Kinder bis zu den
Dollarmilliarden, mit denen die staatliche Forschung und Hoch-
schulbildung finanziert wird. Für Schüler, Studenten und Lehrer
besteht nur ein geringer Anreiz, die Macht des Staates zu hinterfragen. Und der Anreiz, seine Unvermeidlichkeit in Frage zu
stellen, ist für sie sogar noch geringer.

Doch die Zukunft des Staates hängt letztlich von mehr ab als
nur von konditioniertem Verhalten. Sie beruht auf ökonomi-
scher Effizienz. Staaten sind Gewaltmonopole. Sie bilden und
erhalten sich, weil ein Gewaltmonopol zumindest eine Dienstleistung effizienter erbringt als konkurrierende Marktkräfte:
den Schutz nach außen. Märkte können die nationale Verteidigung nicht gewährleisten, weil sie Trittbrettfahrer, die für die
Dienstleistung nicht bezahlen, nicht vom Schutz ausschließen
können. Dieses prägnante Argument ist Gift für den Anarchi-
sten. Und es ist die einzige Rechtfertigung für staatliche Gewalt,
die jeglicher Kritik widerstanden hat. Die nationale Verteidigung ist ein öffentliches Gut, und Märkte stellen es nicht in hin-
länglichem Maß bereit.

Wir werden so lange Staaten haben, wie es Atome geben wird,
die wir schützen wollen. Aber werden wir den Staat auch für den
Schutz unserer Bits benötigen? Kapitel 15 erkundet diese Frage
im Kontext des »Uploading« des menschlichen Geistes auf Computerchips. Die Cyberwelten der Zukunft werden möglicherweise keiner staatlichen Kontrolle bedürfen, so wie schon heute
viele Menschen der Ansicht sind, daß das Internet kaum staatliche Reglementierungen und keine Cyberwelt-Regierung
braucht, die es überwacht beziehungsweise verwaltet.

Auch im digitalen Zeitalter bleibt die Frage bestehen: Wird
die staatliche Kontrolle insgesamt in den nächsten hundert Jahren zu- oder abnehmen?

Eine zynische, aber überzeugende Antwort lautet, daß die
staatliche Kontrolle so lange zunehmen wird, wie es uns nicht
gelingt, den Frühmenschen in uns zu bändigen. Wir sollten uns

dabei von Zeit zu Zeit daran erinnern, daß wir genetisch zu 98 Prozent mit den Schimpansen identisch sind und daß der konstitutionelle Liberalismus im Tierreich eher selten vorkommt.

Die meisten Amerikaner halten den konstitutionellen Liberalismus für eine Selbstverständlichkeit. Sie neigen zu der Annahme, daß die meisten Menschen auf dem Planeten in einer rechtsstaatlichen Ordnung leben und Bürgerrechte, beständige Eigentumsrechte und die übrigen Errungenschaften des konstitutionellen Liberalismus genießen. Doch nur knapp über die Hälfte der 193 Staaten, die heute auf der Erde existieren, sind Demokratien. Und etwa die Hälfte davon sind »illiberale« Demokratien, in denen den Bürgern einzig das Privileg bleibt, dem nächsten Diktator ihre Stimme zu geben. Der Gesellschaftsanalytiker Fareed Zakaria bringt dies auf den Punkt: »Dem konstitutionellen Liberalismus verdanken wir die Demokratie, aber die Demokratie bringt nicht unbedingt den konstitutionellen Liberalismus hervor.«[37]

Ein Gewaltmonopol ist das ideale Forum für diejenigen, die an der Macht sind, um ihrem Herrschaftswillen und den anderen Formen der Aggression, die in unserem evolutionär entwickelten endokrinen System lauern, freien Lauf zu lassen. Die Kultur ist eine Errungenschaft, die sich nur auf die letzten 500 Generationen der Menschheit erstreckt. Diese 10 000 Jahre machen nur einen winzigen Bruchteil unserer dunklen und gewalttätigen Evolutionsgeschichte aus. Aristoteles hatte recht, als er sagte, der Mensch sei ein »zoon politikon«, ein Gemeinschaftswesen. Dies ist eine euphemistische Umschreibung dessen, daß wir eine machtversessene Spezies sind. Soziale Kontrolle und Staaten erwachsen aus dieser Gier. Moderne Staaten sind die größten Machtkonzentrationen in der Geschichte. Ob sich die frühen Hominiden eine solche Machtfülle hätten träumen lassen?

Es gibt weitere Belege für eine »Hominidentheorie« des Staates: Staaten sind bemerkenswerte Tötungsmaschinen. Einer Untersuchung zufolge töteten Staaten im 19. Jahrhundert im Schnitt etwa 3,7 Prozent ihrer Untertanen. Im 20. Jahrhundert haben Staaten etwa 7,3 Prozent der Weltbevölkerung getötet. Allerdings töten Staaten weniger Bürger, wenn diese produktiver sind. Eine einprozentige Steigerung des realen Bruttoinlandsprodukts (BIP) führt im Schnitt zu einer 1,4 prozentigen Abnahme des »Demozids«[38]. Daher mag das, was für den Landwirt gilt, auch für den Herrscher beziehungsweise, allgemeiner, für das System der staatlichen Herrschaft gelten. Der Staat hält uns zu größerer Produktivität an. Die liberal-demokratische Version davon lautet, daß wir uns selbst zu größerer Produktivität anhalten.

Es gibt eine statistische Antwort auf die Frage, ob der Staat unser Schicksal ist: Der Staat wächst scheinbar unaufhaltsam. Der Internationale Währungsfonds hat Daten über das Wachstum der Staaten seit 1870 gesammelt. Die Staatsausgaben einer Industrienation beliefen sich 1870 im Schnitt auf etwa 8,3 Prozent des BIP dieses Landes. Die durchschnittliche »Staatsquote« (Verhältnis der Staatsausgaben zum Sozialprodukt) hat sich dann während der Geburt des modernen Wohlfahrtsstaates bis zum Jahr 1937 auf 20,7 Prozent mehr als verdoppelt. Bis zum Amtsantritt von Ronald Reagan und Margaret Thatcher im Jahr 1980 hatte sie sich erneut mehr als verdoppelt, nämlich auf 42,6 Prozent. Das durchschnittliche Verhältnis von Staatsausgaben zum Bruttoinlandsprodukt kletterte dann bis 1990 weiter auf 44,8 Prozent. Der Trend hielt an: Der weltweite Durchschnitt stieg weiter und erreichte 1996 45,9 Prozent.[39] Etwa zur gleichen Zeit formulierte US-Präsident Bill Clinton seine Hypothese, wonach die »Ära des großen Staates vorbei« sei. Er meinte damit sicher, daß eine jahrhundertealte soziale Präferenz beziehungsweise ein Trend zugunsten staatlicher Lösungen für gesellschaftliche Probleme zu Ende gegangen sei. Die Trenddaten deuten allerdings darauf hin, daß die Ära des großen Staates gerade erst zur vollen Reife gekommen ist.

Dieses Wachstum der Macht des Staates kann aus demselben Grund nicht endlos weitergehen, aus dem Umweltschützer darauf hinweisen, daß wir Regenwälder nicht schneller roden dürfen, als neue Bäume nachwachsen. Dies bedeutet nicht, daß sich der Trend umkehren wird. Die bisherigen Daten zeigen, daß Regierungen in der Regel nicht daran interessiert sind. Menschen verzichten nur selten auf Macht und geben nur selten die damit verbundenen Vergünstigungen auf, so wie ein Orang-

Utan in Alpha-Position nicht eines Tages freiwillig beschließt, seinen Harem an schwächere Männchen zu übergeben.

Der Trend bei den Staatsausgaben kann bedeuten, daß die Staaten effizienter werden und in einen stationären Zustand eintreten. Die Staatsausgaben in den Industrienationen werden sich vielleicht in den nächsten Jahrzehnten oder den nächsten hundert Jahren auf zwischen 50 und 60 Prozent ihres BIPs belaufen. Uns sind bislang weder Erdöl noch andere Rohstoffe ausgegangen, wie einige Wissenschaftler in den sechziger und siebziger Jahren vorhersagten. Die zunehmende Nachfrage löste Innovationen aus und diese wiederum führten zu einem wachsenden Angebot. Daher kostet heute ein bestimmtes Volumen Erdöl weniger als ein entsprechendes Volumen Mineralwasser. Staaten passen sich langsamer an als Märkte, aber sie passen sich an. Und uns aufstrebenden Hominiden wird viel eher das Erdöl ausgehen als die Regierung.

Von Effizienz der staatlichen Verwaltung zu sprechen mag vielen wie ein Widerspruch in sich erscheinen. Aber sie läßt sich durch Produktivitätssteigerungen erreichen, die durch den Einsatz der Informationstechnologie, durch Privatisierung sowie durch die Wettbewerbseffekte von liquidem globalen Kapital und den Siegeszug des Internet realisiert werden. Kapital strömt mit zunehmender Geschwindigkeit und nachlassendem Reibungsverlust rund um die Welt. Das globale Kapital hält tendenziell jeden Staat in seiner eigenen Skinner-Box. Die Kapitalmärkte belohnen sehr schnell das gute marktwirtschaftliche Verhalten eines Landes mit sinkenden Zinsen und bestrafen umgehend das schlechte marktwirtschaftliche Verhalten mit steigenden Zinsen und daraus folgender Rezession und Arbeitslosigkeit. Das Internet wird bald dazu führen, daß alle Bürger der Welt sämtlichen Regierungen der Welt Beifall zollen oder die rote Karte zeigen, und dies in Echtzeit. Staaten müssen sich daher effizienter an die sich wandelnde digitale Welt anpassen. Sie können dies tun, ohne kleiner zu werden. Tatsächlich könnte das Internet zu einer Weltregierung führen.

Ich habe ein einfaches mathematisches Modell benutzt, um zu ermitteln, wohin sich ein Staat in einem zweidimensionalen Fuzzy-Würfel beziehungsweise in einem Fuzzy-Würfel von n Dimensionen entwickelt. Ich wollte die Erkenntnis objektivieren, die der Philosoph David Hume in seinem Essay »Of the First Principles of Government« [»Über die Grundprinzipien der Staatskunst«] aus dem Jahr 1776 formulierte, wonach *die Regierung auf [öffentlicher] Meinung* beruht. Dem liegt die Idee zugrunde, daß der Staat bei einer staatsfreundlichen öffentlichen Meinung seinen Gestaltungsspielraum erweitert, während dieser mit zunehmender »Staatsverdrossenheit« sinkt. Wenn die pro-staatliche Einstellung einen Fuzzy-Grad von 70 Prozent aufweist, beträgt die anti-staatliche Einstellung entsprechend 30 Prozent.

Das Modell besagt, daß das Wachstum des Staates von zwei Bedingungen abhängig ist. Die erste Bedingung bezieht sich auf die pro-staatliche Einstellung. Sie hat eine sogenannte logistische Form. Dies ist ein einfaches Standardverfahren, um abnehmende Erträge und Grenzen des Wachstums zu berechnen. Die zweite Bedingung bezieht sich auf die Staatsverdrossenheit und hat sogar eine noch einfachere Form. Sie besagt, daß Staatsverdrossenheit den Staat nach einer linearen Gleichung schrumpfen läßt, wenn alle anderen Bedingungen konstant bleiben.

Das Ergebnis zeigt, daß David Hume recht hatte: Die Gestaltungsmacht des Staates hängt von der öffentlichen Meinung ab. Sie beruht auf dem Saldo beziehungsweise dem Verhältnis von anti-staatlicher zu pro-staatlicher Einstellung in der öffentlichen Meinung.[40]

Dieses Ergebnis sagt nichts darüber aus, wie man die Millionen von Faktoren, welche die pro- beziehungsweise anti-staatliche Einstellung beeinflussen, definieren oder messen kann. Das Ergebnis gibt uns lediglich Aufschluß darüber, wohin diese Einstellungen in einem politischen Fuzzy-Quadrat führen. Es ist in dem Sinne aussagekräftig, als komplexere Modelle sich als Sonderfall auf dieses Modell zurückführen lassen sollten. Es ist auch in dem Sinne aussagekräftig, als die Richtung, in die hin sich der Staat entwickelt, nicht von dem Ausgangspunkt abhängig ist. Alle Pfade führen bald zur selben Stelle im Quadrat. Die Ausgangspunkte beziehungsweise »Anfangsbedingungen« spielen keine Rolle. Entscheidend ist das Verhältnis von pro- und anti-staatlicher Einstellung in der Öffentlichkeit.

Ist der Staat demnach eine »schicksalhafte« Notwendigkeit? Es kommt darauf an. Es kommt immer darauf an. Dieses einfache mathematische Modell besagt, daß der Staat Bestand hat, wenn die pro-staatliche öffentliche Meinung die Staatsverdrossenheit überwiegt. Aus dem Modell folgt, daß der Staat zusammenbricht, wenn die Staatsverdrossenheit in der Öffentlichkeit stärker wird als die staatstragende Gesinnung.

Selbstverständlich ist die wirkliche Antwort von sehr viel mehr Faktoren abhängig, als wir in ein mathematisches Modell packen können. Sie hängt von den Wirbeln und dem hochdimensionalen nichtlinearen sozialen »Schaum« ab, den unsere Nachfahren eines Tages unsere »Geschichte« nennen werden. Und diese wird zumindest teilweise von unseren Genen beeinflußt. Und mit der Zeit wird sie vielleicht auch davon abhängen, ob wir noch immer Gene und Hormone und Nervenreflexe und all die übrige evolutionäre »Biomaterie« besitzen, die uns zu Menschen und zu den nächsten Verwandten der Affen machen.

4 Das Fuzzy-Steuerformular

In dieser Welt ist nichts gewiß, außer dem Tod und Steuern.
Benjamin Franklin, *Brief an Jean Baptiste Le Roy,*
13. November 1789

Steuern zur allgemeinen Zufriedenheit festzulegen ist dem Menschen ebensowenig gegeben, wie Liebe mit Weisheit zu verbinden.
Edmund Burke

Kein Konnetabel oder sonstiger Beamter von uns soll die Kornfrucht oder anderes Hab und Gut von jemandem wegnehmen, es sei denn, er entschädigt auf der Stelle mit Geld dafür.
Magna Charta, Kapitel 28

Eine Enteignung ist nur zum Wohle der Allgemeinheit und nur gegen eine angemessene Entschädigung zulässig.
Verfassung der Vereinigten Staaten, 5. Verfassungszusatz

Der Steuerzahler weiß nicht – und kann nicht herausfinden –, aus welchen konkreten Individuen sich »der Staat« zusammensetzt. Für ihn ist »der Staat« ein Mythos, eine Abstraktion, ein immaterielles Gebilde, mit dem er keinen Vertrag schließen kann, das nicht nach seiner Zustimmung fragt und dem er nichts verpfänden kann.
Lysander Spooner, *No Treason: The Constitution of No Authority*

Die Einkommensteuer ist das Unbegreiflichste in der Welt.
Albert Einstein

Die Einkommensteuer hat mehr Amerikaner zu Lügnern gemacht als das Golfspiel. Selbst wenn man ein Steuerformular ordnungsgemäß ausfüllt, weiß man nicht, ob man nach der Bearbeitung als Betrüger oder als Märtyrer dasteht.

Will Rogers

Wir können die staatliche Lotterie als eine kluge öffentliche Subventionierung begrüßen, denn sie führt zu öffentlichen Einnahmen, welche die Steuerlast von uns besonnenen Abstinenzlern gezielt auf Kosten der unbedarften Massen, die sich vom Wunschdenken leiten lassen, erleichtert.

Willard Van Orman Quine, *Quiddities*

Man widmet sich der naturwissenschaftlichen Grundlagenforschung aus reinem Spaß, aus Freude daran, einen Beitrag zur menschlichen Kultur zu leisten, aus Ehrfurcht vor dem Vermächtnis, das über Generationen von Lehrmeistern weitergegeben wurde, und aus dem Bedürfnis, als erster zu veröffentlichen und berühmt zu werden.

Leon M. Lederman, »The Value of Fundamental Science«, *Scientific American*, November 1984

Eine Akademie der Wissenschaften, die sozusagen mit einer absoluten Souveränität ausgestattet wäre, würde, selbst wenn ihr die berühmtesten Denker angehörten, unfehlbar schon nach kurzer Zeit an ihrer eigenen moralischen und geistigen Verderbtheit zugrunde gehen.

Michael Bakunin, *Gott und der Staat*

Gesegnet seien die Jungen, denn sie werden die Staatsschulden erben.

Herbert Hoover

■■■■■ Ein altes Sprichwort sagt, daß ein Mensch, der einen Partner hat, einen Meister hat. Nur wenige Partner sind unangenehmer als der Staat.

Wir arbeiten, um unseren Lebensunterhalt zu verdienen, und müssen unser Einkommen dann mit dem Staat teilen. Wir bezahlen die Steuern und hoffen, daß der Staat einen Teil davon für Zwecke verwendet, die unseren Wünschen entsprechen. Aber das ist unwahrscheinlich. Der Staat verwendet unsere Steuergelder nach seinem Gutdünken und fordert uns nicht dazu auf, gewünschte Verwendungszwecke zu benennen. Er verlangt lediglich, daß wir zahlen. Die Steuerzahler haben kein Mitspracherecht hinsichtlich der Verwendung der abgeführten Steuern. Ein Fuzzy-Steuerformular könnte dies ändern.

Das Streben nach technologischen Durchbrüchen veranschaulicht, wie ein Fuzzy-Steuerfomular funktionieren könnte. Es zeigt, wie ein Fuzzy-Steuerformular die Verwendung unserer Steuergelder durch den Staat verbessern und bis zu einem gewissen Grad mit unseren unscharfen sozialen Präferenzen in Einklang bringen kann. Fuzzy-Steuerformulare könnten uns helfen, die scharfen Kanten der staatlichen Wissenschaftsbürokratie, die ständig an Macht gewinnt, abzurunden. Fuzzy-Steuerformulare könnten sogar langfristig unsere Steuerbelastung senken.

Ein Fuzzy-Steuerformular ist ein seltener Fall, bei dem die Steigerung der Unschärfe eines politischen Systems den Machthabern weniger Macht geben würde.

Gewinner aufspüren

Wie identifiziert man die Gewinner in einem Spiel, dessen Regeln man nicht kennt? Wie pickt man sie heraus, wenn das Spiel keine Regeln hat?

Dies ist in der natur- und ingenieurwissenschaftlichen Forschung die Frage. Es gibt keine Regeln für Durchbrüche. Niemand weiß, wie sich ein Durchbruch bei der Erforschung von AIDS, Elektroautos, Schwarzen Löchern oder Windschutzscheiben aus Diamant erzielen läßt. Einige Forscher glauben jedoch, sie wüßten es.

Die meisten Forscher wären froh, wenn sie mit Hilfe unserer Gelder zeigen könnten, weshalb sie glauben, es zu wissen. Aber wir bräuchten die Forscher nicht, wenn wir wüßten, wie sich der Durchbruch erzielen läßt.

Ein Durchbruch ist per se unabsehbar. Ein Durchbruch löst ein Problem auf eine neuartige Weise, die einen Bruch mit unserem bisherigen Wissen bedeutet. Es sind die seltenen Augenblicke, in denen neue wissenschaftliche Einsichten ein altes Rätsel beantworten. Ein Durchbruch hängt von harter Arbeit und Glück, von Sachkunde und sich wandelnden Marktkräften sowie von dem ab, was andere Menschen tun und getan haben.

Ich habe meine Kollegen dabei beobachtet, wie sie sich bemühten, im Auftrag staatlicher Stellen Gewinner zu identifizieren. Ich habe selbst versucht, Gewinner im Auftrag des Staates ausfindig zu machen. Es hat etwas Verlockendes, das Geld anderer Menschen auszugeben. An Ideen mangelt es nicht, und das Risiko des Scheiterns erscheint gering. Die Ideen stellen sich jedoch nicht so leicht ein, und das Risiko erscheint nicht so gering, wenn unsere Stelle, unsere Karriere oder der Fortbestand unserer Firma davon abhängen, was wir auswählen. Die Verwendung von Steuergeldern ist eines der Vorrechte universitärer und sonstiger staatlicher Forschungseinrichtungen. Das einzige Vorrecht, das fehlt, ist die Polizeigewalt. Doch selbst hier hat die US-amerikanische Lebensmittel- und Arzneimittelzulassungsbehörde, FDA, bereits einen besorgniserregenden Präzedenzfall für künftige Wissenschaftsbehörden geschaffen.

Ich kenne nur einen Fall, in dem ein Forscher es nicht für eine gute Idee hielt, daß der Staat mehr Gelder in ein neues, »verheißungsvolles« Feld pumpen sollte. Dieser Fall gewährt einen flüchtigen Einblick in die Träume, Pläne und gerissenen Winkelzüge, die allzuoft in den Vordergrund treten, wenn man das Gemeinwohl dadurch zu fördern sucht, daß man das Geld anderer Menschen ausgibt.

Das Forschungsgebiet waren neuronale Netze. Das sind lernfähige Rechner, welche die Funktionsweise des menschlichen Gehirns nachahmen. Ein paar Tausend Wissenschaftler arbeiteten Mitte der achtziger Jahre daran, die Art und Weise, wie unser Gehirn Muster lernt und erkennt, mit mathematischen und Computermodellen nachzubilden. Dies änderte sich im Jahr 1987, als das Forschungsfeld in der Welt der Wissenschaft und in der Massenpresse plötzlich Furore machte.

Das Forschungsgebiet der neuronalen Netze war gerade durch eine erste große Konferenz im Juni 1987 einer breiteren Öffentlichkeit bekannt geworden. Ich hatte die Konferenz organisiert und mit dafür gesorgt, daß die Presse über das Ereignis berichtete. Der Elan ergriff auch eine viel kleinere Konferenz über neuronale Netze, die Ende 1987 in Denver stattfand und an der nur einige hundert Forscher teilnahmen. Die meisten von uns wirkten in irgendeiner Weise an der großen Studie über neuronale Netze mit, die die Defense Advanced Research Projects Agency (DARPA) – das US-Bundesamt für Rüstungsforschung – gerade in Auftrag gegeben hatte. Ziemlich viele von uns versammelten sich an einem Konferenztag in dem überfüllten Tagungssaal eines Hotels, um über die künftige Strategie zu diskutieren.

Es ging um Steuergelder. Wie viele Millionen Dollar sollte der Staat nach unseren Empfehlungen beziehungsweise nach dem Ergebnis der DARPA-Studie für die Erforschung neuronaler Netze aufwenden?

In der kleinen Technokratie, die sich hier versammelt hatte, herrschte eine strenge Hackordnung. Professoren von großen und kleinen Universitäten waren anwesend. Dann gab es Forscher, die sich für Professoren hielten, aber lediglich in staatlichen Forschungseinrichtungen tätig waren. Und dann waren da noch die wesentlich bescheidener auftretenden Mitarbeiter und Gründer von kleinen Start-up-Unternehmen. Sie hörten vor allem zu und sprachen wenig.

Jeder Anwesende wußte, daß er Millionen von Dollar für sein eng umschriebenes Forschungsgebiet ausgeben könnte. Einige wollten an Gleichungen herumfeilen beziehungsweise Sinnesorgane oder Hirnareale modellieren. Ich selbst fiel in diese Kategorie von Gleichungsakrobaten. Andere wollten Chips bauen, die Flugzeuggepäck nach Sprengstoff absuchen, schadhafte Aspirinfläschchen auf einem Montageband aufspüren oder eine Krähe oder Gans auf einem Radarschirm von einem sowjetischen Kampfflugzeug beziehungsweise einem freundlichen Flugzeug unterscheiden konnten. Trotz des politischen Tauwetters zwischen den Supermächten arbeitete über die Hälfte dieser unabhängigen Geister an Rüstungsprojekten. Und jeder Anwesende, der sich im Saal umsah, konnte erkennen, daß sich hundert andere Forscher mit ähnlichen Plänen trugen.

Die Diskussion drehte sich bald nicht mehr um die potentiellen kurzfristigen Ergebnisse der Forschung über neuronale Netze, sondern darum, wie viele Fördermittel man jetzt beantragen solle.

Dann begann eine Inflation der Forderungen. Zuerst sagte jemand, wir sollten 10 Millionen Dollar verlangen. Viele waren jedoch der Ansicht, daß eine so niedrige Summe die Zeit und Mühe der DARPA nicht wert sei. Sie würde das Feld im Vergleich zu großen wissenschaftlichen Forschungsprogrammen in Physik, Medizin und Biologie unbedeutend erscheinen lassen. Vielleicht würde die National Science Foundation das Forschungsgebiet nicht ernst nehmen.

Darauf sagte jemand, mit Hilfe der Studie sollten Fördermittel in Höhe von 100 Millionen Dollar beantragt werden. Dies sei eine angemessene runde Zahl. Sogar die Physiker würden sie respektieren. Dann sagte ein anderer, die 100 Millionen Dollar sollten nur die Spitze des Eisbergs sein. Schließlich gehe es darum, die großen Rätsel des Gehirns in den nächsten Jahren zu lösen. Mit etwas Glück würde es uns sogar gelingen, die Gehirne einiger Insektenarten in Silizium oder in Kristallhologrammen nachzubauen.

Bald fiel dann die Summe von einer Milliarde Dollar. Da
ergriff Carver Mead vom California Institute of Technology
(Caltech) das Wort. Mead war mit Abstand der berühmteste
Wissenschaftler unter den Anwesenden. Er hatte eine Silizium-
retina entwickelt und in der Vergangenheit mitgeholfen, mehrere Chip-Unternehmen zu gründen; außerdem hatte er gerade
das Unternehmen Synaptics, einen Hersteller neuronaler Chips,
mitgegründet. Mead hatte gemeinsam mit dem Physiker
Richard Feynman Seminare am Caltech abgehalten und war
einer der Autoren des ersten Lehrbuchs über moderne Computerchips.[1] Sein Mitautor hatte eines der größten Programme der
DARPA geleitet. Mead gab der Gruppe Prestige und ein klares
Führungsprofil. Und es schien so, als würde er uns auch diese
Milliarde Dollar verschaffen. Die Anwesenden folgten wie
gebannt jedem seiner Worte.

Aber er sagte nein. Carver Mead sagte, der Staat könne nichts
Schlimmeres tun, als eine Menge Geld in das neue Forschungsfeld zu investieren. Das Geld werde den irrationalen Rummel
anheizen und zugleich belohnen. Echte Durchbrüche bei der
Erforschung neuronaler Netze würden sich möglicherweise erst
nach 20 oder 30 Jahren einstellen. Unterdessen würde die Fehl-
zuweisung von Fördermitteln den echten wissenschaftlichen
Fortschritt hemmen. Sie würde zu einer Art Greshamschem
Gesetz führen, wonach schlechte Forscher gute Forscher verdrängen.

Sie würde die negativen Effekte jeder Politik des leichten Geldes nach sich ziehen. Es käme zu einer Publikationswelle, und
das System der wissenschaftlichen Selbstauslese würde nicht
mehr funktionieren. Weniger begabte Forscher mit unausgego-
renen Ideen würden mehr Geld erhalten. Das Tempo der Forschung würde weniger von Begabung und großen Sprüngen
durch kühne Ideen bestimmt. Vielmehr würde es in kleineren
Schritten vor- und zurückgehen, die sich mittelmäßigen Ideen,
aber üppiger finanzieller Förderung verdanken würden. Und
der Fortschritt würde von den Winkelzügen derjenigen abhängen, die die Karten in der Hand hätten. Die üppige finanzielle
Ausstattung würde uns vielleicht kurzfristig helfen. Aber sie
würde das Forschungsgebiet langfristig künstlich aufblähen

und verzerren. Es könnte so zu einer enttäuschten Gegenreaktion der staatlichen Geldgeber und der Fachwelt im allgemeinen kommen.

Niemand meldete sich zu Wort, als Mead mit seinen Ausführungen zu Ende war. Er hatte gerade den meisten seiner Vorredner widersprochen. Dennoch wußten alle Anwesenden, daß Mead die nackte Wahrheit gesagt hatte. Sie wußten auch, daß es viel mehr durchschnittliche Wissenschaftler als Forscher vom Kaliber eines Carver Mead gab und daß sich die Wahrheit weder auf dieser Konferenz noch bei Dutzenden weiterer rund um die Welt durchsetzen würde. Letztlich mochte die Wahrheit obsiegen, und tatsächlich tat sie es mit der Zeit. Aber das war viele Jahre und viele Millionen Dollar und Tausende von vielfach unbedeutenden Aufsätzen über neuronale Netze später. Die Welt wartet noch immer auf die ersten Insektengehirne in Silizium.

Solche Konferenzen hungriger Wissenschaftler finden täglich überall auf der Welt statt. Die Leiter meinen es gut und ebenso die meisten Experten, die sie anheuern, um ihnen bei der Verwirklichung ihrer Forschungsziele zu helfen. Doch die guten Absichten weichen in zunehmendem Maß den subtilen Kräften einer Bürokratie, die glaubt, daß Fördermaßnahmen auf bestimmten Gebieten schließlich der gesamten Gesellschaft zugute kommen.

Das Manhattan-Projekt im Zweiten Weltkrieg ragt als eines der wenigen Beispiele heraus, wo der Staat einen wissenschaftlich-technischen Durchbruch plante und die gewünschte Atombombe pünktlich erhielt.[2] Dieses Projekt zeichnete sich durch eine einzigartige Mischung von Spitzenforschern, praktischen Zielvorgaben und extremem Zeitdruck aufgrund der Kriegssituation aus. Die meisten Forschungsprojekte sind sehr viel vager und werden von weitaus weniger qualifizierten Forschern durchgeführt. Sie haben sehr viel unschärfere Ziele und Vorgaben.

Heute möchte jede neue Regierung ihrem Land dadurch helfen, daß sie »technologische Schlüsselinnovationen« identifiziert. Der frühere CIA-Chef John Deutch hat dies ganz unverblümt in bezug auf die Wehrforschung gesagt: »[Kritiker] beschwören das Gespenst einer Industriepolitik, bei der das Pentagon über die zentralen Innovationen der Zukunft entscheidet. Aber alle Forschungs- und Entwicklungsprogramme des Bundes tun genau dies.«[3] Der Staat möchte den Umweltschutz fördern, den Absatz von Computern ankurbeln, Heilmittel für Krankheiten finden und die sogenannte zivile Konversion einer schrumpfenden Luft- und Raumfahrtindustrie beschleunigen. Der Staat möchte in all diesen Fällen einige Firmen und Forscher mit Steuergeldern unterstützen.

Dies mag gelegentlich Früchte tragen. Doch die Ergebnisse entsprechen oftmals dem, was wir bekämen, wenn der Staat versuchen würde, die besten Filme oder die besten Popsongs oder die besten Romane auszuwählen. Die Produktion von Filmen ist ebenso risikoreich wie die Finanzierung neuer Start-Up-Unternehmen. Ungefähr neun von zehn dieser Vorhaben scheitern. Vielleicht sind wir der Ansicht, daß Hollywood zu viele geistlose Filme produziert. Doch was würde Hollywood wohl liefern, wenn die Studios und Produzenten um staatliche Gelder konkurrieren könnten, um ihr Geschäftsrisiko abzusichern.

Denken Sie einen Augenblick an das, was Sie sehen, wenn Sie durch ein Videogeschäft oder einen Buchladen gehen oder wenn Sie den Börsenteil in einer Zeitung überfliegen. Sie sehen nicht die Verlierer. Sie sehen nur die Gewinner. Sie sehen nur ein paar Bestseller von den über 80 000 neuen Büchern, die jedes Jahr allein in Deutschland erscheinen. Jeder Film, jedes Buch und jedes Unternehmen hat Dutzende oder Hunderte von Filtern durchlaufen. Sie sehen nicht die sehr viel größere Zahl von Drehbüchern, Buchmanuskripten und Geschäftsplänen, die es nicht schafften. Sie fielen irgendwo in dem kreativen Prozeß dem Schwert des Wettbewerbs zum Opfer.

Die Mißerfolge der Wehrforschung zeigen, was geschieht, wenn öffentliche Gelder die Klinge dieses Schwertes stumpf machen. Nach einer McKinsey-Studie scheiterten bis zu 80 Prozent der ersten Projekte, militärische Güter zivil zu nutzen, am Markt.[4] Dazu gehörten Projekte zum Bau von Bussen und leichten Gleisen sowie Transitkontrollsystemen, aber auch Bemühungen, den Chipmarkt mit VHSIC (very high speed integrated circuit)-Chips und anderen Galliumarsenid-Chips aufzurollen.

Zu den Erfolgen zählten polizeiliche Systeme zum Aufspüren von Marihuana in Wohnungen und neue Satelliten- und Telekommunikationssysteme.[5] Etwa 70 Prozent aller amerikanischen Naturwissenschaftler und Ingenieure haben bereits an einem militärischen Forschungsprojekt mitgewirkt.[6]

Heute kann man in Texas die riesigen Löcher im Boden sehen, die für den totgeborenen Superconducting-Super-Collider, einen neuen Teilchenbeschleuniger, ausgehoben wurden. Die Kosten für die Grabungsarbeiten entsprachen in etwa dem Jahresetat der National Science Foundation in Höhe von vier Milliarden Dollar.

Letztlich geht es um eine Schlüsselfrage: *Welches ist die optimale Höhe der staatlichen Forschungförderung?*

Wir wissen, daß die Antwort nicht »null« lautet. Der Staat muß ein gewisses Mindestniveau der Forschung und Entwicklung (F & E) sicherstellen, um die nationale Verteidigungsfähigkeit zu erhalten. Mittel aus dem Verteidigungsetat haben maßgeblich dazu beigetragen, das Fundament des modernen Internets zu legen. Diese Anschubfinanzierung für das Internet ersparte der Wirtschaft, den Menschen und den Verteidigungsministerien der übrigen Länder enorme Entwicklungskosten.

Die Notwendigkeit, die nationale Verteidigung zu finanzieren, bedeutet nicht, daß wir das (nicht-geheime) F & E-Budget im Verteidigungetat in seiner gegenwärtigen Höhe brauchen. Es ist ungefähr zehnmal so groß wie der Haushalt der National Science Foundation. Was Behörden »nationale Verteidigung« nennen, beinhaltet eine Vielzahl potentieller Offensivwaffen. Und warum haben wir immer noch bei der Marine wie bei der Armee Sondereinheiten? Mit den neuesten Entwicklungen der digitalen Technik Schritt zu halten wird jedoch immer kostspielig sein. In Kapitel 7 werde ich darlegen, daß der Aufbau eines Schutzschirms gegen neue Bedrohungen wie Cyberkrieg und Nanotechnologie die Kosten weiter in die Höhe treiben wird. Das potentielle digitale Schlachtfeld erstreckt sich heute auf die mindestens 600 Satelliten in erdfernen Umlaufbahnen.

Die ideale Antwort ergibt sich aus grundlegenden wirtschaftstheoretischen Erkenntnissen. Das optimale Niveau staatlicher Finanzierung liegt genau dort, wo der gesellschaftliche Grenz-

nutzen mit öffentlichen Mitteln geförderter Forschung gleich
ihren Grenzkosten ist. Dies sind wichtige Konzepte, und sie
beruhen auf einer eleganten mathematischen Beschreibung.
Wir verfügen jedoch über kein zuverlässiges Verfahren, um
immaterielle Größen wie den volkswirtschaftlichen Nutzen
und die volkswirtschaftlichen Kosten zu messen und in Mark
und Pfennig zu beziffern. Dies hat dazu geführt, daß wir theoretischen Argumenten ein größeres Gewicht gegeben und es zuge-
lassen haben, daß Winkelzüge und Sonderinteressen die Zutei-
lung von staatlichen Fördergeldern stark verzerren.

Das theoretische Standardargument lautet, daß Märkte bei
der Forschung Nachhilfe benötigten. Märkte führen demnach
nicht genügend naturwissenschaftliche und technologische
Grundlagenforschung durch, weil sich ein Großteil der Forschungsergebnisse nicht kommerziell verwerten läßt und weil
Wissenschaftler Dritte nicht daran hindern können, diese zu
nutzen.[7] Kritiker wenden gegen dieses Argument ein, der Steuerzahler müsse so letztlich für die praxisfernen Ideen und
Methoden von Wissenschaftlern aufkommen. Die meisten
Industriestaaten wenden heute etwa 2,2 Prozent ihres Bruttoinlandsprodukts für diese Grundlagenforschung und somit für die
Suche nach bahnbrechenden neuen Erkenntnissen auf.

Dieses Argument ist jedoch keineswegs so stichhaltig, wie
viele Forscher und Stellen, die über die Vergabe von Mitteln
entscheiden, meinen. Und es ist doppelt fragwürdig, wenn sie
selbst Steuergelder erhalten beziehungsweise bewilligen. Wissenschaftler betreiben aus vielfältigen Gründen Forschung auf
dem Markt der Wissenschaft. Sie streben nach Ruhm und Aus-
zeichnungen, nach Patenten und Beratungs- sowie Lehraufträ-
gen. Die Erstveröffentlichung begründet geistige Eigentumsrechte und führt so zu einem quasi-marktwirtschaftlichen
Anreiz für die Produktion von Forschungsergebnissen und
bahnbrechenden Neuerungen.[8] Die Hochschulen erhielten im
Jahr 1974 in den Vereinigten Staaten 249 Patente auf geistiges
Eigentum. Diese Zahl erhöhte sich bis 1994 auf 1761 Patente.[9]
Dieses rasche Wachstum der Hochschulpatente spiegelt den viel
größeren Markt für »sekundäre« Forschung wider, der die »pri-
märe« Forschung antreibt und oft die Kosten dafür trägt.[10]

Würde es das Ende der Grundlagenforschung bedeuten, wenn sie nicht mehr staatlich finanziert würde? In der Zeit vor dem Zweiten Weltkrieg gab es praktisch keine staatlich finanzierte wissenschaftliche Forschung. Die National Science Foundation nahm erst 1950 ihre Tätigkeit auf. Ihre Gründung verdankt sich vor allem den beharrlichen Bemühungen des am MIT lehrenden Elektrotechnikers Vannevar Bush, dessen 1945 erschienener, umstrittener Bericht *Science: The Endless Frontier* die Unterstützung des Weißen Hauses fand. Dennoch überlebten Wissenschaft und Technik auch vor dem Zweiten Weltkrieg und vor der Entstehung großer staatlicher Wissenschaftsbehörden, und sie florierten sogar in vielen Fällen.

Das Fehlen staatlicher Gelder hat den Strom bahnbrechender Entdeckungen vor dem Zweiten Weltkrieg, von Thomas Edison bis zum jungen Albert Einstein, nicht gedrosselt. Darin spiegelt sich eine Beobachtung wider, die Alfred Lotka im Jahr 1926 publizierte und die Wirtschaftswissenschaftler heute ihm zu Ehren das Lotkasche Forschungsgesetz nennen. Es besagt, daß in jedem wissenschaftlichen Fachgebiet nur etwa fünf Prozent jener Wissenschaftler, die publizieren, die Hälfte der Publikationen liefern. Lotka stellte dies für physikalische Fachaufsätze im 19. Jahrhundert fest, aber solche extrem schiefen Verteilungen ziehen sich auch durch das 20. Jahrhundert.[11]

Was also ist die optimale Höhe der staatlichen Forschungsförderung? Die Antwort, die in den meisten Fällen nicht richtig sein kann, ist diejenige, welche die Forscher in den meisten Fällen geben: Wir brauchen mehr Forschungsgelder, als wir heute haben. Diese Antwort gründet sich auf einen so offenkundigen Interessenkonflikt, daß man sie kaum kritisieren müßte, wenn sie nicht von so vielen Forschern und Einrichtungen nachgebetet und als selbstverständlich erachtet würde. Wie ernst können wir die Forderung des kleinen Milchbauern nehmen, der mehr steuerfinanzierte Preisstützungsmaßnahmen für Milch oder Käse fordert? Einseitige, parteiische Argumente der Bildungselite sollten ebenfalls außer Betracht bleiben. Und wenn einer staatlichen Stelle, die Gelder vergibt, zehn Prozent mehr Fördermittel bewilligt werden, wie hoch ist dann die Wahrscheinlichkeit, daß Forscher daraufhin ihre Produktivität ebenfalls um zehn Prozent

steigern werden beziehungsweise daß die Zahl der bahnbrechenden neuen Entdeckungen ebenfalls um zehn Prozent wächst?

Es gibt einen weiteren Grund, der uns mißtrauisch machen
sollte. Forscher in einem Land fordern nur selten – wenn überhaupt –, Forscher aus anderen Ländern sollten mit ihnen um
neue Forschungsgelder aus ihrem Heimatland konkurrieren
dürfen. Dabei wäre diese Verschärfung des Wettbewerbs eindeutig für die Gesellschaft, die die Steuern zahlt, von Vorteil. Weshalb sollten die National Science Foundation oder die National
Institutes of Health (US-Bundesinstitute für medizinische Forschung) nicht hochkarätige (und vermutlich kostengünstigere)
Projektanträge von Forschern aus Indien, China oder Brasilien
bewilligen können? Die Nationalität beeinflußt schließlich nicht
den wissenschaftlichen Wert eines neues Laserexperiments,
eines neuen chirurgischen Verfahrens oder eines mathematischen Lehrsatzes.

Das Argument, wonach Märkte nicht genügend Forschungsergebnisse produzieren, ist letztlich ein Plädoyer dafür, durch
Einsatz von Steuergeldern mehr Forschungsergebnisse und
Durchbrüche zu erzielen. Es geht nicht darum, den Lebensstandard inländischer Bürger zu erhöhen, die Natur- oder Ingenieur-
wissenschaften studiert haben. Dies führt uns zu der Frage der
sozialen Gerechtigkeit. Nach einer Studie hat ein promovierter
Physiker im Schnitt einen IQ von 140 Punkten.[12] Wieviel staatliche Unterstützung braucht ein so hochbegabter Mensch? Ist es
gerecht, die Sozialhilfe für die Bedürftigen und schlecht Ausge-
bildeten zu kürzen, aber gleichzeitig die Hochqualifizierten und
-begabten stärker zu fördern?

Es gibt mindestens drei weitere Gründe, die dafür sprechen,
den gegenwärtigen Ruf nach einer stetigen Erhöhung der Forschungsförderung mit Steuergeldern kritisch zu hinterfragen.

Der erste Grund besteht darin, daß die öffentliche Finanzierung immer mit einem sogenannten *moral hazard* (Risiko
leichtfertigen Verhaltens) verbunden ist: Weshalb sollten Unternehmen ihre F & E-Investitionen erhöhen, wenn sie sich darauf
verlassen können, daß der Steuerzahler ihnen dies abnimmt?
Für die Unternehmen ist es natürlich eine schöne Sache, wenn
sie ihre Kosten auf den Steuerzahler abwälzen und gleichzeitig

die Früchte öffentlich finanzierter Forschung ernten können. Die Vorteile für die begünstigten Branchen sind eindeutig und beträchtlich, während die Kosten für die Steuerzahler unbestimmt und gering sind. Dieses Problem gewinnt in dem Maß an Brisanz, wie die Hochschulen immer enger mit Privatunternehmen kooperieren.

Der zweite Grund liegt darin, daß eine Politik des leichten Geldes *die Mittelmäßigkeit fördert*. Dies ist die Lehre aus der DARPA-Studie über die Erforschung neuronaler Netze. Die zusätzlichen Forschungsgelder kommen tendenziell schwächeren Forschern mit schwächeren Ideen zugute, auch wenn sie zunächst einige »große Namen« anlocken mögen. Das Durchschnittsniveau der Forschungsqualität sinkt. Und auch die veröffentlichten Forschungsberichte neigen dazu, Quantität über Qualität zu stellen. Leicht verfügbare Mittel können sogar die klügsten Forscher gemäß einer Art von Greshamschem Gesetz verjagen. Auch passen sich Hochschulen und staatliche Forschungseinrichtungen an die Erhöhung der Mittel an. Womöglich erachten sie solche Erhöhungen als eine Selbstverständlichkeit (und als Erfolg eines intensiven Lobbyismus) und richten ihre Einstellungs- und Beförderungspolitik sowie ihre Bautätigkeit an diesen Erwartungen aus. Alle Obstgärtner wissen, daß man, wenn man einen Obstbaum zu stark düngt, zunächst mehr beziehungsweise größere Früchte erhält, aber langfristig einen Baum mit flachen Wurzeln heranzieht.

Der dritte Grund ist schlicht *Einschüchterung*. Der von öffentlichen Stellen ausgehende Druck wächst mit dem Geldbetrag, den ein Forscher oder eine Institution vom Staat erhält. Dies ist die klassische »einschüchternde Wirkung« staatlicher Macht auf abweichende Meinungen. Man kann sich kaum eine bessere Methode vorstellen, Forscher zum Schweigen zu bringen und zu kontrollieren, als ihnen öffentliche Mittel zu bewilligen und ihnen weitere Mittel für die Zukunft zuzusagen. Wann hat man das letzte Mal einen Wissenschaftler eine Behörde wie die NSF, die NIH, DARPA oder auch die FDA, die über die Vergabe öffentlicher Fördermittel entscheiden, kritisieren hören? Dieses Schweigen macht keine Schlagzeilen in den abendlichen Nachrichtensendungen.

Wissenschaftler sollten an diese Behörden überdurchschnittliche Ansprüche stellen. Sie sollten umgehend und deutlich Forschungsprogramme kritisieren, die in einer Sackgasse stecken oder gescheitert sind. Sie sollten den zuständigen Programmleitern offen sagen, wie ihres Erachtens Forschungsthemen ausgewählt, Förderanträge beurteilt und Fortschritte bei Projekten überwacht werden sollten. Doch dies geschieht nur selten.

Eben jene Macht, die Wissenschaftler eigentlich aus ethischen Gründen dazu anspornen sollte, die Rolle von äußerst wachsamen Aufpassern zu spielen, wird dazu benutzt, Kritik zu unterdrücken und die vermeintlichen Wachhunde an einer faktischen, aber angenehm kurzen Leine zu halten. Nur wenige Wissenschaftler widersetzen sich allein oder in Gruppen der furchteinflößenden Macht dieser wachsenden Wissenschaftsbürokratien. Und doch belehren dieselben Wissenschaftler nur allzu bereitwillig ihre Studenten oder die Öffentlichkeit über die wissenschaftliche Methode und die Notwendigkeit, Autorität in Frage zu stellen und Leistung objektiv zu beurteilen. Diese wachsende, systematische Einschüchterung ist nicht dazu angetan, unabhängiges Denken zu fördern. Sie fördert nicht jene Art intellektueller »schöpferischer Zerstörung«, die neue Ideen hervorbringt und zu bahnbrechenden Forschungsergebnissen führt.

Die Einschüchterung fördert vielmehr intellektuelle Feigheit und eine Haltung des Gehorsams und der Unterwürfigkeit. Und man täusche sich nicht über die Reichweite dieser Macht. Der Staat ist so unfein, Forschungseinrichtungen damit zu drohen, ihre Mittel zu kürzen, falls sie seinen Positionen hinsichtlich Rauschgiftverbot, »political correctness« und anderen Formen sozialer Kontrolle nicht »entsprechen«.

Es gibt eine einfache Methode, die Bedeutung dieser drei Probleme zu verringern: Man halbiere die gesamte Forschungsförderung. Unternehmen müßten dann mehr eigene Mittel für F&E aufbringen. Nur die aussichtsreichsten Forschungsprojekte würden gefördert, und nur die besten Forscher würden ihre Stellen behalten. Dies würde die Forschungsstandards heben und vielleicht sogar einigen der über 100 000 Fachzeitschriften, die in den letzten hundert Jahren aus dem Boden geschossen sind, den Garaus machen. Und eine Menge aufgebrachter Forscher

würden Front machen gegen die staatlichen Stellen, die Fördermittel vergeben, und sie so laut kritisieren, daß es für Schlagzeilen in den Abendnachrichten sorgen würde. Die Medien hätten
einen weiteren Grund, das »Ende der Wissenschaft« zu melden.

Die Forscher, die mit weniger Fördermitteln auskommen
müßten, würden der Gesellschaft vielleicht sogar mehr wissenschaftliche Durchbrüche bescheren.

Wir wissen nicht, wie hoch die optimale staatliche Forschungsförderung ist. Wir werden es vermutlich nie wissen.
Doch Klugheit und Erfahrung deuten darauf hin, daß wir diesen
optimalen Schwellenwert seit langem überschritten haben.
Wenn der Ertrag der staatlich finanzierten Forschung so hoch
wäre, wie manche behaupten, dann sollten sich die Bürger beei-
len, immer mehr Steuern und Spenden dafür aufzuwenden.

Klammern wir daher jetzt die heikle Frage aus, wieviel der
Staat in die Forschung investieren sollte. Ich konzentrierte mich
auf diese Frage, um die politischen und wirtschaftlichen Rahmenbedingungen der modernen Wissenschaft aufzuzeigen.
Den Medien und der Popkultur ist es nicht gelungen, den
Schleier der akademischen Wissenschaft zu lüften und diese all-
zumenschliche Balgerei um Mittel und Ansehen zu erkennen.
Vielleicht ist das der Grund, weshalb Wissenschaftler noch
immer entweder als wahrheitssuchende Heilige oder als unge-
schickte Fachidioten porträtiert werden.

Wir wollen nun vom gegenwärtigen Forschungsbudget ausgehen und nach Möglichkeiten suchen, es zumindest teilweise
sinnvoller zu verwenden. Wir kommen also zu unserer Aus-
gangsfrage zurück: Wie kann der Staat die Produktivität der Forschung erhöhen?

Es gibt hierfür eine einfache Methode: Man bestraft Firmen,
wenn sie keine bahnbrechenden Erfindungen machen. Man verabschiedet einfach ein Gesetz und verlangt die Innovation zu
einem bestimmten Zeitpunkt. Dies ist in der heutigen Zeit hoher
Staatsverschuldung und hoher Steuern eine sehr verlockende
Lösung. Vielleicht werden weitere Staaten dem Beispiel Kalifor-
niens folgen und in Zukunft eine gesetzliche Mindestzahl an
Elektroautos festlegen. Ein kalifornisches Gesetz fordert, daß
mindestens zwei Prozent der Autos, die 1998 in dem Staat ver-

kauft wurden, keinerlei Schadstoffe ausstoßen. Das Gesetz hat seither erheblich an regulierender Kraft eingebüßt.[13]

Eine bessere Methode zur Förderung der Produktivität der Forschung besteht darin, bahnbrechende Entdeckungen oder Erfindungen dann zu belohnen, wenn sie gemacht werden. Man konditioniert auf diese Weise den sozialen Reflex.[14]

Dies läßt sich aus einer Art Gesetz des sozialen Verhaltens herleiten: *Die Gesellschaft bekommt das, was sie belohnt.* Man belohne Forscher dafür, mehr Aufsätze zu schreiben, und man bekommt mehr Aufsätze. Man belohne sie für bahnbrechende Entdeckungen, und man bekommt mehr bahnbrechende Entdeckungen. Die Frage ist nur, wie wir die Mittel dafür aufbringen sollen.

Eine Möglichkeit ist eine Forschungslotterie. Mit jedem Einsatz fließt ein Teil des Geldes, das man verliert, in einen Forschungsfonds. Doch damit sind zwei Probleme verbunden. Das erste Problem besteht darin, daß es zu viele Lotterien gibt. Der Lotteriemarkt ist ziemlich abgegrast. Nach einer Erhebung des National Council on Problem Gambling verloren die Amerikaner 1997 über 50 Milliarden Dollar bei Lotterien und anderen Formen legalen Glücksspiels.[15] Dies ist ein schlagender Beweis für die menschliche Irrationalität und dafür, wie schlecht die meisten Menschen (veröffentlichte!) Gewinnchancen einschätzen können. Dies legt zwar die Vermutung nahe, daß die Steuerzahler für einige Forschungslotterien Geld auszugeben bereit wären, da sie gegenwärtig so viel Geld für etwas ausgeben, für das sie keinerlei Gegenleistung erhalten. Doch wieviel mehr an verfügbarem Einkommen können wir für Lotterien ausgeben? Amerikaner hatten im September 1998 zum ersten Mal seit der Weltwirtschaftskrise in den dreißiger Jahren eine leicht negative Sparquote.

Das zweite Problem besteht darin, daß uns eine Lotterie keinerlei Anhaltspunkte dafür liefern würde, wie wir beziehungsweise der Staat das Geld verwenden sollte(n). Sie würde uns nicht dabei helfen, unscharfe soziale Wahlentscheidungen zu treffen. Aber wir könnten Lotterien dazu verwenden, um die Forschung zumindest teilweise zu finanzieren, sobald die Entscheidungen einmal getroffen sind.

Ein Fuzzy-Steuerformular hat diese Probleme nicht. Es ist allerdings mit anderen Problemen behaftet.

Das Fuzzy-Steuerformular: über die Mittelverwendung entscheiden

Die Entrichtung von Steuern ist im Grunde ein binärer Vorgang. Man zahlt alles oder nichts in den Pool der »allgemeinen Steuermittel« ein. Dies gilt auf Bundes-, Landes- und kommunaler Ebene. Man entrichtet seine Steuerschuld in den allgemeinen Pool, und jemand anderer entscheidet über die Verwendung der Mittel.

Dies scheint auf den ersten Blick so zu sein, wie es sich in einer repräsentativen Demokratie wie der US-amerikanischen gehört. Wir wählen Amtsträger in einer offenen Abstimmung und vertrauen darauf, daß sie unsere Steuergelder zum Wohl der Allgemeinheit verwenden. Wir können bei den nächsten Wahlen die Schurken ja wieder rausschmeißen, wenn wir nicht damit einverstanden sind, wie sie unser Geld verwenden. Somit ist unsere Wahlstimme unsere einzige Möglichkeit, Einfluß auf die Verwendung unserer Steuern zu nehmen.

Ein Votum mag zur Zeit Jeffersons eine ausreichende Rückmeldung gewesen sein. Die Bürger hatten damals keinen Echtzeit-Zugang zu den politischen Angelegenheiten via Fernsehen, Radio oder Internet. Sie waren sehr viel schlechter informiert, als wir es sind. Und ihre Politiker mußten weniger Entscheidungen für sie treffen.

Eine Fuzzy-Analyse entdeckt eine verborgene binäre Annahme in diesem Prozeß der Steuererhebung. Weshalb sollten 100 Prozent unserer Steuerschuld in das allgemeine Steueraufkommen einfließen? Die gängige, undurchdachte Antwort lautet, daß Politiker Steuergelder benötigen, um öffentliche Aufgaben zu finanzieren, welche die meisten von uns nicht sehen. Jemand muß dafür zahlen, daß die Infrastruktur und das Gerichtswesen, die Luftwaffe und der Schutz der Diplomaten sowie all das übrige Muskel- und Fettgewebe in der größten

Zusammenballung von Reichtum und Macht, die es in der menschlichen Geschichte jemals gegeben hat, in einem funktionstüchtigen Zustand bleiben.

Dies ist bestenfalls ein gutes Argument dafür, daß ein Teil der Steuergelder in das allgemeine Steueraufkommen fließen sollte. Es erklärt nicht, weshalb die gesamten Steuermittel in diesen Topf fließen sollten. Und genau darum geht es, auch wenn die Politiker selbst diesen Punkt bislang nie angeschnitten haben.

Dieser Punkt stört mich jedes Mal, wenn ich meine Einkommensteuerformulare ausfülle. Warum läßt man dem Steuerzahler nicht gewisse Mitspracherechte in bezug auf die Verwendung der Steuermittel? Viele Menschen haben sich gewiß schon das gleiche gefragt. Mein Fuzzy-Instinkt hat mich dazu veranlaßt, ein Fuzzy-Steuerformular vorzuschlagen.

Ein Fuzzy-Steuerformular ist auf zwei Ebenen unscharf. Die erste Ebene stellt den binären Fluß von Steuergeldern in das allgemeine Steueraufkommen in Frage. Bei einer Fuzzy-Steuer würde nur ein bestimmter Prozentsatz der Gelder in diesen Topf fließen. Auf diese Weise könnten Politiker weiterhin allgemeine Staatsaufgaben finanzieren und mit einem steten Zufluß von Mitteln rechnen. Die zweite Ebene würde jedem Steuerzahler erlauben, seine restliche Steuerschuld auf eine Liste politischer Aufgabenbereiche zu verteilen. Auf diese Weise könnte ein Fuzzy-Steuerformular einen kleinen Beitrag dazu leisten, das Versprechen der »gerechten Entschädigung« für enteignete Vermögenswerte im Fünften Verfassungszusatz einzulösen.[16]

Ein Fuzzy-Steuerformular könnte folgendermaßen funktionieren. Angenommen, Ihre Steuerschuld beläuft sich in diesem Jahr auf 20 000 Dollar. Nehmen wir weiterhin an, nur die Hälfte dieses Betrags gehe in das allgemeine Steueraufkommen ein. Sie haben keinerlei Einfluß auf die Verwendung dieser 10 000 Dollar, so wie Sie heute keinerlei Einfluß darauf haben, wofür die gesamten 20 000 Dollar verwendet werden.

Ein Fuzzy-Steuerformular würde Ihnen die Möglichkeit geben, die gewünschten Verwendungszwecke für die übrigen 10 000 Dollar anzugeben. Das Geld könnte vollständig oder teilweise einer Liste von beispielsweise zehn Optionen zugewiesen werden, die von der Grundlagenforschung über Verkehrsleitsysteme bis zur staatlichen Schuldentilgung und dem Bau von Obdachlosenheimen sowie dem Schutz der Umwelt reichen. Sie geben die Prozentsätze an. Vielleicht möchten Sie, daß 30 Prozent dieser 10000 Dollar für die Rückzahlung der Staatsschulden verwendet werden und 30 Prozent für den Bau neuer Gerichtsgebäude oder für die Instandsetzung der Straßen. Vielleicht möchten Sie, daß 40 Prozent in die AIDS-, Krebs- oder Mukoviszidoseforschung fließen. Die Prozentsätze müssen sich zu 100 Prozent addieren.

Sie könnten das Steuerformular auch binär verwenden. Sie würden einfach bei jeder Option »0 Prozent« oder gar nichts eintragen und den Staat Ihr ganzes Geld nach seinem Gutdünken verwenden lassen. So wie Sie es heute tun, allerdings nicht aus freien Stücken.

Durch zusätzliche handschriftliche Einträge in das Steuerformular könnten Sie Gelder für alle möglichen experimentellen Projekte bereitstellen. Und selbstverständlich könnten Sie auch ausländische Projekte unterstützen. Umweltschützer möchten vielleicht eine Kategorie einfügen, die sogenannte Schuldenerlaß-gegen-Naturschutzprojekte (debt-for-nature-swaps) in Brasilien, Madagaskar oder Indien unterstützt; dabei hilft man diesen Ländern, einen Teil ihrer Auslandsschulden zurückzuzahlen, und diese verpflichten sich im Gegenzug dazu, große Regenwaldgebiete oder andere natürliche Lebensräume in Naturschutzgebiete umzuwandeln.

Ich habe Gutscheine für Infinitesimalrechnung vorgeschlagen, mit denen Studenten Kurse in Infinitesimalrechnung an örtlichen Colleges oder Hochschulen bezahlen können, wenn sie einen standardisierten Mathematiktest bestehen. Wenn genügend Steuerzahler dieses Projekt handschriftlich in ihr Steuerformular eintragen würden, könnte dieses Experiment der »freien Wahl der Bildungsstätte« und anderer Bildungsmaßnahmen, die den wissenschaftlichen Kenntnisstand der Gesellschaft heben könnten, finanziert werden. Eine Studie an den Universitäten Oxford und Northern Illinois fand 1989 heraus, daß nur die Hälfte der volljährigen Amerikaner (und nur ein Drittel der volljährigen Briten) weiß, daß die Erde die Sonne innerhalb eines Jahres einmal vollständig umläuft.[17]

Ein Fuzzy-Steuerformular

Ihre Steuerschuld beträgt ____. Die Hälfte dieses Betrags fließt in das allgemeine Steueraufkommen. Die andere Hälfte fließt den Verwendungszwecken Ihrer Wahl zu.
Tragen Sie hinter den Kategorien Ihrer Wahl ganzzahlige Prozentsätze ein. Sie können eine Kategorie hinzufügen, die nicht aufgeführt ist. Sämtliche Prozentsätze müssen sich zu 100 Prozent addieren. Andernfalls wird die Finanzverwaltung Ihre Auswahl normalisieren, indem sie jeden Prozentsatz durch die Summe aller Prozentsätze teilt. Wenn Sie die Kategorien nicht angeben, fließt Ihre gesamte Steuerschuld in das allgemeine Steueraufkommen.

Abbau der öffentlichen Verschuldung . . . . ____

AIDS-Forschung . . . . ____

Computer für Kinder. . . . . ____

Entwicklungshilfe . . . . ____

Erforschung der Ursachen der globalen Erwärmung . . ____

Grundlagenforschung . . . . ____

Katastrophenhilfe. . . . . ____

Krankenversicherung . . . . ____

Krebsforschung . . . . ____

Nationale Verteidigung. . . . . ____

Obdachlosenunterstützung . . . . ____

Öffentlicher Personenverkehr . . . . ____

Rechtspflege . . . . ____

Reparatur der Infrastruktur . . . . ____

Umweltschutz. . . . . ____

Vereinte Nationen . . . . ____

Weltraumforschung. . . . . ____

Sonstige. . . . . ____

Summe (muß 100 Prozent ergeben)

Jedes ausgefüllte Fuzzy-Steuerformular führt zu einem Punkt in einem Fuzzy-Würfel. In Kapitel 3 verwendeten wir ein Fuzzy-Quadrat beziehungsweise einen zweidimensionalen Fuzzy-Würfel mit den Achsen politische und ökonomische Freiheit. Dieser Fuzzy-Würfel ist eigentlich ein Hyperwürfel. Auch wenn wir uns keine Würfel mit mehr als drei Dimensionen vorstellen können, »existieren« sie dennoch als eine Form von mathematischem Objekt. Diese Würfel haben so viele Dimensionen, wie es politische Optionen auf dem Fuzzy-Steuerformular gibt.[18] Sie enthalten alle möglichen politischen Aufgabenfelder.

Wenn Sie hundert Prozent des Geldes, das Sie auf dem Steuerformular frei zuweisen können, auf einen Verwendungszweck konzentrieren, dann liegt Ihr Wahlpunkt in einer Würfelecke. Andernfalls liegt er irgendwo innerhalb des Würfels fuzziger Optionen. Binäre Steuerformulare erlauben keine direkte Bestimmung politischer Verwendungszwecke. Dies bedeutet, daß sie den Fuzzy-Würfel aushöhlen und nur den Eckpunkt »Null« zulassen.

Ein Fuzzy-Steuerformular würde denjenigen, die zahlen, ein direktes Mitspracherecht einräumen. Wie könnte ein Politiker in der Öffentlichkeit dagegen argumentieren?

Kritik an einem Fuzzy-Steuerformular: intellektuelles Elitedenken kontra Demokratie

Ich habe das Konzept des Fuzzy-Steuerformulars mit vielen Kollegen diskutiert und in zahlreichen Vorträgen vorgestellt.[19] Vielen Menschen gefällt das Konzept. Sie sind der Ansicht, daß es auf einer guten Mischung von gesundem Menschenverstand und begrenzter direkter Demokratie beruht. Die meisten würden wenigstens einmal gern damit experimentieren.

Ich habe jedoch auch festgestellt, daß die meisten Intellektuellen das Fuzzy-Steuerformular ablehnen. Sie führen viele Gründe dafür an, doch alle Gründe lassen sich auf einen einzigen zurückführen. Ihres Erachtens sind die meisten Menschen einfach intellektuell überfordert, wenn es darum geht, eine kluge

Auswahl zu treffen. Die große Masse auf der linken Seite der
IQ-Glockenkurve brauche die Menschen auf der rechten Seite,
damit diese für sie die Auswahl treffen. Dabei spielt es keine
Rolle, daß es bei den Nicht-so-Schlauen um deren eigenes Geld
geht. Und auch nicht, daß sie darüber abstimmen, welcher kluge
Kopf sie regieren wird.

Ich möchte diese elitäre Haltung *IQismus* nennen; er fügt sich
nahtlos in die düstere Liste von Rassismus, Sexismus, Diskriminierung alter Menschen und allgemeiner Diskriminierung von
Gruppen ein. Die Schlauen halten wenig von den weniger
Schlauen.

Natürlich sind die Intelligenten und die weniger Intelligenten
Fuzzy-Mengen. Beide Begriffe sind unbestimmt und relativ.
Alle Menschen sind zu einem gewissen Grad intelligent und
nicht intelligent. Und jeder von uns versteht darunter etwas
anderes. Nicht-Intelligenz oder Dummheit sind die letzten her-
absetzenden Begriffe, von denen wir in einer politisch korrekten
Welt straflos Gebrauch machen können. Denken wir nur an die
gesellschaftliche Entrüstung, die entstanden wäre, wenn der
Film *Dumb and Dumber* [Dumm und Dümmer] den Titel *Black
and Blacker* [Schwarz und Schwärzer] oder *Gay and Gayer*
[Schwul und Schwuler] oder auch *Old and Older* [Alt und Älter]
bekommen hätte.

Der IQismus erstreckt sich von der Gruppe MENSA, deren
Mitglieder sich durch einen hohen IQ auszeichnen, bis zur
Gruppe DENSA mit niedrigem IQ. Er hält sich mit besonderer
Stärke in meiner Welt der Hochschulprofessoren. Ordentliche
Professoren blicken auf außerplanmäßige Professoren herab,
die wiederum auf Doktoranden herabblicken, die ihrerseits auf
Diplom-Studenten herabsehen, die wiederum auf Abiturienten
herabsehen. Dieses Elitedenken führt hier zu einer Art Hierar-
chie frustrierter Spezialisten. Jeder glaubt, er könne die Probleme der Welt lösen, wenn er nur die Ressourcen der Welt kontrollieren und ihre Gesetze neu schreiben könnte.[20]

Intelligenz ist eine Form von Macht. Den Intelligenten behagt
die Vorstellung nicht, daß die weniger Intelligenten Macht besitzen. Und die Vorstellung, daß die weniger Intelligenten Macht
über sie besitzen, behagt ihnen sogar noch weniger. Wer möchte

Anweisungen von jemandem mit einem niedrigeren IQ entgegennehmen? Und fast jeder hält sich für intelligent.

Die Demokratie stellte von jeher eine Bedrohung für die intellektuelle Elite dar. Dies ist nicht nur die reale Bedrohung durch
die »Tyrannei der Mehrheit«, die persönliche Freiheiten einschränken, Andersdenkende mundtot machen und Minderhei-
ten verfolgen kann. Es ist die Gefahr, daß viele Leute sich nicht
um wissenschaftliche Studien und Expertenrat scheren und
törichte Dinge auf ihre eigene törichte Weise tun – sie könnten
ihr Leben allzu frei leben. Das Fuzzy-Steuerformular baut diese
Bedrohung in die Struktur des Staates selbst ein.

Ein typischer intellektueller Einwand gegen das Fuzzy-Steuerformular lautet etwa folgendermaßen: Menschen in Städten
werden Menschen auf dem Lande übervorteilen. Ich habe dies
von liberalen Journalisten und konservativen Anhängern des
Kreationismus*, aber auch von kommunistischen Bürokraten
aus China gehört. Die Städter möchten staatliche Zuschüsse für
die städtische Infrastruktur, während die Menschen auf dem
Land Agrarsubventionen und öffentliche Mittel für den Straßenbau möchten. Jede Gruppe wünscht öffentliche Mittel auf
Kosten anderer Gruppen.

Das ist nur zu wahr. Aber das Argument hätte mehr Gewicht,
wenn der Bürger auf einem Fuzzy-Steuerformular über die Verwendung seiner gesamten Steuerschuld und nicht nur eines Teils
davon entscheiden könnte. Dann könnte das Fuzzy-Steuerformular in der Tat einige Gruppen benachteiligen beziehungsweise
für einige Aufgaben zu wenige Mittel bereitstellen. Das Argument besitzt keine Gültigkeit, wenn Steuerzahler, wie heute,
über null Prozent ihrer Steuerschuld verfügen können. Es besitzt
volle Gültigkeit, wenn sie den Verwendungszweck von 100 Prozent ihrer Steuerschuld frei festsetzen können. Es fällt weniger
ins Gewicht, wenn sie nur 90 oder 80 oder 70 Prozent ihrer Steuerschuld nach eigenem Ermessen zuweisen können. Irgendwo

---

* Eine US-amerikanische Form des religiösen Fundamentalismus, die die
  Darwinsche Evolutionstheorie ablehnt und die Erschaffung der Welt,
  wie sie in der Bibel berichtet wird, als einzige »wissenschaftliche« Lehre
  an den Schulen durchsetzen will (A. d. V.).

dazwischen liegt die Schmerzgrenze für den Staat. Sie mag zehn Prozent oder auch 90 Prozent betragen. Ich schlage vor, daß 50 Prozent frei zugewiesen werden können. Doch nur durch praktisches Ausprobieren können wir dies herausfinden.

Die tiefere Antwort lautet, daß ein Fuzzy-Steuerformular fair, ja gerecht ist. Es stellt eine proportionale Vertretung im Hinblick auf die Steuergelder sicher, so wie das amerikanische Wahlsystem eine proportionale Vertretung jedes US-Bundesstaates im US-Kongreß gewährleistet.

Wenn 70 Prozent der Steuerzahler in Küstenregionen leben, dann ist es angemessen, daß sie 70 Prozent zumindest eines Teils ihrer Steuern regionalen Angelegenheiten zuweisen können. Es wäre nicht angemessen, wenn sie über mehr als 70 Prozent der Mittel verfügen könnten, wie es in einem reinen Mehrheitswahlsystem der Fall sein könnte. Weshalb sollen sie mehr Kosten tragen, wenn jemand anderer mehr Leistungen erhält? Der Benutzer zahlt.

Fairneß ist eine Tugend, aber sie genügt allein noch nicht, um ein Fuzzy-Steuerformular zu rechtfertigen. Hier müssen wir unsere Worte sorgsam wägen. Fairneß ist eine notwendige, aber keine hinreichende Bedingung einer sozialen Politik. Fairneß bedeutet lediglich Gleichbehandlung. Es bedeutet noch keine gerechte Behandlung.

Angenommen, der chinesische Staat würde alle chinesischen Kinder, die in einem bestimmten Jahr geboren wurden, töten lassen, um das Bevölkerungswachstum weiter zu drosseln. Dies wäre fairer, als nur die Mädchen zu töten, die in diesem Jahr geboren wurden, oder nur jene Kinder umzubringen, die unter einem bestimmten Geburtsgewicht geblieben sind. Aber es wäre nicht gerecht. Ein Mann tötet zehn Menschen auf eine »faire« Weise, wenn er sie mit der gleichen Wahrscheinlichkeit zufallsabhängig umbringt. Er tötet sie auf »unfaire« Weise, wenn er sich bei der Wahl seiner Opfer von Präferenzen leiten läßt. Doch in beiden Fällen sind die Tötungen ungerecht.

Fairneß ist, um es noch einmal zu sagen, eine Tugend. Aber Gerechtigkeit ist nicht gleichbedeutend mit Fairneß, ganz egal, welchen Stellenwert wir dem Gedanken der Gleichheit einräumen.[21]

Gerechtigkeit ist Gleiches mit Gleichem vergelten. Gerechtigkeit verlangt, daß man bekommt, was man verdient, und daß man nicht bekommt, was man nicht verdient. Aus diesem Grund stellen Statuen in Gerichtsgebäuden Justitia als Frau mit verbundenen Augen dar, die in der einen Hand eine Waage und in der anderen ein Schwert hält. Eine angemessene Gegenleistung ist in dem Sinne gerecht, als Kosten und Nutzen in einem ausgewogenen Verhältnis zueinander stehen. Es hilft auch, daß der Gütertausch größtenteils in objektiven Geldbeträgen abgewickelt wird. Nicht gerecht ist es dagegen, wenn man die gesamten Kosten trägt, aber nur einen Teil des Nutzens hat, oder wenn man mehr Vorteile erhält, als man Kosten getragen hat. Dann entspricht das Maß des Nutzens nicht dem Maß der Kosten.

Keine Steuer ist in diesem Sinne vollkommen gerecht. Eine Steuer nimmt uns Geld weg, ohne uns eine gleichwertige Gegenleistung zu geben. Einige Menschen erhalten eine Leistung, ohne etwas dafür bezahlt zu haben. Andere bezahlen für die Leistung mehr, als sie kostet, und wieder andere gehen völlig leer aus. Die Mineralölsteuer kommt einer gerechten Steuer nahe, denn man zahlt um so mehr, je stärker man das öffentliche Straßensystem in Anspruch nimmt. Dies gilt bis zu einem gewissen Grad sogar noch in Europa, wo die Mineralölsteuern bei weitem die tatsächlichen Erzeugerpreise von Mineralöl und die direkten Kosten, welche die Kfz-Benutzer dem Straßensystem und anderen Fahrern auferlegen, übertreffen.

Ein Fuzzy-Steuerformular ist zumindest in dem Maß gerecht, als es dem Steuerzahler ein proportionales Mitspracherecht in bezug auf die Verwendung seiner Steuern einräumt. Sie ist nicht so gerecht wie eine Mineralölsteuer oder andere Benutzungsgebühren. Der Steuerzahler nutzt vielleicht nicht, was er bekommt, oder er sieht nicht, wofür er bezahlt. Ein Fuzzy-Steuerformular funktioniert also wie eine Art virtuelle Benutzungsgebühr. Das binäre Standard-Steuerformular ist lediglich eine Gebühr.

Ein Fuzzy-Steuerformular ist auch effizienter als ein binäres Steuerformular. Ein grundlegender Lehrsatz der Wirtschaftswissenschaften besagt, daß alle Steuern einer Volkswirtschaft einen »Nettowohlfahrtsverlust« auferlegen. Ein Markt ist effizient, wenn das Angebot der Nachfrage entspricht. Eine Steuer verursacht immer gewisse Ineffizienzen, weil sie den Konsumenten einen Preis abverlangt, der über dem Marktpreis liegt, und weil sie dazu führt, daß die Hersteller weniger Güter und Dienstleistungen verkaufen, als sie es zum Marktpreis tun würden.

Ein binäres Steuerformular kann die gesellschaftliche Nachfrage nach vielen Dienstleistungen nicht in direkter Weise mit dem potentiellen Angebot zur Deckung bringen. Es verläßt sich auf den guten Willen der gewählten und ernannten Politiker und auf deren Fähigkeit, die gesellschaftliche Nachfrage richtig einzuschätzen. Ein Fuzzy-Steuerformular liefert nicht nur eine direkte statistische Stichprobe dieser gesellschaftlichen Nachfrage. Es lenkt die Mittel auch so, daß die gesellschaftliche Nachfrage nach diesen Dienstleistungen aktiviert wird, und kurbelt so das gesellschaftliche Angebot an diesen Dienstleistungen an. Diese Fuzzy-Steuer ist nicht völlig effizient, aber sie bringt das gesellschaftliche Angebot und die gesellschaftliche Nachfrage sicherlich stärker zur Deckung als eine binäre Steuererklärung.

Ein zweiter Einwand gegen ein Fuzzy-Steuerformular lautet, daß es mit Sicherheit Sonderinteressen und Lobbyismus Vorschub leisten würde. Die Vertreter dieser Partikularinteressen würden alles in ihrer Macht Stehende tun, um Einfluß darauf zu nehmen, wie die Steuerpflichtigen die Steuererklärung ausfüllen. Interessengruppen würden um die Gunst der Medien ringen. Dies würde die Auswahl der Optionen verzerren. Das meiste Geld würde vielleicht jener Gruppe zufließen, die sich am lautesten zu Wort meldet.

Auch dieser Einwand trifft zu. Aber ist dies so schlimm, wie es sich anhört? Es bedeutet doch, daß es zu einem gesunden Wettbewerb um die Mittel der Steuerzahler kommen würde. Der Wettbewerb wäre nicht vollständig in dem theoretischen Sinn einer fast unendlichen Anzahl wohlinformierter Wettbewerber. Dies würde kurzfristig zu einer Verzerrung der Auswahl führen, wie es bei allen Gütern und Dienstleistungen der Fall ist.

Doch eine derartige Wettbewerbsverzerrung korrigiert sich in der Regel von selbst. Verlierer lernen von Gewinnern und probieren neue Taktiken aus. Stabile »Marktanteile« von Zuweisungsoptionen würden sich herauskristallisieren. Sie würden sich langsam in dem Maß verändern, wie sich die Präferenzen der Allgemeinheit wandelten, finanzierte Experimente ausliefen und die Scheinwerfer der Medien andere Stellen beleuchteten.

Die Konzentration auf Sonderinteressen verdeutlicht einen Grund, weshalb wir vielleicht eines Tages eine Art von Fuzzy-Steuerformular sehen werden. Sonderinteressen würden davon profitieren. Wir werden vermutlich dann ein Fuzzy-Steuerformular mit buchstäblich freier Wahl bekommen, wenn die erwarteten Gewinne für die Sonderinteressen die erwarteten Verluste derjenigen, denen weniger Steuergelder zufließen, übertreffen.

Dies dürfte zwar nicht in einer vollkommenen Welt gelten, aber es gilt in einer politischen Welt tiefeingewurzelter Interessen. Und aus diesem Grund sollte die junge Generation ein Fuzzy-Steuerformular stärker befürworten als die ältere Generation. Die Jungen können davon ausgehen, daß sie kurzfristig, wenn nicht langfristig, mehr Steuern zahlen werden, als sie an staatlichen Leistungen erhalten. Die Senioren dagegen erhalten sehr viel höhere staatliche Leistungen, als die Jungen erwarten können.[22] Die Senioren sind risikoscheu und werden vermutlich ihren großzügigen Anteil an den staatlichen Leistungen nicht für die demokratischen Risiken eines Fuzzy-Steuerformulars aufs Spiel setzen.

Es gibt wenigstens zwei Probleme mit einem Fuzzy-Steuerformular, die nicht von einem intellektuellen Elitedenken beziehungsweise dem Wunsch herrühren, mächtige Lobbys nicht mit Steuergeldern zu unterstützen. Das erste ist ein politisches: Wer wählt die Verwendungszwecke aus? Meine zehn besten Optionen unterscheiden sich von Ihren besten. Wer aber bestimmt darüber, welche auf das Formular gesetzt werden? Dies sollte zu recht erbitterten Auseinandersetzungen führen. Interessengruppen dürften hart darum kämpfen, daß ihre Option auf das Formular kommt und konkurrierende Verwendungszwecke nicht zum Zuge kommen. Wer also würde die Wahlmöglichkeiten festsetzen?

Schlimmstenfalls könnte der Staat die Verwendungszwecke festlegen. Dies bedeutet, daß die Optionen nicht von denjenigen ausgewählt würden, die sie ankreuzen und dafür zahlen. Der US-amerikanische Staat tut dies schon heute, wenn er von all seinen

Bürgern 1 Dollar für die Finanzierung des Präsidentschaftswahlkampfs fordert. Das Einkommensteuerformular des Bundesstaates Kalifornien gibt den Steuerpflichtigen die Möglichkeit, 1 Dollar oder mehr für Maßnahmen zur Bekämpfung des Drogenmißbrauchs und für Bildungsinvestitionen zur Verfügung zu stellen. Auf Bundes- beziehungsweise einzelstaatlicher Ebene könnten die Parlamente über die Optionen debattieren und sie in ein Gesetz fassen, das anschließend vom Präsidenten oder vom Gouverneur unterzeichnet werden müßte. Dies würde zumindest eine gewisse Wahlfreiheit gewährleisten.

Doch auch wenn man den Staat die Optionen auswählen läßt, riskiert man eine Verzerrung der Auswahl mit der Folge, daß die Steuergelder direkt an jene mächtigen Gruppen zurückfließen, die sowieso schon einen Löwenanteil erhalten. Mein früherer Heimatstaat Kansas würde vielleicht seinen Steuerzahlern letztlich nur die Wahl lassen, einen Teil ihrer Landessteuern jenen Landwirten zukommen zu lassen, die Weizen, Mais oder Sojabohnen anbauen.

Besser wäre es, wenn man den Wählern eine lange Liste von Verwendungszwecken zur Abstimmung vorlegen würde. Die Optionen könnten telefonischen Vorschlägen, E-Mails oder Briefen an einen Parlamentsausschuß entnommen werden. Die Wähler könnten ihre zehn bevorzugten Verwendungszwecke auswählen und sie eventuell sogar in eine Rangfolge bringen. Dann könnten wir die Ergebnisse zusammenfassen und mit den zehn meistgenannten Optionen beginnen. Oder wir könnten mit den 100 meistgenannten beginnen und jedes Jahr zehn oder 20 nach dem Zufallsprinzip auswählen, bis wir alle Verwendungszwecke durchlaufen haben.

Solche Abstimmungsmodalitäten würden dennoch zu einem gewissen Grad unter der Tyrannei der Mehrheit leiden. Einige gute Sachen kämen nicht auf das Steuerformular, weil zu wenige dafür votieren würde. Dies ist ein Grund, weshalb man jedem Steuerzahler das Recht geben sollte, wenigstens einen neuen Verwendungszweck zu benennen. Einige der neuen Optionen könnten im Lauf der Zeit auf die Liste kommen, und andere Optionen könnten wegen mangelnden Wählerinteresses wegfallen.

Das zweite Problem betrifft die administrative Seite: Wer

wäre für die Erhebung der Fuzzy-Steuer zuständig? Wieviele neue bürokratische Ebenen wären erforderlich, um ein solches Projekt der Mitsprache der Steuerzahler bei der Mittelverwendung umzusetzen und das Geld den ausgewählten Zwecken zukommen zu lassen? Die neue Behörde würde byzantinische Ausmaße annehmen, wenn sie sich selbst überlassen bliebe.

Vielleicht könnte das Geld direkt den Behörden zufließen, die schon heute für sozialpolitische Aufgaben zuständig sind. Das Geld könnte durch dieselben Röhren fließen, durch das es früher in den Pool des allgemeinen Steueraufkommens floß. Nur die Routen und Beträge würden sich unterscheiden.

Der Haken besteht darin, daß der Staat kein reibungsloses System ist. Der Geldfluß ist höchst zähflüssig, und ein Großteil davon bleibt an den Wänden der Röhren kleben oder versickert im Boden. Die Person beziehungsweise die Firma, die Sozialhilfe beziehungsweise Subventionen erhält, bekommt nur die Hälfte von jedem Steuerdollar, der ihr zugedacht ist. Ich will damit nicht sagen, daß die US-Bundesregierung ihre gegenwärtigen Wirtschaftssubventionen in Höhe von etwa 125 Milliarden Dollar pro Jahr effizienter ausgeben sollte, als sie es tut.[23] Meines Erachtens verlangt die ökonomische Logik der Produktion volkswirtschaftlichen Reichtums, daß der Staat Firmen weder besteuert noch subventioniert. Firmen sollten Benutzungsgebühren für staatliche Dienstleistungen bezahlen. Ich möchte damit lediglich sagen, daß staatliche Verwaltungsapparate den Prozeß des Steuertransfers mit einer eigenen hohen Steuer belegen.

Der Staat wird immer eine gewisse Vermittlungsprovision kassieren, ganz gleich, wie stark wir den Prozeß straffen. Doch ein Fuzzy-Steuerformular muß nicht zu einer höheren Provision führen, als sie der Staat heute mit seinen binären Steuerformularen bekommt. Das Fuzzy-Steuerformular stellt eine direkte Verbindung her zwischen denjenigen, die zahlen, und denjenigen, welche die Mittel ausgeben. Diese direkte Verbindung begünstigt viel eher eine sorgfältige Prüfung der Mittelverwendung als ein allgemeiner Pool von Steuergeldern in den Händen von Interessengruppen und Politikern.

Ich habe nicht gesagt, bei welcher Steuerart das Fuzzy-Steuerformular verwendet werden könnte. Der Grund liegt darin, daß es zur Erhebung aller Steuerarten eingesetzt werden könnte, angefangen von der Einfuhr- und Grundsteuer bis zur Einkommensteuer. Ein Fuzzy-Steuerformular würde dem Steuerpflichtigen bei jeder Steuerart gewisse Wahlrechte einräumen und wäre dennoch aufkommensneutral.

Wir können darüber streiten, wie hoch die Steuern sein sollten, welche staatliche Maßnahmen damit finanziert werden sollten und wie schlank der Staatsapparat sein sollte. Doch selbst die radikalsten Privatisierungsbefürworter sind bislang den Nachweis schuldig geblieben, wie man die nationale Verteidigung ohne Steuern finanzieren soll.[24] Daher wird es vermutlich immer eine Form von Steuer geben. Der Staat ist vermutlich in der Tat eine schicksalhafte Notwendigkeit, und die Menschheit wird vermutlich nie die Erfüllung von Karl Marx' Traum vom Absterben des Staates erleben.

Die Einkommensteuer wäre ein gutes Versuchsfeld für ein Fuzzy-Steuerformular. Die meisten Steuerzahler spüren den empfindlichen Aderlaß durch diese Steuer einmal im Jahr. Die Einkommensteuer gilt den meisten als die Steuer schlechthin, obwohl wir Dutzende weiterer direkter und indirekter Steuern zahlen, wie etwa Steuern auf Flugscheine oder Hotelzimmer oder auch die »schleichende Steuerprogression« der Preisinflation, welche die Grenzsteuerbelastung der Steuerpflichtigen stetig erhöht. In den Vereinigten Staaten verschafft sich der Staat zwischen einem Drittel und der Hälfte seiner Mittel über die Einkommensteuer, und er gibt jedes Jahr einen großen Teil davon aus, um die Zinsen für die Staatsschulden zu bezahlen.[25] Ein Fuzzy-Einkommensteuerformular wäre folglich keine so radikale Neuerung, wie sie sich anhört.

Ein Fuzzy-Einkommensteuerformular könnte sogar einen Teil des volkswirtschaftlichen Schadens beheben, den die Einkommensteuer anrichtet. Denn Steuern stellen einen negativen Leistungsanreiz dar: *Die Gesellschaft erhält weniger von dem, was sie bestraft.*

Eine Steuer auf das Einkommen ist eine Steuer auf die Produktivität. Sie belastet den Faktor Arbeit und erfolgreiche Investitionen. Sie verlangsamt die Steigerung des gesellschaftlichen Wohlstands. Es ist schon etwas dran an dem alten Kalauer: Eine

Einkommensteuer ist eine Form von Kapitalvernichtung. Aus diesem Grund haben viele Länder wie Deutschland, Japan und Singapur sie abgesenkt beziehungsweise durch eine Verbrauchsteuer ersetzt. Diese Länder haben sehr viel höhere Sparquoten und eine viel höhere Kapitalbildung als die Vereinigten Staaten.

Ein Fuzzy-Steuerformular könnte auch bei einer georgistischen Grundsteuer funktionieren. Der Wirtschaftswissenschaftler Henry George veröffentlichte sein Buch *Progress and Poverty* im Jahr 1879. Er stützte sich dabei auf eine Idee, die der englische Evolutionstheoretiker Herbert Spencer in seinem 1851 erschienenen Buch *Social Statics* formulierte: Niemand hat Eigentum an Grund und Boden. Wir können nur Anspruch auf die Verbesserungen des Bodens erheben. George sprach sich in seinem Buch für eine einheitliche Grundsteuer zur Finanzierung des Staates aus und damit gegen eine Belastung der Faktoren Arbeit und Kapital. »Statt den Anreiz für die Produktion gesellschaftlichen Wohlstands zu schwächen, würde ich ihn stärken, indem ich den Lohn sicherer machen würde. Ganz gleich, wie viele Millionen eine Person durch Geschäftstüchtigkeit erwirbt – sie sollen ihr gehören, wofern sie nicht durch Beraubung anderer zustande kamen. Sie mögen ihr Eigentum sein.«

Henry Georges Buch verkaufte sich im Lauf der Jahre viele Millionen Mal. Es beeinflußte zahlreiche Denker, von dem Romancier Leo Tolstoi und dem Arbeiterführer Samuel Gompers bis zu dem Philosophen Bertrand Russell und dem Staatsmann Winston Churchill. Es führte zu der »Einsteuer-Bewegung« und prägte die Steuerstruktur vieler Kommunen in den Vereinigten Staaten, Kanada und Australien. Präsident Theodore Roosevelt schlug eine georgistische Grundsteuer zur Förderung der Besiedlung Alaskas vor.

Aber Grundrenten machen heute nur noch etwa fünf Prozent des Bruttoinlandsprodukts aus, während sich die Staatsausgaben in den meisten Ländern auf hohe zweistellige Prozentsätze des BIPs ihres Landes belaufen.

Eine reine Grundsteuer würde dazu führen, daß weniger Bürger und mehr Firmen Steuern entrichten müßten. Kleine und große Firmen besitzen beziehungsweise mieten den größten Teil ihrer Immobilien in dicht besiedelten Städten und folglich in

Regionen mit den höchsten Grundstückswerten. Ein Fuzzy-Steuerformular würde jeder steuerzahlenden Firma erlauben, sich wie eine Privatperson zu verhalten und ihre Optionen nach Belieben auszuwählen. Das Fuzzy-Steuerformular könnte aber auch nur für die Personen verfügbar sein, die Grundsteuer bezahlen. Es könnte auch den Mietern ein anteiliges Mitspracherecht einräumen.

Eine Fuzzy-Steuer wirkt so einfach wie ein Steuertarif mit konstantem Steuersatz, und dies mag nichts Gutes verheißen. Es gibt weltweit nur sehr wenige Steuertarife mit konstantem Steuersatz. Jeder Steuerpflichtige ist bestrebt, das Steuersystem zu seinen Gunsten zu manipulieren. Vielleicht hat er keine Gelegenheit dazu, aber der Anreiz ist da, und die Politik spiegelt dies wider. Weltweite Haushaltsdefizite spiegeln wiederum diese Politik wider.

Ausgeglichene Haushalte und reiche Staaten

Wie schwierig ist es, den Staatshaushalt auszugleichen? Man kann es einerseits mit einem Steuertarif mit konstantem Steuersatz und andererseits mit einer einheitlichen Kürzung erreichen. Man besteuert jede Person mit einem gewissen Satz, um Einnahmen zu erzielen. Dann kürzt man alle Ausgabenposten pauschal um einen bestimmten Prozentsatz, um die Ausgaben auf die Höhe der Einnahmen zu begrenzen. Ein Steuersatz von 20 Prozent würde vielleicht durch eine 30prozentige Kürzung ausgeglichen. Wenn nicht, könnte der Staat den Steuersatz auf über 20 Prozent erhöhen oder die Ausgaben um mehr als 30 Prozent kürzen oder beide Maßnahmen kombinieren. So könnte eine pauschale Kürzung verhindern, daß einige Programme mit geringer politischer Unterstützung zugunsten von Programmen mit stärkerer Rückendeckung zurückgefahren werden. Dies ist das einfachste und fairste Verfahren, um einen ausgeglichenen Haushalt zu erreichen. Private Haushalte und Unternehmen tun es jeden Tag.

Ein Kind könnte den Haushalt mit Stift und Papier in ein paar Minuten ausgleichen. Und dennoch geschieht es nie.

Ein Fuzzy-Steuerformular könnte dasselbe Schicksal erleiden. Es könnte als ein weiteres »Einnahmenpflaster« auf der Staatsverschuldung enden. Es könnte in alten oder neuen Bürokratien steckenbleiben. Es könnte im Scheinwerferlicht der Presse, das einen ausgemachten Finanzskandal beleuchtet, sein Ende finden. Die gleichen Risiken gelten freilich für jedes neue Steuer- oder Subventionsvorhaben in einer Demokratie. Vielleicht werden wir daher nur alle zwei oder vier Jahre ein Fuzzy-Steuerformular ausfüllen müssen. Oder wir benutzen es sogar nur einmal pro Generation. Wir können es jedenfalls nur dadurch herausfinden, daß wir es wenigstens einmal ausprobieren.

Eine Fuzzy-Steuer könnte mehr leisten, als Forschung und andere bevorzugte gesellschaftliche Aufgaben zu finanzieren. Sie könnte theoretisch den Bedarf an Steuern generell beseitigen. Sie könnte den Staat mit einer Art von »Pensionsrücklage« ausstatten und so die hemmende Wirkung von Steuern auf die Wirtschaft beseitigen oder vermindern.

Der US-amerikanische Staat gibt jährlich über eine Billion Dollar aus. Wie groß müßte demnach das finanzielle Polster des Staates sein, damit er jährlich eine Billion Dollar an Einnahmen erzielt?

Nehmen wir an, die Rücklagen bestünden aus Aktien und Anleihen (anderer Staaten) und aus Investmentfonds, die in Aktien und Anleihen investieren. Eine Nettorendite von acht Prozent ist langfristig realistisch, da Aktien allein auf lange Sicht mindestens eine Rendite von acht bis zehn Prozent abwerfen.[26] Folglich bräuchten wir ein Polster in Höhe von 12,5 Billionen Dollar zum heutigen Wert.

Wir würden diese Rücklagen in 30 Jahren ansammeln, wenn wir jährlich 110 Milliarden Dollar in den Fonds einzahlen und den Betrag erhöhen würden, um einen Inflationsausgleich sicherzustellen. Ein Fuzzy-Steuerformular könnte diesen Betrag einbringen. Oder wir könnten die Ministerien für Landwirtschaft und Verkehr sofort abschaffen und die etwa 100 Milliarden Dollar in den Fonds leiten, und dies Jahr für Jahr.

Ein Fuzzy-Steuerformular kann eine solche Steuerrente für unsere Erben begründen. Es kann sie jedoch nicht davon abhalten, die Staatsausgaben zu verdoppeln. Vielleicht werden sie diese Sparsamkeit lernen, wenn die sozialen Sicherungssysteme im 21. Jahrhundert zahlungsunfähig werden. Vielleicht aber wird dies ihren Hunger nach staatlichen Mitteln nur weiter anstacheln.

Ein steuerfinanzierter Kapitalstock wirft auch die heikle alte Frage auf, wer wen beaufsichtigt. Möchten wir, daß der Staat sich die Aktien selbst auswählen kann? Dies würde neuen Sonderinteressen, Günstlingswirtschaft und Bürokratismus Vorschub leisten.[27] Das System könnte diese Bedenken weitgehend entkräften, wenn es nur in breit gestreute Indexfonds sowohl in den Vereinigten Staaten als auch im Ausland investieren würde. Und selbstverständlich dürfte es nicht in eigene Schuldscheine oder Anleihen investieren. Wenn der Plan aufginge, könnte er zu einer scheinbar paradoxen Verbindung von Sozialismus und Kapitalismus führen. Der Staat als Investor könnte schließlich Eigentümer eines Großteils der Produktionsmittel sein.

Doch stellen wir uns nur vor, was wäre, wenn frühere Generationen eine solche Rente für uns eingerichtet hätten.

Erfolgsprämien für bahnbrechende Neuerungen

Betrachten wir erneut das Problem, vielversprechende Entwicklungen in Naturwissenschaft und Technik zu identifizieren. Ein Fuzzy-Steuerformular ist eine einfache, aber effiziente Methode zur Finanzierung bahnbrechender wissenschaftlicher Neuerungen. Es würde uns diese kaufen lassen. Verwenden wir einen Teil dieser neuen Steuergelder für die Forschung und loben wir Prämien oder Wettbewerbe mit hohen Geldpreisen aus.

Das Prinzip geht auf B. F. Skinners operante Konditionierung zurück: Man versuche nicht, bahnbrechende Innovationen auszuwählen. Man schaffe vielmehr einen Anreiz für sie, indem man Belohnungen darauf aussetzt. Man verstärke ihr spontanes Auftreten.

Ein hoher Geldpreis würde Forscher sehr viel stärker motivieren als die Gehaltserhöhung, die sie vielleicht bekommen würden, wenn sie einen stattlichen Forschungsauftrag an Land zögen. Eine Fuzzy-Steuer könnte diese Forschungsprämien finanzieren. Noch höhere Geldpreise würden ganze Forschergruppen und Unternehmen motivieren. Sie würden das Geld dann, und nur dann, bekommen, wenn sie einen Durchbruch erzielten.

Die Preise werden vielleicht nicht das Renommee der Nobelpreise besitzen, aber sie werden auch nicht durch den undurchsichtigen Entscheidungsprozeß der Königlich-Schwedischen Akademie der Wissenschaften beeinträchtigt sein.[28] Die Preise könnten diesen Mangel an Prestige durch die Höhe des ausgesetzten Geldbetrags wettmachen. Hier besitzt die Quantität durchaus eine eigene Qualität.

Die Firma Whirlpool hat gezeigt, wie dies bei Kühlschränken funktioniert. Das Unternehmen wurde im Juni 1993 für seinen Entwurf des umweltfreundlichsten Kühlschranks mit einem Preis von 30 Millionen Dollar ausgezeichnet.[29] Kühlschränke verbrauchen etwa 20 Prozent des Stroms in einem Haushalt. Eine Gruppe von 24 Stromversorgern stellte das Preisgeld bereit. Jeder Versorger brachte je nach der Zahl seiner Abnehmer zwischen 150000 und 7 Millionen Dollar auf.

An diesem Wettbewerb beteiligten sich 500 Firmen weltweit. Sie alle bemühten sich, die Zielvorgaben für ein neues Kühlschrankmodell, das 25 Prozent weniger Energie als gegenwärtig auf dem Markt befindliche Modelle verbrauchen und ohne Fluorchlorkohlenwasserstoffe auskommen sollte, zu erfüllen. Unter der Einwirkung von Sonnenlicht zerfallen in der Luft enthaltene FCKW-Moleküle in Chlormoleküle, welche die Ozonschicht zerstören. Whirlpool konzentrierte sich auf den Kompressor, weil er bis zu 90 Prozent der Energie in einem Kühlschrank verbraucht. Die Firma setzte auch ein Fuzzy-System ein, das an der Regelung von Kompressor und Entfroster mitwirkte.

Was in diesem Fall Erfolg hatte, könnte in vielen anderen Fällen ebenfalls von Erfolg gekrönt sein. Es gibt in Nordamerika bereits etwa 3000 Forschungspreise.[30] Umfragen zufolge sind die meisten Bürger dafür, daß der Staat die Grundlagenforschung in der Medizin und in anderen Disziplinen in irgendeiner Form

fördert.[31] Die Bürger wissen, daß ein Teil ihrer Steuern in die
Forschung fließt, aber sie haben praktisch keine Ahnung davon,
wie die staatliche Forschungsförderung im einzelnen funktioniert.

Ein Fuzzy-Steuerformular würde den Steuerzahlern die Möglichkeit geben, Forschungsprämien anzukreuzen und mehr
bahnbrechende Erfindungen für ihr Geld zu bekommen. Es
könnte durchaus zu einem sparsameren Umgang mit Steuergeldern führen und gleichzeitig konkretere Innovationen fördern.
Forschungsprämien würden die meisten Mittel für die Grundlagenforschung unangetastet lassen. Aber sie hätten den Schlüs-
seleffekt, das Angebot an grundlegenden wissenschaftlichen
Neuerungen anzukurbeln, sofern ein erwiesener und nachhalti-
ger gesellschaftlicher Bedarf existiert.

Dies würde zu einem »Paradigmenwechsel« in der For-
schungsfinanzierung führen. Es würde den Anstoß zu einer
systematischen Umstellung der gegenwärtigen Finanzierungs-
praxis, die eher auf die klassische Konditionierung Iwan Pawlows hinausläuft, auf eine Praxis geben, die mehr der operanten
Konditionierung von B. F. Skinner entspricht.

Pawlow brachte Hunde dazu, Speichel abzusondern, indem er
ein akustisches (Glockenläuten) oder visuelles Signal (Licht) mit
dem verstärkenden Futter koppelte. Tatsächlich belohnte er den
Stimulus und zwang die Hunde dazu, gegen ihren Willen Speichel zu produzieren und folglich »unwillkürlich« zu handeln.
Skinner brachte Tauben bei, Melodien auf einer Klaviatur zu
spielen, indem er Futterkügelchen fallen ließ, wenn, aber auch
nur wenn die Vögel nach der richtigen Taste pickten. Er belohnte
die richtige Reaktion. Er wartete so lange, wie eine Taube benö-
tigte, um die Reaktion »freiwillig« zu zeigen.

Beide Verfahren sind Formen der Verhaltensprogrammie-
rung. Das gilt im übrigen für alle Projekte, bei denen Steuergelder an Forscher fließen. Wir müssen uns dieser ungeschminkten
Wahrheit stellen. Doch Skinners operante Konditionierung ist
in ihrer Anwendung weniger freiheitsheitsbeschränkend und
arbeitet mit marktähnlicheren Anreizen als Pawlows klassische
Konditionierung.

Ein Skinnerscher Ansatz belohnt nur tatsächliche Durchbrüche in der Forschung. Die gegenwärtige Finanzierungsmethode hat ein pawlowsches Gepräge und belohnt Förderanträge und die Fähigkeit, eine Sache überzeugend darzustellen. Sie belohnt das Schreiben von Anträgen und taktisches Kalkül und andere Verhaltensweisen, die dem Streben nach Zuschüssen dienen und den bahnbrechenden Entdeckungen vorausgehen. Der springende Punkt ist, daß sie diese vorausgehenden Reize belohnt, auch wenn sie nicht zu bahnbrechenden Reaktionen führen.

Das Wesen der operanten Konditionierung besteht darin, daß man mit Honig mehr Fliegen fängt. Vermutlich würden uns wohldotierte Forschungsprämien mehr bahnbrechende Erfindungen bescheren als der gegenwärtige Versuch staatlicher Behörden, aus einem Haufen von Förderanträgen die vielversprechendsten herauszupicken, mit der Folge, daß sie eher das In-Aussicht-Stellen von Durchbrüchen als die Durchbrüche selbst belohnen. Diese Skinnerschen Experimente werden nicht viel kosten, wenn die bahnbrechenden Entdeckungen ausbleiben, da wir die Prämien dann nicht auszahlen müssen. Ein Fuzzy-Steuerformular genehmigt solche Experimente, sofern genügend Stifte ihre Striche machen.

Loben wir also Preise im Wert von mehreren Millionen Dollar für die Entwicklung eines Elektroautos oder für das umweltschonendste Verfahren zur Beseitigung von Ölteppichen aus. Stellen wir eine Milliarde Dollar für die Entwicklung eines Heilmittels für Lungenkrebs oder AIDS bereit. Heute geben wir mehrere Milliarden für die Behandlung dieser Krankheiten aus.

Wenn dies nicht den gewünschten Erfolg bringt, stellen wir zehn Milliarden Dollar für die Entwicklung eines Heilmittels für eine beliebige Krebsart oder AIDS bereit. In der Theorie kommen wir irgendwann an den Punkt, wo wir alle unsere Arbeit niederlegen und entweder selbst nach einem Heilmittel suchen oder in ein Unternehmen investieren beziehungsweise eines gründen, das sich mit entsprechenden Forschungen befaßt. Wenn also ein Preisgeld in Höhe von zehn Milliarden Dollar die gewünschte Therapie beziehungsweise den gewünschten Durchbruch nicht herbeiführt, werden wir 50 oder 100 Milliarden

dafür ausloben wollen. Dabei spielt es keine Rolle, ob hochbe-
gabte Gymnasiasten, angestellte Wissenschaftler oder gewinn-
orientierte Firmen die entsprechenden Durchbrüche erzielen.
Die einzige Bedingung lautet: Zahlung bei Erhalt. Und es bedarf
nur eines einzigen Heilmittels.

5 Die Rechte der Genome

Die Bevölkerung wächst, sofern ihr Wachstum nicht kontrolliert wird, in einem geometrischen Verhältnis. Die Nahrungsmittelproduktion dagegen wächst nur in einem arithmetischen Verhältnis.

Thomas Robert Malthus, *Essay on the Principles of Population*, 1798

Wir waren wie Gott in unserer geplanten Züchtung domestizierter Pflanzen und Tiere. Aber wir waren wie die Kaninchen in der ungeplanten Vermehrung unserer eigenen Spezies.

Arnold Toynbee

Das Leben eines Embryos ist nicht wertvoller als das Leben eines nichtmenschlichen Lebewesens auf einer ähnlichen Stufe der Rationalität, des Selbstbewußtseins, der Wahrnehmung, Empfindungsfähigkeit und so weiter.

Peter Singer, *Practical Ethics*

Mit der Kultivierung von Pflanzen und Tieren beschleunigt der menschliche Züchter die Evolution ungeheuer. Dabei bringt er Kreaturen hervor, die zwar einerseits dem Menschen nutzen, die aber andererseits völlig unfähig sind, in der Wildnis zu leben. Keine Maispflanze und kein Schaf würde in der Natur überleben ohne den hingebungsvollen Dienst eines menschlichen Hüters.

Max Delbrück, *Wahrheit und Wirklichkeit*

Große biologische Mannigfaltigkeit beansprucht lange geologische Zeiträume und große Pools einzigartiger Gene ... Ein Panda oder ein Mammutbaum stellt ein Meisterwerk der Evolution dar, wie es höchst selten vorkommt.

Edward O. Wilson, *Der Wert der Vielfalt*

Die Wissenschaft ist nicht Gott. Unsere tiefsten Wahrheiten bleiben außerhalb des Bereichs der Wissenschaft. Wir müssen unsere Euphorie über den jüngsten Durchbruch beim Klonen von Tieren durch eine nüchterne Rückbesinnung auf unsere hehrsten Begriffe von Humanität und Gläubigkeit dämpfen.

US-Präsident Bill Clinton, »Science in the 21st century«, *Science*, Bd. 276, 2. Juni 1997

Die menschlichen Chromosomen lassen sich mit Schnüren aus Perlen in vier verschiedenen Farben vergleichen. Beim Sequenzieren nimmt man jedes dieser Chromosomen und ermittelt die Farbe der Perlen auf jeder Schnur. Es wird eine vergleichsweise leichte Aufgabe sein, die Nukleotidsignale in Aminosäuren zu übersetzen, die Aminosäuren in Proteine und auf der Grundlage der Proteine das Wesen des Menschen zu bestimmen.

Professor Leroy Hood, Universität von Washington in Seattle

▬▬▬ Wem gehören wir? Eigentumsrechte definieren die Grenzen zwischen mein und dein und zwischen dem Privaten und dem Öffentlichen. Unschärfe verwischt diese vom Menschen gezogenen Grenzen und schleicht sich von dort in die Begriffe »Rechte« und »Eigentum« ein.

In diesem Kapitel betrachte ich die Rechtsnatur des Selbst und das Ausmaß, in dem wir uns als Person selbst zu eigen sind. Das nächste Kapitel untersucht das Ausmaß, in dem wir Dinge der Außenwelt besitzen. Es nützt wenig, einen Teil der Welt zu besitzen, wenn man nicht einmal die eigene Person besitzt. Jesus sagte dies zu Satan, als er den Besitz der ganzen Welt dem Besitz der eigenen Seele gegenüberstellte. Dies gilt auch heute noch für das ständige Tauziehen um die Grenze zwischen dem Öffentlichen und dem Privaten.

Gene haben Vorrang vor Königen.

Die meisten Theorien über das Eigentum setzen beim Eigentum an der eigenen Person an. Wenn man irgend etwas besitzt, dann ist es die eigene Person. Eine ganz andere Frage ist, ob man das besitzt, was von einem selbst stammt, beziehungsweise das,

was auf der Chipkarte oder in der medizinischen Datei, die eine
digitale Kopie unseres genetischen Bauplans oder vielleicht auch
die Sicherungskopie des neuronalen Geplappers unseres Gehirns
in der letzten Woche enthält, gespeichert ist. Diese Theorien
erfordern, daß wir wissen, was wir unter der »Person« verstehen, und somit wissen, wo die einzelne Person beginnt und wo
sie endet.

Wo beginnt die eigene Person? Wo beginnt das Leben? Diese
Fragen bringen uns zu dem unscharfen Problem der Abtreibung.

Ein bißchen schwanger

Jedes Jahr entscheiden sich Millionen von Frauen für einen
Schwangerschaftsabbruch. Die durchschnittliche Zahl der
Abtreibungen pendelt in den Vereinigten Staaten um die 1,5
Millionen pro Jahr. Die Zahl ist in den neunziger Jahren gesunken, da die Zahl der Ärzte beziehungsweise medizinischen Einrichtungen, die Abtreibungen vornehmen, zurückgegangen ist.[1]
Trotzdem endet noch immer ein Viertel der Schwangerschaften
in den Vereinigten Staaten mit einer Abtreibung. Nach Darstellung der Weltgesundheitsorganisation lassen jährlich weltweit
50 Millionen Frauen eine Abtreibung vornehmen. Bei etwa 30
Millionen dieser Frauen sind diese Schwangerschaftsabbrüche
»legal«, und etwa 20 Millionen Frauen haben »gefährliche«
Abtreibungen. Bei chirurgischen Schwangerschaftsunterbre-
chungen sterben jährlich 70 000 Frauen.[2]

In unserem globalen Dorf kommen jährlich etwa 90 Millionen
Säuglinge zur Welt. Somit dauert es nur drei Jahre, bis die Weltbevölkerung um mehr Menschen zugenommen hat, als die Vereinigten Staaten Einwohner haben. Und weltweit werden innerhalb von fünf Jahren ungefähr so viele Schwangerschaften
abgebrochen, wie es US-Bürger gibt.

Dies sind große Zahlen, und sie werden jedes Jahr größer. Sie
sind statistische Fußspuren in dem Sinn, in dem Joseph Stalin
seine menschenverachtende Aussage machte, wonach ein Todes-
fall eine Tragödie sei, während eine Million Tote eine statistische
Größe seien. Doch hinter den Zahlen verbergen sich Hunderte

von Millionen schmerzlicher Entscheidungen, die Frauen und Männer jedes Jahr treffen. Und diesen Entscheidungen für oder gegen einen Schwangerschaftsabbruch liegt die alte Schwarz-weißlogik der Abtreibungsdebatte zugrunde. Papst Johannes Paul II. ist vielleicht der eisernste Verfechter der binären Sicht-weise des Lebensrechts der Leibesfrucht. Er ist zweifellos der einflußreichste: »Das Recht auf Leben ist das *Grundrecht* schlechthin.«[3]

Die Debatte spaltet die 60 Millionen Katholiken in den Verei-nigten Staaten, so wie sie Menschen aller Glaubensbekenntnisse und Weltanschauungen auf der ganzen Welt spaltet. Abtreibung ist in Ägypten und in den meisten muslimischen Ländern gesetzlich verboten. Sie ist in Israel und in Kenia rechtlich nur zulässig, um das Leben der Mutter zu retten. Sämtliche großen Religionen sind grundsätzlich und oftmals auch in der Praxis gegen Abtreibung. Das kommunistische China erzwingt manch-mal Abtreibungen noch im sechsten Schwangerschaftsmonat, um sein Bevölkerungsziel von einem Kind pro Paar zu erreichen. Fast die Hälfte aller Schwangerschaften in China endete in den letzten zehn Jahren mit einer Abtreibung.[4]

Die Debatte läuft auf die Frage hinaus, wo die Grenze zwi-schen Leben und Tod zu ziehen ist. Hat der Embryo schon ein eigenständiges Leben? Hat er ein Recht an der eigenen Person? Ja oder nein?

Eine Fuzzy-Antwort tappt nicht in diese aristotelische Falle. Sie zieht eine Kurve und keine Gerade. Ich habe mich an anderer Stelle für die Auffassung ausgesprochen, wonach Leben ein kon-tinuierliches Phänomen ist.[5] Ich werde dieses Argument nach-folgend resümieren und dann auf zwei Einwände eingehen.

Nach dem Fuzzy-Modell durchläuft die Leibesfrucht eine Entwicklung, die von null Prozent lebendig bei oder unmittelbar vor der Befruchtung bis zu 100 Prozent lebendig bei beziehungs-weise unmittelbar vor der Geburt reicht. In jedem Augenblick ist die Leibesfrucht zu einem gewissen Grad sowohl lebendig als auch nicht-lebendig. Nicht-Leben geht kontinuierlich in Leben über, und im Sterben geht Leben allmählich wieder in Nicht-Leben über. Dies definiert Leben als eine stetige Kurve, die mit dem Wachstum der Leibesfrucht von links nach rechts ansteigt.

Nach der binären Sichtweise geht die Leibesfrucht in einem großen Sprung von null Prozent lebendig zu 100 Prozent lebendig über. Diese binäre Auffassung fordert, daß jemand eine scharfe Trennlinie zwischen Leben und Tod zieht. Viele Menschen möchten, daß der Staat diese Trennlinie für sie und für uns übrige zieht. Dies würde die Unschärfe beziehungsweise Vagheit fernhalten, allerdings um den Preis, die Relativität der Trennlinie sichtbar zu machen. Wir oder der Staat können nach Belieben eine Lebensschwelle irgendwo zwischen Befruchtung und Geburt ziehen. Die Wahrscheinlichkeit ist hoch, daß sie denjenigen, welche die Linie irgendwo anders ziehen möchten, nicht gefallen wird.

Radikale Lebensschützer ziehen eine scharfe Linie bei der Befruchtung. Diese Linie räumt der befruchteten Eizelle denselben Rechtsstatus ein wie dem weinenden Säugling. Radikale Abtreibungsbefürworter ziehen die Grenze bei der Geburt. Demnach wäre es erlaubt, einen Fetus noch Tage oder Stunden vor der Geburt abzutreiben. Doch all diese Linien sind willkürlich und diskontinuierlich.

Der Oberste Gerichtshof der Vereinigten Staaten zog im Jahr 1973 in der Entscheidung *Roe versus Wade* die Grenze bei drei Monaten beziehungsweise dem Ende des ersten Trimesters.[6] Indien zieht die Grenze bei 20 Wochen. Die meisten Ärzte weigern sich, Abtreibungen im dritten Trimester vorzunehmen, und ziehen folglich die Grenze bei etwa 24 Wochen. US-amerikanische Mediziner nehmen jährlich nur einige tausend Abtreibungen kurz vor der Entbindung vor.[7] Selbst viele Abtreibungsbefürworter hegen Bedenken gegen Abtreibung auf Verlangen in diesem späten Schwangerschaftsstadium.

Umfragen können den näherungsweisen Verlauf einer Fuzzy-Lebenskurve ermitteln. Man frage 1000 zufällig ausgewählte Personen, in welchem Schwangerschaftsmonat ihres Erachtens menschliches Leben beginnt. Anschließend stelle man die Antworten graphisch dar, und man erhält eine Treppenkurve, die von links nach rechts um eine Stufe pro Monat ansteigt.[8] Die Treppe stellt eine Näherung der Lebenskurve dar. Eine genauere Näherung erhält man, wenn man 10 000 Menschen befragt. Wer wäre nicht neugierig auf die Lebenskurve seines Heimatlandes beziehungsweise die der ärztlichen Fachgesellschaften seiner Landes?

Die Abtreibungsdebatte verrannte sich schon vor Jahrzehnten in die binäre Sackgasse der Lebenslinien. Lebenskurven werden uns vielleicht einem Konsens näher bringen. Sie werden vielleicht nicht die Schwarzweiß-Entscheidung treffen, die wir uns von ihnen wünschen. Aber sie können dazu beitragen, die Debatte zum »Knie in der Kurve« zu verlagern, also zu dem Monat, in dem der »Grad der Lebendigkeit« am stärksten zunimmt, oder zu der Region, wo sie allmählich abzuflachen beginnt. Dieses Knie könnte in der Nähe des Endes des zweiten Trimesters liegen. Leicht durchzuführende Umfragen könnten dies herausfinden.

Künftige Lebenskurven werden vermutlich weniger mit öffentlichen Debatten und mehr mit persönlichen Entscheidungen zu tun haben. Die neue Abtreibungspille RU-486 wird mit der Zeit jede Frau zu ihrer eigenen Geburtshelferin machen. Frauen werden diese Pillen in der Drogerie, der Apotheke oder auf dem Schwarzmarkt kaufen. Dies wird die Abtreibung zu einer Entscheidung machen, die eher in den Bereich der Ethik als den des Rechts fällt. Veröffentlichte Lebenskurven im Beipackzettel könnten das Vertrauen der Schwangeren in die Einnahme der Tabletten erhöhen (oder auch verringern), da Frauen die gegenwärtigen Pillen kurze Zeit nach der Befruchtung einnehmen müssen. Die Zukunft wird uns zweifellos viele neue Abtreibungsmethoden und -pillen bescheren.

Mir sind zwei Haupteinwände gegen dieses Fuzzy-Modell von Lebenskurven zu Ohren gekommen. Der erste lautet, daß eine Lebenskurve nicht genüge. Man brauche eine scharfe Grenze beziehungsweise eine Eingriffsschwelle in der Realität, so wie man an einem Punkt die Grenze ziehen und auf die Bremse treten muß, wenn das Auto vor einem abrupt abbremst.

Dieser Einwand ist berechtigt, und eine Lebenskurve gibt uns lediglich Informationen, die uns dabei helfen, diese persönliche Grenze zu ziehen. Aber sie nimmt uns diese Aufgabe nicht ab. Wir werden jedoch dem Knie in der Kurve eher vertrauen, wenn wir die Stichprobenpopulation, deren gemittelte Meinung von der Kurve abgebildet wird, respektieren. Die Lebenskurve einer ärztlichen Fachgesellschaft hat für uns vermutlich mehr Gewicht als eine Lebenskurve, die mit Hilfe einer Zufallsstichprobe von Fernsehzuschauern ermittelt wurde. Der Staat hat vielleicht Grund, eine der beiden Gruppen zu bevorzugen, wenn er eine rechtsverbindliche Lebenslinie durch eine Lebenskurve zieht.

Der zweite Einwand lautet, daß eine Fuzzy-Lebenskurve Meinungen mißt und nicht das Leben selbst. Was mache es schon, wenn 80 Prozent der Menschen einer Nation oder eines medizinischen Workshops der Meinung seien, das Leben beginne im siebten Schwangerschaftsmonat beziehungsweise es beginne dort in einem hohen Maß? Entscheidend sei, wo das Leben tatsächlich beginne. Niemand kennt diesen Punkt, und daher diskutieren wir noch immer darüber.

Dieser Einwand fordert Wahrheit, nicht bloßes Dafürhalten. Er wiegt schwerer als der erste. Und sowohl Abtreibungsbefürworter als auch -gegner machen ihn geltend.

Man könnte darauf antworten, daß eine Fuzzy-Lebenskurve eine graue Wahrheit ebenso messen kann wie eine graue Meinung. Wahrheit und Meinung sind graduelle Begriffe. Man könnte auch entgegnen, daß die Meinung die bestmögliche Orientierungsgröße ist, wenn wir die Wahrheit nicht kennen. Wer kennt die Wahrheit über »Leben«? Jahrzehntelange Debatten und Forschungen haben sie nicht zutage gefördert.

Vielleicht gibt es keine wahre Definition von »Leben«? Vielleicht ist der Begriff »Leben« nur eine Notlösung und bezeichnet kein Objekt und keinen Prozeß in der physikalischen Welt. Wir können zumindest anzweifeln, ob er eine Wahrheit besitzt, die über den meßbaren Entwicklungszustand des fetalen Gehirns beziehungsweise über die rechtlichen Normen und Meinungen eines Staates hinausgeht. Es geht um formelle Rechte und nicht um Physik oder Chemie.

Und doch hat der an der Universität Chicago lehrende Rechtswissenschaftler Richard Epstein gerade unter Bezug auf solche formellen Rechte Einwände gegen die Abtreibung erhoben. Er fragt, welche Abtreibungsgesetze wir auswählen würden, wenn wir hinter einem »Schleier der Unwissenheit« säßen und unser Lebensschicksal nicht kennten.[9] Wir würden vielleicht als abgetriebene Feten enden, wenn wir uns für die falschen Gesetze entschieden. Dies könnte auch dann geschehen, wenn ein Fetus erst unmittelbar vor der Geburt einen hohen »Grad an Lebendigkeit« erreicht.

Solche Gedankenexperimente hängen in einer nicht intendierten Weise von der »Fuzzigkeit« ab. Das Risiko, daß wir einer Abtreibung zum Opfer gefallen wären, steigt oder fällt mit der relativen Zahl von Abtreibungen pro Geburten. Die Wahrscheinlichkeit, daß wir in einer Welt wie der unseren, in der jährlich 50 Millionen Schwangerschaftsabbrüche vorgenommen werden, einer Abtreibung zum Opfer gefallen wären, ist zwar gering, aber nicht vernachlässigbar gering. Die Wahrscheinlichkeit würde in einer Welt, in der jährlich nur fünf Millionen Embryonen abgetrieben würden, auf ein Zehntel fallen.

Wir würden tatsächlich unsere Fuzzy-Lebenskurve durch unsere Fuzzy-*Risiko*kurve ersetzen, wenn wir hinter dem Schleier der Unwissenheit über Abtreibungsgesetze abstimmten. Die Vorteile der Abtreibung würden ab einem bestimmten Punkt ihre Risiken für uns überwiegen. Dann würden wir vielleicht aus rational nachvollziehbaren Gründen Abtreibung, Diebstahl, Mord oder andere Handlungen erlauben, die uns mit einem geringen Risiko schaden könnten. Das wäre keine Frage der Ethik oder des Rechts, sondern der Besonnenheit, der Schläue oder einfach des Abwägens der Wahrscheinlichkeit. Wir müßten nach wie vor eine Lebenslinie beziehungsweise -kurve für jene Abtreibungen ziehen, die wir erlaubten.

Eine Fuzzy-Lebenskurve kann auch dann im Rechtssystem beziehungsweise der öffentlichen Meinung auftreten, wenn ein Dritter den Embryo gegen den Willen der Mutter abtreibt. Angenommen, ein Psychopath baut ein kleines Killer-Ultraschallgerät. Er trägt es in seiner Manteltasche und schaltet es jedesmal ein, wenn er an einer schwangeren Frau vorbeikommt, während er sich durch das Gedränge in einem geschäftigen Einkaufszentrum schiebt. Wie beurteilen wir die Ungeheuerlichkeit seines Verbrechens? Wann begeht er einen Mord?

Wir würden eine härtere Bestrafung für die erzwungene Abtreibung fordern, wenn die Schwangere im dritten Trimester wäre, als wenn sie erst vor einer Woche oder einem Tag schwanger geworden wäre. Die Verwerflichkeit des Verbrechens würde mit dem Alter der Leibesfrucht in der Gebärmutter zunehmen. Ein Richter würde sich vielleicht auf eine standardisierte Fuzzy-Lebenskurve beziehen, um das Strafmaß für den Verbrecher festzusetzen. Der Richter würde vielleicht das Knie in der Kurve heranziehen, um Mord aus niedrigen Beweggründen von »gewöhnlichem« Mord abzugrenzen. Bereits heute bewerten die Gerichte einige Tötungen von Embryonen durch Dritte als Totschlag oder Mord.

Auch Gene und die DNA scheinen der Wahrheit gegenüber der Meinung den Vorrang zu geben. Spermium und Eizelle bilden bei der Befruchtung einen einzigartigen genetischen Bauplan. Mann und Frau geben jeweils 23 Chromosomen an ihr Kind weiter. Wissenschaftler können mittlerweile ein einzelnes Spermium aus einer Samenprobe isolieren und in eine Eizelle injizieren. Wie also kann dann eine Frau »ein bißchen« schwanger sein? Dies ist das binäre Beispiel par excellence.

Wie kann das Leben ein graduelles Phänomen sein? Wir können einräumen, daß der genetische Bauplan ein binärer Code ist, auch wenn sich einige Gene am falschen Platz befinden oder fehlen. Die Eizelle einer Frau kann partiell befruchtet werden, so daß sie nur »ein bißchen« schwanger wird. Dies wird wahrscheinlich in einer Fehlgeburt enden. Aber das ist nicht das Entscheidende bei einer Genkarte.

Der springende Punkt ist, daß sich der genetische Bauplan nicht verändert, obwohl sich die Leibesfrucht, deren Entwicklung er steuert, verändert. Das gleiche gilt für die Blaupause, an die sich Arbeiter beim Bau eines Hauses halten. Embryo und Haus durchlaufen gewisse Stadien. Fuzzy-Kurven können diese Veränderungen beschreiben. Aber beschreiben sie den genetischen Bauplan oder die Blaupause?

Sie beschreiben vielleicht nicht den genetischen Bauplan, aber dies bedeutet nicht, daß der genetische Bauplan die Wahrheit enthält. Schließlich können wir auf einem Computer Billionen von genetischen Bauplänen erschaffen. Niemand behauptet, daß sie formelle Rechte besitzen, auch wenn es vielleicht eines Tages so sein wird. Wir können das sogar umkehren und einer hinreichend intelligenten Maschine ein Bündel formeller Rechte zuerkennen, indem wir ihr einen eigenen humangenetischen

Bauplan geben. Niemand behauptet, daß es ein Verbrechen ist, die Blaupause eines Hauses, die wir mit einem Computer zeichnen, zu verbrennen oder zu löschen, auch wenn es ein Verbrechen sein mag, ein Haus zu verbrennen.

Oder etwas könnte schiefgehen, und der genetische Bauplan könnte sich in dem Maß verändern, wie sich die Leibesfrucht entwickelt. Der genetische Bauplan könnte sich theoretisch in jeder Sekunde ändern. Es wäre dennoch sinnvoll, über die formellen (subjektiven) Rechte des Embryos zu diskutieren, auch wenn der erste genetische Bauplan nicht mehr existieren würde. Die Philosophen haben seit Aristoteles das Mögliche sorgfältig vom Wirklichen unterschieden.

Fuzzy-Lebenskurven sind Werkzeuge. Mit einer Lebenskurve kann man jeden beliebigen Lebensbegriff meßbar machen. Das abschließende Urteil über sie wird sich aus ihrer Bewährung in der Praxis ergeben. Beginnen wir also mit der Meinungsumfrage.

Zufallspfade im Genomraum

Genkarten öffnen die Tür zu einem Fuzzy-Modell von Leben und Person in einem umfassenden Sinne, weil sie das Absuchen des menschlichen *Genomraums* ermöglichen. Eine vollständige Genkarte oder Gensequenz ist ein Genom. Der Genomraum besteht aus allen möglichen Genomen. Es gibt darin erheblich mehr Genomcodes, als es subatomare Teilchen in unserem Weltall oder auch in einem gleichgroßen imaginären Weltall gibt, das dicht mit Teilchen vollgepackt wäre.

Das sogenannte Humangenomprojekt hat sich zum Ziel gesetzt, das Genom des Menschen vollständig zu kartieren. Dafür werden jährlich etwa 200 Millionen Dollar aufgewandt, und dies über einen Zeitraum von 15 Jahren.[10] Wissenschaftler erstellten 1995 die ersten vollständigen Genkarten zweier freilebender Organismen. In jenem Jahr arbeiteten die Wissenschaftler auch die erste näherungsweise physikalische Karte des menschlichen Genoms heraus.[11] Im April 1996 gab die gewöhnliche Hefe ihren aus 12 Millionen Basenpaaren bestehenden genetischen Code mit seinen 6000 Genen preis. Die Wissenschaft wird schon bald die Genome Tausender weiterer Organismen entschlüsseln. Jeder Organismus definiert dabei allerdings nur einen Genompunkt in seinem eigenen Genomraum.

Der erste Organismus, dessen Genom kartiert wurde, war das Bakterium *Haemophilus influenzae* Ende 1995.[12] Dieses Bakterium besitzt eine Genomsequenz, die einer Datenmenge von etwa 1830 Kilobyte entspricht. Ein Byte entspricht acht Datenbits. Jedes Bit gibt eine Ja- oder Nein-Antwort auf eine binäre Frage wie »Ist das Basenpaar in der Sequenz ein Adenin-Thymin-Paar?« Ein Kilobyte entspricht 1000 Bytes oder 8000 Bits (es kann auch 2^{10}, also 1024 Bits entsprechen). Dieses Bakterium hat nur eine Art von Membran. Etwa 30 Prozent seiner 482 Gene codieren Membranproteine.

Der zweite Organismus, dessen Genom kartiert wurde, war der menschliche Darmparasit *Mycoplasma genitalium*.[13] Seine Genomsequenz enthält nur etwa 580 Kilobyte an Daten. Genauer gesagt, besteht die Nukleotidsequenz des Darmparasiten aus 580 070 Basenpaaren. Dieser Parasit besitzt das kleinste bekannte Genom aller freilebenden Organismen. Seine Sequenz würde auf eine kleine Computerdiskette passen und noch viel Speicherplatz frei lassen. Dann käme die gewöhnliche Hefe. Jeder kann diese beziehungsweise beliebige andere sequenzierte Genome im Internet abrufen.

Zu Beginn des Jahres 1997 machte das geklonte Schaf Dolly Schlagzeilen, und im Verlauf dieses Jahres haben weitere Organismen ihre genetischen Baupläne preisgegeben.[14] Das erste vollständig kartierte Genom eines eukaryotischen Lebewesens (ein Organismus, dessen Zellen einen abgegrenzten Zellkern besitzen, der die Erbanlagen enthält) war das der Bäckerhefe *Sacharomyces cerevisiae*. Mikrobiologen sequenzierten das Erbgut des Bakteriums *Borrelia burgdorferi*, das Zecken infiziert und beim Menschen die Lyme-Borreliose verursacht. Sie sequenzierten das erste Lebewesen, das Schwefel als Energielieferant nutzt, und das erste grampositive Bakterium sowie das Bakterium *Helicobacter pylori*, den Erreger peptischer Magengeschwüre. Der vielleicht bedeutendste Durchbruch war die vollständige Sequenzierung des Genoms des Erregers *Escherichia coli* K-12. Diese Mikrobe ist das Arbeitspferd der Biotechnologie. *E. coli* besitzt lediglich 4288 Gene und besiedelt den Darm vieler Säugetiere. Einige Stämme können das Nervensystem, den Magen oder auch die Lungen des Menschen befallen.

Im Jahr 1998 wurden erstmals Mäuse und Kälber geklont, und die genetischen Baupläne weiterer komplexer Lebewesen wurden entziffert.[15] Zwei Geschlechtskrankheiten gaben viele ihrer Geheimnisse preis, als Mikrobiologen das Genom des spiralförmigen Syphilis-Bakteriums und des Chlamydia-Bakteriums sequenzierten. Die Syphilis war eine Art AIDS des 19. Jahrhunderts. Chlamydien sind die Erreger der häufigsten bakteriellen Geschlechtskrankheiten in den Vereinigten Staaten und eine der Hauptursachen für verhütbare Erblindung in vielen Regionen der Erde. Mikrobiologen sequenzierten auch das Tuberkulose-Bakterium und den Fleckfiebererreger *Rickettsia prowazekii*, der Läuse infiziert und unmittelbar nach dem Ersten und Zweiten Weltkrieg Millionen von Menschen tötete. Schließlich entzifferten sie auch das Genom der Ackerschmalwand *(Arabidopsis thaliana)* und des Malariaerregers *Plasmodium falciparum*, der pro Jahr etwa 500 Millionen Menschen (jeden zwölften Erdenbürger) infiziert und etwa zwei Millionen tötet. Das Jahr ging mit der ersten Sequenz eines Tieres zu Ende. Es handelte sich um den kleinen Fadenwurm *Caenorhabditis elegans*. Fast ein Fünftel der über 19 000 Gene des Wurms stimmen mit Hefe-Genen überein. Dies deutet darauf hin, daß die Natur komplexere Organismen hervorbringt, indem sie auf die DNA einfacherer Geschöpfe neue DNA aufpfropft.

Die Mikrobiologen haben in den neunziger Jahren nur einige Prozent des menschlichen Genoms sequenziert. Nach der ersten vollständigen Sequenzierung des menschlichen Genoms Ende Juni 2000 wird es vermutlich nur noch wenige Jahre dauern, bis die meisten Menschen digitale Kopien ihrer Genome auf Kreditkarten oder Chipkarten bei sich tragen.

Das menschliche Genom besteht aus etwa 30 000 Genen und etwa drei bis vier Milliarden Basenpaaren. Die Basenpaare bestehen aus vier Nukleotiden, die sich in einer spezifischen Weise paaren. Adenin (A) verbindet sich mit Thymin (T) zu dem Basenpaar AT. Cytosin (C) verbindet sich mit Guanin (G) zu dem Basenpaar CG. Pilze haben lediglich etwa 20 Millionen

Basenpaare. Frösche und andere Amphibien haben sehr viel größere Genome als der Mensch. Einige bestehen aus etwa 100 Milliarden Basenpaaren.

Die Größe des Genomraums eines Organismus hängt von der Länge seines Genoms beziehungsweise der Länge der Liste der Basenpaare ab. Die Größe dieser Räume übertrifft selbst astronomische Dimensionen.

Betrachten wir unseren Genomraum. Jedes menschliche Genom beziehungsweise jeder Punkt im menschlichen Genomraum ist eine Liste mit etwa vier Milliarden (4×10^9) Basenpaar-Einträgen. Die Zahl der Punkte im Genomraum ist gleich $4^{4 \times 10^9}$, also etwa $10^{2\,408\,239\,965}$. Dies entspricht einer 1, gefolgt von fast zweieinhalb Milliarden Nullen.

Diese Zahl übersteigt unser Vorstellungsvermögen. Das gesamte Universum enthält lediglich etwa 10^{87} subatomare Teilchen. Die gigantische Zahl, die im Englischen »googol« genannt wird, entspricht einer 1, gefolgt von 100 Nullen, also 10^{100}. Wenn man das Universum mit Teilchen ausfüllen würde, beliefe sich die Gesamtzahl der Teilchen noch immer auf einen Betrag, der vernachlässigenswert gering über null Prozent der Zahl der Genome im menschlichen Genomraum liegt.

Diese Zahlen geben uns eine Vorstellung davon, was möglich ist. Die tatsächliche Zahl sämtlicher Genome, die auf der Erde gehen, kriechen, sprießen oder fliegen, ist sehr viel kleiner. Der an der Universität Harvard lehrende Biologe Edward O. Wilson beziffert die Gesamtvielfalt der Lebensformen unter Rückgriff auf die Zahl der Basenpaare auf 10^{17}, also 100 Billiarden.[16]

Gegenwärtig speichert das US-Energieministerium die meisten unserer Gendaten und unserer genetischen »Ressourcen« im National Center for Genome Ressources in Santa Fe. Unser genetischer Bauplan paßt auf die winzigen DNA-Spiralen, die in all unseren Körperzellen mit Ausnahme der roten Blutkörperchen enthalten sind; er besteht aus weniger als einem Gigabyte an Daten (Basenpaar-Sequenzen) und würde auf eine CD passen. Diese Speichergröße wird bald in dem Maß abnehmen, wie die Größe der Speicherchips und anderer Speichermedien abnimmt. Aus diesem Grund wird unser genetischer Bauplan eines Tages auf eine billige, wegwerfbare Chipkarte passen.

Die Klonung des Schafes Dolly wird sich zweifellos als eine kleine Tür zu einem sehr großen Raum erweisen.

Die Medizin der Zukunft wird vielleicht mit unserem genetischen Bauplan einen neuen Finger, ein neues Herz oder eine neue behaarte Kopfschwarte züchten oder uns vor gesundheitlichen Risikofaktoren oder einer drohenden Erkrankung warnen.[17] Versicherungsgesellschaften werden anhand unseres genetischen Bauplans möglicherweise die Prämien festsetzen oder uns eine Police verweigern. Arbeitgeber könnten ihn benutzen, um Stellenbewerber auszusieben oder uns bestimmte Stellen zuzuweisen. Die Ruhigen und Melancholischen arbeiten in dieser Gruppe. Die Manischen und Nervösen arbeiten in jener Gruppe. Staatliche Stellen könnten unseren genetischen Bauplan dazu verwenden, unsere Identität zu überprüfen oder um vorherzusagen, ob wir auf eine bestimmte Weise wählen oder ob wir eine Anlage zu straf- oder steuerrechtlichen Vergehen in uns tragen. Das FBI und Geheimdienste nutzen schon heute Computerprofile zu diesem Zweck.

Denken wir nun an die Genome unserer Eltern. Unser Genom besteht aus einer Mischung ihrer Gene. Diese Mischung setzt sich oftmals annähernd zu gleichen Teilen aus mütterlichen und väterlichen Genen zusammen, sie ist jedoch so weit von einer vollkommenen 50 : 50-Mischung entfernt, daß ein Elternteil in uns genetisch stärker repräsentiert ist als der andere. Dies geschieht deshalb, weil der Mischungsprozeß nicht vollkommen zufallsabhängig ist und weil jedes egoistische Gen alles daransetzt, in die Mischung zu gelangen. Doch nehmen wir einmal an, jeder von uns wäre der statistische Mittelwert seiner elterlichen Gene. Wie sieht dies im Genomraum aus?

Jedes Kind liegt im Mittel im Halbierungspunkt der Geraden zwischen Mutter und Vater.

Mutter   Kind   Vater

Alle drei sind Punkte im Genomraum. Wir können diese Punkte als schwarze Tintentüpfel auf einem weißen Blatt Papier darstellen. Das Papier hat jedoch nur zwei Dimensionen, während das menschliche Genom fast vier Milliarden Dimensionen hat. In der Struktur so großer Räume können sich seltsame Dinge ereignen. Ein vieldimensionaler Ball oder eine vieldimensionale Kiste tragen in einem solchen Raum fast ihre ganze Masse an der Oberfläche. Dennoch ist der Ball ein Festkörper und gleichmäßig mit Punkten angefüllt. Doch Tintentüpfel auf weißem Papier genügen, um die Idee in ihren Grundzügen zu verdeutlichen.

Liebe und Sex und Befruchtung enden in einem neuen Punkt zwischen zwei alten. Wir gleichen unserer Mutter stärker als unserem Vater, wenn unser Punkt näher an ihrem als an seinem liegt. Die menschliche Spezies evolviert in dem Maß, wie sich Milliarden von Punkten durch den Genomraum bewegen. Milliarden von Punktepaaren begegnen einander zufällig und lassen neue Halbierungspunkte hinter sich. Diese Milliarden zufallsgemäß hüpfender Eltern- und Kindpunkte bewegen sich in ähnlicher Weise durch den Genomraum wie Heuschrecken durch ein Maisfeld. Sie bilden den Genfluß und zu jedem beliebigen Zeitpunkt den Genpool. Unser Familienbaum definiert einen kurzen Zufallspfad durch den Genomraum.

Ein Ball beziehungsweise eine Kugel enthält den gesamten Hüpfprozeß im menschlichen Genomraum. Der Ball dehnt sich mit der Zeit in dem Maß aus, wie der Genpool wächst. Mit der fortschreitenden Evolution des Menschen und der damit verbundenen Entstehung neuer Punkte weiter vom alten Massenzentrum entfernt, verformt sich der Ball und bildet stellenweise Ausbauchungen. Dann ist ein größerer Ball erforderlich, um den gesamten Prozeß zu umfassen. Doch der Ball unserer Spezies nimmt im Genomraum weniger Platz ein als eine Murmel im Universum.

Wir würden die meisten Organismen, die aus fernen Regionen unseres Genomraums stammen, nicht als Menschen erkennen. Einige hätten Augen oder Gehirne, wo wir Brustwarzen oder Füße haben. Andere hätten nur kleine, rudimentäre Gliedmaßen und zum Erdboden ausgerichtete Sinnesorgane. Vielleicht hätten sie Flossen oder Kiemen oder Flügel, die ihrem Lebensraum – einem Meer, schwefelhaltiger Luft oder Wasserstoffgas – optimal angepaßt wären. Einige hätten neue Sinnesorgane und neue, bauchig hervortretende Hirnwindungen, um die von Hitze- oder Plasmaströmen, von Magneten oder rotierenden Starrkörpern ausgehenden Signale optimal auszuwerten.

Wir haben gerade erst damit begonnen, den Genomraum abzusuchen. Und wir suchen ihn noch immer nach dem Zufallsprinzip ab.

Die Rechte von Genomen

Wir suchen den Genomraum zudem nur in einer diskreten Weise ab. Weshalb hüpfen wir zwischen zwei Punkten? Weshalb rücken wir einen Punkt nicht näher an einen anderen Punkt heran? Weshalb schieben wir Genompunkte nicht vorsichtig in neue Richtungen? Weshalb steuern wir das Absuchen des Genomraums nicht gezielt? Weshalb verändern wir unsere Gene nicht bis zu einem gewissen Grad?

Ich bin diesen Fragen viele Male im Rahmen fiktionaler Texte nachgegangen, die jedoch immer von Tatsachen ausgingen.[18] Stellen wir uns eine künstliche Gebärmutter vor. Die beiden Eltern haben ihre Gene entweder auf natürliche Weise gemischt oder auf eine neue, künstliche Weise, und jetzt wächst das Kind in der künstlichen Gebärmutter heran. Ein Computer hat die Genome der beiden Eltern analysiert und kennt das vollständige Genom des Embryos. Der Computer weiß, wie die beiden Eltern aussehen, und hat Fotos und Videos ausgewertet, die sie in jüngeren Jahren zeigen. Er weiß vielleicht auch, wie die Eltern der Eltern und ihre Geschwister aussahen.

Jeden Tag können die Eltern den Computer anweisen, ihnen zu zeigen, wie ihr Sohn oder ihre Tochter in der Zukunft aussehen wird. Vielleicht werden sie sein oder ihr Gesicht im Alter von fünf, 20 oder 50 Jahren sehen wollen. Die älteren Gesichter werden weniger wirklichkeitsgetreu sein als die jüngeren. Ein neuronaler oder Fuzzy-Computer könnte das Gesicht sogar mit einer aus denen der Eltern gemischten Stimme und einem entsprechenden Mienenspiel ausstatten. Wer würde nicht gern mit seinem Kind sprechen, bevor es zur Welt gekommen ist? Solche Gespräche würden der Abtreibungsdebatte vielleicht neuen Nachdruck verleihen.

Kommen wir jetzt zu dem Fuzzy-Teil.

Angenommen, die Eltern beschließen, das Genom ihres Kindes von der normalen genetischen 50:50-Verteilung abweichen zu lassen. Das Genom des Kindes beginnt als Halbierungspunkt beziehungsweise Mittelwert der beiden elterlichen Genome und bewegt sich dann langsam von ihren beiden Punkten weg. Vielleicht möchten die Eltern, daß ein Computersystem die benachbarten Genome absucht, die ihres Erachtens das Gesicht, die Knochenstruktur oder die Verteilung der Fettzellen verbessern würden.

Diese Art der Suche wird im wissenschaftlichen Fachjargon als »Optimierung unter Beachtung von Randbedingungen« *(constrained optimization)* bezeichnet. Man möchte ein Kriterium der Gesundheit oder des Aussehens oder auch des Charakters des Kindes maximieren oder minimieren, unter der Bedingung, daß es nach wie vor die meisten seiner Gene von seinen Eltern erhält. Vater und Mutter schränken die Gensuche auf benachbarte Regionen des Genraums ein.

Was wäre schon Schlimmes dabei, ein paar kleine Veränderungen im Genom des Kindes vorzunehmen? Aber wie klein ist »klein«? Es ist eine Frage des Grades. Wir könnten die Veränderungen als Eingriffe betrachten, die wir heute an unseren eigenen Genomen vornehmen würden, wenn wir die Möglichkeit dazu hätten. Heute brauchen wir einen neuen Ehegatten, wenn wir die Gene unseres Kindes verändern wollen. Die Zukunft wird uns sehr wahrscheinlich mehr Optionen bieten.

Ein mutiger »Genplan« könnte die Gene des Kindes dritteln. Jeder Elternteil würde ein Drittel seines Genoms beisteuern. Eine intelligente Gensuche würde das übrige Drittel finden. Dieser Plan würde die Symmetrie der gleichen Anteile der elterlichen Gene bewahren. Niemand hätte das Gefühl, von dem anderen um seinen Anteil an der direkten genetischen Eignung betrogen worden zu sein, wie es vielleicht bei einer Adoption, einer Leihmutterschaft oder beim Ehebruch der Fall wäre.

Beide Eltern könnten weitergehen und dem Kind lediglich je ein Viertel ihrer Gene vermachen und die andere Hälfte im Genomraum durch intelligente Suche aufspüren lassen. Dieser Genplan würde einen optimierten Neffen oder eine optimierte

Nichte, einen optimierten Enkel oder auch einen optimierten
Onkel, eine optimierte Tante oder optimierte Großeltern einbringen. Die Eltern könnten noch weitergehen und dem Kind jeweils nur ein Achtel ihrer Gene vermachen, was einen optimierten Vetter oder eine optimierte Base ersten Grades ergäbe. Oder
ein Kind könnte 90 Prozent seiner Gene von einem Elternteil
erhalten, und das nächste Kind oder sein Zwilling erhielte 90
Prozent seiner Gene von dem anderen Elternteil.

Eltern könnten zumindest einen Teil ihrer »minderwertigen«
Gene durch Gene ersetzen, die ihres Erachtens »höherwertig«
sind. Ist es wirklich besser, mit einem Kind zu 50 Prozent bluts-
verwandt zu sein, als mit einem gesünderen oder gescheiteren
Kind nur zu 49, 48 oder 33 Prozent? Das Kind könnte den Körper
eines Herkules oder die Intelligenz eines Newton besitzen.

Der Haken an der Sache ist, daß das Kind mehr für sich gewinnen kann, wenn es weniger von den elterlichen Genen besitzt.
Das Kind besitzt die Freiheit, das meiste für sich zu gewinnen,
wenn es keine elterlichen Gene erwirbt. Unser letztes Vermächtnis könnte lediglich darin bestehen, die Ausgangsparameter für
eine neue Region des Genomraumes festzulegen. (Kapitel 13
schildert eine weitere Möglichkeit, wie wir die Startparameter
für das Absuchen solcher hochdimensionaler abstrakten Räume
festlegen können.)

Der Staat wird uns vielleicht nicht gestatten, diese Gene nach
Belieben auszutauschen, selbst wenn das Kind Vorteile daraus
zieht.

Alle Eltern möchten, daß ihr Kind von Genen, die Krankheiten verursachen, frei ist. Aber nicht alle gesellschaftlichen Gruppen würden ihre Zustimmung dazu geben oder der Ansicht sein,
daß der Nutzen die Mißbrauchsrisiken überwiegt. Die Debatte
würde mit den üblichen empörten Stellungnahmen über eine
vermeintlich nazistische Genauslese und Laborexperimente
nach Frankensteinscher Manier beginnen. Dies würde sie
zunächst in die Abendnachrichten und auf die Titelseiten von
Zeitschriften bringen. Von dort würde sie dann langsam in
unsere Moral-, Werte- und Rechtssysteme eindringen.

Einige religiöse Gruppen würden versuchen, ein Verbot dieser
Eingriffe in die ihres Erachtens göttlichen Genentwürfe zu

erwirken, auch wenn sie widerspruchslos gentechnisch veränderten Weizen, Mais oder Hühnerfleisch verzehren. Man denke nur an den Aufschrei der Empörung, wenn schwangere Mütter begännen, ihre Embryonen mit neuen Hormoncocktails und anderen Substanzen zu behandeln, um das Gehirn und die Sinnesorgane des Embryos gezielt zu beeinflussen. Dabei würde sich dies nur auf die Entwicklung des Kindes auswirken und nicht auf seine genetische Ausstattung.

Andere Gruppen würden zu Recht befürchten, daß einige Eltern die Gene ihrer Kinder zu egoistischen Zwecken manipulieren würden. Der Vater, ein begeisterter Sportler, würde vielleicht versuchen, auf Kosten der Intelligenz des Kindes oder seines Skeletts oder seiner sozialen Fertigkeiten einen klotzigen Football-Superman heranzuzüchten. Die unansehnliche Mutter würde vielleicht bei ihrer Tochter die gleichen Merkmale zugunsten eines strahlenden Aussehens und scharfer Kurven opfern. Arme Kaffeepflanzer oder hart schuftende Bergarbeiter oder Korallenschnitzer könnten versucht sein, sich gefügige Handlanger heranzuziehen. Sie würden sich vielleicht ein oder zwei kluge Kinder mit Führungsqualitäten wünschen und ansonsten vertrottelte Sklaven. Wer weiß, welche Schurken, Psychopathen und Opportunisten auf diese Weise das Licht der Welt erblicken würden.

Die ethische und rechtliche Bezugsgröße wird immer der Mittelpunkt der Linie zwischen den Eltern bleiben. Die heutigen Gesetze beschränken die Mittelpunkte nur im Fall des Inzests. Selbst hier unterscheiden sich die Länder in dem Ausmaß, in dem zwei Punkte im Genomraum auseinanderliegen müssen, bevor sie ein neues Mittelpunktgenom hervorbringen dürfen. Pakistan beispielsweise toleriert einen höheren Inzestgrad als die meisten westlichen Staaten. Die künftige Frage wird lauten, in welchem Ausmaß Staaten Eltern erlauben werden, ihr künftiges Kind von dem Genommittelpunkt zu einem gewählten Punkt im Genomraum zu verschieben.

Diese Frage erhält zusätzliche Brisanz dadurch, daß Eltern und Wissenschaftler möglicherweise die Folgen des Entschlusses, das Genom zu verändern, nicht wieder rückgängig machen können, so wie Eltern ihre Entscheidung, ein Embryo abzutreiben, nicht wieder rückgängig machen können. Doch die bei der Abtreibung wichtige Frage des »Grades des Lebendigkeit« stellt sich hier nicht, da die Eltern ja beabsichtigen, das Kind auszutragen. Die Unsicherheit liegt vielmehr in der Frage, wie weit das Kind von seinem »natürlichen« Mittelpunktgenom abweichen darf.

Staaten könnten zunächst Gesetze verabschieden, die Eltern nur dann erlauben, bei ihrem Kind von dem Mittelpunktgenom abzuweichen, wenn die neuen Gene eine Krankheit oder ein körperliches Gebrechen verhüten. Dies würde die endgültige Entscheidung in die Hände ärztlicher Ausschüsse legen. Diese Gruppen würden in dem Maß eine freiere Gensuche befürworten, wie ihre jüngeren Mitglieder den Forderungen der Öffentlichkeit und des Schwarzmarkts nach verstärkter Gensuche mehr Gewicht beimessen würden. Und sie würden auch deshalb in diese Richtung tendieren, weil neue rechtliche Musterfälle die unscharfen Grenzen zwischen gesundheitsfördernden und weniger gesundheitsfördernden Genen und zwischen elterlicher Pflicht und elterlicher Laune zurückdrängen und dehnbar machen würden.

Staaten würde es schwerer fallen, den Bürgern zu verbieten, ihre Gene zu verändern. Allerdings wäre es schon jetzt für die Bürger keine leichte Sache. Wir können eine befruchtete Eizelle entnehmen und sie einfrieren oder in eine Petrischale geben und sie dann mit einer Sonde untersuchen oder chemische Signalstoffe in sie injizieren. Diese genetischen Veränderungen können an die DNA aller künftigen Zellen des Kindes weitergegeben werden. Man wird dies nicht so ohne weiteres an den eigenen Genen vornehmen, so wenig wie man die Größe aller Räume in einem Bürogebäude ohne weiteres verringern oder erweitern kann.

Es bleibt der Wissenschaft der Zukunft überlassen, eine Methode zu entwickeln, mit der wir unser Erbgut gezielt verändern können; heute wissen wir nur, daß es mathematisch möglich ist. Wir können unebene Oberflächen oder »Landschaften« im Genomraum definieren. Jeder Punkt, der einem Genom entspricht, besitzt einen Höhenwert auf der Oberfläche. Die Höhe kann die genetischen Kosten oder die genetischen Vorteile oder eine Kombination aus beiden angeben. Ein neues mathematisches Verfahren, das sogenannte *simulated annealing* (simuliertes Ausglühen), zeigt, wie man mit einer kontrollierten Zufallssuche jene Unebenheiten nach den höchsten Gipfeln oder den tiefsten Tälern absuchen kann.[19] In Kapitel 10 werden wir näher auf dieses Suchverfahren eingehen.

Das neue Gebiet des DNA-Computing legt die Vermutung nahe, daß wir dieses Verfahren auch umkehren können. Eines Tages werden wir vielleicht Genomräume und andere Mengen von Alternativen mit komplexen DNA-Molekülen massiv-parallel absuchen können. Leonard Adleman, ein Kollege von mir an der Universität von Südkalifornien, hat gezeigt, daß wir DNA in einem Reagenzglas so programmieren können, daß sie digitale Information speichert und verarbeitet: »Ein Gramm DNA, die in getrocknetem Zustand ein Volumen von ungefähr einem Kubikzentimeter einnehmen würde, kann soviel Information speichern wie ungefähr eine Billion CDs.«[20] Neue DNA-Chips könnten eine konventionellere Methode zum Absuchen des Genomraums nach besseren Blaupausen darstellen.[21]

Aber wir wissen noch immer nicht, wie ein einzelner Punkt im menschlichen Genomraum aussieht. Und wir werden vielleicht jahrzehnte- oder jahrhundertelang darüber diskutieren, welche Kostenoberflächen wir in unserem Genomraum definieren und wie wir deren Gipfel und Täler ausfindig machen können.

Gegenwärtig gehört uns nur ein Punkt im Genomraum. Wir haben nur auf diesen Punkt einen hundertprozentigen Eigentumsanspruch. Das wird sich aber mit der Zeit ändern. Wir oder unsere Nachfahren werden eines Tages einen Fuzzy-Ball von Genompunkten besitzen, die um unseren Genomgeburtspunkt angeordnet sind.

Dies wird vielleicht eine Angelegenheit des Patentrechts sein. Wissenschaftler und Unternehmen haben bereits Patente erhalten, die sich auf Teile von Genomen beziehen. Sie werden eines Tages gewiß Patente auf Genome erteilt bekommen, die nicht »natürlich« vorkommen. Die Inhaber solcher Patente könnten jede Firma beziehungsweise jede Person, die einen Organismus oder eine Person mit einem zu ähnlichen Genom erschaffen würde, wegen Patentverletzung verklagen.

Wir werden die meisten Genompunkte in unserem Fuzzy-Ball besitzen, aber wir werden sie nur teilweise besitzen. Der Fuzzy-Ball wird vielleicht aussehen wie ein blauer Ball mit einem dunkelblauen Punkt in seinem Zentrum und zunehmend hellblauen Punkten zur Oberfläche des Balles hin. Wir werden an diesen hellblauen Genompunkten ein »schwächeres« Eigentumsrecht besitzen als an den dunkelblauen.

Wie weit würde sich dieser Ball in den Genomraum erstrekken? Der Staat wird vielleicht einige scharfe rechtliche Linien ziehen müssen. Konflikte um Eigentumsrechte würden dies erzwingen. Ein anderer würde vielleicht den Mittelwert unseres Genoms und des Genoms unseres Lebenspartners oder unseres Genoms und seines Genoms verwenden wollen. Eine ehemalige Geliebte würde dies vielleicht absichtlich tun, während ein Fremder es womöglich unabsichtlich täte. Film- oder Musikfans wollen ihre Genome vielleicht mit Genomen vermischen, die denen von Film- oder Rockstars nahekommen. Oder sie wünschen sich ein Kind, das 99 Prozent der Gene ihres Idols besitzt.

Wie groß ist der Ball, den wir heute im Genomraum besitzen? Wie weit kann sich die unscharfe äußere Sphäre des Genomballs einer anderen Person mit dem äußeren Bereich unseres Balls überlappen? Wir wissen nur, daß die Genompunkte nahe der Oberfläche unseres Balls unser Eigentum sind, allerdings nur zu einem gewissen Grad. Die eigentliche Frage ist, wer sonst noch Eigentum daran hat.

6   Die Rechte von Walen

Wer sich von den Eicheln ernährt, die er unter einer Eiche aufliest, oder von den Äpfeln, die er von den Bäumen des Waldes sammelt, hat sich diese offensichtlich zu eigen gemacht. Niemand kann in Abrede stellen, daß diese Nahrung sein ist. Meine Frage nun lautet: Wann fingen sie an, sein Eigentum zu sein? Als er sie verdaute? Oder als er sie aß? Als er sie kochte? Als er sie nach Hause brachte? Oder als er sie auflas? Und es ist eindeutig, daß nichts sie ihm zu eigen machen konnte, wenn nicht das erste Aufsammeln. Jene Arbeit ließ einen Unterschied zwischen ihnen und dem gemeinsamen Besitz entstehen.

John Locke, *Über die Regierung* (1689)

Welches Recht hat der Jäger an dem Wald, der sich über tausend Meilen erstreckt und den er bei der Suche nach Wild zufällig durchstreifte?

John Quincy Adams

Die Gerechtigkeit läßt kein Eigentum an Grund und Boden zu. Vielleicht ist es durchaus richtig, daß die Arbeit, die ein Mensch beim Jagen oder Sammeln aufwendet, diesem ein stärkeres Recht an dem erbeuteten oder gesammelten Gegenstand gibt als irgendeinem einzelnen anderen Menschen. Doch letztlich geht es um die Frage, ob ihm die Arbeit, die er hierfür aufgewendet hat, ein Recht an dem erbeuteten oder gesammelten Gegenstand gibt, das stärker ist als die vorher existierenden Rechte aller anderen Menschen zusammengenommen.

Herbert Spencer, *Social Statics*

Als die Schlacht vorbei war, verbanden wir unsere Verwundeten mit Tüchern, denn dies war alles, was wir hatten, und wir verschlossen die Wunden unserer Pferde mit Fett von der Leiche eines Eingeborenen, die wir zu diesem Zweck aufgeschlitzt hatten.

Bernal Diaz del Castillo (1492–1581), *Historia verdadera de la Conquista de la Nueva España*

*Gesetzt, A fügt B Schaden zu, dann wird gemeinhin ange-
nommen, es gehe um die Frage: Wie sollten wir A Einhalt
gebieten? Aber das ist ein Irrtum. Wir haben es mit einem
reziproken Problem zu tun. Um Schaden von B abzuhalten,
würden wir A Schaden zufügen. Die eigentliche Frage, um die
es geht, lautet: Sollte A B schädigen dürfen, oder sollte B A
schädigen dürfen? Das Problem besteht darin, die schwer-
wiegendere Schädigung zu verhindern.*

Ronald H. Coase, »The Problem of Social Cost«, *Journal of
Law & Economics,* Bd. 3, Oktober 1960

*Artikel I
Die Signatarstaaten dieses Abkommens verpflichten sich,
jeglichen Eingriff in die Umwelt beziehungsweise in die geophysikalischen Gegebenheiten zu Kriegszwecken zu verbieten und zu verhindern.*

*Artikel II
In diesem völkerrechtlichen Vertrag werden unter »Eingriff
in die Umwelt oder in die geophysikalischen Gegebenheiten«
die folgenden Aktivitäten verstanden:
(1) jede Beeinflussung der Wetterlage … die darauf abzielt,
den Niederschlag in Form von Regen oder Hagel zu erhöhen
oder zu verringern, Blitzschlag und Nebelbildung zu verstärken oder zu unterdrücken und Sturmsysteme abzulenken
oder zu steuern;
(2) jede Beeinflussung des Klimas, die auf eine Veränderung
der langfristigen atmosphärischen Bedingungen über einem
beliebigen Teil der Erdoberfläche abzielt oder diese als eine
ihrer hauptsächlichen Wirkungen zur Folge hat;
(3) jede Beeinflussung der seismischen Aktivität, die auf die
Freisetzung von Deformationsenergieinstabilitäten innerhalb der Festgesteinsschichten unterhalb der Erdkruste
abzielt oder diese als eine ihrer hauptsächlichen Wirkungen
zur Folge hat;
(4) jede Beeinflussung der Meere, die auf eine Veränderung
der Meeresströmungen oder auf die Erzeugung einer seismischen Störung im Meer (Flutwelle) abzielt oder diese als eine
ihrer hauptsächlichen Wirkungen zur Folge hat.*

U.S.-Senat, Entschließung Nr. 71 über Umweltkriegführung,
Bericht Nr. 93–270. Verabschiedet am 11. Juli 1973

Die Welt ist praktisch zur Gänze parzelliert, und was von ihr übrig ist, wird weiter aufgeteilt, erobert und kolonisiert. Denken wir an diese Sterne, die wir nachts am Firmament sehen, diese riesigen Welten, die wir niemals erreichen werden. Ich würde selbst die Planeten annektieren, wenn ich könnte.

Cecil Rhodes, *Letzter Wille und Testament* (1902)

Die materiellen Faktoren, die letztlich der Ausbreitung einer technisch fortgeschrittenen Spezies Grenzen setzen, sind der Vorrat an Materie und der Vorrat an Energie.

Freeman Dyson, »Search for Artificial Stellar Sources of Infrared Radiation«, *Science*, Bd. 131, 3. Juni 1960

▬▬▬▬ Wem gehört der Mond? Uns allen. Niemandem. Den Vereinten Nationen. Allen Staaten, die das Mond-Abkommen von 1979 unterzeichneten. Er gehört demjenigen, der ihn als erster betritt.

Dem liegt die Vorstellung zugrunde, daß der Mond dem Eigentümer ganz oder gar nicht gehört. Man beachte, daß »Eigentum« ein binärer Rechtsbegriff ist. Die Eigentumsrechte sind binär. Also muß jemand die Grenzen ziehen, die durch sie und durch den Mond verlaufen. Wer aber zieht die Grenzen? Und sollten sie mit einer spitzen Feder oder mit einer Sprühdose gezogen werden?

Wir können diese Fragen in bezug auf alle Eigentumsrechte stellen. Eigentumsrechte sind relativ beziehungsweise willkürlich. Der Cheyenne-Krieger im 19. Jahrhundert zieht eine Linie über den Boden, und der Soldat der Nordstaaten zieht eine andere Linie. Zudem sind Eigentumsrechte oftmals vager beziehungsweise unschärfer, als wir uns bewußt sind. Die Rotwildjagd erfordert ein schwächeres Verfügungsrecht über das entsprechende Gebiet als der Anbau von Mais.

Ein kurzer Blick auf einen Globus zeigt dieses Tauziehen zwischen unseren binären kognitiven Rastern und der kontinuierlichen Welt der fließenden Übergänge. Wir unterteilen die Landmassen in fast 200 binäre Regionen oder Länder. Gesetze und

Steuern verändern sich, wenn wir die Grenzen überschreiten. Vielfach werden diese Grenzen von bewaffneten Truppen gesichert. Länder tragen manchmal Kriege aus, so daß diese scharfen Linien verschwimmen oder sich verändern. Bei genauerem Hinsehen erkennen wir, daß die Nationen ihrerseits Länder, Landkreise, Städte und so weiter bis hin zu ihren Parkplätzen durch Linien abgrenzen. Der Globus rangiert gleich nach dem digitalen Computer als Emblem unserer binären Instinkte.

Ich hatte als Kind eine frühe Fuzzy-Erfahrung, als ich mit einem Globus spielte. Ich hatte gerade anhand einer Art hölzernen Puzzles der Vereinigten Staaten die 50 US-Bundesstaaten gelernt. Mein Vater pflegte eine der orangefarbenen Holztafeln, die die einzelnen Bundesstaaten repräsentierten, hochzuhalten und mich aufzufordern, aufgrund ihrer Form den Namen des Bundesstaates zu erraten beziehungsweise aus ihrem Namen auf ihre Hauptstadt zu schließen. Mir gefiel, daß sich die Bundesstaaten nahtlos ineinanderfügten und sich nicht überlappten. Es war ein wohlgeordnetes Ganzes, obwohl die einzelnen Holztafeln unregelmäßig waren. Ich habe nie danach gefragt, wer die 50 Bundesstaaten in dieser Weise aufgeteilt hatte. Und niemand brachte dies jemals von sich aus zur Sprache.

Dies änderte sich, als ich zum ersten Mal mit den Fingern über einen Globus strich. Ich sah, daß die Vereinigten Staaten lediglich eine Nation unter vielen auf einer zusammenhängenden Landmasse waren. Und wieder fügten sich alle Staaten nahtlos ineinander, auch wenn ich mir nicht immer sicher war, welche Länder in Europa lagen und welche nicht.[1] Doch nun stieß ich auf ein Problem. Die blauen Weltmeere hatten keine eindeutigen Grenzen. Der Äquator teilte den Pazifik zwar in den Nord- und den Südpazifik, aber der Pazifik selbst hatte keine eindeutigen Grenzen.

Wo hörte ein Ozean auf und wo begann der nächste? Ich habe damals keine überzeugende Antwort gefunden, und ich habe heute immer noch keine. Es war sinnvoll, vom Pazifischen oder Indischen Ozean zu sprechen, solange man sich von ihren Grenzen fernhielt. Sie waren vage Objekte. Sie waren unscharfe Teilmengen des Oberflächensalzwassers der Erde. Die Fuzzy-Muster waren sowohl reale Teile der Welt als auch handliche geistige Werkzeuge.

Die Ozeane bleiben ein Prüfstand für unsere binären und Fuzzy-Konzepte der Eigentumsrechte. Diese Ozeane bedecken eine Fläche von etwa 260 Millionen Quadratkilometern. Wem gehören die Ozeane? Wem gehören ihre Energie, ihre Fische und ihr Goldstaub? Wem gehören die Manganknollen auf dem Meeresboden und das Erdöl darunter? Welche Rechte besitzen Delphine und Wale? Wem gehören sie?

Dieses Kapitel befaßt sich mit den Problemen von unscharfen Eigentumsrechten. Ein Fuzzy-Ansatz kann zwar nicht die vielen Probleme lösen, die auftauchen, wenn sich die Linien von mein und dein bis zu einem gewissen Grad überlappen. Wir sind uns selbst überlassen, wenn unser Nachbar seine Stereoanlage zu laut aufdreht.

Aber ein Fuzzy-Modell kann uns helfen, die Probleme zu verstehen, und kann zeigen, wo oder wie wir versuchen können, die Unschärfe teilweise zu verringern. Es kann uns auch helfen, mit dem tieferen Problem fertig zu werden: Wie lassen sich die schwarzweißen Wahrheiten der Logik und Mathematik auf das graue Kontinuum der realen Welt anwenden? Hier ist Unschärfe eher schädlich als nützlich. Die Weltmeere, die Fische und die Menschheit wären vermutlich besser dran, wenn wir die Ozeane in etwa 200 binäre Volumina einteilen und jedem Land erlauben würden, ein Volumen als Eigentum zu besitzen, es zu bewirtschaften und vielleicht Rechte daran zu vergeben.

Das zentrale Problem der Eigentumsrechte ist die Frage, wie man mit ihnen handeln kann. Das weiter unten dargestellte Coase-Theorem zeigt, was sich damit erreichen läßt, wenn die Eigentumsrechte nicht zu unscharf sind. Doch die erste Frage bezieht sich auf ihren Ursprung: Wodurch werden Eigentumsrechte begründet?

Das Streben nach Eigentum:
unscharfe Bearbeitungen

Personen begründen Eigentum an Sachen. Wir erwerben Eigentumsrechte an Dingen, indem wir sie finden, nutzen oder tauschen.

Der britische Philosoph John Locke hat diese Lehre von den Eigentumsrechten vor über 300 Jahren formuliert. Er hat diese Idee nicht erfunden, ebensowenig wie Aristoteles die Idee der binären Wahrheit erfand. Die Idee der Eigentumsrechte reicht Hunderte von Jahren weiter zurück und wurzelt im britischen Gewohnheitsrecht und in den Rechtstraditionen anderer Gesellschaften. Locke faßte die Idee 1689 in seinem *Second Treatise on Government* (»Über die Regierung«) in Worte. Ein Jahrzehnt später wirkte er an der Ausarbeitung der Verfassung für die neue britische Kolonie Carolina mit. Alle Kulturen kennen seit Jahrtausenden ähnliche Begriffe von Eigentumsrechten, auch wenn sie keinen John Locke hatten, der den Ursprung dieser Begriffe rekonstruierte.

Lockes Theorie geht von einem primitiven »Naturzustand« aus, in dem niemand Eigentum besitzt. Das gesamte Land liegt brach. Da wird Robinson Crusoe nackt an die Küste gespült. Crusoe besitzt nichts außer sich selbst. Dies bedeutet, daß er uneingeschränkt über seine Arbeitskraft verfügen kann. Er kontrolliert seine Arbeitskraft.

Crusoe benutzt seine Arbeitskraft, um Gegenstände zu sammeln und zu bearbeiten. Er sammelt heruntergefallene Kokosnüsse und Palmwedel in einem Palmenhain. Er sammelt Eier von Seemöwen in den Klippen, und er eignet sich die weißen Perlen und das Fleisch der Austern in der Bucht an. Er erlegt mit einem dünnen, spitzen Stück Treibholz Riffische und Küstenvögel. Crusoe baut sich aus den Palmwedeln eine Hütte und aus Ästen und Palmwedeln ein Bett. Er fängt wilde Ziegen mit einer Schlinge und gerbt ihre Haut, um daraus Hemden, Hosen und Wasserschläuche zu fertigen.

Locke sieht in dieser Einwirkung der menschlichen Arbeitskraft den Ursprung des Privateigentums: »Die Arbeit seines Körpers und das Werk seiner Hände, so können wir sagen, sind im eigentlichen Sinne sein. Was immer er also jenem Zustand entrückt, den die Natur vorgesehen und in dem sie es belassen hat, hat er mit seiner Arbeit gemischt und hat ihm etwas hinzugefügt, was sein eigen ist – es folglich zu seinem Eigentum gemacht.«[2]

Crusoe erwirbt in dem Maß weiteres Eigentum, in dem er seine Arbeitskraft mit neuen Gegenständen mischt. Er mischt sie mit Land, Fischen, Pflanzen und Wild, die in niemandes Eigentum stehen. Er legt im Lauf der Zeit so umfangreiche Vorräte an, daß er mit den freundlich gesinnten Eingeborenen Handel treiben kann. Handel überträgt Eigentum. Er kann einen Teil seiner Ziegenhäute und Perlen und gemahlenen Kräuter gegen einige ihrer gewebten Kleider, Pfeile und Gewürze eintauschen.

Crusoe verfügt schließlich über zwei Arten von Eigentum, die beide das Produkt der Mischung mit seiner Arbeitskraft sind. Zur ersten Kategorie gehören die Häute, die Feldfrüchte und die anderen Dinge, mit denen er seine Arbeitskraft vermischt hat. Zur zweiten Kategorie gehören die Pfeile und Seile und die übrigen Dinge, die er gegen einige der Gegenstände, die sein eigen waren, eingetauscht hat. Geschenke gelten als kostenlose Tauschgeschäfte für einen der Beteiligten. Crusoe stellt also entweder selbst etwas her, oder er kauft es. Andernfalls ist es nicht sein Eigentum.

Diese beiden Lockeschen Prozesse können so lange weitergehen, bis alle Händler alle Güter besitzen. Dann tauschen die Menschen und Staaten Eigentumsrechte untereinander. Dazu gehört etwa die Arbeitskraft, die wir gegen Lohn, ein Trinkgeld oder ein Beraterhonorar verkaufen. Das Rechtssystem soll dabei das redliche Geschäftsgebaren der Beteiligten sowie die Einhaltung der Verträge sicherstellen.

Doch dieses Lockesche Paradies wird durch Unschärfe beeinträchtigt. Vielleicht streitet sich Robinson Crusoe mit den Eingeborenen darüber, wem die Palmbäume, die Ziegen, die Fische und Krabben in der Bucht gehören. Crusoe meint vielleicht, diese Lebewesen gehörten ihm. Er hat seine Arbeitskraft bis zu einem gewissen Grad mit ihnen gemischt. Und diese Organis-

men ernähren sich von dem Land, das ihm gehört, oder sie überqueren es. Die Eingeborenen denken vielleicht das gleiche über
die Dinge, mit denen sie ihre Arbeit gemischt haben, und über
das Land, das sie regelmäßig aufsuchen.

Das Problem liegt in der Unschärfe dieses Prozesses der Ver-
mischung mit Arbeit. Nehmen wir an, wir wären hundertprozentige Eigentümer unserer Person und unseres Genoms. Dies
vereinfacht die Ideen, auch wenn es vielfach in der Praxis nicht
zutrifft. Das Eigentum von Sklaven an ihrer Person beträgt null
Prozent oder allenfalls einen sehr geringen Prozentsatz. Viele
religiöse Menschen glauben, daß sie Gott gehören und daß er
ihr Selbst nur zu einem gewissen Grad an sie »verpachtet« hat.
Die meisten Staaten behandeln ihre Bürger so, als wären sie zu
einem gewissen Grad ihr Eigentum. Sie verlangen einen Teil der
Früchte ihrer Arbeit, und sie fordern manchmal von ihnen, als
Schöffen zu dienen oder Wehrdienst zu leisten. Staaten verbieten ihren Bürgern auch den Konsum gewisser Rauschgifte, den
Handel mit bestimmten Dienstleistungen oder auch den Selbstmord.

Die Mischung der Arbeit mit der Natur ist kein binärer Prozeß. Besitzt Crusoe eine Palme, wenn er unter ihr oder in ihr
schläft oder sie ausputzt und bewässert? Besitzt er sie, wenn er
sie fällt? Besitzt er die wilden Ziegen, Kaninchen, Tauben und
übrigen *ferae naturae*, die er schießt, mit einer Schlinge fängt
oder in einem Gehege hält, oder die das Brunnenwasser trinken,
das er für sie heraufholt?

Wieviel menschliche Arbeit muß sich mit wieviel von dem
nichtmenschlichen Gegenstand vermischen, um Eigentum zu
begründen?

Dies sind eindeutig Fragen des Grades. Wir können scharfe
Trennlinien durch die Grauzonen ziehen und erhalten so in vielen Fällen brauchbare Antworten. Wir legen fest, daß dem Spa-
ziergänger die wilden Blumen, die er auf dem Berg pflückt,
gehören sollen, nicht aber deshalb auch der ganze Berg. Wir
erwerben kein Eigentum an einem Ozean, wenn wir ihn durch-
schwimmen, so wenig wie wir Eigentum am Himmel erwerben,
wenn wir ihn durchfliegen.[3] Wir bringen das ausländische Fang-
schiff nicht auf, solange es mit seinen Streichnetzen in interna-

tionalen Gewässern, mindestens 200 Seemeilen von unserer Küste entfernt, fischt.

Bodenrechte lassen sich vielfach nicht so feinsäuberlich abgrenzen. Die meisten Kriege entzündeten sich an territorialen Ansprüchen oder gesetzwidrigen Annexionen. Irakische Truppen marschierten wegen alter territorialer Ansprüche und einem neuen Durst nach mehr Öl in Kuwait ein. Zwischen Peru und Ecuador kommt es wegen des Grenzverlaufs im Quellgebiet des Flusses Cenepa seit dem offiziellen Krieg zwischen den beiden Ländern im Jahr 1941 immer wieder zu Geplänkeln.[4] China hat einst mit all seinen Nachbarn auf Kriegsfuß gestanden. Sikhs, Pakistani und Inder liegen sich wegen Grenzen in den Haaren, die älter sind als diejenigen, welche die Briten in den Tagen des britischen Empire für sie zogen. Die Vereinten Nationen zogen 1947 eine Grenze durch Palästina und sprachen den israelischen Teil auf der Grundlage eines territorialen Anspruchs, der fast 3000 Jahre alt ist, den Juden zu.

Vor 10 000 Jahren gab es nur wenige große Streitigkeiten um Land. Es gab Konflikte innerhalb kleinerer Sippen und Blutfehden zwischen ihnen. Kriege kamen erst auf, als sich größere Gruppen bildeten und ihre Lockeschen Eigentumsansprüche auf Land und die Dinge, mit denen sie ihre Arbeitskraft vermischten, erhoben.

Nomaden müssen das Land, das sie nutzen, nicht in der gleichen Weise verteidigen; das gilt noch heute für die Beduinen der Wüste. Man besitzt Land nicht schon deshalb, weil man es durchwandert. Doch eine Gruppe, ein Stamm oder eine Sekte sind vielleicht der Ansicht, daß sie zumindest auf jenen Teil Eigentums- beziehungsweise Durchquerungsansprüche erheben können, den sie regelmäßig durchwandern. Diese Ansprüche gewinnen an Dringlichkeit, und die Eigentumsrechte werden verschwommener, wenn das Land ein seltenes Gut wie etwa eine Oase, ein Diamantenfeld oder ein Erdölvorkommen birgt.

Bodenrechte können durch die Lehre von der »Mehrfachnutzung« noch vager werden. Ein Viehzüchter läßt vielleicht seine Rinder auf demselben Land weiden, auf dem Holzfäller einen Teil der Bäume roden oder auf dem Mineralölgesellschaften nach Öl oder Erdgas bohren.

Beim Bergbau ist die Mehrfachnutzung des Landes oft besonders komplex. Die meisten Streitigkeiten drehen sich um die Erdoberfläche und um das, was darauf wächst beziehungsweise sich darauf bewegt. Beim Bergbau dagegen geht es um die unscharfen Teilmengen von Land unterhalb der Oberfläche in der Erdkruste. Wie tief reichen beispielsweise die Schürfrechte an einem Grundstück? Kann der Rechteinhaber geradewegs bis zum Erdmantel graben oder bohren? Dürfen wir das Erdöl- oder Erdgasvorkommen anzapfen, das unter unserem Grundstück und dem unseres Nachbarn liegt?

Die US-Regierung hatte Anfang der siebziger Jahre des 19. Jahrhunderts mit den Sioux-Indianern einen friedlichen Ausgleich wegen der Black Hills in Süddakota geschlossen. Dies änderte sich, als Schürfer 1874 in den Wasserläufen der Region Seifengold fanden. Tausende von Männern und Frauen strömten wegen der unterirdischen Schätze und nicht wegen des reichen Wildbestands auf das Land der Indianer. Die Indianer verloren den größten Teil ihres Landes und das gesamte Gold. George Hearsts Homestake Mine in Süddakota ist bis heute das größte Goldbergwerk in der westlichen Hemisphäre.

Den Indianern Südamerikas ist es nicht besser ergangen. Bergarbeiter und Holzfäller haben einen großen Teil des Amazonasbeckens als freies Gut behandelt. Sie kauften raffgierigen Indianerhäuptlingen die Rechte der Indianer am örtlichen Seifengold und an den Mahagoniwäldern ab. Dann verschmutzten die Bergarbeiter die Flüsse mit Quecksilber und Zyanid, als sie Gold wuschen und Erze abbauten. Viele der Indianer wurden selbst zu Schürfern und Holzfällern und mischen heute ihre Arbeit mit dem wilden und herrenlosen »Naturzustand« Amazoniens.[5]

Unscharfe Eigentumsrechte machen das Eigentum vage. Dies erschwert Tauschgeschäfte, Verhandlungen und die Definition von Verträgen. Diese Aktionen haben ihre eigenen Fuzzy-Kosten, und die Unschärfe des Eigentums erhöht diese Kosten noch. Dies kann zu volkswirtschaftlichen Vermögensverlusten und sogar zu einem »Marktversagen« führen. Dann interveniert der Staat oftmals, um seine eigenen Linien zu ziehen. Auf diese Weise erhält man zwar eine funktionierende, aber keine optimale Lösung.

Das Coase-Theorem der modernen Wirtschaftswissenschaften zeigt, unter welchen Bedingungen Eigentumsrechte zu optimalen Ressourcenallokationen führen können. Die Unschärfe spielt dabei keine Rolle.

Das Coase-Theorem: ein Käuferparadies

Ronald H. Coase lehrte als Professor für Rechts- und Wirtschaftswissenschaften an der Universität Chicago und veröffentlichte im Oktober 1960 den Aufsatz »The Problem of Social Cost«.[6] Er lehrte dort noch immer, als er wegen des sogenannten Coase-Theorems, das er in diesem Aufsatz formulierte, 1991 mit dem Nobelpreis für Wirtschaftswissenschaften ausgezeichnet wurde. Die Königlich-Schwedische Akademie verlieh ihm die Auszeichnung für die »Entdeckung und Aufklärung der Bedeutung von Transaktionskosten und Eigentumsrechten für die institutionelle Struktur und die Funktionsweise einer Volkswirtschaft«.

Die meisten Wirtschaftswissenschaftler erhalten den Nobelpreis für mathematische Theoreme oder für neue mathematische Werkzeuge wie die Spieltheorie oder die Theorie der Preiserwartungen. Coase ist der einzige Nobelpreisträger im Bereich Wirtschaftswissenschaften, der keine mathematische Formelsprache benutzte.[7] Sein Aufsatz aus dem Jahr 1960 bestand ausschließlich aus Wörtern, und er faßte sein Theorem in sprachliche Form. Bislang scheint sein Theorem von niemandem in kalte mathematische Symbole gegossen worden zu sein, und das dürfte auch gut so sein. Theoreme beziehen sich auf rein strukturelle Sachverhalte. Sie beschreiben die formalen Beziehungen zwischen Elementen beziehungsweise zwischen Elementemengen. Theoreme können beliebige Symbolsysteme – also auch Sprachsysteme – zur Wiedergabe dieser Struktur verwenden.

Man kann das Coase-Theorem in unterschiedlichster Weise formulieren.[8] Alle Formulierungen zeigen, unter welchen Bedingungen der Marktprozeß – die Gesamtheit der Transaktionen, Verträge und Auktionen – zu einem Wohlfahrtsoptimum oder Gleichgewicht führt, das Pareto-Optimum beziehungsweise Pareto-Effizienz genannt wird.[9] (Der italienische Wirtschaftswissenschaftler Vilfredo Pareto lebte von 1848 bis 1923 und gehörte zu den Mitbegründern der Wohlfahrtsökonomik.) Verhandlungspartner haben keinen gemeinsamen Anreiz, ein Pareto-Optimum zu verändern, sobald sie es einmal erreicht haben. Sie können sich nicht einmal durch gegenseitige Bestechung dazu bringen, es zu verändern.

Ein volkswirtschaftlicher Zustand ist effizient oder paretooptimal, wenn wir kein Wirtschaftssubjekt besserstellen können, ohne gleichzeitig zumindest ein anderes schlechter zu stellen. Die Wirtschaftssubjekte haben keine anderen Möglichkeiten, ihren beiderseitigen Nutzen zu steigern. Wir befinden uns nicht in einem Pareto-Optimum, wenn wir oder der Staat unser Los in einer Weise verbessern können, die niemand anderen schlechter stellt. Denn dann können die Verlierer die Gewinner überzeugen oder durch Bestechung dazu bringen, Güter oder andere Vorteile mit ihnen zu tauschen.

Aus dem Coase-Theorem folgt, daß jede Person so lange eigennützige Transaktionen vornimmt, bis die ganze Gruppe ein stabiles Pareto-Optimum erreicht hat. Das Coase-Theorem behauptet, daß Wirtschaftssubjekte ein Pareto-Optimum erreichen, wenn zwei Bedingungen erfüllt sind. Die alte Fiktion vom »vollständigen Wettbewerb« gehört nicht zu diesen Bedingungen.

Das Coase-Theorem läßt sich in einem Satz formulieren: *Wenn die Eigentumsrechte wohldefiniert und die Transaktionskosten gleich null sind, dann ist das Marktergebnis paretooptimal.*

Die erste Bedingung verlangt, daß jemand scharfe Linien durch alle Dinge und Dienstleistungen zieht. Eigentumsrechte sind wohldefiniert, wenn alle Dinge Volleigentümer haben. Dies bedeutet, daß die Eigentumsrechte binär sind. Dann sind die Trennlinien zwischen mein und dein bis auf den letzten tausendstel Millimeter genau gezogen. Dies gilt für Grundstücksparzellen, Waren und sonstige Güter, die kraft eines Kaufvertrags übereignet werden.

Es gilt nicht bei dem Trauerspiel der Gemeinschaftsgüter. Den Staatsbürgern gehören Straßen, Parks und Strände als Gemeineigentum. Was aber bedeutet dies? Es bedeutet, daß sie niemandem persönlich gehören. Alle Menschen dürfen sie benutzen, aber niemand besitzt ein alleiniges Nutzungsrecht an ihnen. Daher fühlt sich niemand angehalten, die Straßen oder örtlichen Parks genauso pfleglich zu behandeln wie seinen Garten, sein Auto oder sein Haus.

Das Tragische liegt darin, daß die Individuen einen Anreiz haben, die Vorteile der Gemeinschaftsgüter zu nutzen und die Kosten auf andere abzuwälzen. So kann es dazu kommen, daß die Straßen durch geparkte und fahrende Autos verstopft werden. Oder die Straßen haben Schlaglöcher, um die die Autofahrer herumkurven müssen und die niemand repariert. Die Parks und Strände sind überfüllt und an Wochenenden und in den Ferien von Abfall übersät, während sie die meiste übrige Zeit menschenleer sind.

Die zweite Bedingung verlangt, daß die Kosten von Transaktionen gleich null sind. Der Prozeß des Austauschs muß reibungslos verlaufen. Transaktionskosten sind die Kosten für den Abschluß eines Geschäfts. Sie reichen von dem Entgelt, das wir einem Tabakhändler für die Beschaffung einer Kiste kubanischer Zigarren zahlen, bis hin zu den neuen Steuern, dem Papierkram und den rechtlichen Beschränkungen, mit denen eine mittelständische Firma konfrontiert ist, wenn sie einen neuen Arbeitnehmer einstellt.

Transaktionskosten können die unterschiedlichsten Formen annehmen. Die meisten von uns müssen eine Vermittlungsprovision bezahlen, wenn sie ein Haus, eine Aktie oder sogenannte Finanzderivate kaufen oder verkaufen. Manch einer muß viele Kilometer fahren, um sein Geld in einem Einkaufszentrum, einem Antiquitätenladen oder bei einem Autohändler gegen Waren einzutauschen. Der Staat belegt viele dieser Güter mit Einfuhrzöllen und Steuern. Wir müssen den Flugpreis und andere Kosten bezahlen, bevor wir uns als Gegenleistung in einer Hotelanlage auf Hawaii, Bonaire oder Neuseeland entspannen können. Außerdem müssen wir Steuern auf den Flugschein, auf das Hotelzimmer und auf den Mietwagen entrichten.

Die Kosten sind größer, wenn man Güter tauscht, statt sie mit Geld zu bezahlen. Die Wahrscheinlichkeit ist hoch, daß wir uns mit mehr als einem Tauschinteressenten treffen müssen, ehe wir jemanden finden, der gewillt ist, das gewünschte Set von Küchenmessern gegen unsere Sammlung von Baseballkarten zu tauschen.

Das Coase-Theorem fußt auf zwei idealen binären Bedingungen. Es verlangt, daß Menschen beziehungsweise Wirtschaftssubjekte ideale Tauschpartner sind, die sämtliche Güter und Dienstleistungen kostenlos tauschen.

Auf diese Weise erhält man ein ideales Ergebnis. Der freie Markt funktioniert reibungslos, und es gibt keinerlei Marktversagen. Kein von Computern, Regierungen oder Außerirdischen ausgeheckter Plan könnte das Marktergebnis übertreffen. Diese Pläne könnten nur einem Wirtschaftssubjekt auf Kosten von mindestens einem anderen Wirtschaftssubjekt helfen. Das Coase-Theorem führt zu einer Art von Adam Smithschen »Nirvanazustand«. Die Individuen sind vielleicht nicht völlig glücklich, aber sie sind maximal effizient.

Ich habe das Coase-Theorem als ein formales Theorem beschrieben, um seine binäre Struktur hervorzuheben. Ronald Coase hat sein Theorem ursprünglich anders formuliert. Und auch den meisten Studenten der Rechts- oder Wirtschaftswissenschaften wird das Theorem nicht in dieser abstrakten Form vorgestellt. Sie hören das Ergebnis der Anwendung, die Coase als erster darlegte. Sie hören von der »reziproken Natur« der volkswirtschaftlichen (externen) Kosten, die anfallen, wenn jemand die Luft verschmutzt, die wir atmen, oder das Wasser, das wir trinken.

Angenommen, Sie leben in einer Gemeinde, die flußabwärts einer Klebstoffabrik liegt. Sie beziehen Ihr Wasser aus dem Fluß, und Sie haben Ihr Haus nahe an das pittoreske Ufer gebaut. Dann bekommt die Klebstoffabrik einen neuen Eigentümer und beginnt damit, toxische Substanzen und ausgekochte Pferdegliedmaßen im Fluß zu entsorgen. Die Gifte und Pferdegliedmaßen verletzen Ihre Rechte. Oder etwa nicht?

Dies ist ein klassischer Fall von Marktversagen. Nach landläufiger Meinung muß der Staat intervenieren und die Klebstoffabrik schließen oder ihr eine gesalzene Steuer auferlegen beziehungsweise strenge Umweltschutzauflagen machen. Der

Wirtschaftswissenschaftler Arthur Cecil Pigou hat diese Theorie in seinem berühmten 1932 erschienenen Buch *The Economics of Welfare* begründet.

Coase stimmte nicht mit Pigou überein. Nach Coase' Ansicht sind die volkswirtschaftlichen Kosten reziprok und von allen Beteiligten zu tragen. Der Klebstoffhersteller erlegt Ihnen und der Gemeinde Kosten auf. Aber Sie beziehungsweise der Staat würden ebenfalls volkswirtschaftliche Kosten verursachen, wenn der Klebstoffhersteller sein Werk schließen oder seine Produktion drosseln müßte. Ihnen wäre vielleicht mehr gedient, wenn der Klebstoffhersteller dichtmachen oder seine Produktion zurückfahren müßte. Doch die Volkswirtschaft insgesamt wäre vielleicht schlechter gestellt.

Das Coase-Theorem legte eine umfassendere Sichtweise nahe. Die Frage ist nicht mehr bloß, wieviel der Staat dem Klebstoffhersteller an Gebühren aufbürden sollte. Die Frage ist auch, wieviel Sie dem Klebstoffhersteller dafür zahlen sollten, daß er den Fluß nicht mehr verschmutzt. Vielleicht würden die Mitglieder Ihrer Gruppe übereinkommen, ein Entgelt an den Klebstoffhersteller zu entrichten, das seinen entgangenen Gewinn wettmacht. Eine größere Gruppe müßte ihren Mitgliedern vermutlich eine Steuer auferlegen, um Trittbrettfahrern vorzubeugen, da alle von einer Vereinbarung mit dem Klebstoffhersteller profitieren würden.

Es gibt einen einfachen Beweis für das Coase-Theorem, der zeigt, wie sich das Theorem auf den Fall des Klebstoffherstellers und andere Fälle anwenden läßt. Nehmen wir an, die Eigentumsrechte wären wohldefiniert und alle Dinge hätten Volleigentümer. Nehmen wir weiter an, die Transaktionskosten seien gleich null.

Angenommen nun, eine Gemeinschaft befände sich nicht in einem Pareto-Optimum. Einige Personen können sich durch Aktionen oder Tauschgeschäfte besserstellen, die bei anderen Individuen keine Nutzeneinbußen bewirken. Angenommen, John und Mary wären zwei dieser Personen. John wäre besser dran, wenn er einige seiner blauen Saphire gegen einige der Goldmünzen von Mary eintauschen würde. Mary sieht dies ebenso. Sie kennen beide die Bedingungen des Tauschgeschäfts, und für beide wären keine Kosten damit verbunden. Also tauschen sie. Dies geschieht in der Gemeinschaft immer wieder. Menschen steigern ihre Wohlfahrt durch Tauschgeschäfte, Schmiergelder und Ausgleichszahlungen, bis sie durch Transaktionen keine weitere Nutzenmehrung für sich erzielen können. Dann hat die Gruppe ein volkswirtschaftliches Gleichgewicht erreicht.

Einige Personen mögen noch immer Bedürfnisse haben, die andere befriedigen können, aber die Bedürfnisse sind nicht mehr reziprok. Angenommen, John möchte alle Goldmünzen Marys. Er würde all seine restlichen blauen Saphire gegen alle Goldmünzen eintauschen, die sie übrig hat. Doch Mary hat ihren Durst nach blauen Saphiren gestillt und möchte sich nicht auf den Handel einlassen. Wir könnten John mit Gewalt besserstellen. Wir könnten einige von Marys Goldmünzen nehmen und sie John geben. Aber das würde sie schlechter stellen.

Dies gilt für die gesamte Gemeinschaft. Die Wirtschaftssubjekte haben das Potential an wohlfahrtssteigernden Transaktionen ausgeschöpft, und die Tauschgeschäfte kommen zum Stillstand. Es gibt keine Güterverteilung, die jemanden besserstellen würde, ohne jemand anderen schlechter zu stellen. Somit hat die Gruppe das Pareto-Optimum erreicht. Und dies beweist das Coase-Theorem.

Das Pareto-Optimum im Fall des Klebstoffherstellers hängt von den relativen Kosten für die Gemeinschaft, für den Klebstoffhersteller und für die Allgemeinheit ab, deren Bedarf er deckt. Der Fluß kompliziert die Sache, weil er niemandes Eigentum ist. Die Gemeinschaft könnte den Klebstoffhersteller einfach wegen Eigentumsstörung durch Umweltverschmutzung verklagen, wenn der Fluß der Gemeinschaft gehören würde. Und der Klebstoffhersteller könnte ihn nach Belieben verschmutzen, wenn er ihm allein gehören würde. Dies deutet darauf hin, daß sich viele Fälle von Marktversagen in Erfolge verwandeln ließen, wenn die Grenzen des Privateigentums weniger unscharf wären.

Wirtschaftswissenschaftler haben oft auf die Vagheit von Eigentums- und Vertragsrechten hingewiesen, um zu erklären, weshalb das Coase-Theorem nicht auf ein bestimmtes Marktversagen zutrifft. Das Lehrbuchbeispiel ist der Apfelbauer und die Bienen. Ich habe diese Fabel zum ersten Mal gehört, als ich meine Diplomarbeit in Wirtschaftswissenschaften verfaßte, obwohl einige Wirtschaftwissenschaftler sie damals schon widerlegt hatten.[10] Der Apfelbauer braucht Bienen, um seine Apfelblüten zu bestäuben. Die Bienenvölker umliegender Imker erbringen ihm diese Dienstleistung kostenlos. Für die Imker wiederum entstehen keine Kosten, wenn die Bienen auf umliegenden Feldern und Obstgärten Nektar sammeln. Der Markt erzielt kein effizientes Ergebnis.

Ein Blick in die Telefonbücher ländlicher Regionen zeigt, daß das Coase-Theorem dort vielfach immer noch gilt. Imker verpachten ihre Bienenvölker an Landwirte, die Äpfel, Mandeln oder Klee anbauen. In den Verträgen wird vereinbart, wo und wann die Imker ihre Bienenstöcke in den Obstplantagen oder Kleefeldern aufstellen. Die Verträge sind nicht vollkommen und daher etwas unscharf. Landwirte in der Umgebung können von umherirrenden Kulturbienen sowie von wilden Bienen profitieren, die die meisten Obstplantagen und Felder aufsuchen. Mandelbauern in Kalifornien brauchen so viele Bienen, daß sie die Völker in anderen US-Bundesstaaten pachten müssen.

In der Welt gibt es viele Ausnahmen vom Coase-Theorem. In einem Fuzzy-Sinn gibt es sogar nur Ausnahmen. Jede Person, die wir sehen, hören oder riechen, erlegt uns Soziallasten auf. Vielleicht erfreut uns der Anblick des Gesichts und der Haare einer Frau oder der Klang ihres Lachens. Oder wir zucken zusammen, wenn wir sehen, welche Ohrringe und welchen Nagellack sie trägt, oder wenn wir ihr Parfüm riechen. Das Auto unseres Nachbarn verschmutzt zu einem gewissen Grad unsere Luft, so wie jeder Baum im Garten unseres Nachbarn unsere Luft zu einem gewissen Grad reinigt (es sei denn, er brennt oder vermodert und setzt dabei Kohlendioxid frei).

Diese Kosten und Vorteile sind so gering, daß man darüber keine Prozesse anstrengt. Sie sind so geringfügig, daß man keine Verträge darüber aufsetzt und erzwingt. Die Transaktionskosten sind zu hoch. Der Staat wird vielleicht Gesetze über die Haftung bei grobem Unfug verabschieden, etwa wenn jemand an einem öffentlichen Strand grundlos »Hai!« oder in einem Theater

»Feuer!« ruft. Doch niemand von uns schließt eine Versicherung ab, um solche Schäden abzudecken. Und die Kosten und Vorteile werden auch durch unscharfe und schlecht definierte Eigentumsrechte beeinträchtigt.

Dennoch beeinflussen diese geringfügigen Kosten und Vorteile unsere Lebensqualität. Sie schlagen sich in unseren Bilanzen des Wohlergehens nieder, wenn wir unsere Neigungen und Abneigungen und unsere Freuden und Leiden gegeneinander aufrechnen. Das Coase-Theorem mag gelten, wenn wir uns nach einem neuen Auto oder einer neuen Stelle umsehen, oder wenn wir Münzen gegen Kartoffelchips oder gegen eine Dose kalorienarmes Cola in einem Automaten tauschen. Es gilt vermutlich nur eingeschränkt oder auch gar nicht, wenn wir mit Freunden eine Party feiern, an Schaufenstern und Werbeflächen vorbeifahren oder den Rasenmäher des Nachbarn hören.

Wir leben in einer Welt von unscharfen Rechten und unscharfen Kosten und Vorteilen. Wir brauchen ein Coase-Theorem, das uns hilft, mit diesen unscharfen Rechten zu handeln, oder uns zeigt, wie wir einige davon defuzzyfizieren können. Wir brauchen ein Coase-Theorem, das besser mit der Wirklichkeit übereinstimmt.

Ein unscharfes Coase-Theorem

Das Coase-Theorem ist ein binäres Theorem. Es ist mit all den Problemen behaftet, mit denen jede Gleichung in Naturwissenschaft und Technik konfrontiert ist, wenn sie versucht, Logik und Wirklichkeit zur Übereinstimmung zu bringen. Wir werden diese Probleme mit Hilfe des Coase-Theorems vermutlich eher aufspüren, weil es für uns und unser Verhalten gilt und nicht für die unsichtbaren Atome der Physik oder die geisterhaften 0- und 1-Bits der Elektrotechnik. Das Coase-Theorem gibt die Randbedingungen dessen vor, was der Science-fiction-Autor über künftige Gesellschaften und der politische Ideologe über unsere Gesellschaft aussagen kann. Zumindest sollte es dies. Doch das Theorem wird zu Recht kritisiert.

Einige Wirtschaftswissenschaftler haben behauptet, das

Coase-Theorem beweise zuviel beziehungsweise gar nichts.[11] Es besage lediglich, daß perfekte Tauschpartner perfekte Tauschgeschäfte schließen. Niemand wisse alles über alle Menschen und ihre Tauschgeschäfte. Die idealen Annahmen träfen in der Praxis nie zu. Aber das ist das Schicksal jedes Theorems. Und aus einem Theorem läßt sich nicht mehr folgern, als man in seine Prämissen hineingesteckt hat.

Andere Kritiker gehen noch weiter. Ihres Erachtens sind alle mathematischen Theoreme nichtssagende Tautologien der Form »A = A«. Die Theoreme sagten daher nichts über die Wirklichkeit aus.[12] Die Logik stimme nie mit der Realität überein.

Diese Behauptungen reichen weit über das Coase-Theorem hinaus. Sie stellen de facto die naturwissenschaftliche Methode in Frage, die Wirklichkeit mathematisch zu modellieren. Ich habe dies das *Problem der Fehlpassung* genannt: Wir benutzen die schwarzweißen Kategorien der Mathematik und Logik, um eine unscharfe, vage, graue Welt zu modellieren. Die Wissenschaftler wissen, daß die besten Gleichungen der Physik allenfalls Näherungen sind, die in die Kurzschrift mathematischer Symbole gegossen wurden. Ihre Wirklichkeitstreue ist immer graduell. Doch unsere binären Symbolsysteme lassen keine Abstufungen zu.

Die Fuzzy-Logik eröffnet uns die Möglichkeit, die Ecken dieses Problems der Fehlpassung abzurunden. Ich werde sie zunächst in rein logischer Form darstellen und dann zeigen, wie man sie auf das Coase-Theorem und die damit verbundenen Probleme von Rechten und Transaktionen anwenden kann. Diese paßgerechte Logik gilt für eine physikalische Aussage ebenso wie für die Spektralanalyse oder die Werkstoffkunde.

Die einfachste logische Schlußregel ist der *Modus ponens:* »Wenn der Apfel reif ist, werde ich den Apfel essen. Dieser Apfel ist reif. Also werde ich den Apfel essen.« Der *Modus ponens* hat für alle Symbole dieselbe Form. Wenn *P*, dann *Q*. *P* ist wahr. Also ist auch *Q* wahr. Er bringt uns einen binären Schritt auf der logischen Stufenleiter weiter. Aus der Wahrheit der Prämisse ergibt sich bei einem gültigen Schluß die Wahrheit der Konklusion. Das Coase-Theorem hat wie alle Theoreme diese Form einer Wenn-Dann-Aussage. Ein Theorem besagt, daß eine

Konklusion wahr ist, wenn eine Prämisse wahr ist.[13] Die Prämisse selbst kann aus vielen Behauptungen bestehen.

Was aber geschieht, wenn die Prämisse nur teilweise wahr ist? Alle Äpfel sind zu einem gewissen Grad reif und nicht reif. Was ist, wenn der Apfel nur zu 60 oder zu 70 Prozent reif ist? Wie wahr ist die Schlußfolgerung dann?

Die Fuzzy-Logik zeigt, daß die Wahrheit des Schlusses mit der Wahrheit der Prämisse abnimmt. Die Beziehung »Wenn *P*, dann *Q*« muß nicht zu 100 Prozent wahr sein. Und die alleinstehende Behauptung »*P* ist wahr« muß ebenfalls nicht zu 100 Prozent gültig sein.

Angenommen, die folgende Aussage sei zu 90 Prozent wahr: »Wenn der Apfel reif ist, werde ich den ganzen Apfel essen.« Nun pflücken wir einen Apfel, der nach unserem Ermessen mindestens zu 70 Prozent reif ist. Folglich ist die Aussage »Der Apfel ist reif« zu mindestens 70 Prozent wahr. Sein Wahrheitswert beträgt mindestens 70 Prozent. Die Aussage ist möglicherweise zu einem noch höheren Grad wahr, aber wir sind uns nicht sicher. Wie wahr ist dann die Aussage »Ich werde den ganzen Apfel essen«?

Ein fuzzylogisches Theorem besagt, daß sie zu mindestens 60 Prozent wahr ist.[14] Wir können daraus folgern, daß der Wahrheitswert zwischen 60 und 100 Prozent liegt. Dieser Schluß verliert in dem Maß an Aussagekraft beziehungsweise Inhalt, wie sich diese Wahrheitslücke verbreitert. Er wäre »nichtssagend«, wenn wir lediglich folgern könnten, daß das Theorem zumindest zu null Prozent wahr ist, weil alle Aussagen einen Wahrheitswert zwischen null Prozent und 100 Prozent besitzen. Es hätte die größte Aussagekraft, wenn das Theorem mindestens zu fast 100 Prozent oder 100 Prozent wahr wäre. Die Wahrheitslücke wächst in dem Maß, wie der Wahrheitswert der Prämisse abnimmt.

Die Fuzzy-Logik gibt auch an, welche Schlußfolgerung zu ziehen ist, wenn die duale Regel des sogenannten *Modus tollens* nur zu einem gewissen Grad gilt. Diese Regel verwirft beziehungsweise widerlegt den Dann-Teil – die Konklusion – der Wenn-Dann-Aussage. Wenn der Apfel reif ist, werde ich den ganzen Apfel essen. Ich esse nicht den ganzen Apfel, also war der Apfel nicht reif. Auch diese Regel hat eine allgemeine Form: Wenn *P*, dann *Q*. *Q* ist nicht wahr, also ist *P* nicht wahr.

Nehmen wir wiederum an, die Aussage »Wenn der Apfel reif ist, dann werde ich den ganzen Apfel essen«, sei zu 90 Prozent wahr. Doch nehmen wir jetzt an, daß ich nur 60 Prozent oder weniger von dem Apfel verzehre. Dann ist »Ich werde den ganzen Apfel essen« höchstens zu 60 Prozent wahr. Vielleicht esse ich hauptsächlich die reifen Teile des Apfels. Wie wahr ist dann die Aussage »Der Apfel ist reif«?

Ein zweites Theorem der Fuzzy-Logik besagt, daß sie höchstens zu 70 Prozent wahr ist.[15] Die Schlußfolgerung »Ich werde den ganzen Apfel essen« wäre nur höchstens zu 30 Prozent wahr, wenn die Aussage »Ich werde den ganzen Apfel essen« nur höchstens zu 20 Prozent wahr wäre.

Die Welt mußte über 2000 Jahre auf diese beiden Theoreme der mehrwertigen Logik warten. Von Aristoteles bis in die erste Hälfte des 20. Jahrhunderts hinein gab es keine methodischen Fortschritte auf dem Gebiet des approximativen Schließens. Dies lag daran, daß die Wissenschaftler während dieses gesamten Zeitraums fast keine methodischen Fortschritte auf dem Gebiet der schwarzweißen Logik machten.

Der englische Mathematiker Augustus De Morgan veröffentlichte sein Buch *Formal Logic* erst 1847. Wenig später, im Jahr 1854, veröffentlichte der englische Mathematiker George Boole *An Investigation of the Laws of Thought*. Diese beiden Bücher bildeten die Grundlage der modernen formalen Logik und formulierten sie in streng schwarzweißen Kategorien.

Der Ausdruck »Boolesche Algebra« ist heute synonym mit dem Begriff der binären oder zweiwertigen Aussagenlogik. Die Beschränkung auf die beiden Wahrheitswerte *wahr* und *falsch* beziehungsweise 1 und 0 veranlaßte mit der Zeit andere Denker dazu, die Mathematik von drei oder mehr Wahrheitswerten und damit die ersten Formen der Fuzzy-Logik zu erkunden.

Die mathematische Theorie von Zufall und Wahrscheinlichkeit kam, historisch betrachtet, der Fuzzy-Logik noch am nächsten. Auch sie entstand jedoch erst nach der Landung des Kolumbus in der Neuen Welt. Der italienische Mathematiker Girolamo Cardano schrieb sein Buch über Glücksspiele Mitte des 16. Jahrhunderts. Es war das erste Buch über Wahrscheinlichkeitsrechnung, und es wurde erst 1663 gedruckt.[16] Dennoch befaßt sich auch die moderne Wahrscheinlichkeitstheorie nicht mit teilweisen Übereinstimmungen von Logik und Wirklichkeit. Sie macht lediglich statistische Aussagen über die Eintrittswahrscheinlichkeit von schwarzweißen Ereignissen, etwa wenn wir sagen, daß die »Röhren heute abend mit einer Wahrscheinlichkeit von 30 Prozent bersten werden«. Wahrscheinlichkeit ist etwas anderes als Vagheit.

Die Frage, ob die Röhren bersten werden, unterscheidet sich von der Frage, wie stark oder zu welchem Grad sie bersten. Die wahrscheinlichkeitstheoretische Betrachtungsweise behandelt das Bersterereignis als eine Frage von alles oder nichts und schließt Wetten darauf ab. Die vage oder fuzzylogische Sichtweise behandelt alle Röhren als zu einem gewissen Grad geborsten und nicht geborsten. Die beiden Gradwerte müssen sich lediglich zu 100 Prozent aufaddieren. Ich kann eine leicht gerissene Röhre in der Hand halten und, praktisch gesehen, sicher sein, daß die Röhre geborsten ist. Dann ist die »Zufälligkeit« zwar verschwunden, aber die Unbestimmtheit des Gegenstands in meiner Hand bleibt erhalten.

Die Sprache kann diesen Unterschied verwischen. Wir sagen, daß der Apfel mit einer Wahrscheinlichkeit von 80 Prozent reif ist, und meinen, daß der rote Apfel zu 80 Prozent reif und zu 20 Prozent nicht-reif ist. Aber die Aussage bedeutet, logisch gesehen, etwas anderes. Sie fordert, daß der Apfel entweder völlig reif oder völlig unreif oder völlig nichtreif ist. Sie besagt, daß der Apfel mit einer Wahrscheinlichkeit von 80 Prozent hundertprozentig reif und daß er mit einer Wahrscheinlichkeit von 20 Prozent null Prozent reif ist.[17]

Ein teilweise reifer Apfel in einer Kiste hat nichts Zufälliges an sich. Und die Frage, ob ein vollkommen reifer Apfel in der Kiste ist, hat nichts Vages an sich.

Aus diesen beiden Theoremen der Fuzzy-Logik folgt, was wir bereits vermutet haben. Der Dann-Teil oder Hintersatz eines Theorems oder mathematischen Modells gilt zu einem gewissen Grad, wenn der Wenn-Teil oder Vordersatz des Theorems zu einem gewissen Grad gilt. Die binäre Struktur kann teilweise auf unsere graue Welt und unsere grauen Sprachmodelle zutreffen. In den meisten Fällen können wir die exakten Grenzen nicht berechnen. Doch es ist gut zu wissen, daß es sie gibt, wenn wir der Physik einer Achterbahnkonstruktion oder der Biochemie der lasergestützten Augenchirurgie vertrauen.

Wir können jetzt ein unscharfes Coase-Theorem formulieren: *Wenn die meisten Eigentumsrechte wohldefiniert und die Transaktionskosten gering sind, dann ist das Marktergebnis näherungsweise pareto-optimal.*

Wir können diese Aussage als eine formale Beziehung betrachten. Die unscharfen Ausdrücke *die meisten* und *gering* stehen für partielle Wahrheitswerte, und die Wenn-Dann-Aussage selbst hat ein unscharfes Gewicht. Oder wir können die Aussage als binäres Coase-Theorem mit unscharfen Leerstellen betrachten, in die wir eingeben, wie gut eine reale Menge von Prämissen mit den Prämissen des Theorems übereinstimmt. Diese Betrachtungsweise erhält uns die hundertprozentige Gewißheit der Wenn-Dann-Behauptung der binären Version.[18]

Teilweise Übereinstimmungen in der Prämisse führen zu teilweisen Übereinstimmungen in der Konklusion. Das Marktergebnis ist daher möglicherweise nicht vollkommen. Es verschlechtert sich in dem Maß, wie die Zahl der wohldefinierten Eigentumsrechte abnimmt und die Transaktionskosten zunehmen. Personen können dennoch durch Verhandlungen ein näherungsweises Pareto-Optimum erreichen, solange die Prämissen nicht zu unscharf sind. Dies verdeutlicht, unter welchen Bedingungen das Coase-Theorem nicht zutrifft, und legt Verbesserungsmöglichkeiten nahe.

Dieses unscharfe Coase-Theorem liegt zwischen zwei Extremen. Das binäre Extrem ergibt das Laissez-faire-Paradies des Coase-Theorems, das in der Praxis wohl nie zutrifft. Das andere Extrem ist der Fuzzy-Kollektivismus. Hier haben die einzelnen nur wenig oder gar kein persönliches Eigentum. Daher führt das Coase-Theorem hier vermutlich nicht zu einem effizienten Pareto-Ergebnis. Das gleiche würde gelten, wenn die Transaktionskosten so hoch wären, daß niemand es sich leisten könnte, seine Eigentumsrechte gegen die anderer einzutauschen.

Unscharfe Pareto-Optima liegen zwischen diesen Extremen.

Dazu gehören die volkswirtschaftlichen Zustände, die von uns verlangen, den Grill- oder Pfeifenrauch unseres Nachbarn, seine aufgedrehte Stereoanlage oder das Bellen seines Hundes hinzunehmen. Unsere Eigentumsrechte an der Luft sind zu unscharf und zu schwach, als daß wir dies verhindern könnten, und die Mühe, dies zu verändern, mag sich nicht lohnen. Dazu gehören auch volkswirtschaftliche Zustände, in denen man keine Tauschgeschäfte mit einer Person in einer fernen Stadt oder einem fernen Land tätigt, weil die Transaktionskosten zu hoch sind.

Die Transaktionskosten fallen tendenziell mit dem Einsatz neuer Technologien. Rundfunk und Fernsehen halfen Firmen, direkt mit ihren Produkten um den Kunden zu konkurrieren. Sie haben jedoch keinen vollkommenen Preiswettbewerb geschaffen. Die Verbraucher mußten sich nach wie vor durch die übertriebenen Anpreisungen in den Werbespots hindurchkämpfen. Netzwerke für den Tele-Einkauf und das Internet erlauben dagegen eine weitgehende Annäherung an einen vollständigen Preiswettbewerb. Man kann die Websites sämtlicher Fluggesellschaften nach dem günstigsten Flugpreis absuchen, und man kann mit eigenen Routinen Aktien und Anleihen beobachten und dann eine Kaufs- oder Verkaufsorder erteilen.

Das Internet ermöglicht es den Usern auch, Preisdaten über identische Güter in weit entfernten Ländern auszutauschen. Eine Bank in New York kann dank des Internets eine Fachkraft in Indien, Afrika oder Chile einstellen, um Software zu entwikkeln, Daten zu verarbeiten oder inländische Konten zu verwalten. Es läßt mehr Wirtschaftssubjekte in den Markt eintreten und erweitert den Geltungsbereich und den Gehalt eines unscharfen Coase-Theorems. In dem Maß, wie Wirtschaftssubjekte neue, funktionstüchtige Rechtsstrukturen entwickeln, kann dies dazu beitragen, dem Theorem etwas von seiner Unschärfe zu nehmen. Software-Kontrakte verlassen sich stärker auf das Urteilsvermögen als auf den Buchstaben des Gesetzes, wenn sie festlegen, wer welche Aufgaben ausführen soll oder wem welche Befehlszeilen gehören.

Der eigentliche Fortschritt eines unscharfen Coase-Theorems liegt darin, daß es zeigt, wie das binäre Theorem durch Unbestimmtheit untergraben wird. Und dies deutet möglicherweise auf Wege hin, einen Teil der Unschärfe zu beseitigen.

Die Unschärfe wirkt als eine Art Rauschen im Marktgeschehen. Ein wenig Unschärfe in den Eigentumsrechten kann dazu beitragen, die Grenzen zwischen mein und dein zu glätten. Doch zuviel Fuzzigkeit in den Eigentumsrechten beeinträchtigt den Austausch von Rechten. Digitalrechner funktionieren am besten, wenn wir ein Rauschsignal zu einem vollständig präsenten Energieimpuls oder einem vollständig abwesenden Energieimpuls runden können. Dabei mögen einige Signale verlorengehen, aber der Rechenprozeß wird dadurch gestrafft. Das unscharfe Coase-Theorem deutet darauf hin, daß wir ein ähnliches digitales Schema in der juristischen Welt der Rechte erkunden sollten.

Je stärker wir die Unschärfe verringern können, um so stärker können wir uns einem pareto-optimalen Ergebnis annähern. Bei einem Theorem, das einen physikalischen Prozeß beschreibt, müssen wir auf diesen Luxus verzichten. Denn wir können die Natur nicht verändern, um ein Theorem in bessere Übereinstimmung mit ihr zu bringen.

Aber wir können Grenzen durch die Unschärfe der Eigentumsrechte ziehen, um das unscharfe Coase-Theorem wirklichkeitsgetreuer zu machen. Die Vorteile dürften durchaus die Kosten wert sein.

Defuzzyfizieren, um zu optimieren

Die volkswirtschaftlichen Ergebnisse dürften sich verbessern, wenn wir einige Eigentumsrechte defuzzyfizieren. Öffentliche Versteigerungen sind dabei eine Möglichkeit. Die US-amerikanische Regulierungsbehörde für Telekommunikation begann im Dezember 1994 mit der größten Versteigerung in ihrer Geschichte.[19] Sie vergab Lizenzen für einen kleinen Ausschnitt aus dem elektromagnetischen Frequenzspektrum im Megahertz-Bereich zur Nutzung in drahtlosen Personalkommunikationsnetzen, die Pager, Telefone und Faxe steuern. Große Telekommunikationsgesellschaften beauftragten Spieltheoretiker damit,

ihnen bei der Berechnung ihrer Angebote zu helfen. Der Staat
nahm Milliarden von Dollar ein, als eine neue Menge binärer
Eigentumsrechte in private Hände überging.

Bei der Vergabe von Schürfrechten in den Vereinigten Staaten
schnitt die Allgemeinheit nicht so gut ab. US-Präsident Ulysses
S. Grant unterzeichnete 1872 den General Mining Act [Allge-
meines Bergbaugesetz], das noch immer Firmen und Privatper-
sonen ermöglicht, Schürfrechte für nur ein paar Dollar je Morgen Staatsland zu erstehen. Einige Schürfrechte – etwa an Gold-
oder Kiesminen – werden für ganze 2,5 Dollar je Morgen vergeben, während bei einer Erzmine 5 Dollar je Morgen fällig sind.

Etwa ein Drittel des Bodens in den Vereinigten Staaten ist
Eigentum des Bundes. Schürfrechte erstrecken sich auf etwa
0,25 Prozent des gesamten Territoriums der Vereinigten Staaten. Grant wollte die Besiedlung des Westens fördern. Er sah
im Bergbau die »edelste und beste« Form der Nutzung für den
größten Teil des Landes, auch wenn dieser dem Boden, dem
Wasser und sogar der Luft vielfältige Kosten auferlegte.[20]

Firmen haben seit 1872 Bodenschätze im Wert von etwa einer
halben Billion Dollar auf bundeseigenem Land gefördert. Sie
haben auf keine Unze davon Förderabgaben entrichtet. Für dieselbe Mine auf einem Grund, der einem der 50 US-Bundesstaaten gehört, hätten sie eine staatliche Förderabgabe entrichten
müssen. Und Bergwerksgesellschaften müssen eine Abgabe in
Höhe von 12,5 Prozent auf Kohle, Erdöl und -gas zahlen, das
sie auf bundeseigenem Land fördern. Selbst der altgriechische
Stadtstaat Athen erhob eine vierprozentige Abgabe auf die Sil-
berminen, die er um etwa 500 v. Chr. privatisierte.[21] Die spanische Krone verlangte sogar einen Förderzins in Höhe von 20
Prozent für die Silber- und Goldminen, die sie in der Neuen
Welt privatisierte.

Unscharfe Eigentumsrechte im amerikanischen Westen liegen
vielen Fällen des sogenannten Cowboy-Sozialismus zugrunde.[22]
Auch hier wird die Unschärfe durch Mehrfachnutzungsrechte
erhöht. Holzunternehmen haben die Einschlagsrechte zu einem
Bruchteil dessen erstanden, was sie auf einem privaten Markt
hätten bezahlen müssen. Viele Holzunternehmen sind weiter-
gegangen und haben mit Steuermitteln des Bundes Straßen

und Wasserwege gebaut, um so weitere Lockesche Arbeitsver-
mischungen zu erhalten. Viehzüchter zahlen für das Recht, bun-
deseigene Ländereien als Weideflächen zu nutzen, monatlich
noch immer weniger als 2 Dollar pro Rind. Es kostet ein Viel-
faches dessen, ein Rind auf privatem Land weiden zu lassen oder
einen Hund im Garten zu halten.

Ein unscharfes Coase-Theorem würde in diesen Fällen besser
greifen, wenn der Staat derartige Quasi-Landschenkungen
durch eine öffentliche Versteigerung der Nutzungsrechte daran
ersetzen würde. Die Versteigerungen könnten dem Beispiel der
Versteigerung der knappen Frequenzen folgen. Und dabei
bräuchten ausländische Bieter nicht ausgeschlossen zu werden.

Wir können auch einige der unscharfen Gemeinschaftsrechte
an der Luft defuzzyfizieren. Die Vereinigten Staaten unternah-
men einen Schritt in diese Richtung, als sie 1992 erstmals einigen Umweltverschmutzern erlaubten, mit »Smogzertifikaten«
(beziehungsweise -lizenzen) zu handeln.[23] Das Gesetz wurde
als Ergänzung zum Clean Air Act von 1990 verabschiedet. Es
macht sich den Marktwettbewerb zunutze, um den Gehalt von
ätzendem Schwefeldioxid, das Augen, Nasen und Lungen reizt,
in der Luft zu senken. Das Gesetz räumt den größten Ver-
schmutzern ein gewisses Budget an Verschmutzungsrechten
ein. Jedes Zertifikat gibt seinem Inhaber das Recht, eine Tonne
Schwefeldioxid zu emittieren. Der Staat erlegt Firmen hohe
Strafgelder auf jede Tonne Schwefeldioxid auf, die sie über ihren
Lizenzrahmen hinaus emittieren.

Die binären Rechte bewirken einen Wettbewerb der Firmen
um die Luftqualität. Umweltbewußtere Firmen können ihre
überschüssigen Smogzertifikate an Firmen verkaufen, welche
die Luft stärker verschmutzen. Das sauberere Unternehmen ist
bestrebt, seinen Smog weiter zu verringern, so daß es weitere Zer-
tifikate veräußern kann. Das nicht so saubere Unternehmen versucht seinen Schadstoffausstoß deshalb zu verringern, weil es
dann weniger fremde Verschmutzungszertifikate aufkaufen
muß. Der Erfolg mit dem Handel von Schwefeldioxid-Zertifika-
ten hat einige Forscher zu der Forderung veranlaßt, ein ähnliches
marktwirtschaftliches System für das weit ehrgeizigere Ziel einer
Reduktion der globalen Treibhausgasemissionen einzuführen.[24]

Der Handel mit Smogzertifikaten steht in scharfem Gegensatz zu den meisten staatlichen Versuchen, den Smog zu verringern. Mexico City verabschiedete sein Gesetz über den »autofreien Tag« im Jahr 1989, um eine gewisse Anzahl Privatautos an bestimmten Tagen von der Straße fernzuhalten. Studien zeigten, daß das Gesetz den berüchtigten Smog der Stadt nicht verringerte und im Gegenteil möglicherweise sogar verstärkte. Gerissene Akteure umgingen das Gesetz einfach. Die meisten Leute besorgten sich ein anderes Auto, das sie an ihren »autofreien« Tagen benutzten, oder sie nahmen ein Taxi. Die neuen Autos und die Taxis verbrauchten genausoviel Benzin, wie die verbotenen Autos verbraucht hätten. Die Zahl der Autos auf den Straßen stieg von 2 Millionen im Jahr 1989 auf 3 Millionen 1995.[25]

Die Staaten werden vielleicht eines Tages das Modell des Handels mit Umweltzertifikaten auf Treibhausgase wie Kohlendioxid ausweiten. Vielleicht werden sie auch den Handel mit Entsorgungszertifikaten einführen, um die Einbringung von Abfall und Giftstoffen in die Weltmeere durch Firmen oder auch Staaten zu begrenzen. Das Coase-Theorem schert sich nicht darum, wer welche Eigentumsrechte bekommt, und es verlangt nicht das binäre Ideal des vollkommenen Wettbewerbs. Es fordert lediglich, daß eine Person oder ein Staat diese Rechte erhält, und zwar mit möglichst wenig Unschärfe. Ein Eigentümer wird am ehesten Kosten und Nutzen zur Deckung bringen.

Dies deutet darauf hin, daß eine Form der Defuzzyfizierung in größerem Rahmen funktionieren könnte.

Die Rechte von Walen

Nach dem Seerecht dürfen alle Schiffe die Hochsee befahren. Es war von jeher billiger, Güter auf dem Wasserweg zu befördern als auf dem Landweg. Aus diesem Grund ballen sich Wohlstand und Bevölkerung an den Küsten. Das Seerecht spiegelt diesen Tatbestand wider. Schiffe können nach Belieben die Hochsee befahren, Müll verklappen und Fischfang betreiben. Sie sind Eigentümer des Fangs, denn sie haben ihre Arbeitskraft mit dem herrenlosen internationalen Gemeinschafsgut »Meer« und

seinen Gaben gemischt. Aus diesem Grund werden die Meere
überfischt und von den Schiffen nach Belieben verschmutzt.

Können wir diese Tragödie der Gemeinschaftsgüter defuzzyfizieren? Werden die Wale das gleiche Schicksal erleiden wie
die Mammuts? DNA-Befunde deuten darauf hin, daß diese
intelligenten, singenden Säugetiere möglicherweise ein kulturelles Niveau des sozialen Lernens erreicht haben, das sich auf
ihre genetische Vielfalt auswirkte.[26]

Betrachten wir zunächst Arthur C. Clarkes Walfangplan in
seinem 1957 erschienenen Science-fiction-Roman *In den Tiefen
des Meeres*.[27] Clark ließ eine sozialistische Weltregierung mit
Zugängen versehene Ultraschallgehege im Ozean errichten, um
Wale in tiefen dreidimensionalen Weidegründen einzupferchen.
Der Weltstaat züchtete die Wale als Quelle proteinreicher Nahrung. Clarke umging mit Hilfe des Weltstaats die heikle Frage,
wem die Ozeane gehören. Doch seine Idee von Ultraschallgehe-
gen verdeutlicht auf intelligente Weise, wer sie pachten oder
Handel mit ihnen treiben könnte. Die Gehege ziehen scharfe
rechtliche Grenzen durch das unscharfe Meer.

Aquafarmen sind eine frühe Form solcher eingehegter Meeresvolumina. Viele kleine und große Firmen züchten mittlerweile Garnelen, Muscheln, Seeohren, Lachs und andere Fische
in kleinen geschlossenen Arealen an der Meeresküste. Thailand
und Ecuador sind weltweit führend in der Garnelenzucht und
auch in der Meeresverschmutzung.[28] Die Zucht von Meerestie-
ren ist der am schnellsten wachsende Zweig der »Landwirtschaft«. Sie liefert etwa ein Viertel der weltweiten Fischproduk-
tion. Und die Zahl der Aquafarmen wird in dem Maß zunehmen,
wie der Fischereidruck wächst und die Fischbestände im freien
Meer schrumpfen.

Die Staaten betrachten auch ihre küstennahen Gewässer als
ihr Eigentum und erlauben ihren Bürgern dort den Fischfang.
Die unscharfe Frage lautet, wie nahe nahe genug ist, um
Ansprüche auf diese Fischgründe zu erheben.

Die meisten Staaten erhoben Anspruch auf die ersten zwölf
Meilen Meer vor ihren Küsten. Zunehmender Fischereidruck
veranlaßte die Vereinigten Staaten im Jahr 1977 dazu, eine
Fischfanggrenze zu fordern, die 200 Seemeilen vor ihrer Küste

liegt. Diese 200-Meilen-Grenze wurde 1983 als »ausschließliche Wirtschaftszone« für alle Meeresanrainerstaaten in das Seerecht übernommen. Sie verdankt sich der Fortschreibung der Seerechtskonvention der Vereinten Nationen vom 10. Dezember 1982 und hat eher moralische als rechtliche Geltungskraft. Selbst das friedliche Kanada setzte seine Marine gegen spanische und andere Fischfangflotten ein, die wiederholt über die unscharfe Grenze in seine 200-Meilen-Zone eindrangen. Die Nationen der Erde schützen weniger als ein Prozent des Lebensraums Meer. Nach Ansicht vieler Umweltschützer müßten wir bis zu 20 Prozent dieses Lebensraums unter Schutz stellen, wenn wir die Probleme der Verschmutzung und Überfischung in den Griff bekommen wollen.[29]

Gegenwärtig haben also viele Länder das formelle Recht, eingefriedete Tiefseeareale innerhalb der 200-Meilen-Zone zu errichten. Es sind zwar noch einige technologische Fortschritte bei den Ultraschallschranken erforderlich, bevor die Staaten einen Teil ihrer Tiefsee verpachten können. Sie könnten aber auch scharfe Grenzen durch ihre 200-Meilen-Zone ziehen und dann Fangrechte oder Verklappungsrechte vergeben. Für das Coase-Theorem spielt es keine Rolle, wem die Meeresgebiete oder die Fangrechte gehören.

Ein Staat könnte sogar die Meereszonen in sehr kleine Einheiten aufteilen und jedem Bürger ein oder zwei zur Nutzung überlassen. Die meisten Bürger würden ihre Fangrechte an Fischereiunternehmen oder an Fischerei-Investmentfonds verkaufen. So ähnlich wurde verfahren, als die neuen Regierungen in Rußland, Polen und der Tschechischen Republik die alten staatlichen Unternehmen, die Gemeineigentum waren, zerschlugen. Der Staat gab jedem Bürger einen Eigentumsgutschein an einer staatlichen Firma. Der Bürger konnte diesen Gutschein behalten oder verkaufen.

Gutscheine wären nur für die Meereszonen sinnvoll, die sich im Eigentum eines Landes befinden. Für die weitaus größeren Gebiete der Meere, die noch immer willkürlich genutzt und verschmutzt werden können, wären sie nicht hilfreich. Die Vereinten Nationen könnten beschließen, sie der eigenen Verfügungsgewalt zu unterstellen, und dann Gutscheine über

Meeresvolumina an die Mitgliedsstaaten ausgeben. Eine Fuzzy-Steuer in einigen Mitgliedsstaaten könnte mit dazu beitragen, die Mittel für diese Gutscheine beziehungsweise für die Flottenverbände, die ihnen Nachdruck verleihen, aufzubringen.

Eine Fuzzy-Steuer könnte überdies reichen Ländern helfen, einen »Schuldenerlaß gegen Umweltschutzprojekte« *(debt-for-nature-swaps)* mit ärmeren Ländern zu finanzieren.[30] Heute stehen weniger als fünf Prozent der Landfläche der Erde und ein noch geringerer Prozentsatz der Küstengewässer unter Naturschutz. Deutsche oder Amerikaner oder Briten könnten einen Teil ihrer Steuereinnahmen an internationale Treuhandorganisationen wie Conservation International oder den World Wildlife Fund abführen. Und die Treuhänder würden im Gegenzug für die Einräumung gewisser Eigentumsrechte an einzigartigen ökologischen Regionen die Auslandsschulden dieser Länder zurückzahlen. Zu diesen Regionen könnten Küstengebiete, aber auch weiträumige Wald-, Dschungel- und Wüstenlandschaften gehören.

Die Staaten könnten auch einen Teil ihres öffentlichen Grundbesitzes defuzzyfizieren. Die Vereinigten Staaten könnten dies etwa mit einem Teil der Überreste des Wilden Westens tun. Der Bund besitzt etwa die Hälfte des Landes westlich der Rocky Mountains. Rußland könnte das gleiche mit einigen der sibirischen Weiten tun, um den weltweiten Ansturm auf seine Erdöl-, Edelmetall- und Diamantvorkommen sowie seine Wälder in geordnete Bahnen zu lenken.

Staaten könnten weiträumige Landflächen in kleinere Landstücke unterteilen und jedem Bürger seine eigene Parzelle geben, oder sie könnten ihm nur die Abbau-, Weide- oder Einschlagsrechte daran übertragen. Eine Fuzzy-Regel könnte lauten, die Einschlagsrechte an bestimmten Waldstücken mit der Auflage zu übertragen, daß der Eigentümer nur jeden dritten oder zehnten Baum fällt. Streifen- oder Schichtenrodung würde ähnlich fuzzigen Mustern entsprechen. Die binären Eigentumsrechte würden jede Person Entscheidungen auf der Grundlage des potentiellen Nutzens, den das Land bietet, treffen lassen.[31] Alles deutet darauf hin, daß der Eigennutz langfristige Investoren zu einer effizienteren und nachhaltigeren Nutzung natürlicher Ressourcen anhalten würde. Mexiko verliert jedes Jahr ein Prozent seines Waldbestands, während eine schonendere Forstbewirtschaftung in den Vereinigten Staaten in den letzten 50 Jahren eine 30 prozentige Erhöhung des Waldbestands bewirkte.[32]

Die binären Stücke würden Genauigkeit gegen Einfachheit eintauschen. Sie würden die Unschärfe der Frage, wer was besitzt, gegen ein einfaches Schema eintauschen, in dem Menschen durch Tauschgeschäfte und Verhandlungen eine effizientere Welt hervorbringen würden. Sie würden durch Defuzzyfizierung einen höheren Lebensstandard erreichen. Jeder von uns könnte vielleicht sogar seinen eigenen Wal besitzen.

Die Japaner haben den ersten Schritt getan, um einsame Wale auf ihren Wanderungen durch die Meere zu verfolgen, und sie haben somit die unscharfe Tür zu einem Eigentumsrecht an ihnen aufgestoßen. Die Japaner planen, einen Satelliten zur Walbeobachtung in eine erdnahe Umlaufbahn zu bringen, um damit die Wanderungen von Blauwalen, die mit Sensoren versehen wurden, zu verfolgen.[33] Künftige Sensoren und Satellitenaugen werden diese Großsäuger immer genauer orten können. Ökologen haben auch genetische Etiketten beziehungsweise Marker benutzt, um Buckelwale zu identifizieren und zu verfolgen.[34]

Die Vereinten Nationen könnten diese »frei lebenden Wale« unter den etwa 200 Nationen der Erde aufteilen. Dann könnten Nationen mit beschränkten Walrechten Handel treiben, so wie sie heute Fangrechte in ihren Küstengewässern vergeben. Neuseeland hat als erster Staat solche »individuell übertragbaren Quoten« für den Fischfang eingeführt. Die Vorliebe der Isländer für Walfleisch wäre für die Eigentümer ein weiterer Grund, ihre Herden zu hüten und wachsen zu lassen.

In ferner Zukunft wird es uns vielleicht auch möglich sein, den IQ einiger unserer Wale durch implantierte Chips oder Intelligenzgene zu steigern. Dies ist der Science-fiction-Traum von der intellektuellen »Aufwertung« einer Spezies.[35] Würden wir ein Rind oder ein Huhn essen, wenn es den IQ eines Schimpansen oder eines zehnjährigen Kindes hätte? Wo ziehen wir die Grenze durch das Spektrum der Intelligenz, ab der Lebewesen über eigene Rechte verfügen? Wie intelligent muß ein Organismus sein, um eigene Lockesche Rechte zu besitzen? Die Rechte von Walen werden vielleicht aus unseren unscharfen Rechten an ihnen hervorgehen.

Der Himmel ist nicht die Grenze: die Begründung der Milchstraße

Ein unscharfes Coase-Theorem muß nicht beim Festland oder den Meeren der Erde aufhören. John Locke nannte den Ozean »dieses große, noch unangetastete Gemeingut der Menschheit«. Das gilt auch für den Himmel, den Satellitengürtel und den Mond sowie das gesamte Sonnensystem. Eigentumsrechte scheinen mit wachsender Entfernung von der Erdoberfläche abzunehmen, so wie sie mit zunehmender Entfernung von unserer Haut abzunehmen scheinen. Die Vereinigten Staaten, Rußland und andere Länder hatten keine Skrupel, Tausende von Stücken Weltraummüll im Weltall und in höheren Erdumlaufbahnen zu entsorgen.

Der Himmel war bislang die Grenze für unsere unscharfen Eigentumsrechte. Flugzeuge und Luftstreitkräfte ermöglichten überhaupt erst, daß Staaten Anspruch auf den »Luftraum« über ihrem Hoheitsgebiet erhoben. Dies wurde im Jahr 1919, als 33 Staaten das Internationale Abkommen über die Flugnavigation unterzeichneten, zu einer Art völkerrechtlicher Norm.

Allerdings sind sich die Staaten bis heute nicht darüber einig, wo der Luftraum im rechtlichen Sinne endet und das Weltall beginnt. Die Generalversammlung der Vereinten Nationen verabschiedete 1963 einstimmig eine Reihe von Weltraumresolutionen. Nach diesen Resolutionen ist es keinem Staat erlaubt, eine Flagge auf einem Planeten, Asteroiden oder anderen Weltraumkörper zu hissen und diesen zu annektieren. Im Jahr 1967 unterzeichneten die Vereinigten Staaten und andere Länder dann das Weltraumabkommen und verständigten sich darauf, das Weltall nicht für militärische Zwecke zu nutzen. Die Vereinigten Staaten setzten sich jedoch im Zug ihrer Strategischen Verteidigungsinitiative (»Star Wars«) in den achtziger Jahren recht

unverfroren über das Abkommen hinweg. Das Weltraumabkommen verbietet allen Staaten der Erde, Ansprüche auf
Objekte im Weltraum zu erheben. Es verbietet zwar keine privaten Eigentumsrechte, aber es ist nicht ersichtlich, wer diese
Rechte durchsetzen könnte.

Der Senat verabschiedete 1973 auch einen symbolischen
Gesetzentwurf, der der US-Regierung verbot, das Wetter, die
Meere oder den Erdboden als Kriegswaffen einzusetzen. Der
Gesetzentwurf erlangte allerdings keine Rechtskraft, weil das
Repräsentantenhaus keine gleichlautende Vorlage verabschiedete und der damalige Präsident, Richard Nixon, ihn nicht
unterzeichnete. Vielleicht hatten Mitglieder des Senats wieder-
holte Vorführungen der Spionagefilm-Persiflage *Derek Flint
schickt seine Leiche* aus dem Jahr 1965 gesehen. Darin rettet
der Schauspieler James Coburn die Welt vor drei verrückten
Wissenschaftlern, die das Geheimnis der Wettermanipulation
ergründet hatten und nun die Regierungen der Welt erpreßten.

Die Veränderung des Wetters oder der Meere stellt heute
keine Bedrohung dar, aber dies könnte sich ändern. Ein verrück-
ter chinesischer General könnte mit Kernwaffen ein massives
Erdbeben auf dem chinesischen Festland auslösen, wenn er davon überzeugt wäre, daß die dadurch hervorgerufene Flutwelle
die Küsten Taiwans und Japans fortspülen würde. In Zukunft
könnten das Impfen von Wolken oder riesige Sonnenspiegel
einem Land erlauben, die mittlere Niederschlagsmenge seiner
Nachbarstaaten zu verringern. Dies könnte genügen, um die
Handelsbilanz in eine Schieflage zu bringen, oder das Land
könnte sich die Zusicherung, das Wetter nicht mehr zu manipulieren, teuer bezahlen lassen. Das Coase-Theorem würde gelten.

Einige Wissenschaftler haben eine verschuldensunabhängige
Versicherung gefordert, um bei einem großangelegten Projekt
der Wetterbeeinflussung Verlierer vor Gewinnern zu schützen.[36] Und man kann mittlerweile Hurrikan-Terminkontrakte
an der Warenbörse in Chicago kaufen, um sich gegen Sturm-
schäden an der Küste abzusichern. Einige Firmen bieten
»Höhere-Gewalt«-Anleihen an, um sich gegen Naturkatastro-
phen zu versichern.[37]

Heute ist die Gefahr großräumiger Wetterveränderungen

gering. Dazu genügt es nicht, ein paar Wolken mit Kügelchen aus Trockeneis oder Silberiodid zu impfen. Die Kügelchen erzeugen Regentropfen, die in der Regel vor dem Auftreffen auf dem Erdboden verdunsten.

Die Vereinigten Staaten und die frühere Sowjetunion haben Hunderte von Millionen Dollar für Versuche ausgegeben, Regen zu machen, Nebel aufzulösen, Blitzschlag zu unterdrücken sowie Tornados und Hurrikane abzuschwächen. Diese Tests standen auf tönernen wissenschaftlichen Füßen und waren räumlich zu beschränkt, als daß sie das Wetter wirklich hätten verändern können. Gegen die Tests wurden auch Gemeinschaftsklagen eingereicht. Honduras beschuldigte 1973 die Vereinigten Staaten des Diebstahls von Regen. Die honduranische Regierung behauptete, die Vereinigten Staaten hätten durch die Impfung von Wolken einen Hurrikan in Florida abgeschwächt.[38]

Die Chaostheorie macht uns wenig Hoffnung auf eine gesteuerte Beeinflussung des Wetters. Chaos entsteht, wenn geringfügige Veränderungen des Inputs eines Systems zu erheblichen Veränderungen des Outputs führen. Geringfügige Veränderungen in einer Wolke, Nebelsäule oder Meeresoberfläche können zu großräumigen und unvorhersehbaren Veränderungen des Wetters führen. Vielleicht verstärkt sich der Hurrikan und wandert in die falsche Richtung. Der leichte Regen verwandelt sich vielleicht in sintflutartige Regenfälle, oder der Tornado spaltet sich in zwei auf. Die Chaostheorie würde eine Manipulation des Wetters eher zu Kriegs- als zu Friedenszwecken begünstigen. Aber selbst hier könnte niemand das Ergebnis vorhersehen.

Der uralte Drang, Kolonien zu gründen, wird die Grenzen vieler unscharfer Eigentumsrechte weiter hinausschieben, wie es während der gesamten Menschheitsgeschichte der Fall war. Die Meere bleiben der beste Ort, um damit anzufangen, sobald man nicht länger an der Landoberfläche und den Eiskappen klebt. Eines Tages werden unsere privaten Eigenheime vielleicht auf Schiffen in der Karibik schwimmen.[39] Futuristen haben viele Pläne entworfen, um neue Kolonien oder kleine Staaten im Meer zu gründen. Das Seerecht verlangt, daß sie mindestens 200 Seemeilen von der Küste entfernt liegen, es sei denn, ein Küstenstaat gewährte Zugang zu einer solchen Kolonie.

»Free Oceania« ist der jüngste Entwurf für eine Stadt im Meer und ein Steuerparadies für alle. Free Oceania würde weit draußen in der Karibik treiben, fern der üblichen Route der Hurrikane. Seine Schirmherren haben ihren Entwurf als Modell in Las Vegas präsentiert und sich dabei an der Konstruktion bereits existierender »schwimmender Hotels« in den australischen Küstengewässern orientiert. Die Projektträger müssen noch die erste Milliarde Dollar beschaffen, die sie benötigen, um das Projekt in Angriff zu nehmen. Ein solches Vorhaben müßte der starken Korrosion, dem rauhen Wetter und extremen Druckschwankungen Rechnung tragen.[40]

Eine schwimmende Stadt müßte auch Vorkehrungen gegen eine potentielle militärische Invasion durch einen der amerikanischen Küstenstaaten treffen. Eine schwimmende Stadt bräuchte ein eigenes Sicherheitssystem, um ihre Bürger und deren Eigentum zu schützen. Die Vereinigten Staaten oder Mexiko würden eine solche schwimmende Stadt vielleicht als Bedrohung für ihre Sicherheit, als gesundheitliches Risiko oder als Zufluchtstätte für Drogenhändler und andere Kriminelle betrachten. Sie oder andere Länder könnten eines Tages einen Präventivschlag führen, falls die schwimmende Stadt über einen Vorrat an intelligenten Waffen verfügte.

Das sogenannte Millenniumsprojekt hat viel ehrgeizigere Pläne für Siedlungen im Meer. Es sieht darin den ersten von acht Schritten zur Besiedlung des Sonnensystems und der Sterne in unserer Milchstraße im Verlauf der nächsten 1000 Jahre. Die Kolonien im Meer könnten aus kaltem und warmem Meerwasser erneuerbare Energie und aus Blaualgen tonnenweise Protein gewinnen.[41]

Weitere Schritte sehen den Bau großer Ökosphären im Weltraum und die Errichtung von Siedlungen in Mondkratern vor. Dann fordert der Plan die Verwirklichung eines der ältesten Träume von NASA und Science-fiction-Autoren: die Erwärmung des Mars, um dessen polare Eiskappen abzuschmelzen, und die allmähliche Umwandlung des kalten Roten Planeten in ein warmes blaugrünes Eden. Menschen und Roboter hätten eine neue Welt, in der sie ihre Lockeschen Rechte gestalten und durch Tauschgeschäfte neue Pareto-Gleichgewichte erreichen könnten.

Die letzten Schritte des Millenniumsprojekts sehen das Aufspannen von »Lampenschirmen« um die Sonne und um so viele der Hunderte von Milliarden Sterne in der Milchstraße vor, mit denen wir unsere Arbeitskraft mischen können. Der Physiker Freeman Dyson hat schon vor einiger Zeit vorhergesagt, eine hochentwickelte Spezies würde den größten Teil der Masse ihres Sonnensystems nehmen und daraus eine dünne Kugel beziehungsweise Wolke um ihren Stern formen. Eine solche »Dyson-Kugel« würde die Energie des Sterns optimal nutzen und sein Licht zum roten Ende des Spektrums hin verschieben.

Dyson schlug vor, wir sollten den Himmel nach außerirdischen Zivilisationen absuchen, indem wir ihn nach solchen rotverschobenen oder auch grünen Sternen durchmustern. Die Eigentumsansprüche des Menschen würden sich abgestuft über unser Sonnensystem hinaus erstrecken und eine Art »Eigentumskugel« bilden. Die Sonnensysteme würden durch von Robotern gefertigte Dyson-Kugeln ersetzt, und dies könnte den Beginn einer »Begrünung der Milchstraße« darstellen.[42]

Kein Teleskop hat jemals einen solchen grünen Stern oder ein solches grünes Sternsystem aufgespürt. Dies dürfte der beste Beweis dafür sein, daß es in dieser Ecke des Weltalls keine hochentwickelten außerirdischen Zivilisationen gibt.

Und dies bedeutet, daß es vermutlich niemandem sonst gehört. Der größte Teil des Universums dürfte uns und unseren Nachfahren zur freien Verfügung stehen. Es dürfte unser großes »unangetastetes Gemeingut« im Lockeschen Sinne sein. Stellen wir uns vor, eine ganze Galaxie oder das ganze Universum wären in binäre oder unscharfe Stücke von mein und dein zerschnitten. Das Coase-Theorem würde es von einem effizienten Ergebnis zum nächsten bewegen. Das Vakuum des Weltalls würde ein gewaltiges Einkaufszentrum beherbergen.

Doch beginnen wir vor der eigenen Haustür. Wir haben Billionen von grauen Zonen hier auf der Erde und über unseren Hinterhöfen, die wir erst einmal defuzzyfizieren müßten, bevor wir uns uneingeschränkt auf das Coase-Theorem berufen könnten. Wir wissen noch immer nicht, wer der Eigentümer einer E-Mail-Nachricht ist.

7 **Smart Wars**

Der Krieg ist nichts als ein erweiterter Zweikampf. ...
Der Krieg ist eine bloße Fortsetzung der Politik mit anderen
Mitteln.

Carl von Clausewitz, *Vom Kriege*

Alle Kriegführung beruht auf Täuschung.

Sun Tzu, *Die Kunst des Krieges*

Wenn ich meine Freunde täuschen kann, dann kann ich
gewiß auch den Feind täuschen.

General Stonewall Jackson

Man mußte nur zügig das Unerwartete tun. Dies war das
Geheimnis erfolgreicher Kriegführung.

John Steinbeck, *Cup of Gold*

Bedeutende Feldherren schlagen zu, wenn man es am wenig-
sten von ihnen erwartet, so daß sie auf einen schwachen,
unorganisierten Widerstand stoßen. Der erfolgreiche Feld-
herr wählt die Vorgehensweise beziehungsweise Strategie
mit dem größten Überraschungseffekt, und er geht den Weg
des geringsten Widerstands.

Bevin Alexander, *How Great Generals Win*

Die Stärke einer Armee läßt sich wie die Kraft in der Mecha-
nik dadurch abschätzen, daß man die Masse mit der Schnel-
ligkeit multipliziert. Ein zügiger Marsch erhöht die Moral der
Truppe und steigert die Siegeschancen.

Napoleon Bonaparte

Die Bewegung der Menschheit, welche aus der unendlichen Zahl der menschlichen Willensäußerungen entspringt, ist eine stetige. ... Nur wenn wir die unendlich kleine Einheit, die Differentiale der Geschichte, das heißt die gleichartigen Bestrebungen der Menschen, zum Gegenstande der Betrachtung nehmen und die Kunst der Integrale erlernt haben (die Summen dieser unendlich kleinen Einheiten zu ziehen), dürfen wir hoffen, die Gesetze der Geschichte zu verstehen. ... Die Summe der menschlichen Willensäußerungen schuf die Revolution und schuf Napoleon, und nur die Summe dieser Willensäußerungen duldete und vernichtete sie.

Leo Tolstoi, *Krieg und Frieden*

In Anbetracht all der unabhängigen Variablen, die ins Spiel kommen, kann eine vortreffliche Strategie niemals exakt im voraus festgelegt werden. Sie stützt sich vielmehr auf eine fortwährende intelligente Beurteilung der Ziele und Mittel des Gemeinwesens. Sie stützt sich auf Klugheit und Urteilsvermögen.

Paul Kennedy, *Grand Strategies in War and Peace*

Die militärische Überlegenheit der Vereinigten Staaten bei der konventionellen Rüstung drängt ihre Gegner zu unkonventionellen Alternativen.

Ashton Carter, John Deutch und Philip Zelikow, »Catastrophic Terrorism«, *Foreign Affairs,* November 1998

Bei der elektronischen Kriegführung geht es um Macht. Wer die Information kontrolliert, kontrolliert das Geld.

Winn Schwartau, *Information Warfare: Chaos on the Electronic Superhighway*

Im Krieg sind bedeutende Ereignisse das Ergebnis trivialer Ursachen.

Julius Cäsar, *De Bello Gallico*

▄▄▄▄▄▄ Man kann einer Kugel nicht ausweichen, und man kann eine Kugel auch nicht mit einer anderen Waffe abschießen. Ein Schild oder ein Gebäude kann sie aufhalten. Oder die Kugel kann ihre Energie verlieren, bevor sie einen trifft. Aber man kann sie nicht selbst aufhalten oder vor ihr davonlaufen. Es kostet mehr, sich gegen eine Kugel zu verteidigen, als jemanden mit einer Kugel anzugreifen.

Billige Kugeln und Revolver trugen dazu bei, den mythischen Wilden Westen, wenn nicht den realen Westen zu destabilisieren. Gott schuf den Menschen, und Colonel Colt brachte die Gleichheit zwischen den Menschen. Der Colonel machte auch nicht wenige von ihnen zu schießwütigen Gestalten. Ein Betrunkener mit einer Feuerwaffe konnte einer genetischen Linie mit einer Hand – und aus einiger Entfernung – ein Ende setzen. Man konnte allenfalls hoffen, daß er einen verfehlt oder man seine genetische Linie zuerst auslöscht.

In der Zukunft könnten Kriege durch eine ähnliche Instabilität gefördert werden. Intelligente Marschflugkörper und ihre Nachfolger werden die künftige Kriegführung so ähnlich prägen, wie der Revolver den Wilden Westen geprägt hat. Sie werden, relativ betrachtet, nicht viel mehr kosten als die ersten Revolver. Und es wird ebenso schwierig sein, einen Schwarm von Marschflugkörpern abzuschießen wie mit einem Gewehr einen Schwarm von Mücken zu erlegen. Marschflugkörper werden in einem *smart war* (einem Krieg mit intelligenten, programmierbaren Waffen) die Waffen der Wahl sein. Und die Fuzzy-Logik wird vielleicht ihren Teil dazu beitragen.

Der Begriff des Kriegs ist in seinem Kern unbestimmt. Und Fuzzy-Techniken werden uns nicht nur dabei helfen, Schlachten und Kriege effektiver zu gestalten, sondern auch ihren Weg in die Spitzen und die Maschinenintelligenz von Marschflugkörpern finden.

Die Technologie bestimmt heute stärker denn je die Struktur des Kriegs: schneller und billiger und kleiner und intelligenter. Eines Tages wird die Technologie die Struktur des Kriegs ins

Chaos hinein verschieben: Wie kann man eine Kugel mit einer Kugel abschießen?

Die Unschärfe des Kriegs

Was ist Krieg? Wo verläuft die Trennlinie zwischen Krieg und Nicht-Krieg? Beginnt ein Krieg oder eine Schlacht mit einem Angriff oder einer Angriffsdrohung? Endet er mit einem Abkommen oder mit dem Tod des letzten Kämpfers?

All diese Begriffe sind unscharf. Krieg bedeutet bewaffnete Auseinandersetzung in großem Maßstab. Eine Schlacht ist ein Kriegsschauplatz oder ein Kriegsausschnitt. Sie ist eine bewaffnete Auseinandersetzung, die räumlich oder zeitlich begrenzter ist. Was heißt »begrenzter«? Verlaufen die Grenzen des Konflikts auf dem Land oder in der Luft oder irgendwo in einem weiträumigen Rechnernetz?

Der preußische General Carl von Clausewitz definierte eine Schlacht als Kampf unter Einsatz aller Kräfte zur Erlangung eines entscheidenden Sieges. Er schrieb dies zu Anfang des 19. Jahrhunderts und meinte damit, daß Massen roter Soldaten gegen Massen blauer Soldaten vorrücken. Die Soldaten hatten gerade damit begonnen, Uhren zu benutzen, und sie verließen sich noch immer auf schlechte Landkarten und primitive Kommunikationswege wie Spiegel und Melder.[1] Menschen und Maschinen brauchen in modernen Schlachten keine Uniformen mehr. Und Staaten können Konflikte anzetteln, ohne sich förmlich den Krieg zu erklären. Die Verschwommenheit des Kriegs setzt sich fort in seiner Unschärfe.

Angenommen, der Iran oder Italien würde die Fernsprechleitungen benutzen, um einen Crash an der New Yorker Börse herbeizuführen oder um einen Ansturm auf US-Banken auszulösen. Wäre dies eine kriegerische Handlung? Und was wäre, wenn Hacker von Mexico City aus das Flugsicherungssystem am Flughafen von Los Angeles lahmlegen würden? Was wäre, wenn sie die Sicherungssysteme anderer Flughäfen lahmlegten und Hunderte von Flugzeugen abstürzten? Wie viele Flughäfen müßten schließen oder wie viele Flugzeuge müßten abstürzen,

ehe die Vereinigten Staaten Mexiko Gewaltmaßnahmen für den
Fall androhten, daß sie den Hackern nicht Einhalt gebieten, diese
festnehmen oder ausliefern?

Die moderne Kriegführung hat sich weg von Metall und Chemie hin zur Informationstechnologie verlagert. Sie hat sich, um
mit Nicholas Negroponte vom MIT zu reden, von Atomen auf
Bits verlagert.[2] Und dies bedeutet, daß kein Land vor der informationstechnischen Kriegführung eines anderen sicher ist.

Die meisten Kriegsschauplätze der Vergangenheit lagen in
Küstenregionen, aber diese Beschränkung gilt heute nicht
mehr.[3] Ein Terrorist kann das Internet oder Satellitensysteme
oder Funknetze benutzen, um einen Anschlag auf der anderen
Seite des Planeten zu verüben. Ein kleines Land kann in die
nachrichtendienstlichen Datenbanken eines größeren Landes
eindringen und dort Sabotage verüben. Die Streitmacht des
Angreifers ist nicht auf Straßen oder Vorratslager angewiesen.
Und der Befehlshaber der angreifenden Truppen muß sich nicht
in Sichtweite des Schlachtfelds aufhalten.

Entscheidend ist, daß die Kosten eines Angriffs sinken. Ein
Land kann mit Bits sehr viel billiger kämpfen als mit Atomen.
Diese Kostensenkung hat auch dazu beigetragen, daß Atom-
bomben als strategische Waffen obsolet geworden sind.[4] Ein
Land kann nach wie vor damit drohen, eine Stadt mit einer
Atombombe dem Erdboden gleichzumachen, aber es muß keine
einsetzen, um einen dicken Bunker oder eine Kommandozen-
trale auszuschalten. Dazu langt eine hinreichend »intelligente«
Rakete mit konventionellem Sprengstoff, wenn sie ihre explo-
sive Fracht vor der richtigen Tür deponiert. Alles hängt von der
Zielabweichung ab.

Jede Rakete hat einen Streukreisradius. Ein Streukreisradius
von 95 Prozent entspricht einem Kreis oder einer Ellipse, innerhalb dessen/der die Rakete mit einer Wahrscheinlichkeit von
95 Prozent einschlagen wird. Militärische Planer nennen den
Streukreisradius oftmals auch »standardisierte Letalitätsfunk-
tion«. Sie planen Angriffe, indem sie Regionen mit sich über-
lappenden Streukreisradien abdecken. Die meisten Menschen,
die in Großstädten wie London, Los Angeles oder Tokio leben,
können sicher sein, daß in nuklearen Angriffsplänen Streu-

kreisradien eingezeichnet sind, die ihren Wohnsitz einschließen.

Die Streukreisradien sind, wie die Schaltungsentwürfe von Chips, im Lauf der Jahre immer kleiner geworden. Der Durchmesser der Zielabweichungszone ist von Hunderten von Fuß auf wenige Fuß zusammengeschrumpft.[5] Ältere Atomraketen hatten Streukreisradien von Hunderten von Metern. Die Raketen mußten bei der Detonation eine gewaltige Energiemenge freisetzen, um mit einer Wahrscheinlichkeit von 95 Prozent sicherzustellen, daß sie ihr strategisches Ziel zerstörten.[6]

Schrumpfende Streukreisradien haben ebensoviel zur Verringerung des Kernwaffenarsenals beigetragen wie die Abkommen zwischen den Vereinigten Staaten und der früheren Sowjetunion. Sie haben die Waffen zielgenauer und billiger gemacht, was wiederum in ärmeren Ländern einen Nachfrageschub ausgelöst hat.

Hier zeigt sich eine gewisse Ironie der Geschichte. Kriege beziehungsweise Auseinandersetzungen werden in dem Maß unschärfer, wie Waffen intelligenter und präziser werden. Arme oder reiche Staaten werden sich in Zukunft vielleicht weniger um diplomatische Lösungen von Konflikten bemühen und mehr auf Präzisionsangriffe, Datensabotage oder verdeckte Vergeltungsschläge setzen. Die meisten Länder beginnen wegen eines kleinen Grenzgeplänkels keinen Krieg. Präzisionsangriffe mit intelligenten Waffen erweitern diese Möglichkeiten unterhalb der Kriegsschwelle.

Die Verschiebung von Atomen zu Bits hat auch die Art und Weise verändert, wie in militärischen Akademien und in Luft- und Raumfahrtunternehmen Kriege geplant und mit Computern durchgespielt werden. Das Zeitraster des Kampfgeschehens hat sich von Minuten zu Sekunden oder gar Millisekunden und Nanosekunden verschoben. Und die Komplexität hat exponentiell zugenommen. Die Kriegführung wird mit jedem Jahr und mit jedem Fortschritt bei der Konstruktion von Computerchips, Lasersensoren und Strahlturbinentriebwerken immer nichtlinearer.

Ein Befehlshaber kennt bestenfalls ein paar unscharfe Faustregeln, die den möglichen Verlauf einer Schlacht beschreiben.

Auf Militärakademien lehrt man die künftigen Offiziere vage Grundsätze darüber, wie sich die Beweglichkeit der Truppe mit den Nachschublinien und dem Einsatz von Land- und Luftstreitkräften koordinieren läßt. Die Regeln waren bereits zur Zeit von Hannibal Barkas und Alexander dem Großen unscharf und sind heute mindestens genauso unbestimmt, sofern sie überhaupt noch gelten.

Die uralte »Kriegskunst« bleibt trotz der Billionen von Dollar, die Staaten für Computer und Wissenschaftler und technische Geräte ausgegeben haben, um ihr einen wissenschaftlicheren Anstrich zu geben, weiterhin eine Kunst. Die massiven Rechnernetze, auf denen Kriege simuliert werden, können den Ausgang von Schlachten ebensowenig vorhersagen, wie ähnliche Netze Aktienkurse auf einem globalen Aktienmarkt prognostizieren können. Dennoch geben sie es nicht auf.

Die Mathematik des Kriegs: von Tolstoi bis Chaos

Beim Begriff »mathematische Kriegführung« denkt man vielleicht spontan an das Aufeinanderprallen von Zahlen oder an zwei Buchhalter, die um die Wette Ziffern addieren. Tatsächlich bezeichnet er den logischen Zweig der Wehrkunde.

Die mathematische Kriegführung ist die mathematische Analyse aller Arten von militärischen Konflikten. Viele Zeitschriften veröffentlichen Aufsätze zu diesem Thema. Die Military Operations Research Society tagt einmal jährlich, um die neuesten Aufsätze über die mathematische Struktur des Kriegs zu erörtern. Einige dieser abstrakten Ergebnisse haben mit dazu beigetragen, die Struktur des modernen militärisch-industriellen Komplexes zu prägen.

Dahinter steht die Idee, daß man in die Mathematik wie in eine neue Form von Kriegsanleihe investiert. Man wende ausreichende Summen für eine hinreichende Zahl von Analytikern und Computern auf, um genügend Schlachten zu simulieren, sowie für genügend Waffenprototypen. Dann findet man vielleicht eine lichte Stelle im Nebel. Vielleicht erhascht man einen flüchtigen Eindruck von den ersten Sekunden der nächsten Schlacht.

Das Ziel der mathematischen Kriegführung besteht darin, die vollständige Struktur einer Schlacht in einer Reihe von Gleichungen zu erfassen. Dann könnten militärische Führer oder Fachleute den Ausgang einer Schlacht vorhersagen. Und dies würde zu einer Art mathematischem Wettrüsten führen. Jede Seite müßte mit einer neuen Gleichung aufwarten, die auf der Gleichung der anderen Seite aufbaut und diese dann übertrifft.

Wissenschaftler und Denker suchen seit Hunderten von Jahren nach diesen mathematischen Gleichungen des Kriegs. Newton zeigte, weshalb eine Kanonenkugel, ein Pfeil oder ein sonstiges Geschoß bei seinem Weg zurück zur Erdoberfläche beziehungsweise zu einem feindlichen Soldaten eine Parabel beschreibt. Leonardo da Vinci löste in ähnlichen Fällen kubische Gleichungen mit Verfahren, die wir noch immer nicht kennen. Andere Geister haben mobile Armeen oder Luft- und Marineflotten analysiert und eine Analogie zur Physik oder auch zur Strömungsmechanik gezogen.

Nur in wenigen literaturwissenschaftlichen Seminaren erfährt man, daß Graf Leo Tolstoi in seinem Meisterwerk *Krieg und Frieden* eine Gleichung anführt, die ein militärisches Kräfteverhältnis beschreibt.[7] Ich bezweifle, daß man in einem Seminar je erfährt, daß Tolstoi ein früher Fürsprecher und Vorkämpfer der mathematischen Kriegführung war. Die meisten Vorworte zu *Krieg und Frieden*, die ich gelesen habe, behaupten, in dem Buch gehe es um die Ehe. Dabei gibt sich Tolstoi in dem Buch viel Mühe darzulegen, worum es ihm geht. Das Buch ist eine lange sprachliche Übung in Integralrechnung.[8] Tolstois Gesellschaft bewegt sich sowohl in Kriegs- wie in Friedenszeiten durch die Summe der Willensentschlüsse weiter.

Der russische Offizier Tolstoi kannte sich sehr gut in der Mathematik und Naturwissenschaft seiner Zeit aus, und er hatte während und nach den Schlachten um Sewastopol im Krim-Krieg genügend Muße, um sich vertieft damit zu befassen. Dank seines Genies erkannte er, daß die Infinitesimalrechnung in großen gesellschaftlichen Wellen am Werk ist. Und er hatte das künstlerische Talent, diese Wellen in Hunderten von Männern und Frauen und ihren eng miteinander verflochtenen Hoffnungen und Plänen, Liebschaften und Ängsten anschaulich zu gestalten.

Krieg und Frieden ist ein Roman, in dem eine bedeutende neue Idee erzählerisch aufbereitet wird. Er gehört zu jener langen Reihe engagierter Ideenromane, die von Daniel Defoes selbstbewußtem *Robinson Crusoe* (1719) bis zu B. F. Skinners *Walden Two* (1961) reicht.

Tolstoi fand in der »neuen Mathematik« ein neues Hilfsmittel. Er meinte, damit den Nachweis führen zu können, daß Napoleon mehr mythische Gestalt als militärisches Genie war. Für Tolstoi war die französische Führerfigur wie überhaupt alle Menschen Maschinen beziehungsweise Automaten, die sich gemäß den Kräften in der gesellschaftlichen Welle bewegten. Er glaubte nicht an jene Auffassung der Geschichte, wonach bedeutende Persönlichkeiten den Ereignissen ihr Gepräge gaben.[9] Tolstoi irrte sich.

Er hatte recht damit, daß der Gang der Geschichte die Resultante von Milliarden menschlicher Willensäußerungen und äußerer Kräfte ist. Doch er irrte in der Annahme, daß dieser Gang auf eine einfache Summe von Willensäußerungen zurückgeführt werden könne. Das Integral oder die Summe der Integralrechnung ist ein allzu einfaches Instrument.

Tolstoi machte einen Fehler, der einem bei der erstmaligen Modellierung eines Sachverhalts leicht unterläuft. Er wollte eine nichtlineare Welt mit einem linearen Modell beschreiben. Man summiere einfach all die »infinitesimalen« Einzelwillen auf, und schon erhält man den Makrowillen der Gesellschaft oder Geschichte. Das Ganze ist nicht mehr als die Summe seiner Teile.

In einem nichtlinearen System gilt dies jedoch nicht. Das Ganze ist mehr als die Summe seiner Teile. Das Ganze kann auch weniger sein als die Summe seiner Teile. Und einige der kleinsten Teile können manchmal das Ganze bestimmen. Ein bedeutender Mensch oder ein gewöhnlicher Mensch kann den falschen Knopf drücken oder den falschen Stein werfen oder die richtige Frage stellen und Kausalketten anstoßen, welche die Welt und die Geschichtsbücher verändern.

Die Chaostheoretiker nennen dies manchmal den »Schmetterlingseffekt« in einem nichtlinearen System. Geringfügige Veränderungen in den Inputs können weitreichende Veränderungen in den Outputs nach sich ziehen. Der Flügelschlag eines orangefarbenen Monarchfalters in Mexiko kann so nach einiger Zeit die Niederschlagsmenge in Frankreich beeinflussen. Tolstoi hätte sagen sollen, daß die Geschichte durch das nichtlineare Zusammenwirken der individuellen Willensäußerungen vorangetrieben wird. Aber dann hätte er nicht kurzerhand die nichtlinearen Wirkungen »großer« Persönlichkeiten wie Napoleon oder Dschingis Khan oder auch des amtierenden Papstes als belanglos abtun können.

Tolstoi versuchte auch, seine lineare Beweisführung durch die Annahme eines sozialen Determinismus zu unterfüttern. Napoleon und andere Herrscher seien demnach in ihren Handlungen nicht frei gewesen. Vielmehr habe ihre Freiheit in dem Maß abgenommen, wie ihre Macht über die Massen wuchs, bis sie zu bloßen »Sklaven der Geschichte« wurden. Doch Determinismus bedeutet lediglich, daß alle Ereignisse Ursachen haben.

Ameisen und Hunde und Heerführer können sich entscheiden, wie sie wollen. Aber sie können nicht wollen, was sie wollen. Wünsche und Antriebe verändern sich unter dem Einfluß von unzähligen Kräften innerhalb und außerhalb des Körpers. Das bringt Tolstoi nicht dorthin, wohin er wollte. Der kausale Determinismus gilt ebenso für nichtlineare Systeme.

Vielleicht kam Napoleon durch einen Scherz oder eine gewagte Bemerkung bei einer Abendgesellschaft oder durch einen Bericht über die militärische Stärke seiner Nachbarn oder durch eine zufällige chemische Reaktion in seinem Gehirn auf die Idee, in Rußland einzufallen und Moskau zu erobern. Die Quelle des Entschlusses spielt keine Rolle. Allein seine Wirkungen zählen.

Ein fuzziger Ast von Napoleons Entscheidungsbaum sagte *Geh nach Moskau*, und der andere Ast sagte *Geh nicht nach Moskau*. Napoleon setzte der Unbestimmtheit ein Ende und entschloß sich, nach Moskau zu gehen. Die russische Geschichte und die Weltgeschichte hätten einen anderen Gang genommen, wenn er sich für den anderen Zweig entschieden hätte oder er zu diesem Zeitpunkt einem Schlaganfall oder Herzinfarkt zum Opfer gefallen wäre.

Die moderne mathematische Kriegführung hat langsam Tolstois lineare Fehler erkannt. Ihren ersten Fortschritt erzielte sie während des Ersten Weltkriegs, doch erst nach dem Zweiten Weltkrieg wurde dieser allgemein bekannt. Es handelte sich um ein – wenn auch geringfügig – nichtlineares Ergebnis. Es besagte, daß die Kampfkraft nicht linear mit der Zahl der Soldaten in einer Truppe wächst. Vielmehr wächst sie quadratisch.

Der gesunde Menschenverstand sagt uns, daß die Kampfkraft einer Truppe durch 20 zusätzliche Mann stärker erhöht wird als durch zehn zusätzliche Mann. Aber um wieviel? Hier führt der gesunde Menschenverstand nicht weiter. Aus einem linearen Modell würde folgen, daß sich die Kampfkraft der Truppe verdoppelt, wenn sie statt zehn Mann 20 an Verstärkung erhält. Die Mathematik dagegen sagt uns, daß sie sich vervierfachen würde.

Dies ist das sogenannte Lanchestersche Quadratgesetz: Die Kampfkraft der Truppe wächst mit dem *Quadrat* der Zahl neuer Rekruten.

Der britische Wissenschaftler Frederick W. Lanchester veröffentlichte seine berühmten Gleichungen in seinem 1916 erschienenen Buch *Aircraft in Warfare: The Dawn of the Fourth Arm.* Die Gleichungen beschrieben mit einfachen Konzepten aus der Infinitesimalrechnung die Massenstruktur der modernen Kriegführung. Aus den Gleichungen läßt sich dann das Quadratgesetz der Kampfkraft als Theorem ableiten. Tolstoi hätte seine Freude an den Gleichungen gehabt. Er hätte einen echten Kriegsroman daraus gemacht.

Lanchester zeigte auch, daß sich das Massenstechen und -knüppeln in den »antiken Schlachten« mit einem linearen Gesetz der Kampfkraft beschreiben läßt.[10] Es handelte sich dabei um einfache Abnutzungskämpfe, bei denen eine größere Zahl nur einen proportionalen Vorteil erbrachte.

Die moderne Kriegführung folgt dem Quadratgesetz. Lanchester scheint den Stellungskrieg im Ersten Weltkrieg im Sinn gehabt zu haben. Er ging davon aus, daß jeder Soldat in der roten Armee auf jeden Soldaten in der blauen Armee schießen könne und umgekehrt. Dies definierte einen komplexen Abnutzungskrieg.

Eine Schneeballschlacht an einer Schule liefert ein einfaches Beispiel. Jedes rote Kind kann einen Schneeball auf jedes blaue Kind werfen. Jedes rote Kind fürchtet zugleich, daß jedes der blauen Kinder einen Schneeball auf es werfen wird. Zwei neue Kinder, die sich einer Seite anschließen, verschaffen dieser Seite eine vierfach erhöhte »Feuerkraft«. Dieser Effekt schwindet, sobald die beiden Seiten so groß werden, daß jeder Schneeballwerfer auf der einen Seite nicht mehr alle auf der anderen Seite treffen kann.

Ein Lanchester-Konflikt ist bei großen Gruppen von Soldaten manchmal auch »stochastisch determiniert«.[11] Die Aktionen der einzelnen Soldaten sind zufällig, aber große Truppen gehorchen einer berechenbaren Statistik. Dieses formale Ergebnis gilt nur in dem Idealfall, in dem einige der stärkeren Annahmen der Theorie der Zufallsauswahl gelten. Dennoch verdanken wir ihm Hunderte, wenn nicht Tausende komplexer Schlachtsimulationen. Es ist auch die Grundidee hinter Isaac Asimows berühmter *Foundation Trilogy*, einer Science-fiction-Serie, in der künftige Mathematiker die »Psychohistorie« dazu verwenden, die langfristige statistische Struktur der Gesellschaft vorherzusagen. Auf eine Spielart dieser Idee setzen auch langfristige Aktienanleger.

Das Quadratgesetz von Lanchester gilt in unterschiedlichem Maß für den Stellungskrieg, für Panzerschlachten und Luftkämpfe und sogar für einige Massenschlachten des amerikanischen Bürgerkriegs.[12] Doch die Schlacht von Iwo Jima bleibt die beste Übereinstimmung zwischen einem mathematischen Modell und den grausigen Gefallenenzahlen im Gefecht.

US-Truppen landeten am 19. Februar 1945 auf der Pazifikinsel Iwo Jima. Die Japaner, etwa 21 500 Mann, kämpften einen Monat lang quasi bis zum letzten Mann. Beide Seiten attackierten sich nach annähernd Lanchesterschem Muster an isolierten Schauplätzen der Insel. Die Schlacht gehörte zu den erbittertsten des Krieges.

Iwo Jima war gleichsam das beste Laborexperiment, das die Wirklichkeit jemals für die mathematische Kriegführung bereithielt. Die mathematischen Kurven verlaufen sehr nahe an den

tatsächlichen Sterblichkeitskurven.[13] Die US-Truppen erhielten
in den ersten Tagen der Schlacht zwei kleinere Verstärkungen.
Die Japaner erhielten keine. Wenn man die Zahl der überleben-
den US-Soldaten über den 36 Tage während Kampfhandlun-
gen abträgt, sieht man, daß die Kurve zweimal sprunghaft
ansteigt, und zwar beim Eintreffen der Verstärkung. Dann sinkt
die Kurve, da die Zermürbung des Feindes ihren Tribut fordert.
Die vorhergesagte Kurve tut das gleiche.

Diese beiden Kurven lösten in den fünfziger und sechziger
Jahren intensive Forschungen aus. Viele Forscher suchten nach
ähnlichen Schlachten, auf die die Befunde von Iwo Jima zumindest bis zu einem gewissen Grad zutreffen würden, doch ihre
Suche blieb erfolglos. Das Iwo-Jima-Modell bleibt der größte
prognostische Triumph der mathematischen Kriegführung, auch
wenn es sich um eine rückblickende Feststellung handelt.

Abseits der Gestade von Iwo Jima hat sich das Lanchester-
Modell nicht so gut bewährt. Es versagt, wenn eine Seite nicht
auf alle gegnerischen Soldaten schießen kann. Dies ist in fast
allen Schlachten der Fall, da sie lange und gewundene Frontver-
läufe haben. Es versagt auch, wenn sich eine Seite eingräbt und
ihre Stellungen verteidigt, ohne Gegenangriffe durchzuführen.

Dann gibt es da noch das Problem des Guerillakriegs. Man
kann die Lanchester-Gleichungen mathematisch so verfeinern,
daß sie den Guerillakrieg abbilden.[14] Doch sind die Gleichungen
dann im allgemeinen so komplex, daß der menschliche Geist sie
nicht lösen kann. Ein Computer muß sie verarbeiten, und dennoch hat auch er die Tendenz, bei jedem komplexen Verarbei-
tungsschritt abzuschweifen.

Beim Guerillakrieg kann jeder rote Guerillakämpfer aus dem
Dschungel auf jeden regulären blauen Soldaten schießen. Die
blauen Soldaten dagegen können nur auf die Dschungelregion
selbst schießen. Dies war oftmals bis zu einem gewissen Grad
in Vietnam der Fall und in geringerem Maß bei Guerillakämp-
fen in Mittelamerika. Noch komplexere mathematische Gleichungen können Gefechte zwischen roten und blauen Guerillas
beschreiben.

Alles scheitert an der Mathematik: Die Nichtlinearität wächst
mit der Genauigkeit.

Der Krieg ist einer der nichtlinearsten Prozesse, die wir kennen. Man kann einen Großteil seiner Struktur mit einfachen mathematischen Gleichungen beschreiben, mit denen wir oder Computer arbeiten können. Das Schachspiel leistet dies beispielsweise. Oder man verwendet komplexere Modelle, um getreuere Bilder der Wirklichkeit zu erhalten. Einige tausend mathematische Modelle haben dies im Anschluß an Lanchester zu leisten versucht. Beide Ansätze haben ihre Schwächen und sind doch andererseits so vielversprechend, daß sie weitere Forschungen rechtfertigen.

Dieser Kompromiß gilt auf allen wissenschaftlichen Gebieten. Doch die mathematische Kriegführung beginnt mit einem größeren Gegenstand als die meisten Disziplinen. Sie setzt beim hochdynamischen Prozeß des Einsatzes vielköpfiger Truppenverbände im Krieg an. Jeder Forscher muß sich von neuem die Clausewitzsche Frage stellen: Was ist der Krieg? Er kann versuchen, den ganzen Elefanten zu modellieren oder sich bloß auf das Ohr, den Rüssel oder den Schwanz zu konzentrieren. Der ganze Prozeß ist zu groß und zu komplex, als daß er sich gut modellieren ließe. Andererseits ist er zu nichtlinear, um ihn nur teilweise zu modellieren.

Man kann mit den Lanchester-Modellen und ihren Verwandten allenfalls ein Schattenbild der Schlacht erfassen. Die Schlacht selbst hängt von zu vielen Millionen oder Billionen von Variablen und einer ähnlichen Zahl von Parametern ab. Die wahre mathematische Oberfläche, die sie definiert, hätte zu viele Unebenheiten.

Was also bleibt einem mathematischen Krieger dann übrig? Viele Analytiker beantworten diese Frage mit einem Slogan: Wenn alles andere scheitert, benutze man einen Computer. Wenn man damit nicht den gewünschten Erfolg hat, benutze man einen größeren Computer. Man mache sich keine Gedanken über den Beweis von Theoremen. Man lasse die mathematischen Fähigkeiten des Menschen nicht die Struktur des Prozesses einschränken. Man bemühe sich um größtmögliche Wirklichkeitstreue. Man bringe möglichst alle Variablen und Verzögerungen und nichtlinearen Profile ein. Die Computersimulation wird sie aussortieren.

Kriegsmodelle können heute Zehn- oder sogar Hunderttausende von Variablen, Handlungsalternativen und Befehls-
schwellen einbeziehen. Diese Variablen erfassen mehr Struktur
und messen Verteidigungsanalysen größere Bedeutung bei. Sie
führen aber auch zu Chaos.[15]

Chaos bedeutet, daß sich geringfügige Veränderungen bei den
roten oder blauen Truppen darauf auswirken, ob Rot oder Blau
die Schlacht gewinnt. Angenommen, wir manipulieren ein Spiel
so, daß Rot einen Vorteil gegenüber Blau hat, etwa indem wir
Rot mehr Soldaten geben als Blau und ihnen allen die gleiche
oder annähernd die gleiche »Tötungsfertigkeit« zuschreiben.
Nun spielen wir das Spiel, und Rot siegt.

Anschließend spielen wir das Spiel erneut, aber mit einer Veränderung. Wir geben den Roten eine leichte Verstärkung und
lassen die Blauen unverändert. Wer gewinnt diesmal? Man
sollte meinen, daß Rot siegen würde. Wie könnte Rot verlieren,
wenn es zuvor gesiegt hat und jetzt sogar über noch mehr Truppen verfügt?

Doch Rot könnte durchaus von Blau besiegt werden. Man
erhöhe die Truppenstärke von Rot geringfügig, und Rot siegt
vermutlich ein weiteres Mal. Man erhöhe sie weiter, und Rot
erleidet vielleicht eine Niederlage. Der Ausgang der Schlacht
kann in dieser Weise variieren, wenn man die Truppenstärke
von Rot erhöht und die Truppenstärke von Blau unverändert
läßt. Experten in mathematischer Kriegführung nennen dies
eine nicht-monotone Wirkung in einem Kampfmodell.

Ich erfuhr von diesem nichtlinearen Effekt in Lanchester-
Modellen, als ich in der Denkfabrik RAND in Santa Monica Vor-
lesungen hielt. Ich hatte zuvor über zehn Jahre lang mit großen
Kriegsmodellen in der Luft- und Raumfahrt gearbeitet und,
allerdings nur in fiktionalen Texten, über ihre nichtlinearen
Effekte geschrieben. Im gleichen Zeitraum hatte ich auch miter-
lebt, wie der Chaos-Ansatz in die meisten Zweige der angewandten Mathematik eindrang.

Beim Abendessen mit meinen RAND-Kollegen machte ich
einen Witz über die Gefahr solcher großräumigen Modelle. Sie
nahmen mir die Bemerkung nicht übel und versuchten auch
nicht, sie zu entkräften. Statt dessen berichteten sie mir davon,

daß auf dem Gebiet der mathematischen Kriegführung eine erbitterte Kontroverse über nicht-monotone Wirkungen geführt werde.[16]

Die jungen Rebellen unter ihnen hatten diese und andere chaotische Wirkungen entdeckt, welche die älteren Analytiker wegzuerklären versuchten. Das Chaos oder die sogenannte strukturelle Varianz ist möglicherweise schon immer dagewesen, aber die Analytiker haben es vermutlich als »Rauschen« (zufällige Störung) abgetan oder es glatt übersehen. Dies geschah ebenfalls mit Chaos in der Gravitations- und Strömungsphysik sowie bei der Konstruktion elektrischer und neuronaler Schaltkreise. All dies deutet darauf hin, daß Tolstoi sich gründlicher geirrt hatte, als man bislang gedacht hat.

Die Lanchester-Gefechtsmodelle gehören zu den einfachsten und empirisch am besten überprüften mathematischen Modellen. Wenn schon sie in Chaos abgleiten können, dann gilt dies erst recht für komplexere Modelle mit mehr Spielern und mehr Handlungsalternativen und Entscheidungsvariablen. Diese komplexen Modelle haben allenfalls die Grobstruktur älterer Schlachten erfaßt. Sie haben noch nie den Verlauf einer realen Schlacht vorhergesagt. Sie haben höchstens die Massenstruktur einiger einfacher Schlachten der Vergangenheit im nachhinein richtig beschrieben.

Computersimulationen sind nicht besser als die mathematischen Modelle, nach denen sie arbeiten. Sie sind oftmals sogar schlechter. Der Computer bringt seine eigenen Rundungsfehler ein und zwingt der Schlacht seinen eigenen Taktzyklus auf. Diese Effekte können die nichtlinearen Wirkungen, die in der unbekannten Struktur großmaßstäblicher mathematischer Modelle verborgen liegen, verstärken. Das führt zu Ergebnissen, die den Ausdrücken »nicht handhabbar« und »unergründlich« eine spezifisch moderne Bedeutung geben. Und die hierfür aufgewendeten Mittel aus dem Verteidigungsbudget werden im 21. Jahrhundert zwangsläufig steigen.

Der Mathematik ist es nicht gelungen, die Kriegführung zu erklären oder auch nur die Folgen eines Kriegs vollständig zu beschreiben. Tatsächlich lehrt sie uns vor allem, daß sich der Krieg wegen seines chaotischen Gepräges nicht gut mathema-

tisch abbilden läßt. Dennoch hat die Mathematik die Kriegführung insofern beeinflußt, als wir sie auf Instrumente der Kriegführung wie Radar, Zielerkennung und den sich ständig wandelnden ballistischen Koeffizienten eines Geschosses angewandt
haben. Ein kleiner, aber entscheidender Teil dieser Mathematik
sind die Fuzzy-Logik und die damit verwandten Ansätze der
Maschinenintelligenz. Sie helfen dabei, den Maschinen-IQ zu
steigern. Sie machen sogenannte intelligente Waffen noch intelligenter. Und intelligente Waffen ebnen den nichtlinearen Weg
zu *smart wars,* »intelligenten« Kriegen.

Smart Wars: Der Angriff
ist billiger als die Verteidigung

Bei einem *smart war* setzen wir unsere intelligenten Waffen
gegen die intelligenten Waffen unseres Gegners ein. Der
Marschflugkörper ist die intelligente Waffe par excellence. Er
ist eine fliegende Bombe, die sieht und hört und eines Tages auch
denken wird.

Nach Einschätzung des Pentagon ist die Weiterverbreitung
der Marschflugkörper-Technologie das militärische »Bedrohungsrisiko Nummer eins«.[17] Marschflugkörper fliegen schnell
und so dicht am Boden, daß die meisten Radarsysteme sie nicht
von Hügeln, Bäumen und sonstigen »Störechos« unterscheiden
können. Moderne Marschflugkörper vom Typ Tomahawk erreichen eine Geschwindigkeit von bis zu 900 km/h und haben eine
Reichweite von bis zu 1600 Kilometern. Aufgrund ihrer geringen Flughöhe sind sie für Bodentruppen schwer auszumachen.
Ein niedrig fliegender Falke gleitet unmittelbar über unseren
Kopf hinweg. Derselbe Falke scheint im Himmel zu schweben,
wenn er viel höher fliegt. Der Versuch, ihn abzuschießen, gleicht
dem Versuch, eine Kugel mit einer Kugel zu treffen.

Marschflugkörper bereiten dem Pentagon vor allem aus zwei
Gründen Kopfzerbrechen. Erstens lassen sie sich nur schwer
abschießen, und der Abschuß wird immer schwieriger: Man
kann eine Kugel nicht mit einer Kugel abschießen. Zweitens

werden sie von Jahr zu Jahr preiswerter und »intelligenter«.
Daher sind sie bei allen Staaten heiß begehrt, und die meisten
kaufen sie. Ziemlich viele Staaten produzieren sie. Folglich
nimmt die Bedrohung zu. Sie »breitet sich aus«.

Die wachsende Zahl von Marschflugkörpern ist auf die sinkenden Kosten dessen zurückzuführen, was die Militärs »kommerzielle Standardgüter« nennen. Das fuzzige *Anarchist's
Cookbook* hat einen neuen Eintrag. Jeder kann heutzutage für
wenige tausend Dollar selbst einen »dummen« Marschflugkörper zusammenbauen. Als Ausgangsprodukte verwendet man
ein Kleinflugzeug wie eine Cessna und einen leistungsfähigen
Fernseher oder eine Videokamera. Man runde das Ganze durch
einen tragbaren GPS-Navigator von einem Fischerboot und
einige Tonnen TNT ab, und schon hat man einen primitiven
Marschflugkörper.[18]

Dies bedeutet, daß das Pentagon Milliarden von Dollar für
seine Strategische Verteidigungsinitiative (»Star Wars«) und
seinen veralteten Abschreckungsschild aus Hunderten von ballistischen Raketen, der noch dem Geist des Kalten Kriegs verhaf-
tet ist, vergeudet hat. Ein Schwarm tieffliegender Marschflugkörper könnte jeden sündhaft teuren Star-Wars-Schild
durchbrechen. Das Star-Wars-Programm aus der Reagan-Bush-
Ära wollte ein Dach auf die Trutzburg setzen, vergaß dabei jedoch die Außenmauern. Star Wars trug auch dazu bei, daß der
Air Defense Initiative (Luftverteidigungsinitiative), die immerhin die Bedrohung durch Marschflugkörper analysieren wollte,
der Geldhahn zugedreht wurde. Unterdessen sinken die Kosten
von Marschflugkörpern weiter, weil Computerchips immer
kompakter, billiger und schneller werden.

Dies ist auf das sogenannte Mooresche Gesetz über die Dichte
der Logikschaltungen auf einem Chip zurückführen, auf das wir
in Kapitel 15 ausführlicher eingehen werden. Das Mooresche
Gesetz beschreibt einen Trend, der sich seit der Entwicklung des
Mikroprozessors Anfang der siebziger Jahre mehr oder minder
konsequent beobachten läßt. Gordon Moore gehörte 1968 zu
den Mitbegründern von Intel, und er war am Bau des ersten
Chips beteiligt. Er formulierte das Gesetz, das wir heute nach
ihm benennen, erstmals im Jahr 1964, als er beobachtete, wie

schnell sich die Zahl der Transistoren, die auf einem Halbleiter Platz finden, erhöhte.[19]

Das Mooresche Gesetz besagt, daß sich die Zahl der Logikschaltungen auf einem Chip ungefähr alle zwei Jahre verdoppelt. Der Zeitraum, in dem diese Verdopplung stattfindet, hat sich in den letzten Jahren verkürzt. Die Dichte der Schaltungen auf einem Chip verdoppelt sich heute etwa alle 18 Monate. Ein ähnlicher Trend gilt für die Herstellungs- und Montagekosten von Chips. Das Mooresche Gesetz bedeutet, daß die Schaltungsdichte auf Chips exponentiell zugenommen hat. Es wird sich eines Tages verlangsamen, aber in der ein oder anderen Form bis weit ins 21. Jahrhundert seine Gültigkeit bewahren.[20]

Chips und Leiterplatten passen in die Spitze eines Marschflugkörpers. Das Mooresche Gesetz bewirkt, daß sich die Prozessorleistung alle zwei Jahre verdoppelt, obgleich das Volumen der Raketenspitze gleicht bleibt. Die Maschinenintelligenz verdoppelt sich also ungefähr alle zwei Jahre. Dies ist nicht das Verdienst eines Rüstungsprogramms, sondern ein Geschenk des Weltchipmarkts.

Diese Leistungsfähigkeit der Chips wirkt sich auf viele Aspekte der Leistungsfähigkeit eines Marschflugkörpers aus, angefangen von der Wendigkeit bis hin zur optimalen Nutzung des Treibstoffvorrats. Am stärksten wirkt sie sich jedoch auf die Zielgenauigkeit aus, die wiederum von der Navigation und der Zielerkennung determiniert wird. Und die erforderlichen Rechenanweisungen und die Software für Navigation und Zielerkennung lassen sich in den Chipsatz der Rakete einbauen.[21]

Ältere Marschflugkörper folgten Profil- beziehungsweise Geländekonturvergleichskarten (auch TERCOM-Karten genannt), bis sie nahe am Ziel waren. Die Leistungsfähigkeit der Chips war so gering, daß der Marschflugkörper bei Flügen bis zu 1100 Kilometern nur einige wenige TERCOM-Karten verwenden konnte. Die Konstrukteure zeichneten die Karten nach den Daten, die sie vom kartographischen Bundesamt der Armee erhielten.

Das kleine Chipgehirn benutzte TERCOM-Karten und Bordgyroskope, um in die Nähe des Ziels zu gelangen. Anschließend benutzte es einen sogenannten DSMAC (digitaler Geländevergleichskorrelator), der das Gelände mit Lichtstrahlen oder einem anderen Signal abtastete und das rücklaufende Signal mit kleinen voreingestellten Karten in seinem Chipgehirn abglich. Das Vergleichsmuster kann jedoch versagen und die Rakete abstürzen, wenn das kartierte Gelände durch eine dicke Schnee- oder Sandschicht unkenntlich gemacht wird. Die Marschflugkörper vom Typ Tomahawk, die 1991 im Golfkrieg eingesetzt wurden, konnten die irakischen Wüsten nicht überfliegen, um ihre Ziele in Bagdad zu erreichen. Sie brauchten Landmarken als Vergleichsgrößen. So mußten sie statt dessen über die iranischen Gebirge fliegen.

Neuere Marschflugkörper navigieren mit Hilfe von Satellitensignalen. Die Rakete nimmt Signale von mindestens vier der 24 Navstar-GPS-Satelliten auf, die die Erde umkreisen.[22] Diese vier Satelliten können die Position der Rakete auf wenige Fuß oder gar Zentimeter genau ermitteln. Die GPS-Signale korrigieren das Trägheitsnavigationssystem (Gyroskop) des Flugkörpers und die Rechenoperationen in seinem Kalmanschen Adaptivfilter. Der Kalmansche Adaptivfilter sagt den nächsten Standort der Rakete voraus und vergleicht dann die Vorhersage mit der tatsächlichen Position, sobald sie diese passiert hat.

GPS-Signale können einen Tomahawk-Marschflugkörper über die irakische Wüste oder über die Hügel von Bosnien oder des Kosovo lotsen. Sie können einem Marschflugkörper jedoch nicht sagen, ob der Fleck, den er abtastet, ein Baum oder ein Panzer ist. Hierzu bedarf es der Fähigkeit zur Mustererkennung und erheblicher Schützenhilfe durch Maschinenintelligenz.

Hier kommen die Fuzzy-Logik und neuronale Netze ins Spiel. Das primitivste Verfahren zur Mustererkennung besteht darin, eine Menge Bilder zu speichern und neue Geländeaufnahmen damit zu vergleichen. Dazu ist es jedoch nötig, daß man den »Bildabstand« zwischen einer gespeicherten Aufnahme und einer neuen Geländeaufnahme messen kann. Es zeigt sich, daß es unendlich viele metrische Systeme gibt, die diesen Abstand messen, doch Forscher benutzen nur einige wenige. Die meisten dieser Schemata erfordern, daß der Chip jeden winzigen Bildpunkt (»Pixel«) eines Bildes mit den Pixeln der neuen Geländeaufnahme vergleicht. Die DSMAC-Technik leistet dies gerade

mal für ein gespeichertes Bild. Doch selbst in diesem Fall kann
der Rechenaufwand über das hinausgehen, was die Bordchips in
Echtzeit leisten können. Andere Verfahren versuchen, nur die
abstrakten Merkmale beziehungsweise Kanten in Bildern zu
vergleichen.

Dieses unintelligente Verfahren der Mustererkennung mag
effizient genug sein, wenn das Chipgehirn hinreichend viele Bilder speichern und diese schnell genug mit den neuen Land-
schaftsaufnahmen vergleichen kann. Aber es gibt zahllose Möglichkeiten, einen Panzer in einem Bergwald abzutasten. Man
kann die Aufnahme aus Tausenden verschiedener Winkel
machen. Der Panzer kann sich hinter endlosen Mustern aus
Bäumen, Felsen und Strauchwerk verstecken. Und die Größe
und Farbe von Panzern können stark variieren. Man kann nicht
all diese Panzermuster im vorhinein programmieren. Und es
zeichnen sich keine Chips am digitalen Horizont ab, die so viele
Bilder in Echtzeit mit den neuen Geländebildern, die in die Sensoren strömen, vergleichen könnten.

Ein intelligenter Flugkörper muß das Fuzzy-Muster *Panzer*
und vermutlich einige Hundert weitere Zielmuster abstrahieren
können. Er muß seine Trainingserfahrung verallgemeinern können. Er muß hinzulernen können.

Dies führt uns zur Technik der automatischen Zielerkennung
(AZE). Die neuesten AZE-Verfahren erkennen ihre Zielmuster
mit Hilfe eines »gehirnartigen« neuronalen Netzes.[23] Das
System wird an Hunderten oder Tausenden von Radar- oder
Satellitenaufnahmen trainiert.

Bei einem einfachen Trainingsschema werden dem neuronalen Netz Hunderte von Photos gezeigt, auf denen irgendwo ein
Panzer vorkommt, und Hunderte weiterer, auf denen kein Panzer vorkommt. Das Netz lernt, mit »ja« zu antworten, wenn das
Photo einen Panzer enthält, und mit »nein«, wenn es keinen
enthält. Anschließend gibt das Netz in der Regel die richtige
Antwort, wenn ihm ein neues Bild präsentiert wird, das sich
nicht allzu sehr von den Trainingsbildern unterscheidet.

Das US-Bundesamt für Rüstungsforschung (DARPA) hat damit begonnen, neuronale und Fuzzy-Systeme für die automatische Zielerkennung in Marschflugkörpern einzusetzen, aller-

dings bisher nur experimentell.[24] Ein intelligenter Marschflugkörper muß möglicherweise Tausende von Bildern speichern
oder daran trainiert werden, um das abstrakte Muster des Ziels
aus jedem beliebigen Winkel zu lernen. Er muß Stunden oder
gar Wochen vor dem Abschuß offline trainiert werden. Unintelligente Vergleichsverfahren müssen bis zu 50000 Bilder speichern, um dieselbe Fertigkeit zu erlangen.

 Die Maschinenintelligenz eines Marschflugkörpers umfaßt
mehr als nur leistungsfähige Navigationssysteme und Mustererkennung. Sie muß die fliegende Bombe für das feindliche
Radar »unsichtbar« machen. Die Außenhaut muß Radarsignale
absorbieren oder streuen. Die Rakete muß logische Schlüsse ziehen können. Sie muß neue Ziellisten nach ihrer Priorität ordnen
und neue Anflugrouten und Strategien planen können. Neuere
Marschflugkörper verfügen sowohl über hervorragende Tar-
nung als auch über Zweiwegekommunikation, über die sie mit
der Startbasis und miteinander in Funkkontakt treten können.
Die Maschinenintelligenz nimmt zu, und die Kosten sinken.

 Ich arbeitete Anfang der achtziger Jahre, kurz vor Abschluß
meiner Dissertation, bei General Dynamics an der Entwicklung
von Marschflugkörpern. Damals kosteten Marschflugkörper
noch immer mehrere Millionen Dollar pro Stück, und sie waren
im wesentlichen nichts anderes als primitive fliegende Torpedos.
General Dynamics war der größte Rüstungskonzern der Welt
und als Generalunternehmer für Entwicklung und Bau des
Marschflugkörpers vom Typ Tomahawk benannt worden. Diese
Aufgabe hatte es seiner in San Diego ansässigen Sparte Convair
übertragen. Convair nannte sogar seinen Freizeitpark für Mitarbeiter »Missile Park« und ließ Hollywoodschaukeln in Form
kleiner Marschflugkörper bauen. Im Rahmen der Umstruktu-
rierung der Luft- und Raumfahrtindustrie Anfang der neunziger Jahre wurde Convair von Hughes Electronics geschluckt.
Später wurde Hughes seinerseits dann von Raytheon übernommen.

 Die Waffentechniker bei Convair nannten sich selbst gern mit
schwarzem Humor »die Händler des Todes«. Pazifistische
Demonstranten hatten sie einst auf einem Transparent so genannt, und die Waffentechniker waren stolz darauf. Ihre Hände

haben nie einen Tomahawk-Marschflugkörper berührt. Aber
ihre Zeichnungen, ihre Software und ihre Schätzungen haben
geholfen, die taktischen Einsatzziele, die Flugrouten und die
Triebwerke der Raketen zu planen.

Die tatsächlichen Kosten eines Marschflugkörpers sind seit
den Tagen jener Händler des Todes in den achtziger Jahren um
eine ganze Größenordnung (einen Faktor von 10) gesunken.
Marschflugkörper kosten heute etwa 100 000 Dollar, wenn sie
das Gehäuse eines »unbemannten Luftfahrzeugs« (auch Drohne
genannt) benutzen. China und andere Staaten haben sich rasch
auf diese einfachen Marschflugkörper der unteren Preisklasse
konzentriert.[25]

Die Vereinigten Staaten haben England 65 Tomahawk-
Marschflugkörper zum Stückpreis von 5 Millionen Dollar verkauft. Es war das erste Mal, daß die Vereinigten Staaten Tomahawks an einen anderen Staat verkauften. Viele Einwohner von
Los Angeles reagierten im November 1998 einigermaßen
erstaunt auf die Meldung, daß die britische Marine unbewaffnete Marschflugkörper dieses Typs 80 Meilen vor der Küste
von Newport Beach erproben wollte.

Offenbar flogen die Tomahawks, die von dem britischen
Kriegsschiff *Splendid* abgeschossen wurden, über den Pazifik,
dann nördlich an Los Angeles vorbei Richtung Mojave-Wüste,
wo sie beim Zentrum für Luftkriegführung am China Lake am
Fallschirm niedergingen. Die Medienberichte über diese Probe-
abschüsse schienen die Bürger von Los Angeles nicht weiter zu
beunruhigen. Aufgeschreckt von den Meldungen, unterbrachen
allerdings Mitarbeiter eines Radiosenders meine Vorlesung über
Wahrscheinlichkeitstheorie, um mich um eine kurze Stellung-
nahme zu den besonderen Leistungsmerkmalen von Marschflugkörpern und zu der Frage zu bitten, wie klug es sei, diese
Raketen, mochten sie auch keine scharfe Munition tragen, in
der Nähe von Ballungszentren zu erproben. Die US-Navy
behauptet, seit über zehn Jahren alljährlich unbewaffnete Tomahawks am China Lake zu erproben.

Der Marschflugkörper macht die gleiche Entwicklung durch
wie der Taschenrechner, und zwar aus den gleichen Gründen.
Die Kosten eines Marschflugkörpers sinken notwendigerweise

in dem Maß, wie das Mooresche Gesetz, die GPS-Navigation und intelligente Werkstoffe ihren Tribut fordern. Die Stückkosten sollten irgendwann zu Beginn des 21. Jahrhunderts wiederum um den Faktor 10 sinken. Dann dürfte der preiswerteste superintelligente Marschflugkörper der untersten Leistungsklasse etwa 10 000 Dollar kosten und damit weniger als ein neues Auto. Vermutlich wird seine Größe zusammen mit den Kosten ebenfalls abnehmen. Kleiner und billiger und intelligenter, heißt also die Devise.

Irgendwann im Lauf dieser Entwicklung werden wir dann eine unscharfe Schwelle überschreiten: *Zum ersten Mal in der Militärgeschichte wird der Angriff kostengünstiger sein als die Verteidigung.* Das wird der Beginn des Zeitalters der Kriege mit intelligenten Waffen sein.

Bislang ist es immer umgekehrt gewesen. Angreifen war weitaus kostspieliger als sich verteidigen.[26] Und die internationale Völkergemeinschaft erfreute sich einer größeren Stabilität, als es vermutlich sonst der Fall gewesen wäre.

In der Antike wurden Heere oftmals durch Hunger und Ruhr dezimiert, während sie durch fremde Länder zogen, um einen Feind zu attackieren, der sich hinter dicken Festungsmauern verschanzte. Die Griechen mußten tausend Schiffe losschicken, um Troja zu belagern. Die Trojaner wurden besiegt, doch wandten sie für ihre Verteidigung vermutlich sehr viel weniger Mittel und Menschen auf, als die Griechen in ihren Angriff steckten.

Zeitgenössische Kriege belegen diesen Grundsatz auf noch eindrucksvollere Weise. Afghanische Rebellen schossen mit billigen tragbaren Stinger-Raketen mehrere Millionen Dollar teuere sowjetische Hubschrauber ab. Im Golfkrieg schossen die Alliierten teuere irakische SCUD-Raketen mit viel preiswerteren Patriot-Raketen ab. Bazookas und andere tragbare Raketen haben Tausende von Panzern in kleinen und großen Konflikten rund um die Erde zerstört.

Der Revolver von Colonel Colt war vielleicht der erste Schritt zu den *smart wars* der Zukunft. Außer einigen wenigen Aikido-Meistern ist es noch niemandem gelungen, einem Geschoß auszuweichen. Als nächstes kamen die Nazis, die London mit 2000 V1-Raketen, den Vorläufern der Marschflugkörper, beschossen.

US-amerikanische Kernwaffen und ballistische Raketen hatten in den fünfziger Jahren denselben Status. Die Sowjetunion hatte bis Anfang der sechziger Jahre keine wirksame Luftabwehr gegen einen potentiellen Angriff mit solchen Kernwaffen.[27] Marschflugkörper tauchten erstmals 1968 auf den Fernseh-bildschirmen auf, als die Ägypter mit einer Styx-Rakete sowjetischer Bauart das israelische Schiff *Elath* versenkten. Indien versenkte 1971 ebenfalls mit einer Styx-Rakete einen pakistanischen Zerstörer. Die Welt sah 1982, wie die Argentinier beim Krieg um die Falkland-Inseln das britische Kriegsschiff *Sheffield* mit einer französischen Exocet-Rakete schwer beschädigten.

Die Weltöffentlichkeit sah im Fernsehen auch, als die Vereinigten Staaten 1991 – und erneut 1993 und 1996 – Tomahawk-Marschflugkörper gegen den Irak einsetzten. Die Vereinigten Staaten schossen im Kampf gegen die Serben 1995 beziehungsweise 1999 einige weitere auf Bosnien und Serbien ab.

Die US-Marine feuerte im August 1998 etwa 80 Tomahawk-Marschflugkörper auf Trainingslager von Terroristen in Afghanistan und auf eine pharmazeutische Fabrik im Sudan ab, in der nach Darstellung der Regierung Clinton das Nervengas VX hergestellt wurde (das seinerseits auf einem US-Patent aus dem Jahr 1958 basiert, das heute im Internet frei zugänglich ist).[28] Mindestens zwei der 80 Marschflugkörper waren Blindgänger und drangen in den pakistanischen Luftraum ein, bevor sie auf pakistanischem Territorium abstürzten. Die Vereinigten Staaten führten mit diesen Marschflugkörpern einen Vergeltungsschlag für die terroristischen Bombenanschläge auf ihre Botschaften in Afrika. Es war das erste Mal, daß ein Staat Marschflugkörper gegen Ziele in einem Land einsetzte, mit dem es beziehungsweise seine Verbündeten nicht im Krieg stand. *Time* nannte die Raketenangriffe »Tomahawk-Diplomatie«. Die Vereinigten Staaten beschlossen das Jahr 1998 mit dem Abschuß Hunderter von Tomahawks auf den Irak im Rahmen der »Operation Wüstenfuchs«.

Die weltweite Nachfrage nach Marschflugkörpern nimmt stetig zu. Das Angebot hält mittlerweile Schritt mit der Nachfrage, da ein Land die meisten Bauteile eines Marschflugkörpers in einem Computerladen erstehen kann. Die Marktkräfte verhei-

ßen eine Welt, die viel instabiler und viel gewalttätiger sein wird
als die Welt, die wir kannten.

Der Nahe Osten wird möglicherweise die erste Region sein,
die durch zu viele preiswerte Marschflugkörper in Mitleiden-
schaft gezogen wird. Angenommen, der Iran und seine islami-
schen Verbündeten würden ein paar tausend Marschflugkörper
auf Israel abschießen. Die israelische Luftabwehr könnte nur
einen Bruchteil dieser Schwärme außer Gefecht setzen, da es
bekanntlich sehr schwierig ist, ein Geschoß mit einem Geschoß
zu treffen. Und einige der Raketen könnten chemische oder biologische Gefechtsköpfe tragen. Es müßten nicht einmal nukleare
sein. Eine hinreichende Zahl von Marschflugkörpern könnte die
israelischen Städte und Militäreinrichtungen zerstören. Israel
würde vielleicht im Gegenzug seine Arsenale abfeuern. Die
Wahrscheinlichkeit eines solchen Szenarios steigt in dem Maß,
wie die Kosten von Marschflugkörpern sinken.

Vielleicht werden sich die Vereinten Nationen um ein welt-
weites Abkommen bemühen, in dem eine Obergrenze für intelligente Marschflugkörper festgesetzt wird. Doch diese Maß-
nahme zur Begrenzung der Raketenrüstung würde vermutlich
nicht besser funktionieren als die Maßnahmen zur Waffenkon-
trolle. Zu viele Raketenteile lassen sich problemlos im örtlichen
Einkaufszentrum erstehen.

Die Vereinten Nationen haben es bislang ja nicht einmal
geschafft, ein Verbot der technologisch weitaus einfacheren,
aber tödlichen Landminen zu erreichen. Etwa 110 Millionen
Minen dieses Typs sind in Äckern und Wäldern und Wüsten
rund um die Erde vergraben.[29] Es ist sehr viel kostengünstiger,
mit diesen Mordinstrumenten anzugreifen, als sich gegen sie
zu verteidigen. Und dies wird sich in dem Maß weiter verschlim-
mern, wie wir ihre Rechnerleistung erhöhen, so daß sie Freund
von Feind unterscheiden können.

Die Herstellungskosten für eine Landmine betragen nur etwa
drei Dollar. Das Aufspüren und Unschädlichmachen einer solchen Mine dagegen kostet im Schnitt mehr als das Hundertfache
dieses Betrags. Dies erklärt, weshalb wir jedes Jahr etwa fünf
Millionen neue Minen vergraben, aber nur etwa 100 000 räumen. Forscher haben neuronale und Fuzzy-Systeme sowie

künstliche »Spürnasen« zum Aufspüren nichtmetallischer Minen vorgeschlagen.[30] Intelligente Waffen dürften eine ähnlich starke Verbreitung finden.

Ein stabiles Gleichgewicht wird vermutlich dann erreicht werden, wenn alle Staaten große Lagerbestände an intelligenten Waffen angehäuft haben. Dieses Ergebnis ist stabil im Sinne der Spieltheorie. Die Staaten werden aber keinen Anreiz haben abzurüsten, sobald sie die Strategie verfolgen, sich ein Portfolio intelligenter Waffen zusammenzukaufen. Die Kosten intelligenter Waffen werden so niedrig sein, daß kaum einer der Verlockung, sie zu kaufen, widerstehen wird. Staaten wollen ihren Nachbarn waffentechnologisch überlegen sein, und sie möchten andererseits sicherstellen, daß ihre Nachbarn keinen Vorsprung vor ihnen haben.

Das alte Wettrüsten wird durch ein neues Wettrüsten bei intelligenten Waffen abgelöst werden. Die militärische Macht wird sich von den Atomen zu den Bits verschieben, und die Kosten für einen Angriff werden weiter sinken.

Das digitale Schlachtfeld

Wir können ein digitales Schlachtfeld auf unserem Fernsehbildschirm betrachten. Und unser Feind kann das gleiche tun. Signale werden von Männern und Maschinen im Feld zurückgeworfen und von Flugzeugen und hochfliegenden Drohnen aufgefangen, die sie an Satelliten im Weltraum übermitteln, von wo sie an Parabolantennen und Kabel auf der Erde weitergeleitet werden. Die Vereinigten Staaten werden schon bald über ein globales Beobachtungssystem verfügen, das ihnen erlaubt, in Echtzeit den Verlauf eines Kriegs in Korea, Ägypten oder Jugoslawien zu verfolgen.

Das US-Heer hofft bis zum Jahr 2010 vollkommen digitalisiert zu sein. In den weitreichendsten Plänen sind Satelliten vorgesehen, die dreidimensionale Scheinbilder von Panzern und Truppen zur Erde senden und in feindliche Computer projizieren. Andere Pläne wecken die Hoffnung, mit Lasern Raketen und Drohnen abzuschießen.

Die Vereinigten Staaten machten bereits im Vietnamkrieg mit der Luftwaffenoperation »Igloo White« ihren ersten großen Schritt in Richtung digitales Schlachtfeld.[31] Sie gaben jährlich etwa eine Milliarde Dollar für pflanzenförmige Sensoren aus, die sie über dem Dschungel abwarfen. Die Sensoren registrierten visuelle, akustische und olfaktorische Signale und sandten sie an das Infiltration Surveillance Center in Thailand. Selbst die primitiven Computer der frühen siebziger Jahre konnten anhand dieser Daten Truppenbewegungen bei Tag und bei Nacht feststellen und Ziele für Bombenangriffe identifizieren.

Viele Kriege mit intelligenten Waffen werden sich auf dem digitalen Schlachtfeld abspielen. Wir werden einige von ihnen mit ansehen können, während wir von ihren intelligenten Augen beobachtet werden. Die Privatsphäre wird durch Fortschritte auf dem digitalen Schlachtfeld zwangsläufig immer stärker beeinträchtigt. Behörden und Cybernauten können dieselben intelligenten Techniken benutzen, die Sensoren und Drohnen und Satelliten durch Wände spähen und verschlüsselte Gespräche belauschen lassen. Aber es wird viele Schlachten geben, die niemand sieht.

Angesichts des allwissenden Auges auf dem digitalen Schlachtfeld werden unsichtbare Schlachten vielleicht die Regel werden. Kleine Länder und Terroristen werden es sich nicht leisten können, über längere Zeiträume größere Länder auf dem digitalen Schlachtfeld zu bekämpfen. Ihnen fehlen die Sensoren und die nachhaltige Feuerkraft, und sie werden vermutlich die Kontrolle über ihre Nachschublinien verlieren. Intelligente Waffen mögen sie dazu veranlassen, einen Kampf anzuzetteln, aber das bedeutet nicht, daß sie einen totalen *smart war* durchhalten könnten. Der digitale Cyberkrieg bietet eine preiswertere Alternative.[32] Er besiegelt den Wechsel von Atomen auf Bits im modernen Krieg.

Kleine Länder und Terroristen könnten sich auf elektronische Datensabotage konzentrieren, um ihre Feinde zu verwirren oder aktionsunfähig zu machen. Sie könnten logische Bomben in Computer und weiträumige Netze pflanzen. Sie könnten Bankkonten, Telefonleitungen und Satelliten sowie die riesigen Datenbanken militärischer Einrichtungen und Unternehmen

zum Absturz bringen oder verfälschen. Sie könnten einen Zug
entgleisen lassen, das Stromnetz einer Stadt lahmlegen oder
gar eine chemische oder Atomfabrik zerstören.

Bei digitalen Kriegen sind die Angriffskosten im Verhältnis zu
den Verteidigungskosten sehr viel niedriger als bei *smart wars*
auf der Basis von intelligenten Marschflugkörpern. Bits sind billiger als Kugeln, und es ist möglicherweise sogar noch schwieriger, sich vor ihnen zu schützen. Ein Cyberangriff kostet fast
nichts, und niemand weiß, wie er sich davor schützen soll. Der
Angriff kann von zu vielen Seiten und auf zu viele unterschiedliche Weisen erfolgen.

Die Staaten erreichen vielleicht ein stabiles spieltheoretisches
Gleichgewicht, in dem jeder den anderen digital attackieren
kann, so daß niemand das Risiko eingehen möchte. Dies mag
dazu beitragen, in den Vereinten Nationen für stabile Verhält-
nisse zu sorgen. Es wird jedoch die Radikalen in den weltweit
Tausenden von Protestgruppen oder auch die dreisteren Teenager in allen Ländern nicht mäßigen.

Diese Gruppen und Heranwachsenden werden zwar nie einen
intelligenten Marschflugkörper besitzen. Aber sie werden Zugang zu den neuesten billigen Cyberwaffen haben. Dadurch
kommt viel Macht in zahlreiche Hände. Im Extremfall könnte
das zu einem Hobbesschen Informationskrieg aller gegen alle
führen.

Und damit nicht genug. Die unscharfe Grenze zwischen Krieg
und Nicht-Krieg wird sich weiter verwischen, da uns die Wissenschaft neue Machtmittel an die Hand gibt. Der nächste
Schritt bei der Kriegführung mit intelligenten Waffen ist vielleicht eine Rückwendung zu den Atomen.

Forschungen auf dem Gebiet von Chips und Chemie haben
bereits begonnen, die Grenzen der Nanotechnologie auszulo-
ten.[33] Die Nanotechnologie versucht künstliche Gebilde aus einzelnen Atomen aufzubauen. Vielleicht wird sie eines Tages
intelligente kleine Maschinen bauen, die das bei Tankerunfällen
freigesetzte Öl verzehren oder Viren im Blutkreislauf töten
oder Glasmoleküle zu diamantartigen Strukturen zusammensetzen.

Die Nanotechnologie kann Objekte auch Atom für Atom zerstören. Und sie kann Moleküle oftmals leichter zerlegen als synthetisieren.

Moderne Supersäuren sind eine einfache Form der Nanotechnik. Ihre Ätzkraft ist mehrere Millionen Mal stärker als die von Schwefelsäure. Dieselben »intelligenten« Säuren, die bei Tankerunfällen Ölmoleküle abbauen können, können auch Panzer, Abschirmungen und Muskelfleisch zerfressen. Einige Nanobomben könnten theoretisch einen Teil der Energie der Materie nutzen, die sie zerstören, um die Nanozerstörung weiter voranzutreiben. Dies könnte eine rasche Kettenreaktion in Gang setzen, die in ihrem sphärischen Nachlauf fast nur grauen Staub zurücklassen würde.

Die Angriffskosten würden im Verhältnis zu den Verteidigungskosten beim intelligenten Nanokrieg einen neuen Tiefststand erreichen. Eine gute Nanobombe wird vielleicht kaum mehr kosten als ein Taschenrechner und ein paar Pfund Chemikalien oder Kunststoffe. Der Staat wird solche billigen Nanobomben kaum kontrollieren können.

Die Kosten einer Nanoverteidigung werden vermutlich zunächst für alle Staaten und dann nur für die ärmeren Staaten unendlich groß sein. Eine Nanoverteidigung könnte ihre eigenen Nanoagenten freisetzen, um den Nanozerstörer anzugreifen, so ähnlich wie Feuerwehrmänner eine Brandmauer errichten, um einen außer Kontrolle geratenen Waldbrand abzubremsen oder einzudämmen. Die Nanoverteidigung wird vielleicht weit weniger Struktur zurücklassen als ein Waldbrand.

Letztlich verändern Kriege mit intelligenten Waffen lediglich die Kostenstruktur von Konflikten. Die Konflikte selbst sind nur ein Mittel, um schneller an die Macht zu gelangen. Das Wesen des Kriegs hat sich seit den ersten prähistorischen Streitigkeiten um Land nicht geändert. Ein Internet-Crash eignet sich dabei als Instrument der Kriegführung genausogut wie ein intelligenter Marschflugkörper oder eine Klinge aus Feuerstein. Tolstoi erkannte, daß der Krieg vom menschlichen Willen geprägt wird.

Das Wesen des Kriegs ist der Wille zum Töten. Politiker können diesen Willen in Worten vergraben, und Generäle können ihn mit den Orden auf ihrer Brust zur Schau stellen. Wir übrigen können ihn durch Betätigen der Hupe, bei einem Football-

Spiel oder bei Parlamentswahlen zum Ausdruck bringen. Unser frühmenschlicher Wille zum Töten verschwindet nicht mit der Zeit. Er bleibt erhalten. Der Wille zum Töten hinterläßt heute chaotische Spuren in Schlachtensimulationen und führt in realen Schlachten zu realem Chaos.

Clausewitz hatte recht. Der Krieg ist ein Antagonismus im großen Maßstab. Krieg resultiert aus dem Willen zweier Menschen oder zweier Gruppen oder zweier Maschinen, sich gegenseitig umzubringen. Während der nächsten Jahrzehnte, wenn nicht Jahrhunderte, werden die Angriffskosten weiter sinken, und die Maschinenintelligenz wird weiter zunehmen. Es gibt keinen Grund zu der Annahme, daß sich die Ursache von Konflikten im Informationszeitalter verändern wird.

Der Wille zum Töten wird sich langsam von unseren Atomen auf unsere Bits verschieben.

Teil II

Fuzzy-Wissenschaft

8 Fuzzy-Wissenschaft

Mit dem Fortschritt der Wissenschaften hat die Ansicht, daß die meisten, ja vielleicht all unsere Gesetze lediglich Näherungen sind, an Überzeugungskraft gewonnen.

William James, *Pragmatism*

Der Student sollte sich ständig der Tatsache bewußt sein, daß statistische Schlüsse aus Daten keinen strengen mathematischen Regeln folgen. Modelle sind subjektiv, und die resultierenden Schlüsse hängen in hohem Maße von dem gewählten Modell ab. Zwei Statistiker könnten durchaus für genau denselben Sachverhalt zwei unterschiedliche Modelle auswählen und aus genau denselben Daten unterschiedliche Schlüsse ziehen. Die meisten Statistiker würden zwar irgendeine Modelldiagnose verwenden, um herauszufinden, ob die Modelle angemessen sind, aber wir müssen einsehen, daß die Schlüsse der Statistiker divergieren können.

Robert V. Hogg und Allen T. Craig,
Introduction to Mathematical Statistics

Es scheint, als hätte unsere autokatalytische soziale Evolution uns auf einen bestimmten Entwicklungspfad festgelegt, der dem noch immer in uns regen Frühmenschen nicht genehm sein mag. Um unsere Spezies auf unbestimmte Zeit zu erhalten, sind wir gezwungen, nach absoluter Erkenntnis zu streben, bis hinab auf die Ebenen des Neurons und des Gens. Wenn wir es dann so weit gebracht haben werden, daß wir uns selbst in diesen mechanistischen Begriffen erklären können, und wenn die Sozialwissenschaften zu höchster Blüte gelangt sein werden, wird uns das Ergebnis vielleicht kaum gefallen.

Edward O. Wilson, *Sociobiology: The New Synthesis*

■■■■ Die Wissenschaft erklärt Sachverhalte. Die Wissenschaft zerschneidet die Welt in große und kleine Stücke und zeigt, wie sich die Stücke wechselseitig beeinflussen. Ein Weltstück beeinflußt beziehungsweise verursacht andere. Die Stücke beeinflussen andere in komplexen, eng verflochtenen Ketten von Ursache und Wirkung. Die Wissenschaft erklärt eine Wirkung, wenn sie eine Ursache angibt und die Verknüpfung von Ursache und Wirkung empirisch belegt. Die Inflation zieht an, weil die Geldmenge zu schnell wächst. Erdbeben entstehen, weil sich tektonische Platten verschieben und Energie freisetzen. Ein Blitzstrahl geht mit einem Donnerschlag einher, weil der Blitz eine Luftsäule stark aufheizt und der Druck mit der Temperatur schwankt.

Aber woher kommen die Erklärungen? Sie gehen aus Gleichungen oder aus deren sprachlichen Vorformulierungen hervor. Die Erfahrung kann diese Gleichungen teilweise bestätigen oder widerlegen. Aber woher kommen die Gleichungen selbst? Manchmal sind sie von allgemeineren Gleichungen abgeleitet, aber letztlich stammen sie von Wissenschaftlern. Dies führt uns zu einer – vielleicht unhöflichen – Schlüsselfrage: Wie kommen die Wissenschaftler auf Gleichungen?

Sie *erraten* sie. Gehirne erraten sie. Einige Gehirne raten besser als andere. Isaac Newton hatte ein gutes Gespür für die Gravitationsgleichung. Albert Einstein hatte ein besseres Gespür. Stringtheoretiker versuchen Einsteins Intuition zu überbieten und bessere Gleichungen zu finden, welche die Gravitation, das Licht und die Quantenwelt miteinander verbinden. Ein in höherer Mathematik geschultes Gehirn hat ein besseres Gespür für Gleichungen als ein Gehirn mit schlechterem mathematischem Rüstzeug. Dennoch haben unsere einfachen kleinen Gehirne mit ihren evolutionären Scheuklappen gerade erst begonnen, die Gleichungen in Gottes verborgenem Plan der Natur zu erraten.

Keine noch so gründliche Ausbildung ändert etwas an der Tatsache, daß die Wissenschaft ein Ratespiel ist. Vermutungen

»begründet« zu nennen mag dem Laien mehr Vertrauen in das Unternehmen einflößen. Es ändert jedoch nichts an ihrer beschränkten, subjektiven Natur.

Es ist keine Schande zuzugeben, daß ein Großteil des wissenschaftlichen Fortschritts auf Mutmaßungen beruht. Wissenschaftler würden besser raten und daher bessere wissenschaftliche Ergebnisse liefern, wenn sie sich mit der Psychologie des Ratens befaßten und ihr Gehirn genauso intensiv im Raten üben würden, wie sie es einst in mathematischen Deduktionen übten. Mutmaßungen mag es an methodischer Strenge mangeln, und sie mögen zu sehr viel mehr Fehlschlägen als Treffern führen. Aber sie bringen kreative Impulse in Wissenschaft und Technik. Warum lassen wir dann nicht auch Computer raten?

Die drei Kapitel dieses Teils gehen dieser Frage nach. Sie betrachten neuere Entwicklungen bei Fuzzy- und neuronalen Systemen und auf den zahlreichen wissenschaftlichen und technischen Fachgebieten, auf die sich diese stützen. In diesem Teil gebe ich keine systematische Übersicht über diese Gebiete, sondern eine Art Kostprobe ihres gegenwärtigen Entwicklungsstands. Die Kostproben und Ideen ebnen den Weg für den letzten und spekulativsten Abschnitt des Buches.

Kapitel 9 beschreibt die wichtigsten Probleme und einige der wichtigsten Ergebnisse der heutigen Forschung über Fuzzy-Systeme. Kapitel 10 erweitert diese Ergebnisse in Richtung auf die neuronalen beziehungsweise adaptiven Fuzzy-Systeme. Diese intelligenten Systeme lernen aus der Erfahrung und sind daher mit noch mehr Problemen behaftet. Doch häufig erraten sie die Formen von Dingen besser als wir.

Kapitel 11 unterzieht die neuere physikalische Theorie, wonach die Welt aus nichts als binärer Information besteht, einer fuzzylogischen Beurteilung. Dieses extrem schwarzweiße Weltbild ist das Ergebnis jahrhundertelanger Mutmaßungen über schwarzweiße mathematische Beschreibungen der grauen Welt um uns herum. Es deutet auch darauf hin, daß wir vielleicht eines Tages mit unserer schwarzweißen Wissenschaft selbst graue Welten erschaffen werden.

Die Kernidee besagt, daß die Wissenschaft möglicherweise ihre Aufgaben besser erfüllen würde, wenn leistungsfähigere

Gehirne wissenschaftliche Erklärungen errieten. Computer simulieren diese Gehirne schneller und werden sie eines Tages schneller erschaffen, als wir sie entwerfen oder konditionieren können. Wir können allenfalls hoffen, diese Maschinengehirne so zu steuern, daß sie sich diese kniffligen Probleme und nicht uns vorknöpfen. Der nächste und abschließende Teil des Buches befaßt sich mit der Frage, aus welchen Gründen wir vielleicht eines Tages das Handtuch werfen und uns mit ihnen vereinigen werden.

Unterdessen setzen sich die besten Vermutungen in der Wissenschaft weiterhin durch. Es ist schon traurig genug, daß wir Menschen beim Raten nicht besser werden. Noch trauriger ist es aber, daß die meisten dieser Vermutungen an Grenzen stoßen.

9   Unebenheiten pflastern

»Logik«, Substantiv
Die Kunst, in strenger Übereinstimmung mit den Begren-
zungen und Unvermögen des menschlichen Unverstandes zu
denken und zu schließen.

Ambrose Bierce, The Devil's Dictionary

Die Tatsache, daß die Mathematik insgesamt als Synonym
für Exaktheit gilt, hat bei vielen Wissenschaftlern und Philosophen die nachhaltige Besorgnis ausgelöst, sie lasse sich
nicht auf Probleme der realen Welt anwenden.

Ebrahim H. Mamdani, »Application of Fuzzy Logic to
Approximate Reasoning Using Linguistic Synthesis«, IEEE
Transactions on Computers, Bd. 26, Nr. 12, Dezember 1977

Namen sind wichtig, und wenn man auf die letzten 50 Jahre
zurückblickt, hat es den Anschein, daß der Gebrauch von
Namen wie Steuer- und Regelungstechnik und Systemtech-
nik unserem Fachgebiet nicht die Anerkennung verschafft
hat, die man vielleicht erwartet hat. Namen wie Kybernetik
und Robotik stoßen auf größere öffentliche Resonanz und auf
scheinbares Verständnis.

Stuart Bennett, »A Brief History of Automatic Control«,
IEEE Control Systems, Juni 1996

Niemals setzt sich die Wissenschaft das Phantom zum Ziel,
endgültige Antworten zu geben oder auch nur wahrscheinlich zu machen; sondern ihr Weg wird bestimmt durch ihre
unendliche, aber keineswegs unlösbare Aufgabe, immer
wieder neue, vertiefte und verallgemeinerte Fragen aufzu-
finden …

Karl Popper, Logik der Forschung

*Die Wissenschaft der Zukunft wird von Gehirnen vorange-
trieben werden, bei deren Herstellung nicht mehr als 10^{80} Bits
verwendet worden sein können. Und sie selbst werden nur
mit knapp unter 10^{80} Bits vorankommen können. Dies ist
unser Informationsuniversum: Was jenseits davon liegt, ist
der menschlichen Erkenntnis nicht zugänglich.*

W. R. Ashby, »Some Consequences of Bremermann's Limit
for Information-Processing Systems«, *Cybernetic Problems
in Bionics*

▰▰▰▰ Drei Wörter fassen die dreißigjährige Forschung über
Fuzzy-Systeme zusammen: *die Unebenheiten pflastern.*

Fuzzy-Systeme modellieren Systeme oder Prozesse in Naturwissenschaft, Medizin, Finanzwirtschaft und vielen anderen
Gebieten. Sie modellieren Systeme mit Regeln wie »Wenn das
Bild etwas unscharf ist, dann drehe die Linse leicht nach links«
oder »Wenn das Kurs-Gewinn-Verhältnis der Aktie sehr niedrig
ist und wenn die Eigenkapitalrendite der Firma hoch ist, dann
steht der Aktienkurs mittelniedrig«. Für einen Experten drückt
sich in diesen Regeln lediglich der gesunde Menschenverstand
aus. Ein Mathematiker dagegen sieht etwas anderes darin. Die
Regeln definieren unscharfe Teilflächen oder »Pflaster«*.

Die meisten Menschen glauben, in der Mathematik gehe es
um Zahlen und Gleichungen. Doch das ist nur die algebraische
Sichtweise. Dieselben Gleichungen lassen sich auch geometrisch
betrachten: Sie definieren Graphen beziehungsweise Flächen.
Auch Gleichungen definieren Systeme. Sie beschreiben, wie
Systeme Eingaben in Ausgaben umwandeln. Die einfachsten
Systeme sind linear und erzeugen eine ebene Fläche. Komplexere Systeme sind nichtlinear. Sie erzeugen unebene Flächen
mit Hügeln und Tälern und manchmal auch mit steilen Bergen
und Abgründen. Jede Fuzzy-Regel beschreibt lediglich einen

---

* Im Englischen »patch«. Vgl. zur Übersetzung des Terminus: *Lexikon
Informatik und Kommunikationstechnik,* hg. von Krückeberg, F. und
Spaniol, O., Düsseldorf 1990, Stichwort »patch«, bearbeitet von Kornel
Klement und Jose Luis Encarnaçao, S. 461 f.

Teil eines Fuzzy-Systems. Jede Regel erzeugt also nur einen Teil einer Fläche. Sie erzeugt eine unscharfe Teilfläche.

Die Kamera oder das Kurssystem von Aktien definiert eine imaginäre unebene Fläche in einem abstrakten Raum von Kamerabewegungen oder Aktienkursen. Die unebene Fläche beschreibt das System vollkommen. Man kann die »Regelpflaster«*(rule patches)* beliebig auf die unebene Fläche legen. Jeder Experte hat sein eigenes Schema beziehungsweise sein eigenes intuitives Gespür, wo er die Pflaster aufbringt. Automatische Lernschemata legen die Pflaster auf bestimmte Stellen der Fläche und verschieben sie dann in dem Maß, wie der Lernprozeß voranschreitet.

Am besten ist es, die Pflaster auf die unebenen Stellen zu legen. Zunächst pflastert man die Gipfel und Täler in der Fläche, und dann trägt man die restlichen Pflaster auf. Man pflastert die Unebenheiten. Alles andere ist suboptimal. In diesem Kapitel stelle ich dieses formale Konzept der Pflasterung vor.

Ich arbeitete viele Jahre mit Fuzzy-Systemen, bevor ich die einfache Tatsache erkannte und bewies, daß die besten Regelpflaster Unebenheiten in einer Systemfläche abdecken. Aber erkennen und praktisch anwenden sind zweierlei. Das Problem besteht darin, daß man in den meisten Fällen keine Ahnung davon hat, wie die Systemfläche aussieht. Daher weiß man auch nicht, wo die Unebenheiten liegen. Allerdings verfügen wir über Verfahren zum Aufspüren dieser Unebenheiten, und zukünftige Forschungen werden sie weiter verbessern und auch neue Verfahren finden.

Es gibt einen Grund, weshalb diese Suche nach Unebenheiten Jahrzehnte, wenn nicht Jahrhunderte dauern wird. Wir wissen heute, daß Fuzzy-Systeme gegen eine Wand stoßen, die Regelexplosion beziehungsweise »Fluch der Dimensionalität« genannt wird.[1] Dieser Fluch lastet in irgendeiner Form auf allen mathematischen Systemen. Fuzzy-Systeme sind ihm lediglich in einer besonders eklatanten Weise ausgesetzt. Die Zahl der Regeln wächst exponentiell in dem Maß, wie man weitere Variablen in das System einbringt, um es wirklichkeitsgetreuer zu gestalten. Im besten Fall können wir die Unebenheiten pflastern, und oft können wir nicht einmal dies.

Der Fluch der Dimensionalität ist die fundamentale Schranke für jeden menschlichen oder computergestützten Fortschritt in Wissenschaft und Mathematik. Wir können zwar jederzeit weitere Variablen in ein System einbringen, doch dies hat zur Folge, daß wir das System nicht mehr analysieren oder steuern können. Unsere besten mathematischen Modelle in der Physik liefern vielleicht eine erschöpfende Beschreibung, aber wir können die mathematischen Gleichungen nur für die einfachsten Fälle lösen. Jeder Fortschritt drängt diesen Fluch etwas zurück. Kein Fortschritt kann sich von ihm jemals befreien. Dies bedeutet eine Einschränkung für die Kernaufgabe der Wissenschaft: die Funktionsapproximation.

Wissenschaft als Funktionsapproximation

Wissenschaftler stellen Vermutungen darüber an, wie Dinge andere Dinge verursachen. Dann überprüfen sie diese Hypothesen über die Ursachen und Wirkungen. So stellen sie Mutmaßungen darüber an, ob Sonnenflecken Dürren verursachen. Dann werten sie die Daten über Sonnenflecken und Dürren aus, um die Vermutung zu überprüfen.

Eine Hypothese ist eine Vermutung über eine Klasse beziehungsweise über die Wechselwirkungen zwischen Klassen. Die einfachsten Vermutungen beziehen sich darauf, ob ein Objekt einer Klasse angehört beziehungsweise wie stark es sich von anderen Objekten in dieser Klasse unterscheidet. Ähneln Sonneneruptionen Sonnenflecken? Bestehen die meisten Sonnenflecken zwei Wochen lang? Die Klasse beziehungsweise Menge der Sonnenflecken ist vage beziehungsweise unscharf. Alle kühlen Regionen in der Photosphäre der Sonne gehören bis zu einem gewissen Grad zur Menge der Sonnenflecken, und bis zu einem gewissen Grad gehören sie nicht dazu.

Andere Vermutungen beziehen sich darauf, wie stark Objekte einer Klasse Objekte einer anderen Klasse beeinflussen oder verursachen. Verursachen die Rotation und das Magnetfeld der Sonne Sonnenflecken? Verursachen Sonnenfleckenzyklen Dürrezyklen auf der Erde?

Eine einfache Vermutung besagt, daß *A B* verursacht. Sonnenflecken treten in elfjährigen Zyklen auf, die sich mit einigen Dürrezyklen auf der Erde decken. Eine Vermutung lautet demnach, daß Sonnenflecken Dürren verursachen. Eine schwächere Vermutung lautet, daß Sonnenflecken zu einem gewissen Grad Dürren verursachen. Komplexere Vermutungen berücksichtigen Variablen wie Konvektionsströmungen, Sonnendichten, Schallgeschwindigkeiten oder sonstige der zahlreichen Prozesse, welche die Helioseismologie erforscht.[2] Alle diese Vermutungen beziehen sich auf Fuzzy-Mengen und ihre Relationen untereinander.

Eine noch einfachere Vermutung stellen wir vielleicht in der Küche oder beim Blick auf die Wetterkarte auf. Vielleicht nehmen wir an, daß hoher Druck hohe Temperatur verursacht. Wir können diese Vermutung nun mathematisch formulieren und die Wirkung *B* als eine »Funktion« der Ursache *A* angeben (mathematisch exakt: *B = f (A))*. Dies bedeutet, daß wir eine Gleichung vorlegen. Die thermische Zustandsgleichung für ideale Gase ist ein klassisches und schlagendes Beispiel. Sie besagt, daß die Temperatur eines Gases proportional zum Produkt aus dem Volumen des Gases und seinem Druck ist (*cT = PV*, wobei die Konstante *c* von der Beschaffenheit des Gases abhängig ist). Eine Gleichung übersetzt die sprachliche Beschreibung von Fuzzy-Mustern in eine mathematische Beschreibung derselben Muster.

Fuzzy-Regeln können diese Fuzzy-Muster von Ursache und Wirkung modellieren. Ist der Druck hoch und das Volumen fast konstant, dann ist die Temperatur hoch. Ist der Druck niedrig und das Volumen fast konstant, ist die Temperatur niedrig. Der Gasdruck ist immer zu einem gewissen Grad hoch und nicht hoch. Das gleiche gilt für hohe Temperatur und für alle anderen unscharfen Temperaturwerte.

Dies deutet darauf hin, daß Fuzzy-Regeln möglicherweise selbst Gleichungen definieren, auch wenn wir vielleicht nicht wissen, wie die Gleichungen lauten. Es zeigt sich nun, daß diese Annahme allgemeingültig ist und das Wesen von Fuzzy-Systemen definiert. Wir können daher Systeme modellieren, ohne Vermutungen über Gleichungen anzustellen.

Das *Fuzzy Approximation Theorem* (fuzzylogisches Theorem der Näherung, kurz FAT) besagt, daß Fuzzy-Regeln immer Gleichungen ersetzen können. Es besagt nicht, daß es sinnvoll ist, diese Regeln anzuwenden. Die Regeln für komplexe Systeme wären für uns nicht verständlicher als die kilometerlangen Gleichungen, die sie ersetzen. Das FAT besagt lediglich, daß wir die Gleichungen grundsätzlich immer ersetzen können. Dies bedeutet, daß eine begrenzte Zahl von Regelpflastern immer die Fläche eines Systems abdecken kann.[3] Systeme von Fuzzy-Regeln geben uns ein universelles Rechenverfahren an die Hand.

Durch Fuzzy-Systeme können wir Wissenschaft ohne Mathematik betreiben. Sie helfen uns, der Mathematik den gesunden Menschenverstand aufzupfropfen. Dies kann sehr hilfreich sein, wenn man die Sprache der Mathematik nicht beherrscht.

Dies bedeutet allerdings nicht, daß die Fuzzy-Systeme selbst keine mathematischen Systeme wären. Fuzzy-Systeme haben eine einfache mathematische Struktur, die Theoretiker dazu veranlaßt, Theoreme über sie zu beweisen, und die Programmierer dazu bewegt, sie in einfache Software- und Chipentwürfe zu übersetzen. Viele von uns haben an der Mathematik der Fuzzy-Systeme gefeilt, um sie stark zu vereinfachen.[4] Daher kann man ein Fuzzy-System heute mit Wörtern programmieren.

Ein Endokrinologe könnte etwa eine künstliche Bauchspeicheldrüse mit Fuzzy-Regeln entwickeln wie »Wenn der Blutzuckerwert hoch und die Veränderung des Blutzuckerwerts gering ist, dann injiziere eine geringe Dosis Insulin«. Wie hoch ist »hoch« und wie gering ist »gering«? Dies sind Fragen der Abstufung. Die menschliche Urteilskraft kann die Fuzzy-Mengen *hoher Wert* und *geringe Veränderung* und *geringe Dosis*, die diese Konzepte definieren, feinabstimmen. Neuronale Systeme können auch klinische Daten auswerten, um diese unscharfen Muster abzugrenzen.

Der Endokrinologe muß keine Vermutungen über ein mathematisches Modell der Wechselwirkungen zwischen Glukose und Hormonen wie Insulin, Adrenalin oder Wachstumshormon anstellen. Fuzzy-Systeme sind auf dieser Ebene modellfreie beziehungsweise »Black Box«-Systemapproximatoren. Ihre Fuzzy-Regeln bauen eine Brücke zwischen Eingaben und Ausgaben und füllen die Black Box aus. Drei einfache Regeln könnten die folgende Form haben:

Regel 1: Wenn der Blutzuckerwert niedrig und die Veränderung des Blutzuckerwerts gering und negativ ist, dann ist die Veränderung der Menge des injizierten Insulins gering und negativ.

Regel 2: Wenn der Blutzuckerwert im mittleren Bereich liegt und die Veränderung des Blutzuckerwerts nahezu konstant ist, dann ist die Veränderung der Menge des injizierten Insulins nahezu gleich null.

Regel 3: Wenn der Blutzuckerwert hoch und die Veränderung des Blutzuckerwerts gering und positiv ist, dann ist die Veränderung der Menge des injizierten Insulins gering und positiv.

Reale Regeln würden vermutlich die Prämisse (»wenn«) um weitere Variablen beziehungsweise die Konklusion (»dann«) um weitere Steuerungsanweisungen ergänzen.

Die meisten wissenschaftlichen Verfahren lassen solche Regeln nicht zu. Sie zwingen einen, eine Gleichung zu erraten und sie dann so lange nachzubearbeiten, bis sie den vorliegenden Daten entspricht. Genau dies haben einige Endokrinologen getan, um Frühformen von Diabetes zu erkennen.[5]

Allgemein gilt, daß die Wissenschaft ein Zweig des mathematischen Gebiets der Funktionsapproximation ist. Die alten Griechen waren die ersten, die mit Hilfe der Mathematik Hypothesen über den Aufbau der Welt aufstellten. Pythagoras erkannte als erster, daß sich die Struktur von Musik und Dreiecken mathematisch beschreiben läßt. Er ging sogar so weit zu behaupten, die Welt bestehe lediglich aus Zahlen. Platons Ideenlehre geht hauptsächlich auf seine Bemühungen zurück, Ideen wie das Gute oder das Blaue als rein mathematische Konstrukte ähnlich einem Kreis oder einem Würfel zu beschreiben. Isaac Newton war mit seiner Vermutung über die funktionale Form der Gravitation in vielerlei Hinsicht der Begründer der neuzeitlichen Naturwissenschaft. Albert Einstein leitete seine berühmte Gleichung über Masse, Energie und Lichtgeschwindigkeit ($E = mc^2$) als eine Näherung aus anderen mathematischen Vermutungen her. Später formulierte er dann seine eigene mathematische Vermutung über die funktionale Form der Gravitation, die wir in Kapitel 11 erörtern werden.

Das Problem liegt darin, daß die Mathematik deduktiv verfährt, während die Wissenschaft induktiv vorgeht.[6] Mathematische Fakten folgen aus einer mathematischen Vermutung. In der Wissenschaft ist es genau umgekehrt. Eine Vermutung folgt aus einer Tatsache. Genauer gesagt: Sie ergibt sich aus der Auswertung und Reflexion über gewisse Tatsachen.

Ein Wissenschaftler kann Mutmaßungen über alle möglichen Gleichungen aufstellen. Aber letztlich schert sich niemand darum, wenn die Gleichungen nicht in irgendeiner Weise etwas implizieren, das wir anhand von empirischen Daten überprüfen oder widerlegen können. Ein Mathematiker muß lediglich beweisen, daß seine Konklusionen in seinen Prämissen enthalten sind. Ein Wissenschaftler hingegen muß mit seinen Konklusionen seine Prämissen untermauern. Der Philosoph Karl Popper sagte einmal, die Logik könne bestenfalls die Prämissen widerlegen, wenn die Überprüfungen nicht so verlaufen, wie man es vorhergesagt hat.[7] Tests können eine Hypothese niemals endgültig bestätigen.

Ich kann sagen, daß mein Blutzuckerwert ansteigen wird, wenn ich Honig esse. Aber aus der Messung eines hohen Blutzuckerwerts kann ich nicht folgern, daß ich Honig gegessen habe. Viele andere Nahrungsmittel oder Faktoren können den Anstieg des Blutzuckerwerts verursacht haben.

Aristoteles nannte einen solchen Schluß den Fehlschluß von der Wirkung auf die Ursache. Man kann nichts über P folgern, wenn man weiß, daß P Q impliziert, und wenn man nur beobachtet, daß Q wahr ist. Aber man kann folgern, daß P falsch ist, wenn man weiß, daß P Q impliziert, und beobachtet, daß Q falsch ist. Natürlich weiß man vielleicht nicht, daß P Q impliziert. In Kapitel 6 legte ich dar, daß diese logischen Schlußregeln bis zu einem gewissen Grad gelten können, wenn P und Q und die Implikation zwischen ihnen zu einem gewissen Grad gelten. P und Q sind ebenfalls immer nur graduell wahr.

Der Fehlschluß von der Wirkung auf die Ursache ist genau das, womit wir konfrontiert sind, wenn wir eine Tatsachenbehauptung oder ein mathematisches Modell überprüfen. Wir können bestenfalls die schlechten Vermutungen aussondern und auf die verbleibenden setzen. Wenn alles gut geht, erhalten wir eine immer bessere Näherung des »wahren« mathematischen Modells. Dieses mathematische Modell beschreibt vielleicht nur unsere Welt. Oder es bildet einen Teil der Blaupause des Universums.

Fuzzy-Systeme können die logische Stringenz dieser Methode nicht verbessern. Jeder Input führt zu einem unscharfen Output. Das System gibt den Output als Vorhersage aus, wenn der Input eine Ursache war. Man überprüft den Output so, wie man jede andere Vorhersage überprüfen würde. Man vergleicht ihn mit Beobachtungsdaten oder einem anderen Maßstab und prüft, wie gut er damit übereinstimmt.

Der Fortschritt von Fuzzy-Systemen liegt in der Leichtigkeit, mit der wir die Black Box programmieren können, und in der Fähigkeit der Black Box, Systeme zu modellieren und zu approximieren. Fuzzy-Systeme bieten die gleiche Art von Fortschritt, wie sie erstmals statistische Programme eröffneten. Man kann einfach Regeln oder Daten in ihre Black Box einspeisen und sich dann zurücklehnen und den Computer den Rest erledigen lassen. Was wären die Wirtschaftswissenschaftler ohne ihre einfachen Trendkurven? Aber auch statistische Modelle brauchen noch einen Wirtschaftswissenschaftler oder sonst jemanden, der Annahmen über das Grundmodell formuliert. Und diese Personen stützen sich bei ihren Mutmaßungen auf Geraden und andere einfache mathematische Kurven.

Fuzzy-Systeme sind zudem mit den beiden Hauptproblemen statistischer Black Boxes behaftet. Das erste Problem ist eines des Vertrauens. Kann man einer Black Box vertrauen, ein Flugzeug sicher zu landen, Ersparnisse optimal anzulegen oder ein künstliches Hüftgelenk einzusetzen? Wie kann man sicherstellen, daß sie ihre Aufgaben ordnungsgemäß erfüllt?

Intelligente Black Boxes bieten nicht mehr Sicherheit als menschliche Experten. Wir vertrauen darauf, daß der Flugzeugpilot, der Fondsmanager oder der Arzt gute Leistungen erbringen. Wir können sie verklagen, wenn sie sich Pflichtversäumnisse zuschulden kommen lassen. Aber wir können nicht sicher sein, daß ihnen kein Fehlurteil unterläuft, sie nicht die Nerven verlieren oder einen Schlaganfall erleiden.

Fuzzy-Systeme bieten keine Garantien, weil sie nichtlineare

Systeme sind. Es gibt nur sehr wenige bekannte Theoreme, die beschreiben, wie sich nichtlineare Systeme verhalten. Wir unterrichten Studenten der Naturwissenschaft und Technik fast ausschließlich in linearen Systemen. Daher erwarten viele von uns eine mathematische Garantie für unsere Werkzeuge. Doch lineare Systeme kommen nur in Lehrbüchern vor. In der Natur gibt es keine rein linearen Prozesse, weil kein System einen Output produziert, der immer proportional zu seinem Input bleibt.

Wir können bestenfalls eine Vielzahl von Fällen am Computer überprüfen. Die NASA tut dies mit ihren nichtlinearen mathematischen Programmen, die ihre Raumfähren steuern. Autohersteller tun dies, um zu testen, wie gut ein neuer Hauben- oder Windschutzscheibenentwurf Luft ablenkt oder der Reibung widersteht. Chiphersteller tun es, um zu überprüfen, wie gut ein neues Codierungssystem akustische Signale oder Videobilder komprimiert.

Dies spiegelt einmal mehr die altbekannte Inkongruenz zwischen der Komplexität der Welt und der Komplexität unserer mathematischen Modelle, die diese beschreiben, wider. Wir können alle erforderlichen Theoreme über unsere linearen Modelle beweisen. Aber sie stimmen nicht mit einer nichtlinearen Welt überein. Ein lineares System hat eine Oberfläche, die einem glatten Blatt Druckerpapier gleicht. Ein nichtlineares System gleicht dagegen einem gewellten oder zerknitterten Blatt Papier. Mathematische Garantien schwinden in dem Maß, wie die Zahl der Knitterfalten zunimmt.

Nichtlineare Modelle machen Abstriche bei der Handhabbarkeit zugunsten der Genauigkeit. Sie verzichten auf die Einfachheit der Mathematik zugunsten der Wirklichkeitstreue des Modells. Solche Modelle mögen unseren eingefahrenen Denkgewohnheiten zuwiderlaufen, aber sie begleiten uns notwendigerweise auf unserem Weg zu einem tieferen Verständnis der Natur.

Fuzzy-Systeme sind mit einem zweiten Problem behaftet, das allen statistischen Verfahren zusetzt. Ihre Komplexität steigt sprunghaft an, wenn man weitere Variablen hinzufügt. Dies ist der sogenannte Fluch der Dimensionalität. Bei Fuzzy-Systemen führt er zu einer exponentiellen Regelexplosion.

Der Fluch der Dimensionalität: die exponentielle Zunahme der Regeln

Früher oder später werden alle mathematischen Systeme vom Fluch der Dimensionalität heimgesucht. Ihre Komplexität nimmt exponentiell zu, wenn wir weitere Terme oder Variablen hinzufügen.[8]

Wir können die Schrödingersche Wellengleichung für das Wasserstoffatom lösen. Dazu bedarf es zwar einiger Annahmen, aber es ist möglich. Das Wasserstoffatom ist das einfachste und häufigste Atom im Weltall. Sein Kern besteht lediglich aus einem Proton, der von einem Elektron in der Hülle umlaufen wird. Das zweithäufigste Element ist Helium, mit einem Kern aus zwei Protonen und einer Hülle aus zwei Elektronen. Eine vollständige Lösung der Schrödinger-Gleichung für Helium oder andere, komplexere Elemente steht immer noch aus. Die Lehrbücher hören beim Wasserstoffatom oder einem Atom mit nur einem kernumlaufenden Elektron auf.[9]

Die Schrödinger-Gleichung ist die Grundgleichung der Quantenmechanik. Sie beschreibt, wie sich Materiewellen in Abhängigkeit von der Konzentration von Materie im Raum verändern. Aber auch sie steht unter dem Fluch der Dimensionalität. Superrechner müssen tagelang schuften, um die Gleichung auch nur für die einfachsten Atomsysteme zu lösen. Die Physiker nennen dies ein Mehrkörperproblem.

Das ist eine Kurzbezeichnung für den Fluch der Dimensionalität. Newton stieß darauf, als er erklärte, daß sich alle Materie aufgrund der Gravitation gegenseitig anziehe. Die Erde zieht den Apfel an, und in einem viel geringeren Maß zieht der Apfel seinerseits die Erde an. Aber die Erde zieht Billionen anderer Objekte an, und diese wiederum ziehen sich alle gegenseitig an. Die Wirkungen mögen gering sein, und wir nehmen an, daß sie sich gegenseitig aufheben, aber die Mathematik sagt, daß sie da sind.

Selbst die ruhmreichen Raketentechniker können nicht genau berechnen, wie man einen Menschen auf den Mond bringt. Erde und Mond bilden ein Zweikörpersystem aus Materie und Gravitation. Aber die Sonne ist so massiv, daß eine Rakete deren Massenanziehung als einen Faktor berücksichtigen muß. Dies ergibt ein Dreikörperproblem, für das Computer fortwährend Näherungslösungen berechnen müssen, während sich die Rakete dem Mond nähert. Ein genaueres Modell würde die Massenanziehung des Jupiters und der anderen Planeten berücksichtigen. Diese exponentielle Zunahme der einzubeziehenden Körper würde ein so komplexes mathematisches Schema ergeben, daß es von keinem Computer gelöst werden könnte.

Der Fluch der Dimensionalität bedeutet, daß die meisten mathematischen Modelle nicht »skalierbar« sind. Das mathematische Modell wird mehr als doppelt so komplex, wenn man die Zahl der Eingaben verdoppelt. Die Komplexität wächst exponentiell, während die Eingaben linear zunehmen.

Entscheidungsbäume gehörten zu den ersten mathematischen Modellen, auf denen dieser Fluch lastete. Angenommen, wir möchten in einer Stadt mit vielen Straßen und Kreuzungen von einem Geschäft zum nächsten gelangen. Wir verlassen den Parkplatz und kommen an eine Kreuzung, wo wir links, rechts oder geradeaus fahren können. Das ist der erste Verzweigungspunkt, und er hat drei Pfade. Jeder dieser Pfade mündet in eine weitere Kreuzung, wo wir links, rechts oder geradeaus fahren können. Diese zweite Ebene von Verzweigungspunkten ergibt nun neun Pfade. Die dritte Ebene ergibt 27 Pfade. Die zehnte Ebene ergibt 3^{10} oder fast 60 000 Pfade und so weiter.

Das Schachspiel hat etwa 10^{120} Pfade oder mögliche Züge. Daneben verblaßt die Gesamtzahl aller subatomaren Teilchen im Weltall. Sie beläuft sich auf »nur« etwa 10^{87} Partikel. Kein gewöhnlicher (Nichtquanten-)Computer kann jemals sämtliche Schachzüge im Spielraum durchsuchen, ebenso wie kein Computer jemals den gesamten menschlichen Genomraum durchsuchen kann. Die sogenannte Bremermann-Grenze geht noch weiter und besagt, daß kein materieller Rechner jemals mit mehr als 10^{93} Informationsbits arbeiten kann, selbst wenn er die gesamte Materie der Erde benutzte und Milliarden von Jahren rechnete.[10]

Es gibt enorm viel mehr Möglichkeiten als Bits, um sie zu beschreiben. Wir kommen in Kapitel 11 auf diese begrenzende

Tatsache zurück, wenn wir die Bit-Zahl des gesamten Kosmos betrachten.

Modelle der künstlichen Intelligenz (KI) durchsuchen seit fünfzig Jahren einen Teil des Schachspielraums. Am 10. Februar 1996 krönte die KI diese Bemühungen, als ein Computerprogramm erstmals bei einem Schachspiel unter Turnierbedingungen einen Schachweltmeister besiegte. Die Maschine gewann die Partie, aber nicht das ganze Spiel. Das auf einem Superrechner von IBM installierte Schachprogramm Deep Blue hatte den Schachweltmeister Garri Kasparow geschlagen. Dank schneller Parallelchips konnte Deep Blue in jeder Sekunde Millionen von Brettpositionen prüfen. Am 11. Mai 1997 gewann Deep Blue dann das nächste Spiel.[11]

Die Suchgeschwindigkeit von Deep Blue ritzt bestenfalls eine kleine Kerbe in den gesamten Schachspielraum. Auch eine mehrere Millionen Mal höhere Geschwindigkeit würde nicht mehr erreichen. Dennoch übersteigen solche Kerben bei weitem die Leistungsfähigkeit unseres Gehirns. Das bedeutet, daß der Weltmeistertitel in Computerhände übergehen wird.

KI-Baumsuchen haben innerhalb der gegenwärtigen Grenzen, die durch die Regelexplosion gesetzt werden, zu Fortschritten bei der Maschinenintelligenz geführt. Einige Softwareprogramme treffen Kreditvergabeentscheidungen für Finanzierungsgesellschaften[12] oder wandeln Uraniumhexafluoridgas in Uraniumdioxidgranulat[13] um oder helfen Astronomen beim Durchmustern von Milliarden von Himmelsobjekten.[14] Die stetige Erhöhung der Rechnerleistung schiebt die Wand der Regelexplosion bei Suchbäumen zurück und erlaubt eine wachsende Zahl von KI-Anwendungen.[15] Ein Expertensystem enthält heute schon über eine Million Regeln.

Bayessche Netzwerke sind noch verzweigtere KI-Baumstrukturen, die Verbindungen, welche einige Ursache-Wirkungs-Muster modellieren und vorhersagen, Wahrscheinlichkeitswerte zuordnen.[16] Diese »intelligenteren« Bäume und andere Graphen helfen beim Auffinden von Mustern beziehungsweise fehlenden Daten in Datenbanken. Doch sie pfropfen ihrer Baumstrukturkomplexität noch die mathematische Komplexität der Wahrscheinlichkeitsrechnung auf.

Fuzzy-Systeme leiden nicht an der gleichen Regelexplosion wie KI-Suchbäume. Entscheidungsbäume und KI-Suchbäume bestehen aus langen Ketten binärer Wenn-Dann-Verknüpfungen beziehungsweise Regeln. Sie sind »tief« in dem Sinn, als sie aus langen Inferenzketten bestehen, die durch zahlreiche Verzweigungspunkte führen. Die meisten Fuzzy-Systeme sind flache Bäume. Sie sind nur eine Schicht tief.

Dafür sind Fuzzy-Systeme breit. Alle Regeln werden parallel aktiviert. Jede Blutprobe löst die Prämissen aller Regeln aus, die niedrige, hohe oder normale Blutzuckerwerte oder Veränderungen dieser Werte beschreiben. Diese partiellen Aktivierungen skalieren die konklusiven Aktionen. In einer Summe werden die skalierten Handlungsanweisungen addiert und ihr gewichteter Mittelwert ermittelt. Dies führt zu einem abschließenden Output: der Zu- oder Abnahme von Insulin.

Ein großes Fuzzy-System gleicht einem Besen mit Tausenden oder Millionen von Borsten. Diese Besenstruktur funktioniert gut bei kleinen Regelmengen. Jede Systemausgabe resultiert aus einer gewichteten Mischung zahlreicher Wissenselemente. Der KI-Baum ist deshalb »spröde«, weil er lediglich einen Pfad abgeht und das Wissen in allen anderen Pfaden ausklammert. Ein Fuzzy-System geht alle Pfade bis zu einem gewissen Grad ab. Doch die Pfade sind nur einen Schritt lang.

Dennoch haben diese kleinen Fuzzy-Systeme ein erstaunlich vielfältiges Spektrum von Anwendungen gefunden. Sie steuern Mikrowellenherde, brauen Reiswein, spritzen Kunststoff in Preßformen und suchen Dokumente. Andere Fuzzy-Systeme helfen, unseren Golfschwung zu analysieren, prüfen Textilfarben, wirken an der Steuerung einer Talsperre mit oder regeln die Kühlung eines Kernkraftwerks.

Diese Fuzzy-Systeme benutzen ihre Maschinenintelligenz, um alte Aufgaben besser oder billiger auszuführen oder um neue Aufgaben zu übernehmen. Fuzzy-Systeme finden mittlerweile Verwendung in Hunderten von technischen Systemen in der ganzen Welt.[17] Diese Anwendungen haben sich weit über die Grenzen ihres ursprünglichen Haupteinsatzgebiets, Japan, hinaus ausgebreitet. Brasilien benutzt mittlerweile Fuzzy-Systeme in vielen seiner Projekte zur Erdölförderung und -verarbeitung.[18]

Fuzzy-Systeme haben eine einfache mathematische Struktur, was die Verbreitung der Anwendungen fördert. Diese Mathematik hat sich ihrerseits im Lauf der Jahre weiterentwickelt. Sie ist mittlerweile so stark vereinfacht, daß die meisten kleineren Anwendungen keinen speziellen Fuzzy-Chip erfordern. Ingenieure können die Software in den Chips, die heute in Autos, Konsumgüter oder industrielle Systeme eingebaut werden, einfach umprogrammieren. Dieser Zweig der Mathematik trägt das Akronym SAM für *Standard-Additionsmodell.*[19] Fast alle angewandten Fuzzy-Systeme benutzen irgendeine Form von SAM-Modell. Und einige SAM-Modelle wiederum gleichen den Modellen, die in zahlreichen neuronalen Netzen und Lernsystemen verwendet werden.

All diese Fuzzy-Systeme haben eine einfache Flußstruktur beziehungsweise Topologie. Sie sind vorwärtsbetrieben *(feedforward).* Sie wandeln einen Input in einen Output um, und das ist alles. Sie beantworten eine Frage nur dann, wenn man sie stellt. Sensoren können Eingaben in sie einspeisen und auf diese Weise viele Fragen pro Sekunde an sie stellen. Doch sie geben auf jede Frage nur eine Antwort.

Problematisch wird es, wenn man weitere Variablen oder Ursachentypen in das Fuzzy-System einbringt. Dann muß es in hohen Dimensionen arbeiten. Der Besen wird breiter in einem geometrischen Sinn, und jede zusätzliche Borste bringt weniger Struktur in das ganze System.

Die Pflaster- bzw. Teilflächenstruktur eines Fuzzy-Systems wird in hohen Dimensionen zunehmend zu einem Nachteil. Ein Regelpflaster knüpft Wissen an Geometrie.[20] Doch in den meisten Fällen kann ein Regelpflaster nicht allzuviel Wissen verdichten oder enthalten. Die Pflasterstruktur zeigt uns, wo die Regel die Systemfläche abdeckt oder teilweise modelliert. Sie zeigt uns auch, daß die Regel die restliche Fläche größtenteils ignoriert.

Betrachten wir das Problem des Zurückstoßens eines LKWs. Ein Fuzzy-System kann dies mit 30 oder weniger Regeln bewerkstelligen. Einige Modelle können die Zahl der Regeln auf zehn oder sogar fünf drücken. Die Zahl der Regeln springt auf über 100, sobald das Fuzzy-System einen LKW und einen

Anhänger zurückstoßen muß. Sie kann auf über 500 springen,
wenn das System einen LKW und zwei Anhänger rückwärts
fährt. Weiter unten erörtern wir einen neuen Typ von Fuzzy-
System, das einen LKW und fünf Anhänger rückwärts fahren
lassen kann.

Eine Möglichkeit, die Regelexplosion in den Griff zu bekommen, läßt sich mit dem Schlagwort »divide et impera« (teile und
herrsche) umschreiben. Manchmal ist es sinnvoll, zur Regelung
eines Prozesses statt eines großen Fuzzy-Systems vier oder fünf
kleine Fuzzy-Systeme zu bauen und miteinander zu verknüpfen.

Meine Studenten und ich taten genau dies, als wir uns
bemühten, »intelligente« Autos zu modellieren, die in einspurigen Kolonnen auf den Fernstraßen der Zukunft fahren könnten.[21] Kolonnen aus schnellen *smart cars* können theoretisch
die Straßenkapazität um einen Faktor von 4 oder 5 erhöhen.
Eine Kolonne könnte aus bis zu zehn Kraftfahrzeugen bestehen,
die mit einer Geschwindigkeit von 120 km/h über Erhebungen
und durch Kurven fahren.

Das Kolonnensystem ist komplexer als zehn Bowlingkugeln,
die mit Federn verbunden sind und sich mit 120 km/h über Buk-
kel und durch Kurven fortbewegen. Niemand weiß, wie die
nichtlineare Dynamik aussieht. Und Kraftfahrzeuge können
sich einer Kolonne anschließen oder davon trennen und eine
neue bilden.

Allein der rechtliche Aspekt läßt die Autohersteller noch
zögern. Wen verklagen wir, wenn die Fahrzeuge der Kolonne
ineinanderfahren? Verklagen wir den Kolonnenführer oder den
Softwarelieferanten? Verklagen wir den Autohersteller oder die
Behörde, die für die Überwachung der Straße zuständig ist? Die
amerikanische Antwort lautet tendenziell, daß man sie alle verklagt und die Gerichte die Einzelheiten herausarbeiten läßt. Dies
hat mit dazu beigetragen, daß viele *Smart-car*-Modelle nie über
das Forschungsstadium hinausgelangt sind.

Wir zerlegten das System in kleine Fuzzy-Systeme. Ein
System steuerte die Drosselklappen. Ein zweites regelte den
Abstand zwischen den Fahrzeugen. Ein drittes regelte die Brem-
sen und so weiter. In einigen Fällen nahmen wir die besten

mathematischen Modelle, die wir finden konnten, und integrierten ihre Struktur in ein Fuzzy-Regelsystem. Dann optimierten wir diese Fuzzy-Regeln mit Hilfe von Simulationen, neuronalem Lernen und einigen realen Fahrtests. Komplexere Fuzzy-Systeme können eine hierarchische Struktur besitzen, wobei Fuzzy-Hauptsysteme Fuzzy-Nebensysteme beziehungsweise mathematische Untermodelle regeln.

»Divide et impera« verhindert die Regelexplosion nicht. Es zerlegt die große Regelexplosion lediglich in kleinere Regelexplosionen, die wir vermutlich besser in den Griff bekommen. Darin spiegelt sich das gravierendste Problem der Regelexplosion wider. Sie schränkt den kausalen Erstreckungsbereich von Fuzzy-Systemen ein.

Ein Fuzzy-System ist um so wirklichkeitsgetreuer, je mehr Ursachen beziehungsweise Inputs es berücksichtigt. Die Fuzzy-Bauchspeicheldrüse könnte um Terme erweitert werden, die Adrenalin oder andere Hormone wie Insulin, Thyroxin oder das Wachstumshormon messen. Diese vier Terme würden ein wirklichkeitsgetreueres Modell ergeben, das sich jedoch weniger gut handhaben ließe. Kreditrisikomodelle benutzen oftmals mehr als 20 Variablen, die von Zahlungs- und Wortdaten bis zu Alter und Einkommen reichen. Unternehmensführungs- und Informationsverwaltungsmodelle können über 100 Variablen enthalten.

Mit der zunehmenden Zahl von Termen wird es auch immer schwieriger, eine Vorhersage zu überprüfen. Ein Modell mit genügend Termen kann jedes beliebige Ergebnis erklären. Man kann immer behaupten, daß man nicht genügend Terme konstant gehalten hat oder einige Terme in unbekannter Weise miteinander wechselwirkten.

Die Regelexplosion ist bei vielen Problemen, die sich einer einfachen Steuerung oder Vorhersage entziehen, noch gravierender. Bei der Datenübertragung werden unter Umständen viele Terme sehr viel schneller verarbeitet, als es die Regelungssysteme erfordern. Dies gilt für alle Formen der Bildkompression und der Bewegungsschätzung. Es trifft auch für die virtuelle Realität zu, wo der Computer in jeder Sekunde Tausende oder Millionen von Merkmalen aktualisieren muß, um dem

User das täuschend echte Gefühl zu geben, durch einen Zoo, einen Nationalpark im Gebirge oder über ein Schlachtfeld zu gehen oder mit Delphinen und Haien zu schwimmen.[22]

Das Phänomen der Regelexplosion erinnert uns daran, daß Regeln Mangelware sind. Sie lassen sich nicht nach Belieben beziehungsweise kostenlos vermehren und lernen. Wir müssen mit unserem Regelbudget genauso haushalten wie mit unseren Ersparnissen. Dies läßt uns nach dem besten Regelbudget und den besten Regeln darin suchen.

Optimalregeln: die Extrema pflastern

Lernprozesse verschieben die Regelpflaster in dem Maß, wie sie diese optimieren. Ich betrachtete Hunderte dieser sich bewegenden Teilflächen in Simulationen, bevor ich das Muster erkannte. Lernvorgänge verschieben die Pflaster auf einer Systemfläche. Aber wohin werden sie verschoben? Das Lernen sollte versuchen, sie an die optimale Stelle zu verschieben. Wo aber liegt diese?

Die Pflaster, die ich beobachtete, bewegten sich alle zu den gleichen Regionen: Unebenheiten. Sie bewegten sich, genauer gesagt, zu den Wendepunkten oder »Extrema« der Fläche. Sie pflasterten die Wendepunkte.

In einem einfachen Fall verwendeten wir zehn ovale Regelpflaster. Meine Studenten und ich ließen sie von einer Linie aus starten, wo sie sich gegenseitig überlappten. Dann speisten wir die Pflaster mit Stichprobendaten von einer Kurve mit fünf Wendepunkten. In kurzer Zeit bewegten sich fünf der Pflaster zu den fünf Extrema. Zwei weitere Pflaster wanderten zu den Endpunkten der Kurve. Die anderen Pflaster füllten drei der vier Zwischenräume zwischen den Extrema aus. Weiteres Lernen oder weiteres Training ließ die Pflaster nur leicht um ihre Extrempositionen zittern. Die Pflaster bewegten sich nicht mehr von den Extrema weg, wenn sie diese einmal erreicht hatten.

Das nachstehende Schaubild zeigt, wie Fuzzy-Regelpflaster die Extrema in einer einfachen Kurve abdecken können.

Hier erzeugen vier Regeln vier Regelpflaster. In der Praxis

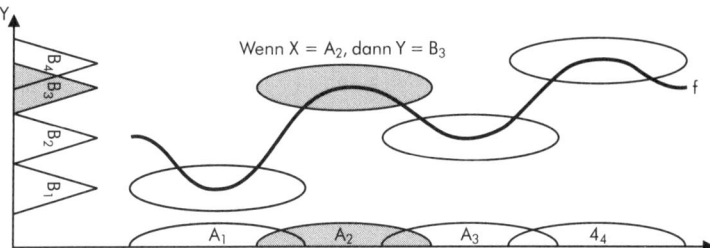

Fuzzy-Funktionsapproximation: Ein Fuzzy-System approximiert ein System, indem es dessen Graphen mit Fuzzy-Regelpflastern abdeckt. Das fuzzylogische Theorem der Näherung stellt sicher, daß eine endliche Zahl von Fuzzy-Regelpflastern jede Systemfläche beliebig genau abdekken kann. Einzelne Optimalregeln decken die Extrem- oder Wendepunkte der Systemfläche ab. Lernen verändert die Form von Regelpflastern und verschiebt sie zu den optimalen Stellen.

überlappen sich die Pflaster meist. Dank dieser Überlappung kann das Fuzzy-System komplexere Funktionen approximieren. Ein einzelnes Regelpflaster ergibt lediglich eine flache Linie. Tatsächlich kann man aufgrund dieser Tatsache beweisen, daß einzelne Optimalregeln die Extrema der Systemoberfläche pflastern.[23]

Eigentlich möchte man, daß jede neue Regel das nächstgrößte Extremum in der Fehlerfläche abdeckt. Die Fehlerfläche ist der Spalt beziehungsweise die Kluft zwischen der Fläche des Fuzzy-Systems und der Fläche des physikalischen Systems. Man kann sich die Fuzzy-Fläche als einen gekräuselten roten Teppich und die Systemfläche als einen gekräuselten blauen Teppich vorstellen. Beim einfachen Abdecken der Extrema werden die Fuzzy-Regeln auf die Extrema der blauen Fläche gelegt. Dies ist ein Sonderfall des Pflasterns der Extrema auf der neuen violetten Fehlerfläche.

Angenommen, wir haben mehr Regelpflaster als Extrema. Dies geschieht bei einfachen Systemen, die nur zwei oder drei Eingaben haben. Wo legt man die zusätzlichen Regeln ab? Hier decken sich gesunder Menschenverstand und mathematische Logik. Man legt das Regelpflaster an die Stelle, an der es die Abweichung beziehungsweise den Spalt zwischen dem Fuzzy-

System und dem zu approximierenden System am stärksten verringert. Diese Stelle deckt ein Extremum in der Fläche ab, wenn es weniger Regelpflaster als Extrema gibt. Das Pflastern der Extrema zeigt, wohin das Lernen führen sollte.

Das nächste Kapitel befaßt sich mit der Frage, wie neuronale und andere Modelle ein Fuzzy-System optimieren können, indem sie seine Regeln verändern. Jede Änderung verlagert ein Regelpflaster oder verändert dessen Form. Schlechte Lernverfahren verschieben einzelne Regelpflaster nicht zum nächsten Maximum oder Minimum der Fläche. Bessere Lernverfahren bewegen sie dorthin, und dies vielleicht schneller und mit weniger Daten als andere Verfahren. Aber dies ist leichter gesagt als getan.

Die Suche geht weiter

Die Pflasterung der Extrema ist mit einem großen Problem behaftet: Man weiß nur selten, wo sie sich befinden.

Dies bedeutet, daß man eine Systemfläche approximieren möchte, deren Struktur man nicht kennt. Extrema sind ein Teil der Fläche. Wenn man nichts über die Fläche weiß, weiß man auch nichts über die Extrema. Was also kann man tun? Man muß Vermutungen über die Lage der Extrema anstellen.

Wenn man über die Beschaffenheit der Fläche Vermutungen anstellen muß, dann sind die Extrema die Teile, die sich am besten erraten lassen. Dann hat man zwar nach wie vor ein System, das auf Mutmaßungen basiert. Aber die Situation ist nicht so schlecht, wie wenn man die gesamte Fläche erraten muß. Und das System ist weitaus sicherer, als mit einer superempfindlichen nichtlinearen Gleichung die Struktur der ganzen Fläche abzuschätzen. Man kann immer über eine Gleichung mutmaßen, die lediglich die Extrema zu modellieren versucht. Dabei kann dies so schwierig und das Ergebnis so brüchig sein, wie wenn man Vermutungen über die ganze Fläche anstellen würde. Experten äußern vielfach Mutmaßungen über die Position der Extrema, wenn sie anderen ihr Wissen oder ihre Faustregeln mitteilen. Experten beschreiben in der Regel die Wendepunkte des Systems oder zumindest die Wendepunkte *ihres* Systems.

Die Hauptaufgabe eines Experten besteht darin, uns in heiklen Situationen zu helfen. Eine heikle Situation tritt dort auf, wo sich ein Extremum oder ein Knick in der Systemfläche befindet. Auf geraden Streckenabschnitten brauchen wir keinen Profifahrer, der unseren Wagen lenkt. Wir brauchen seine Hilfe nur, um sicher durch scharfe Kurven zu fahren und anderen Autos oder Kühen, die unvermittelt auf die Fahrbahn springen, auszuweichen.

Oft zeigen auch empirische Daten, wo einige der Extrema liegen. Angenommen, wir stellen einige der Stichproben, die uns Aufschluß darüber geben, wie sich der Weizenertrag auf einem Bauernhof mit der ausgebrachten Menge eines neuen Düngers verändert, graphisch dar. Die Stichproben sind lediglich Punkte auf einem Blatt Papier. Doch es wird einen höchsten und einen tiefsten Punkt geben. Diese Punkte geben uns einen ersten Aufschluß über das tiefste Tal und den höchsten Gipfel. Die Zwischenräume zwischen diesen Punkten können durch weitere Punkte ausgefüllt werden. Andere Stichprobenpunkte können kleinere Täler und Gipfel definieren. Die Vermutungen über die Lage der Extrema verbessern sich in dem Maße, wie mit der Zeit weitere Daten über den Ernteertrag und damit Stichprobenpunkte eingehen.

Die Pflasterung der Extrema löst das Problem der Regelexplosion nicht. Es gibt überhaupt keine Lösung dafür. Die klugen Köpfe und Rechner von heute können die Grenzen von gestern nur ein klein wenig hinausschieben. Sie können Wissensbäume ein paar Schichten tiefer absuchen, als es ihre Vorgänger konnten. Sie können jedoch den exponentiellen Charakter der Regelexplosion nicht beseitigen.[24] Dieser liegt in der Struktur der Modellierung nichtlinearer Systeme durch Wissen beziehungsweise Regeln selbst begründet. Einige Verfahren haben versucht, die Regeln zu Clustern oder Hierarchien zu bündeln, doch dies hat die exponentielle Komplexität lediglich neu verteilt.

Der Regelfluch läßt sich auch dadurch abschwächen, daß man die Struktur der Regeln verbessert. Das Pflasterverfahren zeigt, wohin man die Regeln bewegen muß. Viele Lernverfahren zielen genau darauf ab. Doch die Form einer Regel hat Einfluß darauf, wie gut das Fuzzy-System funktioniert, selbst wenn die Regel ein Extremum in der Systemfläche abdeckt.

Diese Bemühungen laufen weitgehend auf die Suche nach neuen Formen für die Prämissenmengen hinaus, die unscharfe Konzepte wie *kühle* Luft oder *hoher* Goldpreis beschreiben. Ältere Fuzzy-Systeme benutzten einfache Mengen wie Dreiecke oder Trapeze. Andere benutzten Glockenkurven. Dreiecke sind vermutlich die Formen, mit denen ein Ingenieur am leichtesten arbeiten kann, aber sie haben einen Effekt, der nur wenigen der frühen Fuzzy-Ingenieure auffiel. Dreiecke erzeugen ein lokal lineares System. Sie erzeugen ein »stückweise« lineares System, das eine stetige unebene Fläche mit Furnierholzplatten zu modellieren versucht.

Ich habe mit meinen Studenten nach der besten Form oder zumindest einer guten Form für unscharfe Prämissenmengen gesucht. Wir haben Hunderte von Mengenformen ausprobiert und sie miteinander verglichen. Die bis dato besten Mengen haben eine komplexe Form, die oftmals dem gewöhnlichen Alltagsverstand widerspricht. Diese Suche gleicht ein wenig der Suche von Thomas Edison nach dem besten Glühfaden für Glühlampen. Die Ergebnisse dieser Suche sind immer vorläufig. Daher wird diese Suche in irgendeiner Form gewiß noch Jahrzehnte weitergehen.[25]

Die Suche nach Extrema bleibt die langfristige Strategie zur Modellierung eines Systems beziehungsweise seines Musters von Ursache und Wirkung. Diese Erkenntnis kann uns und unsere künftigen intelligenten Maschinen davor bewahren, Zeit und Mühe damit zu vergeuden, die falschen Äste abzusuchen oder mit den falschen Werten in einer Gleichung herumzuspielen. Und doch ist die Suche nach Extrema ein einfacher Fall, der so in der Praxis kaum anzutreffen ist. Denn reale Systeme sind nicht so wohlerzogen. Sie neigen dazu, sich mit der Zeit zu verändern.

Die Aussicht auf Feedback

Die Regelexplosion verschlimmert sich, wenn sich ein System im Zeitablauf verändert. Das kann geschehen, wenn eine Roboterhand einen Fisch zu fangen versucht oder der Pilot eines Jagdflugzeugs ein anderes Flugzeug abschießen will. Dann enthält die Systemfläche nicht bloß Extrema. Sie wackelt außerdem im Zeitablauf, und daher verändert sich die Position der Extrema.

Ein Lösungsansatz besteht darin, weitere Regeln hinzuzufügen, um auch die neuen Extrema zu pflastern. Dies führt zu einer neuen Ebene der Regelexplosion. Ein einfaches System aus drei Variablen kann über 30 000 Regeln benötigen, um ein chaotisches System zu modellieren. Andere Schemata lernen, die sich bewegenden Extrema zu verfolgen, aber auch dies kann eine weitere tiefe Schicht an Komplexität hinzufügen.

Ein Ausweg besteht im Feedback (Rückkopplung): Die Regeln wirken auf sich selbst zurück. Das System benutzt seinen eigenen Output als Input.

Dies bedeutet, daß wir die Topologie beziehungsweise Flußstruktur des Fuzzy-Systems ändern. Wir transformieren das offene System, das von links nach rechts fließt, in ein geschlossenes System, das im Kreis fließt. Ein Rückkopplungssystem braucht vielleicht nur einige Regeln, um ein sich wandelndes System zu modellieren. Die 30 000 Regeln des vorwärtsbetriebenen Fuzzy-Systems werden durch vielleicht nur ein Dutzend Regeln des Rückkopplungssystems ersetzt.

Doch auch die Rückkopplung hat ein Problem: die Stabilität. Ein Rückkopplungssystem kann in einen Teufelskreis geraten, der es in Endlosschleifen aufhängt oder zu einer Systemüberlastung führt. Das ist Instabilität. Wir haben alle schon einmal das schrille Geräusch gehört, das entsteht, wenn ein Mikrophon seine eigene Ausgabe aufnimmt und verstärkt. Wir betrachten die Stabilität unserer Klimaanlagen, die den Raum kühlen, wenn die Zimmerluft warm ist, und die ihn weniger kühlen, wenn sie kalt ist, als etwas Selbstverständliches. Ingenieure haben viel Entwicklungsarbeit geleistet, um die Stabilität hydraulischer Stellmechanismen, die ein großes Schiff oder auch einen Satelli-

ten auf seiner Umlaufbahn oder ein Kampfflugzeug im Flug
steuern und stabilisieren, zu gewährleisten.[26]

Die meisten rückgekoppelten Fuzzy-Systeme sind nicht stabil. Sie geraten rasch außer Kontrolle, wenn sie ihren letzten
Outputwert als neuen Inputwert in sich rückführen. Die Standard-Fuzzymodelle haben keine bekannten stabilen Versionen.
Dies hat uns dazu gezwungen, ihre Struktur zu verändern, und
selbst die meisten dieser neuen Versionen sind nur in seltenen
Sonderfällen stabil. Andere rückgekoppelte Fuzzy-Systeme sind
dichte Gewirre eng miteinander verschränkter Regeln, bei denen
kaum Aussicht besteht, daß wir sie steuern oder auch nur verstehen können.[27]

Die einfachsten rückgekoppelten Fuzzy-Systeme erweitern
eine Eigenschaft von offenen Standard-Fuzzy-Systemen. Sie
gewichten und addieren lokale »Experten« oder Systeme. Standardsysteme berechnen eine Ausgabe als gewichtete Summe
gespeicherter Werte. Die gespeicherten Werte beschreiben den
Konklusionsteil der Regeln, wie etwa in der unscharfen Menge
für *gering* in der Regel »Wenn der Goldpreis hoch ist, dann ist
die Goldnachfrage gering«. Jeder Input verändert diese Gewichtungen, doch die gespeicherten Werte verändern sich nicht.

Rückgekoppelte Fuzzy-Systeme berechnen jeden Output als
gewichtete Summe einfacher Systeme. Diese Systeme können
theoretisch jede beliebige nichtlineare Gestalt haben, aber dann
können wir wenig über sie sagen. In der Praxis sind diese
Systeme linear, während das umfassende rückgekoppelte
Fuzzy-System selbst nichtlinear ist. Dann können wir beweisen,
daß das gesamte System stabil ist und rasch zu einem Gleichgewicht konvergiert, wenn die Konklusionssysteme eine gewisse
Struktur besitzen. Die Stabilität hängt nicht von der Form oder
Struktur der Prämissenmengen ab, wie etwa in der unscharfen
Menge der *hohen* Goldpreise. Wir sind noch immer weit davon
entfernt, optimale Regeln für diese Systeme zu finden.

Kazuo Tanaka von der Kanazawa-Universität in Japan hat als
erster dieses rückgekoppelte Fuzzy-Schema herausgearbeitet.
Tanaka wandte diese stabilen Rückkopplungssysteme später auf
den mittlerweile Standardtestfall des Zurückstoßens eines Lastzugsystems an eine Laderampe an. Das Lastzugsystem kann von

jedem beliebigen Punkt auf einem Parkplatz starten, dazu gehört auch der Start aus einer Querstellung. Dann wandte Tanaka sein einfaches Rückkopplungsschema auf die sehr heikle Aufgabe an, einen Lastwagen mit fünf Anhängern zurückzustoßen.[28]

Stabile rückgekoppelte Fuzzy-Systeme sind jedoch im mathematischen Raum recht selten. Dies hängt damit zusammen, daß die meisten dynamischen Systeme nicht stabil sind. Dies wiederum ist darauf zurückzuführen, daß die meisten Systeme nichtlinear sind. Und zudem haben die meisten Systeme riesige Mengen von Variablen und nicht nur die wenigen, mit denen unser Intellekt arbeiten kann.

Dies stellt den Fuzzy-Theoretiker vor ein grundlegendes Dilemma. Er ist mit der Regelexplosion konfrontiert, wenn er mit einem offenen System arbeitet. Und er ist mit Instabilität und Unergründlichkeit des Systems konfrontiert, wenn er mit einem Rückkopplungssystem arbeitet. Er bezahlt ein Modell der realen Welt entweder mit Regeln oder mit der Unkenntnis darüber, wie das Modell funktioniert. Oder er bezahlt mit einer Mischung aus Regeln und Wissen.

Der einzige Trost liegt darin, daß sich alle Wissenschaftler und Techniker einer Form dieses Dilemmas gegenübersehen. Die beste Mathematik zur Beschreibung unserer Welt paßt nur selten in unseren Kopf. Wir können nur hoffen, daß ein Teil davon in unsere Chips passen wird.

10 »Optimale Hirnschädigung«

Einbildung ist daher nichts anderes als zerfallende Em-
pfindung … Wollen wir aber den Zufall ausdrücken und
andeuten, daß die Empfindung blaß, alt und vergangen ist,
so spricht man von Erinnerung.

Thomas Hobbes, *Leviathan*

Die Formbarkeit der lebenden Materie unseres Nervensy-
stems ist der Grund, weshalb uns eine beliebige Verrichtung
beim ersten Mal schwer fällt, doch mit der Zeit geht sie uns
immer leichter von der Hand, und zu guter Letzt, nachdem
wir sie hinreichend oft geübt haben, führen wir sie halb
mechanisch oder gar weitgehend unbewußt aus.

William James, *The Laws of Habit. Talks to Teachers*
on Psychology

Wenn ich Begriffe wie »Staat«, »Geld«, »Gesundheit« oder
»Gesellschaft« verwende, gehe ich davon aus, daß meine
Zuhörer mehr oder minder das gleiche darunter verstehen
wie ich. Doch der Ausdruck »mehr oder minder« ist der
springende Punkt. Jedes Wort hat für jede Person eine
geringfügig andere Bedeutung, selbst unter denjenigen,
die demselben kulturellen Milieu entstammen.

Carl G. Jung, *Der Mensch und seine Symbole*

Aufgrund neuer Erkenntnis sind wir zu der Überzeugung
gelangt, daß die Evolutionstheorie mehr ist als eine Hypo-
these.

Papst Johannes Paul II., Ansprache vor der Päpstlichen
Akademie der Wissenschaft, Oktober 1996

Wir definieren den Substanzwert als den diskontierten Wert
der Barmittel, die einem Unternehmen während seiner rest-
lichen Lebensdauer entnommen werden können. Jeder, der
einen Substanzwert definiert, gelangt notwendigerweise zu
einer höchst subjektiven Zahl, die von den Schätzwerten der
künftigen Cashflows und der Zinsentwicklung beeinflußt

*wird. Doch trotz seiner Unschärfe ist der Substanzwert von
entscheidender Bedeutung und das einzige rationale Verfahren zur Beurteilung der Attraktivität von Kapitalanlagen
und Unternehmen.*

Warren E. Buffett, Geschäftsbericht 1994 der Kapitalanlage-
gesellschaft Berkshire Hathaway Incorporated (abgedruckt
mit freundlicher Genehmigung des Autors)

*Probleme, bei denen es um eine gigantische Zahl an Mög-
lichkeiten geht, werden nicht durch bloße Datenverarbei-
tungsmengen gelöst werden. Wir müssen nach Qualität,
nach ausgeklügelten Tricks, nach allen Finessen, die wir uns
vorstellen können, suchen. Rechner, die schneller sind als die
heute verfügbaren, werden uns dabei eine große Hilfe sein.
Wir werden sie benötigen.*

Hans Bremermann, »Optimization Through Evolution and
Recombination«, *Self-Organizing Systems*

▬▬▬▬ Gott muß nichts lernen. Die mathematische Blaupause
unseres Universums ist unveränderlich, und nur Tatsachen existieren. Es gibt keine Geheimnisse vor der Allwissenheit.

Wir Sterblichen aber müssen diese mathematische Blaupause
erraten und nach den Fakten suchen. Wir müssen lernen, und
wir sind dazu auf unser Gehirn und auf Maschinen angewiesen.
Die Erfahrung formt und verändert diese Strukturen. Fakten
und Fiktionen und Rauschen optimieren die Synapsen in unserem Gehirn und die Teile oder die Software in unseren Maschinen.

Lernvorgänge optimieren und formen auch Fuzzy-Systeme.
Neue Daten erzeugen neue Fuzzy-Muster. Das Muster eines
hohen Aktienkurses geht langsam aus Stichproben von Aktienkursen und Cash-Flows hervor. Das Muster niedriger Gewinne
kann sich aus denselben Daten entwickeln und wandeln. Die
neuen Muster ändern die Regeln, die sie abbilden. Die sich wandelnden Regeln verändern ihrerseits die Fuzzy-Systeme, die
durch die Regeln Inputs Outputs zuordnen. Neue Daten verändern Fuzzy-Systeme, so wie sie unser Gehirn und die Milliarden

oder Billionen von Mustern, die durch unser Gehirn strömen, verändern.

Andere Schemata können unscharfe Konzepte und Regeln verändern. Zufallssuche und -mutation können Regeln in Fuzzy-Systemen modifizieren oder beschneiden, so wie sie DNA-Doppelhelices in Genpools verändern. Dies ist das Feld der genetischen Algorithmen. Diese Schemata schütteln wahllos ein Fuzzy-System durch, bis sie ein geringfügig besseres finden, und dann schütteln sie dieses System durch.

Neuro-Fuzzy- und Geno-Fuzzy-Systeme haben vielfältige Anwendungen in Technik und Wissenschaft gefunden, obwohl sie mit zahlreichen Problemen behaftet sind. Diese Systeme haben sogar Einzug gehalten in jener Schimäre aus Zahlen und Hoffnung, die »Finanzierungstechnik« heißt. Mittlerweile werfen Neuro-Fuzzy-Systeme Pfeile auf Kursgrafiken.

Neuronale Netze berechnen Muster

Neuronale Netze lernen Muster und suchen dann nach ähnlichen Mustern. Ein neuronaler Papanicolaou-Abstrich lernt das abstrakte Muster eines krebspositiven Abstrichs und vergleicht dann jede neue Probe mit dem abstrakten Muster.[1] Ein neuronales Detektivnetz lernt das Muster, wie Diebe mit gestohlenen Kreditkarten ein Konto belasten, und sucht dann sämtliche Belastungen nach einer Übereinstimmung mit dem Muster ab. Ein neuronales Prozeßsteuerungssystem lernt die beste Mischung aus etwa einem Dutzend chemischen Stoffen, die in die Silberhalogenidsuppe strömen, aus der ein Kamerafilm hergestellt wird, oder in die Schokoladensuppe, aus der ein Schokoriegel gefertigt wird.

Neuronale Netze lernen diese Muster anhand von Beispielen. Ein Experte sagt dem neuronalen Netz, ob es einen guten beziehungsweise schlechten Schokoriegel herstellt. Diese Daten werden in das Netz rückgespeist und verändern dessen Struktur. Das Netz ist jetzt ein neues Netz. Es mischt eine neue Schokoladensuppe und stellt mit der Zeit einen neuen Schokoriegel her. Der Experte verkostet den neuen Schokoriegel und sagt dem neuro-

nalen Netz, wie gut es seine Aufgabe erledigt hat. Mit der Zeit
lernt das neuronale Netz das unscharfe Muster eines guten
Schokoriegels. Es lernt das unscharfe Muster als eine Art Intuition oder Gewohnheit.

Jeder Trainingsdurchgang verändert das unscharfe Muster, so
wie jede Empfindung unser superempfindliches Gehirn geringfügig verändert. Der Psychologe und Philosoph William James
schrieb über diese bemerkenswerte Lernfähigkeit des Gehirns
hinsichtlich moralischer Muster in seinem 1890 erschienenen
Buch *The Principles of Psychology*, das zu den grundlegenden
Werken der modernen Psychologie und der modernen Theorie
neuronaler Netze gehört:

> Noch die kleinste tugend- oder lasterhafte Handlung hinter-
> läßt ihre wenn auch noch so kleine Narbe. Der betrunkene
> Rip Van Winkle in Jeffersons Theaterstück entschuldigt sich
> für jedes neue Pflichtversäumnis mit der Äußerung: »Ich
> werde dieses Mal nicht zählen!« Nun, vielleicht zählt er es
> nicht, und ein mild gestimmter Himmel mag es auch nicht
> anrechnen, und doch zählt es. Tief unten zwischen seinen
> Nervenzellen und -fasern wird es von den Molekülen gezählt,
> registriert und gespeichert, um es bei der nächsten Versu-
> chung gegen ihn zu verwenden. Nichts, was wir jemals tun,
> verschwindet im streng wissenschaftlichen Sinne.

Dies ist die neuronale Basis der begrifflichen Unschärfe. Unsere
unscharfen, vagen Begriffe wie *rot* oder *fett* oder *klein* sind relativ, weil unsere neuronalen Netze so formbar sind. Unsere Ner-
vennetze lernen beziehungsweise abstrahieren ihre Muster aus
dem sich ständig wandelnden Strom von Erfahrungen – selbst
wenn dieser Strom von Mustern von einer Tagesstätte, einem
Rockkonzert oder einem Fernsehapparat ausgeht. Es gibt viele
verschiedene neuronale Netzmodelle, aber ihnen allen ist diese
Formbarkeit der Muster gemeinsam.

Ein neuronales Netz selbst enthält Hunderte von Neuronen
beziehungsweise Ein-Aus-Schaltern, die den neuralen Signalstrom, der durch sie fließt, aufsummieren. Sie schalten sich ein,
wenn der Strom einen bestimmten Schwellenwert überschreitet, oder sie schalten sich auf eine höhere Stufe. Ein neuronales

Netz kann aus bis zu zehn Neuronenschichten bestehen. Die Neuronen in einer Schicht funktionieren wie die blinkenden Glühlampen auf einer Leuchtreklame am »Strip« von Las Vegas. Der neurale Signalstrom fließt von Leuchttafel zu Leuchttafel und verändert dabei die Blinkmuster. In höherentwickelten Fuzzy-Neuronen, die am häufigsten in modernen neuronalen Modellen vorkommen, fließt ein beständiger Fuzzy-Strom von »aus« nach »ein«.

Der neurale Signalstrom fließt durch drahtartige Verbindungen beziehungsweise Synapsen. Das menschliche Gehirn besteht aus etwa 100 Milliarden Neuronen. Jedes Neuron steht im Schnitt mit mindestens 10 000 anderen Neuronen in Verbindung. Die Synapsen sind die Verbindungsstellen. Sie wachsen, wenn sie genutzt werden, und sie schrumpfen beziehungsweise verkümmern, wenn sie nicht genutzt werden oder auch einfach infolge des natürlichen Alterungsprozesses. Das Gehirn speichert Muster in seinem großen wirren Knäuel aus Synapsen. Visuelle Muster, aber auch Geruchs-, Klang- und Bewegungsmuster stapeln sich in einem synaptischen Netz übereinander.

Aber die Synapse selbst speichert kein Muster. Neuronale Netze funktionieren gewissermaßen wie große Harfen im Gehirn. Lernen stimmt die synaptischen (axonalen) Saiten. Die Muster stecken nicht in den einzelnen Saiten, sondern in den Akkorden, die Tausende oder Millionen von Saiten erzeugen. Wenn sich die Saitenkonstellationen ändern, ändern sich auch die Muster. Das Denken geht aus globalen Mustern musikalischer Resonanz hervor. Der Geist entsteht aus diesen Mustern, die gleichzeitig durch Tausende von Netzen oder Saiten schwingen. Niemand zupft an den Saiten oder dirigiert sie. Die neuronalen Netze organisieren sich selbst. Und sie rechnen. Sie verwandeln Inputmuster in Outputmuster.

Künstliche neuronale Netze berechnen Muster. Neuro-Computer führen das Knäuel aus Neuronen und Synapsen auf seine einfachste mathematische Form zurück.[2] Jedes Netz verwandelt Inputs in Outputs. Man füttert das Netz mit einer Liste von Meßwerten, und es gibt uns eine Liste von Steuerbefehlen oder eine positive oder negative Anwenderkennung zurück. Das Netz könnte beispielsweise Messungen an der Schokoladensuppe mit einer neuen Mischung von Inhaltsstoffen abgleichen. Oder es könnte ein Bild oder ein von einem Scanner abgetastetes Retinamuster auf seine Übereinstimmung mit den Daten prüfen, die auf der Chipkarte einer Bank gespeichert sind.

Ein Finanz- und Kreditspezialist könnte in ein trainiertes Netz die Daten von Hunderten oder Tausenden neuer Antragsteller eingeben, die ein Haus kaufen oder eine Hypothek umschulden wollen. Das Netz ordnet jeder Eingabe einen Wert zu, der die Wahrscheinlichkeit angibt, mit welcher der Antragsteller das Darlehen zurückzahlen wird, und vielleicht auch noch ein Risiko- beziehungsweise Konfidenzmaß seiner Berechnung. Neuronale Netze helfen bei der Suche nach guten Kunden und bei der Erstellung eines Produktions- beziehungsweise Vertriebsplans. Der Weltmarkt für neuronale Netze hatte im Jahr 1997 ein Volumen von etwa einer Milliarde Dollar. Die meisten großen Unternehmen und Länder fördern die Forschung auf dem Gebiet neuronaler Netze und deren Anwendungen.[3]

Ein neuronales Netz ist nicht auf die Regeln angewiesen, die ein Fuzzy-System benutzt. Es benutzt schichtenförmig angeordnete Neuronen, um Eingaben auf Ausgaben abzubilden. Ein einzelnes Neuron hat keine große Wirkung auf das Netz. Es gleicht einer Speiche in einem sehr großen Rad.

Ein Neuron definiert im Unterschied zu einer Fuzzy-Regel kein Systempflaster. Es spielt lediglich seine kleine Rolle bei der Umwandlung von Eingaben in Ausgaben. Dadurch hat ein Neuro-System einen Kardinalvorteil gegenüber einem Fuzzy-System. Ein neuronales Netz ist nicht unbedingt mit dem Problem der exponentiellen Regel- oder Neuronenzunahme behaftet. Neuronale Netze sind skalierbar.

Man kann zusätzliche Eingabe-Neuronen (bzw. -Ursachen) in ein neuronales Netz integrieren, ohne daß man zusätzliche Neuronen in die »versteckten« Zwischenschichten einbauen muß. Möglicherweise muß man das Netz sehr viel länger trainieren. Daher mag der Rechenaufwand zunehmen oder auch exponentiell anwachsen. Aber die Architektur muß nicht im gleichen Maß vergrößert werden.

Einige kleine Netze leiten viele Eingaben durch lediglich ein oder zwei versteckte Neuronen in der Zwischenschicht weiter.

Dann können die ein oder zwei Neuronen die Eingabe als Ausgabe zurückgeben. Wenn das Ein-Aus-Muster von etwa 30 Neuronen den Buchstaben »A« schreibt, dann können zwei Neuronen diesen neuralen Signalstrom oftmals auf etwa 30 Ausgabe-Neuronen abbilden, die dann das Muster »A« ausgeben. Dies ist eine sogenannte Identitätskarte (Replikatornetz).[4]

Neuronale Netze zahlen einen hohen Preis für diese hervorragende Abbildungstreue. Sie tauschen die Neuronenexplosion gegen die Unergründlichkeit des Systems ein.

Es gibt kein allgemeines Verfahren, um herauszufinden, was das neuronale Netz weiß. Man öffne die Black Box des neuronalen Netzes, und man findet lediglich verwickelte synaptische Spaghetti beziehungsweise »konnektionistisches Gewirr«. Das gleiche findet man, wenn man in ein wirkliches Gehirn hineinschaut. Die Neuronen bilden eine dünne Schicht auf der gefurchten Oberfläche. Der größte Teil der weißen Hirnsubstanz besteht aus biologischen Drähten – den Axonen, Synapsen und Dendriten, welche die Neuronen miteinander verschalten.

Die meisten natürlichen neuronalen Netze sind ebenfalls rückgekoppelte Netze. Folglich nehmen sie sowohl ihre eigenen Ausgaben als auch Sinnessignale und neurale Signale von anderen neuronalen Netzen als Eingaben an. Einige wenige künstliche neuronale Netze besitzen eine Rückkopplungsstruktur, die ihnen helfen soll, Signale oder Muster wie gesprochene Sprache, die sich im Zeitablauf verändern, zu modellieren oder den Fluß neuer neuronaler Muster unter Berücksichtigung alter gespeicherter Muster zu puffern. Aber rückgekoppelte Netze laufen immer Gefahr, instabil zu werden, und verursachen in der Regel einen erheblichen zusätzlichen Rechenaufwand. Sie müssen überdies ein sehr störungsanfälliges Gleichgewicht zwischen den Neuronen, die sich mit den Synapsen verändern, herstellen.[5]

Künstliche neuronale Netze haben ein Schlüsselmerkmal mit natürlichen neuronalen Netzen gemeinsam. Sie vergessen Muster, so wie es die besten und schlechtesten Gehirne auch tun. Wenn wir älter werden, vergißt unser Gehirn aus mindestens zwei Gründen gespeicherte Muster. Erstens beginnt es ab dem 30. Lebensjahr langsam zu schrumpfen, Jedes Jahr verlieren wir weitere Neuronen und Synapsen sowie weitere der stützenden Neurogliazellen, die sich zwischen den Neuronen erstrekken. Zellschädigungen, die nicht repariert werden, nehmen mit der Zeit zu. Der Alterungsprozeß ist nichts anderes als potenzierter biologischer Zerfall.

Der zweite Grund ist die Interferenz beziehungsweise Verdrängung von Mustern. Auch dadurch verändert sich die begriffliche Unschärfe unablässig. Neue Gesichter verdrängen alte im Gedächtnis. Jedes neue Gesicht, das wir lernen, löscht nicht *ein* altes Gesicht, das wir als Kind in der Grundschule im Gedächtnis abspeicherten. Vielmehr löscht es sämtliche Gesichter, die wir lernten, aber nur zu einem geringen Grad. Dies ist verteilter Zerfall. Jedes gespeicherte Muster zerfällt langsam in unserer privaten begrifflichen Unschärfe.

Je mehr wir lernen, um so mehr vergessen wir. Dies erklärt, weshalb ein Haus, eine Schule oder ein Stadtpark, die wir nach Jahren wiedersehen, nicht mehr den gleichen Eindruck auf uns machen. Wir haben in der Zwischenzeit Tausende von Schulen und schulähnlichen Gebäuden gesehen und neigen dazu, uns an ihre durchschnittlichen Merkmale zu erinnern. Genauer gesagt: Wir erinnern uns an den gewichteten Mittelwert der Merkmale, die wir in jüngster Zeit beobachtet haben. Außerdem sind im selben Synapsennetz mittlerweile Millionen weiterer Muster gespeichert. Etwas läßt notgedrungen nach, und was nachläßt, ist die Abrufgenauigkeit. Thomas Hobbes hat es 1651 auf den Punkt gebracht: Erinnerung ist nichts als zerfallende Empfindung.

Man kann dies wohl kaum als eine optimale technische Auslegung bezeichnen. Nur die blinde Evolution konnte unseren kostbaren Geist in solch schludrigen Maschinen aus Fleisch und Blut unterbringen.

»Optimale Hirnschädigung«

Neuronale Netze unterliegen keinem biologischen Zerfall. Ihre Mathematik ist ewig, und ihre Software kann Äonen währen. Allerdings leiden sie unter der Interferenz von Mustern.

Beim Erlernen der ersten Muster gibt es keinerlei Interferenz,
und das Abrufen funktioniert fehlerfrei. Doch die Interferenz
wächst, und das Abrufen wird in dem Maß unschärfer, wie die
Zahl der Muster wächst und die Muster sich gegenseitig ähneln.

Ein neuronales Netz lernt am besten, wenn die Muster
»orthogonal« (also senkrecht im geometrischen Sinne) aufeinanderstehen. Dies ist in der Praxis jedoch nur selten der Fall.
Die meisten Muster ähneln sich. Es gibt nur eine begrenzte
Anzahl von Grundtypen an Gesichtern, Häusern oder Filmplots.
Dies bedeutet, daß ein gegebener Datenpool meist nur ein paar
orthogonale – unabhängige – Achsen oder Typen enthält. Die
meisten Muster verbinden Merkmale dieser wenigen Grundtypen, so wie sich die meisten Farben aus Rot, Blau und Grün
zusammensetzen.

Die Entwickler neuronaler Netze haben Dutzende von Schemata ausprobiert, um die Interferenz zwischen den Mustern zu
verringern. Einige funktionieren in manchen Fällen besser als
andere, aber keines funktioniert durchweg gut. Eine gängige
Methode, ein neues Muster zu erlernen, besteht darin, all die
alten Muster neu zu lernen. Auf diese Weise verdrängt das neue
Muster keinen allzugroßen Teil der alten Muster, wenn das synaptische Netz durch Lernprozesse optimiert wird. Statt dessen
neigen alle Muster gleichermaßen dazu, sich gegenseitig zu verdrängen.

Dieses Umlernen kann Tage oder Stunden an Verarbeitungszeit erfordern. Und es gibt keine Möglichkeit herauszufinden, ob
das Netz die neue und größere Mustermenge genausogut lernen
wird, wie es die ältere, kleinere Menge gelernt hat. Die Speicher-
und Abrufleistung des neuronalen Netzes verschlechtert sich
mit der Zeit in dem Maß, wie sich die Zahl der Muster der Inter-
ferenzgrenze nähert. Daher können neuronale Netze natürliche
Gehirne sehr gut modellieren.

Sie können rasch abstrakte Fuzzy-Muster wie *kühle Luft*,
klebriger Harz oder *feindlicher Panzer* erlernen. Sie müssen
nur Stichproben dieser Muster abtasten beziehungsweise »er-
fahren«. Niemand definiert diese Muster mit Gleichungen oder
programmiert sie durch Regeln ins Netz ein. Das Netz lernt
durch praktisches Tun oder durch Beobachten.

Neuronale Netze können auch schnell neue Luft-, Harz- oder Panzermuster mit den gespeicherten alten Mustern abgleichen. Sie fungieren als mathematische Assoziativspeicher. Wenn sie ein neues Muster kühler Luft mit einem gespeicherten Muster kühler Luft vergleichen, tun sie dies auf der Grundlage des Inhalts des neuen Musters und nicht nach der »Adresse« des alten, gespeicherten Musters im synaptischen Netz. Das gespeicherte Muster hat keine Adresse. Es ist in jeder Synapse zu einem gewissen Grad enthalten, so wie ein Bild in allen Teilen eines Hologramms enthalten ist.

Doch neuronale Netze vergessen beim Lernen. Ihre synaptischen Netze sind so unergründlich, daß wir kein zuverlässiges Verfahren besitzen, um zu ermitteln, was sie vergessen haben, wenn sie etwas Neues lernen. Der Herzchirurg nimmt das gleiche Risiko auf sich, wenn er an einem herzchirurgischen Workshop teilnimmt oder lernt, wie man ein neues Skalpell führt, oder die Morgenzeitung liest.

Konstrukteure neuronaler Netze haben sich der Probleme des konnektionistischen »Gewirrs«, der Interferenz und der Vergeßlichkeit nur langsam angenommen. Die Märkte und andere Wissenschaftler waren da pragmatischer. Nur wenige Entwickler befürworten neuronale Netze als einzelnes Black-Box-Instrument für alle Anwendungszwecke. Noch weniger versuchen, ein Problem einfach durch ein »Neuronenbombardement« zu lösen. Die neuronalen Netze werden zu groß, und Computer brauchen zu lange, um sie zu optimieren. Aus diesem Grund suchen viele Netzentwickler nach Verfahren, um die massiven synaptischen Netze zu beschneiden.

Ein Verfahren trägt den passenden Namen »optimale Hirnschädigung«. Es stuft jede Synapse nach ihrem durchschnittlichen Beitrag zur Leistungsfähigkeit des Netzes ein und wirft die leistungsschwachen heraus.[6] Das Verfahren läßt das neuronale Netz seine Muster lernen und bringt es so in einen Gleichgewichtszustand. Dann beschneidet es so viele der Synapsen, wie es kann, ohne das Gleichgewicht allzusehr zu verändern. Das Beschneiden bleibt ein aktives Feld der Forschung über neuronale Netze und Fuzzy-Systeme.

Die »optimale Hirnschädigung« ist nur in dem Sinne optimal,

als dieses Verfahren das Netz in einem Gleichgewichtszustand
beschneidet. Dies bedeutet, daß die neuronale Zustandskugel
zum Boden einer lokalen Senke auf der Fehlerfläche gerollt ist,
und zwar in einem Synapsenraum von gigantischer Dimension.
Dieses Verfahren erlaubt es, eine Menge von Fuzzy-Mustern
mit weniger Synapsen zu erlernen und möglicherweise die
Fähigkeit des Netzes zu verbessern, diese Mustertypen zu
modellieren und zu erkennen.

Aber die ausgeputzten Synapsen sind vielleicht ausgerechnet
diejenigen, die das Netz braucht, um eine neue Menge an
Mustern zu lernen. Dies ist die Schwierigkeit bei Verfahren,
welche die Synapsen in einem neuronalen Netz oder die Regeln
in einem Fuzzy-System beschneiden. Sie tauschen die Fähigkeit
des Systems, in Zukunft weitere Muster zu lernen, gegen ein
kompakteres Verfahren, die Muster der Gegenwart zu lernen.

Dennoch sind neuronale Netze leistungsfähige Werkzeuge,
die in hybriden Rechnersystemen wie Neuro-Fuzzy-Systemen
oder anderen »intelligenten« Hybridsystemen verwendet werden. Zu diesen Hybridsystemen gehören auch neuartige Suchverfahren, die »genetische Algorithmen« genannt werden.

Genetische Algorithmen: Evolution als Zufallsschrittverfahren

Man kann viele wissenschaftliche Probleme als Optimierungs-
probleme formulieren. Bei diesen Problemen geht es darum,
die beste Methode für die Verknüpfung von Variablen zu finden.
Man suche die kostengünstigste Mischung aus Hopfen, Malz,
Zucker und Wasser, um ein Lagerbier einer gewissen Güte zu
brauen. Man suche die Kurve, die eine gestreute Menge von
Punkten optimal approximiert. Man suche die größte Zahl der
Kugeln einer bestimmten Größe, die in eine Kiste oder in eine
Röhre einer bestimmten Größe passen. Man suche jene Gene
bei Rindern, die bei einer vorgegebenen Kost aus Mais und Gras
in drei Jahren den höchsten Fleischertrag erzeugen. Man suche
das neuronale Netz beziehungsweise Fuzzy-System, das die Ein-

gaben am besten auf die Ausgaben abbildet oder die Logikschaltungen auf einem Chipdiagramm optimal auslegt.

Nur wenige von uns finden optimale Lösungen. Die meisten Suchvorgänge enden, wenn wir ein Ergebnis finden, das alles bisherige übertrifft, oder wenn wir einfach keine Lust mehr haben weiterzusuchen oder uns die Mittel ausgehen. Jede neue Chipgeneration packt mehr Logikschaltungen auf den gleichen Raum. Jeder Chip übertrifft den vorausgehenden in der zunehmenden Zahl der Schaltkreise oder in den sinkenden Kosten oder in beidem. Kein Produkt und kein Verfahren erreicht das Optimum. Ein Großteil des Fortschritts läuft auf diese lokale Suche nach besseren Verfahren zur Kombination von Variablen hinaus.

Bei diesen Optimierungsproblemen geht es um das Absuchen stark zerklüfteter Flächen. Man möchte zum Boden der tiefsten Kostensenke gelangen. Man finde die Mischung mit den niedrigsten Kosten. Oder man finde die Mischung mit dem höchsten Gewinn, wenn man nach den höchsten Gipfeln sucht. Dies ist leider viel verzwickter, als es sich anhört.

Das erste Problem besteht darin, daß niemand genau weiß, wie die Fläche aussieht. Dies ist das gleiche Problem, mit dem ein Fuzzy-System konfrontiert ist, wenn es ein System zu modellieren versucht. Es versucht die Extrema in der Systemfläche mit Pflastern zu belegen, aber in den meisten Fällen weiß niemand, wo diese Extrema liegen.

Das gleiche gilt für die meisten Kostenflächen. Niemand weiß, wie sie aussehen oder wie man ihre Gleichungen findet. Wirtschaftswissenschaftler halten sich manchmal an die Faustregel, daß die Gesamtkostenkurve einer Firma eine kubische Funktion der Zahl der hergestellten Güter ist. Niemand glaubt, daß dies auf reale Firmen zutrifft, aber es genügt für einfache Übungsbeispiele in Lehrbüchern.

Das zweite Problem sind lokale Minima. Die Suche kommt meist am Boden der nächstgelegenen Senke zum Stillstand. Diese ist jedoch vielleicht nur eine Delle auf der gesamten Kostenfläche. Die meisten Suchverfahren sind »gierig«. Sie bewegen sich in die Richtung, in der die Fläche am stärksten abfällt oder ansteigt, so wie eine Kugel dem Gradienten folgt, wenn sie einen Hang hinabrollt.

Es gibt kein allgemeingültiges Verfahren, mit dem man herausfinden könnte, ob die Senke, die man gefunden hat, die tiefste Senke ist. Wir nennen diese tiefste Senke das globale Minimum. Um es zu kennen, müßte man wissen, wie die übrige Fläche aussieht. Und eine Kostenfläche kann Tausende oder Milliarden Senken enthalten. Viele automatische Suchverfahren bleiben in flachen Kostensenken stecken.

Das dritte Problem besteht darin, daß die meisten Suchverfahren mit dem ersten und zweiten Problem gleichzeitig konfrontiert sind. Man sucht blind eine unbekannte beziehungsweise zufällig verteilte Kostenfläche ab. Und man tut sein Bestes, um bei der Suche abwärts zu gleiten. Man glaubt vielleicht, abwärts zu gleiten, doch in Wirklichkeit gräbt man sich durch die Kostenfläche oder bewegt sich kaum von der Stelle, während die Fläche um einen herum bebt. Ein Suchverfahren, das Algorithmus der kleinsten mittleren Fehlerquadrate (LMS) genannt wird, zeigt, wie man in vielen Fällen einfache schalenförmige Flächen absuchen kann.[7] Es hilft, bei Ferngesprächen den Widerhall zu kompensieren, und hilft einer Antenne, sich auf ein Funksignal aufzusynchronisieren. LMS-Verfahren funktionieren gut bei Kostenflächen mit nur einer Senke; ansonsten bleiben sie jedoch häufig in flachen Senken stecken.

Das »Zufallsschrittverfahren« ist ein Weg, um aus flachen Senken in tiefere zu springen. Dieses Suchverfahren ist nur im Durchschnitt »gierig«. Es versucht nicht konsequent, zu niedrigeren Punkten zu gelangen wie eine Murmel, die eine Senke hinabrollt. Das Verfahren wählt seine nächste Suchstelle zufallsgemäß. Wenn die neue Stelle geringere Kosten zeigt als die alte, dann bewegt es sich dorthin. Doch wenn die neue Stelle höhere Kosten anzeigt als die alte, dann bewegt es sich nur mit einer gewissen Wahrscheinlichkeit dorthin. Das Suchverfahren bewegt sich also manchmal zu höheren Stellen. Dies hilft ihm, aus flachen Senken auszubrechen und tiefere zu suchen.

Ingenieure tempern beziehungsweise »kühlen« das Zufallsschrittverfahren, um die Suche zu kontrollieren. Das Gebiet des *simulierten Ausglühens* (»simulated annealing«) befaßt sich mit zahlreichen Verfahren zur Eindämmung der Zufälligkeit, ganz ähnlich wie Metallurgen Metalle schmelzen und anschließend abkühlen, wobei diese in kristalline Zustände niedriger Energie übergehen. Der Temperplan verringert die »Temperatur« der Suche. Er verändert langsam die Form der Suche, die von einer reinen Zufallssuche zu einer reinen »gierigen« Suche wird.

Das simulierte Ausglühen funktioniert so ähnlich wie das echte Ausglühen. Die zunächst hohe Temperatur »schmilzt« die Kostenfläche ab. All ihre Extrema schmelzen zu einer Art flachem Fleck. In dem Maß, wie die Kostenfläche dann abkühlt und die Temperatur sinkt, erhält sie ihre Struktur zurück. Wenn alles gutgeht, ist die erste neue Struktur, die erscheint, die tiefste Kostensenke.[8] Dieses Verfahren hat mitgeholfen, die optimale Auslegung von Siliziumchips zu finden, Aufnahmen vom Gehirn scharf einzustellen und eine breite Palette anderer kombinatorischer Probleme zu lösen.

Das Problem beim simulierten Ausglühen besteht darin, daß es sehr lange dauern kann, die Suche abzukühlen. Kühlt man zu schnell und die falsche Senke erscheint als erste, dann endet die Suche in einer flachen Senke. Das gleiche Problem taucht auf, wenn wir die Suche als Springen einer kleinen Kugel oder einer Murmel auf dem Suchblatt betrachten. Zunächst prallt sie in hohen Sprüngen von der Fläche ab. Dadurch kann die Suchkugel aus flacheren Senken heraus- und in tiefere Senken hineinspringen. Das Abkühlen der Suche läßt die Kugel kleine Sprünge machen. Wenn alles gutgeht, bleibt die Kugel in der tiefsten oder annähernd tiefsten Kostensenke stecken und kann nicht mehr herausspringen.

Das neue Gebiet der genetischen Algorithmen (GA) wendet das simulierte Ausglühen auf ganze Gruppen beziehungsweise Populationen springender Suchkugeln an.[9] Jede Kugel verhält sich wie ein Genom, also die Gesamtheit der Gene eines Lebewesens. Die Kugel bewegt sich beziehungsweise springt, wenn sich einige ihrer Gene verändern. Dies entspricht einem näherungsweisen Modell von Zufallsmutationen. Die GA-Fläche definiert die Fitneß jedes Genompunkts und nicht seine Kosten. Eine Population evolvierender binärer »Geschöpfe« (Bitfolgen) aus Einsen und Nullen sucht diese Oberfläche parallel und zufallsgemäß ab.

Zwei Geschöpfe paaren sich, wenn sie ein neues Geschöpf

beziehungsweise einen neuen Genompunkt, der aus ihren Genen besteht, erzeugen. In Kapitel 5 lernten wir eine Möglichkeit kennen, ein neues Genom aus zwei alten zu bilden. Man ziehe eine Linie zwischen den beiden und nehme den Mittelpunkt der Linie als neues Genom. Genetische Algorithmen benutzen zahlreiche Verfahren zur Paarung beziehungsweise Mischung von Genompunkten. Die meisten Verfahren paaren nur die Punkte, die eine hohe Fitneß (beziehungsweise niedrige Kosten) besitzen. Anschließend ersetzen die Verfahren Punkte niedriger Fitneß durch die neuen Nachkommenpunkte. Das Zufallsschrittverfahren lenkt die parallele GA-Suche, wie John Holland, der Erfinder der genetischen Algorithmen, erläutert:

> Ein herkömmliches Verfahren zur Erkundung einer solchen Landschaft ist das »Bergsteigen«: Man beginne an einem zufällig ausgewählten Punkt, und wenn eine geringfügige Modifikation die Qualität der Lösung verbessert, dann bewege man sich weiter in diese Richtung; andernfalls gehe man in die entgegengesetzte Richtung. Komplexe Probleme erzeugen nun jedoch Landschaften mit vielen hohen Punkten. Je mehr Dimensionen der Problemraum enthält, um so höher ist die Wahrscheinlichkeit, daß die Landschaft Tunnel, Brücken und sogar noch verschlungenere topologische Merkmale aufweist. Es wird daher immer schwieriger, den richtigen Hügel zu finden beziehungsweise überhaupt herauszufinden, welcher Weg aufwärts führt. Zudem sind solche Suchräume in der Regel riesengroß …
>
> Genetische Algorithmen werfen ein Netz über diese Landschaft. Die große Zahl von [binären Genom-] Ketten in einer evolvierenden Population nimmt in vielen Regionen gleichzeitig Stichproben. Bemerkenswerterweise entspricht die Rate, mit welcher der genetische Algorithmus verschiedene Regionen durchmustert, direkt der durchschnittlichen »Höhe« der Regionen – das heißt der Wahrscheinlichkeit, eine gute Lösung in dieser Nachbarschaft zu finden … Zuerst einmal wird jede Kette in der Population bewertet, um die Leistungsfähigkeit der von ihr codierten Strategie festzustellen. Anschließend paaren sich die höherrangigen Ketten … Die

Nachkommen ersetzen nicht die elterlichen Ketten. Vielmehr ersetzen sie die Ketten niedriger Fitneß, die in jeder Generation ausgeschieden werden, so daß die Größe der Gesamtpopulation konstant bleibt.[10]

GA-Verfahren züchten also Gewinner heran und ersetzen Verlierer durch die Nachkommen. Dieser Prozeß ähnelt der natürlichen Selektion beziehungsweise dem »Überleben der Tauglichsten«. Wenn die Fläche die Kosten definiert, dann überleben nur die billigsten Lösungen. Der Zufallscharakter der Suche schwächt dies etwas ab. Im Mittel überleben nur die billigsten Lösungen.

GA-Verfahren eignen sich gut für komplexe technische und Fertigungsprobleme, bei denen ein System viele Variablen kombiniert und niemand die optimale Kombination kennt. Gehirne und mathematische Modelle können Vermutungen über einige wenige Kombinationen von Variablen anstellen, und diese können als Startparameter für das Absuchen der Kostenfläche mit genetischen Algorithmen dienen. General Electric hat mit genetischen Algorithmen sein CAD-System (rechnergestütztes Konstruieren) optimiert. Dies hat zu konstruktiven Verbesserungen am neuen Strahltriebwerk der Boeing 777 sowie an Dampfturbinen und an hydroelektrischen Generatoren geführt.[11] Texas Instruments hat mit einem GA-System die Auslegung eines Silizium-Chips verbessert, und U.S. West hat sich beim Entwurf von faseroptischen Kabelnetzwerken auf ein GA-System gestützt. Andere GA-Verfahren helfen bei der Vorhersage der Schwankungen des Wechselkurses einer Währung oder bei der Anfertigung von Phantombildern von Verbrechern oder auch beim Bierbrauen.[12]

Genetische Systeme können mit anderen Systemen zu Mischsystemen (Hybridsystemen) verbunden werden. Eine Kostenfläche oder »Fitneß-Landschaft« kann die Kosten für den Grad der Übereinstimmung zwischen einem Fuzzy-System und einem bekannten oder unbekannten System definieren. Daher kann es den Fehler der Funktionsapproximation modellieren. Auf diese Weise erhält man ein Geno-Fuzzy-System.

Neuro-Fuzzy- und Geno-Fuzzy-Hybride

Ein hybrides Fuzzy-System wählt seine Regeln nicht wie das menschliche Gehirn aus. In einem Neuro-Fuzzy-System wählt ein neuronales Netz die Regeln aus und optimiert sie. In einem Geno-Fuzzy-System werden die Regeln von einem genetischen Algorithmus ausgewählt und optimiert. Sie können auch von einem statistischen System ausgewählt und nachbearbeitet werden. Jeder Hybride verbessert das Fuzzy-System in irgendeiner Weise.

Allerdings verursacht jedes Hybridsystem auch neue Kosten. Je mehr neue Eingabe- oder Ausgabevariablen ein Fuzzy-System integriert, um so stärker unterliegt es der Regelexplosion. Zudem aktiviert es jedes Mal, wenn es eine Eingabe auf eine Ausgabe abbildet, bis zu einem gewissen Grad sämtliche Regeln. Dieser Parallelprozeß ist mit spezifischen Kosten und Wachstumsgrenzen verbunden.

Ein Neuro-Fuzzy-System addiert die neuronalen Kosten zu den Fuzzy-Kosten. Das neuronale Netz muß möglicherweise Hunderttausende von Trainingseinheiten durchlaufen, um eine geeignete Menge von Regeln zu finden oder diese zu optimieren. Jede Lernschleife löst sämtliche Fuzzy-Regeln bis zu einem gewissen Grad aus. Der Computer muß möglicherweise stunden- oder tagelang arbeiten, um die Regeln zu finden. Aus diesem Grund lernen die meisten Neuro-Fuzzy-Systeme offline. Nur wenige Systeme erlauben eine Veränderung der Regeln, während man sie benutzt, aber ihre Zahl wird sich in Zukunft in dem Maß erhöhen, wie die Kosten der Datenverarbeitung sinken.

Es gibt zwei Grundtypen von Neuro-Fuzzy-Systemen. Der Hybridtyp hängt von dem Typ des neuronalen Lernens ab. Das Netz kann mit oder ohne einen Lehrer beziehungsweise eine Fehlermeldung lernen. Lernen ohne einen Lehrer ist unüberwachtes Lernen. Lernen mit einem Lehrer ist überwachtes Lernen. Überwachtes Lernen dauert länger und kostet mehr, ist aber effizienter.

Unüberwachtes Lernen ist eine Art von blinder Klumpenbildung *(clustering)*. Dabei werden ähnliche Daten zu Clustern zusammengefaßt. In einem Neuro-Fuzzy-System definieren die Datencluster Regelpflaster. Beim überwachten Lernen werden sämtliche neue Daten dazu verwendet, die Regelpflaster in eine Richtung zu bewegen. Wenn alles gutgeht, bewegt es sie zu den Extrema oder Wendepunkten in der Systemfläche.

Das Monster von Dr. Frankenstein zeigt, wie beide Typen des Lernens funktionieren. Angenommen, das Monster erwacht auf einem internationalen Flughafen wie JFK in New York oder LAX in Los Angeles zum Leben. Das Monster hört viele Stimmen in vielen Sprachen. Es hört Menschen, die Englisch, Spanisch, Deutsch, Hindi und Dutzende anderer Sprachen sprechen. Niemand sagt dem Monster, welche Sprechprobe aus welcher Sprache stammt. Es muß ohne Überwachung lernen.

Das Monster beginnt schon bald, ähnliches mit ähnlichem zusammenzufassen. Es bündelt Englisch mit Englisch, Spanisch mit Spanisch und Hindi mit Hindi. Das Englisch-Cluster enthält zunächst vielleicht einige nicht-englische Sprechproben. Doch je mehr Sprechproben das Monster hört, um so genauer werden die Cluster. Vielleicht unterteilt es das Englisch-Cluster sogar in einen Amerikanisch- und einen Britisch-Untercluster.

Das Monster bildet diese Klumpen ohne fremde Hilfe. Auf irgendeine Weise vergleicht es die neuen Merkmale mit alten Merkmalen in den unscharfen Sprechmustern. Und auf irgendeine Weise spürt es die Zentren oder Durchschnittspunkte der Haufen auf.

Nehmen wir nun an, Dr. Victor Frankenstein würde auftauchen und den Lernprozeß überwachen. Victor kennt die Sprache jeder Sprechprobe. Daher kann er dem Monster sagen, ob es einen Fehler gemacht hat oder eine Sprechprobe der richtigen Sprachklasse zugeordnet hat. Victor kann gute Zuordnungen belohnen und schlechte Zuordnungen bestrafen oder nicht belohnen. Das Monster lernt vielleicht subtile Unterschiede zwischen den Sprachklassen. Tatsächlich zieht es im Geist eine unscharfe Grenze zwischen Sprechproben im Musterraum.

Dieses Lernverfahren ist vielfach dann am erfolgreichsten, wenn das Monster die Cluster zunächst selbst herausgearbeitet hat. Unüberwachtes Lernen läßt die Daten ihre eigene Geschichte erzählen. Überwachtes Lernen versucht die Daten in die Geschichte des Lehrers einzupassen. Überwachtes Lernen kann den selbst gefundenen Clustern den letzten Schliff geben. Aber es kann in seinem eigenen lokalen Minimum steckenbleiben, wenn man es blind anwendet und alle Sprechproben gleich behandelt.[13]

Das gleiche gilt für neuronale Netze und Neuro-Fuzzy-Systeme. Unüberwachte Clusterbildung findet die erste Menge von Clustern und somit unscharfe Regelpflaster. Dann kann überwachtes Lernen die Regeln dadurch optimieren, daß es die Cluster nachbearbeitet. Aber dies setzt voraus, daß man einen Lehrer zur Verfügung hat. Dies ist im allgemeinen nicht der Fall, wenn man ein nichtlineares System oder einen nichtlinearen Prozeß, wie eine Schule schwimmender Elritzen oder einen einspurigen Zug aus intelligenten Autos, zu approximieren versucht. Niemand weiß, wie die Systemfläche aussieht, und daher weiß auch niemand, ob sich das Fuzzy-System irrt, wenn es Eingaben Ausgaben zuordnet.

Komplexere Systeme benutzen getrennte neuronale und Fuzzy-Systeme, die sich gegenseitig trainieren und optimieren. Die Neuro-Fuzzy-Systeme, die ich beschrieben habe, sind unscharfe Black Boxes, die mit neuronalen Lernverfahren die unscharfen Mengen beziehungsweise Regeln optimieren. Dieselben Lernverfahren können auch eine neuronale Black Box, die nicht aus Mengen und Regeln, sondern aus Neuronen und Synapsen besteht, optimieren. Komplexere Verfahren kombinieren die beiden Black Boxes auf neuartige Weise.

Die verbreitetsten Neuro-Fuzzy-Systeme trainieren mit überwachtem Lernen offline. Unüberwachte Clusterbildung leitet oftmals die ersten Trainingsdurchläufe. Eine japanische Anwendung benutzt ein Neuro-Fuzzy-System zur Steuerung eines Walzwerks, das dünne Bänder aus Stahl und anderen Legierungen herstellt. Die Ingenieure wandten zunächst lineare Methoden der Optimalregelung auf dieses Problem an und verbesserten so den Walzprozeß. Das Fuzzy-System übertraf diesen mathematischen Modellierungsansatz erst, als die Ingenieure ein neuronales System hinzufügten, das den Lernvorgang steuerte und die Regeln verbesserte.[14]

In Kapitel 9 erörterten wir das Standard-Additionsmodell (SAM) von Fuzzy-Systemen. Überwachtes Lernen kann sämtliche Parameter im SAM-System optimieren. Es arbeitet mühelos die Regelgewichtungen und die Schlüsselwerte der Prämissenmengen ab. Dagegen ist es sehr viel aufwendiger, die unscharfen Konklusionsmengen zu optimieren. Diese Mengen sind im allgemeinen für den größten Teil der exponentiellen Regelzunahme, aber auch für die meisten Lernfortschritte verantwortlich.[15]

Diese adaptiven SAMs funktionieren oftmals recht gut bei Problemen der nichtlinearen Signalverarbeitung, wo es nur wenige bekannte mathematische Modelle über das Verhalten von Signalen gibt. Ein Schlüsselproblem ist das Ausfiltern von Impulsgeräuschen aus einem Signal wie etwa das laute Knacken und Rauschen in einem Radio, wenn in der Nähe Blitze zucken.

Ingenieure haben versucht, dieses Rauschen mit der bekannten Gaußschen Glockenkurve zu modellieren, die zuletzt durch das umstrittene Buch *The Bell Curve*[16], in dem die Hypothese aufgestellt wurde, die IQ-Verteilung folge einer Gaußschen Normalverteilung, öffentliche Aufmerksamkeit auf sich zog. Tatsächlich gibt es unendlich viele Glockenkurven (sogenannte alpha-stabile Kurven).[17] Alle unterscheiden sich grundlegend von der Gauß-Kurve. Diese anderen Glockenkurven liefern ein besseres Modell von Impulsgeräuschen, aber fast keine führt zu einem geschlossenen mathematischen Modell. Durch ein Neuro-Fuzzy-System paßt sich eine lernende Black Box an den Impulscharakter des Rauschens an, um es besser herauszufiltern oder um ein auftauchendes Signal besser zu bestimmen. Andere Systeme können Regeln lernen, die diese Zufälligkeit beschreiben.[18]

Ein Geno-Fuzzy-System addiert seine Suchkosten zu den Regelkosten des Fuzzy-Systems. Die gekühlte Zufallssuche weist oftmals ihre eigene exponentielle Komplexität auf. Unscharfe Regelpflaster verändern sich langsam in dem Maß, wie die Schar von Zufallskugeln die Berge und Täler der Systemfläche absucht.[19]

Diese Brechstangensuche erfordert sehr viel mehr Verarbeitungszeit als die neuronale Nachbearbeitung. Sie läuft auch auf eine Art überwachtes Lernen hinaus, da ein genetischer Algorithmus eine Fehlerfläche absucht. Zu den noch komplexeren Hybridsystemen gehört das aufstrebende Gebiet der Chaos-Technologie, das von Steuerungs- und Vorhersageproblemen bis zu moderner Datenverschlüsselung und -übertragung reicht.[20]

Alle hybriden Fuzzy-Systeme verfolgen das alte menschliche Ziel fundierten Wissens. Dieses Wissen wiederum verbessert die Fähigkeit eines Fuzzy-Systems, ein anderes System zu modellieren, zu steuern oder zu approximieren. Es kann auch den alten Wunsch nähren, das Nichtvorhersagbare vorherzusagen.

Schlauer als der Markt

Früher oder später fragt sich ein Konstrukteur von neuronalen Netzen oder Fuzzy-Systemen verwundert: Wieso können Neuro- oder Fuzzy-Systeme eigentlich nicht die unscharfen Muster an der Börse vorhersagen?

Märkte produzieren Ströme von Zahlen beziehungsweise Zeitreihendaten. Diese Daten können in ein neuronales Netz beziehungsweise ein Neuro-Fuzzy- oder Geno-Fuzzy-System eingespeist werden. Die intelligenten Black Boxes können die Daten durchmustern und Muster und Trends lernen. Die gelernten Muster können Regeln definieren, und die Regeln können ein Fuzzy-System bilden. Oder Experten können dem System Regeln vorgeben, um den Durchmusterungs- oder Lernprozeß zu steuern.

Märkte erwecken auch den uralten Wunsch, die große Masse der anderen Marktteilnehmer abzuhängen und schnell oder wenigstens langsam reich zu werden. Dies hat Innovationen und eine neue Qualität von Finanzspekulationen hervorgebracht.

Finanzanalysten haben neue mathematische Instrumente fast so schnell angewandt, wie sie in den Fachzeitschriften publiziert wurden. Diese Instrumente haben ihre Vorzüge. Sie ersetzen grobe Vermutungen durch präzise Gleichungen und erlauben eine bessere Preisfestsetzung für Aktienbezugsrechte, Anleihen und Futures (Kontrakte über den Kauf oder Verkauf eines an

einer Börse gehandelten Vermögenswerts oder einer Ware zu
einem künftigen Zeitpunkt). Diese Instrumente haben zu neuen
Verfahren der Risikoabsicherung auf globalen Märkten geführt,
da sie zeigen, wie man den Preis dieser »Derivate« beziehungsweise Kauf- oder Verkaufskontrakte auf der Basis von Wechsel-
kursen, Zinssätzen oder Waren ermittelt.

Die Weltwirtschaft hängt von diesem Markt für Derivate ab.
Tatsächlich ist der Devisenmarkt der größte Markt der Welt. Der
Kontraktwert sämtlicher Derivate belief sich 1994 auf etwa 20
Billionen Dollar weltweit, und er nimmt rasch zu.[21] Am Aktien-
markt wird nur ein Bruchteil dieses Betrags gehandelt.

Das Schlüsselinstrument ist eine partielle Differentialgleichung, die unter dem Namen Black-Scholes-Formel bekannt
ist.[22] Diese Formel hat für die moderne Finanzwirtschaft und
den Derivatehandel den gleichen Stellenwert wie die Schrödinger-Gleichung in der Quantenmechanik. Die mathematischen
Grundlagen sind sogar noch anspruchsvoller.

Fischer Black und Myron Scholes veröffentlichten ihr mathematisches Modell zur Bewertung von Optionen auf Stammak-
tien im Jahr 1973. Sie modellierten die Aktienkurse als einen
zufallsgemäßen Diffusionsprozeß mit einer einfachen mathematischen Formel (einer logarithmischen Normalverteilung) in
einem Markt ohne Transaktionskosten. Dann kann ein Arbi-
trage-Händler Geld verdienen, wenn die Option nicht der Formel gehorcht. Analysten haben einige der Annahmen weniger
streng gefaßt und die Black-Scholes-Formel auf das gesamte
Spektrum der Finanzderivate angewendet. Scholes und Robert
Merton wurden im Herbst 1997 für ihre Arbeiten zur Preisbe-
stimmung bei Derivaten mit dem Nobelpreis für Wirtschaftswissenschaften ausgezeichnet. Ein Jahr später tauchten Scholes
und Merton erneut in den Medien auf, als die amerikanische
Zentralbank eine Rettungsaktion für ihren überschuldeten,
stark spekulativ ausgerichteten Investmentfonds Long Term
Capital Management startete.[23]

Die neuen mathematischen Instrumente haben sogar einige
konservative Schweizer Banker zu Aktien- und Devisenspeku-
lanten werden lassen. Die meisten Großbanken und Finanzinsti-
tute handeln mittlerweile mit Derivaten, um sich gegen Kurs-

risiken abzusichern. Sie kaufen und verkaufen das Recht zum
Handeln mit Devisen oder zur Deckelung von Zinsen mit festge-
legten Sätzen für bestimmte Laufzeiten. Oder sie tauschen zins-
gebundene Kredite gegen variabel verzinsliche Kredite (Zins-
Swap). Oder sie kaufen und verkaufen »Swaptions«: Optionen
auf den Austausch *(swap)* solcher Kredite.

Derivate haben mittlerweile Gold als inflationssichere Anla-
geform erster Wahl weitgehend verdrängt. Dies erklärt, warum
die Zentralbanken von Belgien und den Niederlanden nach und
nach ihre Goldreserven verkaufen und andere Zentralbanken
vermutlich ihrem Beispiel folgen werden. Die Zentralbanken
besitzen etwa ein Drittel des Weltgoldbestands. Unterdessen
sichern sich sogar staatliche Institutionen mit Zinsderivaten
ab und spekulieren damit. Die Einwohner des kalifornischen
Orange County erfuhren dies, als der Landkreis Ende 1994
zahlungsunfähig wurde und über 2 Milliarden Dollar verlor,
unter anderem deshalb, weil er seine Kreditaufnahme von sieben Milliarden Dollar durch Derivate auf 20 Milliarden Dollar
erhöhen konnte. Dann führte eine mißlungene Wette auf die
Entwicklung der Zinsen zu einem zehnprozentigen Verlust
auf den gesamten Kreditbetrag und somit zu einem realisierten
Verlust von zwei Milliarden Dollar.[24] Die Medien machten die
vermeintlich undurchschaubaren Derivate dafür verantwortlich, aber schuld waren die Kreditaufnahme und die Spekulation.

Derivate können dazu beitragen, Schwankungen der Zinssätze und Wechselkurse zu glätten, wenn man seinen Mais,
seine Kreditkarten oder seinen Strom im Ausland absetzen will.
Sie können auch riesige Gewinne einbringen oder einen mit
Lichtgeschwindigkeit ausradieren. Es steht dabei so viel auf
dem Spiel, daß eine beständige Nachfrage nach neuen, intelligenten Werkzeugen und Entscheidungshilfen besteht.

Neuronale Netze gehörten zu den ersten intelligenten Black
Boxes, die Einzug in die moderne Finanzwirtschaft hielten, weil
sie die statistischen Verfahren par excellence sind. Man braucht
lediglich die Zeitreihendaten durch das neuronale Netz laufen
und dieses die Werte in einem Kontrakt auswählen zu lassen.
Man braucht weder den Rat noch Regeln von Experten. Ströme

vergangener und gegenwärtiger Daten können die Kontrakt-
werte in überwachten Lerndurchläufen verbessern.[25]

Auch Analysten haben damit begonnen, Fuzzy-Systeme und
genetische Algorithmen zur Bewertung risikobehafteter Instrumente zu nutzen. Diese Systeme reichen von Entscheidungshilfen, mit denen sich ein Risikoprofil für den Anwender erstellen
läßt, bis hin zu GA-Suchverfahren, die Werte von Terminkon-
trakten (Futures) und Aktienbezugsrechten zu optimieren versuchen.[26] Einfachere Fuzzy-Systeme selektieren Aktien auf der
Grundlage der Regeln über Insiderhandel, Zinssätze und Bilanz-
kennzahlen, die sich auf die Aktiva, den Gewinn und die Fremd-
kapitalquote beziehen.

Irrationaler Überschwang und Hoffnung beeinträchtigen
diese Systeme, so wie sie das sachkundige Urteil vieler Analysten beeinträchtigen. So gibt es beispielsweise nur dürftige Belege dafür, daß die sogenannte technische Analyse (Chart-Ana-
lyse) künftige Aktienkurse zuverlässig vorhersagen kann. Die
Märkte sind zu effizient und berücksichtigen bereits die meisten
Informationen aus der Vergangenheit in den gegenwärtigen
Kursen.[27] Der technischen Analyse liegt die Annahme zugrunde,
daß der Kurs einer Aktie oder auch der Goldpreis nicht allzuweit
über seine »Widerstandslinie« hinaus steigen könne, weil die
Verkäufer dann ihre Bestände abstoßen würden, was zu einem
Kurs- beziehungsweise Preisrückgang führe. Und der Kurs einer
Aktie oder der Goldpreis könne andererseits nicht allzutief unter
seine »Unterstützungslinie« fallen, weil dann die Käufer
zuschlagen und billig kaufen und so den Kurs/Preis wieder in
die Höhe treiben würden.

Nach dieser technischen Auffassung befindet sich jeder Kurs
in einem stabilen Kursgleichgewicht, und dies soll für sämtliche
Kurse gelten. Aber die Kurse steigen weit über ihre Wider-
standslinien und fallen tief unter ihre Unterstützungslinien.
Die Charts zeigen nicht, wann sich diese »Durchbrüche« ereignen. Sie scheitern bei ihrer Hauptaufgabe, die künftigen Kurse
vorherzusagen.

Neuro- und Fuzzy-Systeme haben der technischen Analyse
neuen Glanz gebracht. Sie verleihen den Kurs-Charts die Aura
der Maschinenintelligenz und verpassen ihnen so eine neue

Dosis Hype. Doch selbst die besten Neuro-Fuzzy-Systeme können aus den Daten der Vergangenheit nicht die Zukunft ersehen, wenn die Zukunft keine Spuren in diesen Daten zurückläßt.

Jeder Vorgang im Weltall erzeugt einen Strom von Daten. Unsere Stimme hat im Lauf der Jahre einen Strom von Tönen erzeugt. Wir könnten den statistischen Mittelwert dieser Datenspur nehmen und uns auf diese Weise einen guten Eindruck vom Klang unserer Stimme verschaffen, wenn wir ruhig oder unter Streß oder vor dem Spiegel sprechen. Dann könnten wir intelligente Black Boxes bauen, die Wörter genauso aussprechen wie wir. Aber die Datenspur würde uns keinen Aufschluß darüber geben, was wir als nächstes sagen werden, ganz gleich, wie viel Mathematik oder Maschinenintelligenz wir aufwenden würden. Das Beste, was wir tun könnten, bestünde darin, bestimmten Sprachausgaben bestimmte Wahrscheinlichkeiten zuzuordnen. Nichts verpackt eine Vermutung schöner als eine mathematische Formulierung.

Neuro-Fuzzy-Systeme können in vielen finanziellen Fragen Entscheidungshilfe geben. Sie können die Risikoneigung eines Anwenders beurteilen helfen. Inwieweit sind wir bereit, unser Kapital aufs Spiel zu setzen, um es in fünf oder zehn Jahren zu verdoppeln? Inwieweit ziehen wir sichere Anlagen Wachstumswerten vor? Diese Systeme können lernen, nach jenen Anlageformen zu suchen, die wir in der Vergangenheit präferiert haben. Sie können bis zu einem gewissen Grad lernen, sich bei der Auswahl von Anlageformen am Beispiel erfolgreicher Investoren zu orientieren.

Aber solche intelligenten Systeme eröffnen keinen schnellen Weg zu Reichtum. Und auch intelligente Systeme der Zukunft dürften dies kaum leisten. Wenn alle Anleger sich bei ihren Anlageentscheidungen auf ideale intelligente Systeme oder Agenten verlassen würden, kämen die Märkte lediglich schneller ins Gleichgewicht. Die Marktpreise würden schneller alle verfügbaren Marktinformationen widerspiegeln. Börsentransaktionen würden sehr viel seltener oder würden vielleicht ganz verschwinden.

Anleger sollten sich auch vor technologischen Innovationen hüten, und zwar gerade wegen der Neuheit, die ihren Reiz ausmacht. Selbst Experten auf einem Gebiet übersehen die Tragweite eines Fortschritts auf ihrem Gebiet nur selten vollständig. Noch weniger von ihnen wissen, wo sich die Innovation am besten anwenden läßt. Ingenieure warteten Jahrzehnte, bevor sie die mathematischen Hilfsmittel der Informationstheorie außerhalb von Geheimprojekten der Verteidigungsforschung anwandten. Niemand dachte, daß die Ergebnisse erstmals bei Geräten angewandt werden würden, die heute Kabelfernsehprogramme verschlüsseln, Handygespräche weiterleiten oder Satelliten mit Computerbildschirmen verbinden.

Die Neuheit der Technologie macht diese eher zu einem Objekt der Spekulation als der soliden Anlage. Und doch scheint die Neuheit viele Leute an der Wall Street in ihren Bann zu schlagen, denn sie treiben den Kurs von Aktien neu an die Börse gebrachter Unternehmen in die Höhe oder kaufen große Mengen von Aktien eines Unternehmens, das einen neuen Chip, einen neuen Web-Browser oder einen neuen selektiven Serotonin-Wiederaufnahme-Hemmer auf den Markt gebracht hat.

Die Technologie stellt uns lediglich Werkzeuge zur Verfügung. Die meisten dieser Werkzeuge verschwinden in nur wenigen Monaten, sobald neue Werkzeuge auftauchen. Oder das Werkzeug ist lediglich eine Gleichung, und niemand kann sich mathematische Verfahren patentieren oder lizensieren lassen, obwohl es viele versuchen. Natürlich können einige Patente sehr wertvoll sein. Doch viele Firmen besitzen bereits einen ganzen Stapel an Patenten. Die Schnelligkeit, mit der man eine Neuerung auf den Markt bringt, zählt im Wettlauf um Gewinne meist mehr als der Patentschutz. Und ein Dutzend Firmen mit den gleichen Patenten kann auf einem Dutzend unterschiedlicher Wege scheitern oder erfolgreich sein.

Wetten auf Technologien sind eine riskante Sache. Die Computerindustrie erwirtschaftet etwa 80 Prozent ihrer Einnahmen mit Produkten, die zwei Jahre zuvor noch nicht existierten. Das Wetten in einem so riskanten und veränderlichen Markt bleibt am besten den Experten überlassen.[28]

Dies hat einen mathematischen Grund. Es ist nahezu unmöglich, die langfristige Zukunft beziehungsweise den »Substanzwert« solcher veränderlicher Technologien vorherzusagen. Die grundlegende Formel rationaler Vermögensbewertung sieht den Gegenwartswert (Substanzwert) eines Anlageguts in dem diskontierten (abgezinsten) Strom der künftig von ihm generierten Erträge beziehungsweise Gewinne. Die Formel prüft, welche Erträge ein Unternehmen in unendlich vielen zukünftigen Jahren abwerfen wird.[29] Sie erfordert in der Praxis eine sachlich begründete Schätzung der Erträge für wenigstens fünf Jahre.

Es gibt nur sehr wenige Firmen, deren langfristige Zukunft sich gut abschätzen läßt. Der in Nebraska ansässige Star-Investor Warren Buffett gibt dies offen zu und investiert daher grundsätzlich nicht in Technologiewerte.[30]

Das Wetten auf Software ist auch nicht sicherer. Jeder neue mathematische Fortschritt bringt Dutzende von Ein- oder Mehrpersonenfirmen hervor, die diese mathematischen Neuerungen in einem Software-Paket verkaufen. Studenten verkaufen Software oftmals auf diesem Weg. Dies geschah bei neuronalen Netzen, Fuzzy-Systemen und genetischen Algorithmen sowie bei den meisten anderen Neuerungen. Dann bringen größere Firmen ihre Pakete auf den Markt, und manchmal packen einige Firmen die Software auf einen Chip oder auf eine Leiterplatte. Die Zahl der Anbieter wächst, und der Marktzins fällt bald auf Null oder fast auf Null.

Das Schicksal von High-Tech-Produkten am Markt unterliegt grundlegenden ökonomischen Prinzipien: Jene High-Tech-Innovationen, die sich durchsetzen, werden zu bloßen Massengütern wie Mais, Erdöl oder Speicherchips.[31] Unternehmen, die Massengüter herstellen, müssen weitgehend über den Preis konkurrieren. Dies hilft zwar dem Verbraucher, aber es zehrt an den Erträgen des Unternehmens und damit an der Rendite des Investors.

Massengüter sind mit so hohen Risiken behaftet, daß ein Teil davon auf Futures-Märkten abgesichert wird. Der gewöhnliche Anleger sollte nicht mit solchen Derivaten spielen, es sei denn, er ist bereit, sein Kapital und unter Umständen sogar sein gesamtes Vermögen aufs Spiel zu setzen.

Stellen wir uns vor, wie lange sich Isaac Newton gehalten hätte, wenn er ein Unternehmen gegründet hätte, um die von ihm erfundene Infinitesimalrechnung zu vermarkten. Zunächst hätte er fürstliche Beraterhonorare kassiert. Doch wenn das Unternehmen erfolgreich gewesen wäre, hätten seine Kollegen bei der Royal Society und andernorts bald ähnliche Firmen gegründet und mit ihm konkurriert. Newton hätte bei der Verteidigung seines Alleinvertriebsrechts auf die Infinitesimalrechnung sehr viel weniger Glück gehabt als bei der Kontroverse mit Wilhelm Gottfried Leibniz über die Frage, wer von ihnen beiden als erster die Infinitesimalrechnung erfunden hatte. Es gibt keine Markenmonopole auf mathematische Erfindungen.

Der eigentliche Nutzen technologischer Neuerungen kristallisiert sich heraus, wenn Glanz und irrationale Übertreibung abgeklungen sind und das neue Wissen zu altem geworden und in die gesamte Wirtschaft eingedrungen ist. Die gute Nachricht ist, daß High-Tech von Jahr zu Jahr immer schneller zu Low-Tech wird. Die Informationsgesellschaft nimmt die Wissenschaft und die Kultur an ihrem Randbereich immer schneller auf.

Bei neuronalen Fuzzy-Systemen wird es dann so weit sein, wenn sie die Rätselhaftigkeit eines Schraubenziehers besitzen.

Geistige Muster

Neuro-Fuzzy-Systeme haben mehr geleistet, als chemische Stoffe zu mischen, Aktien auszuwählen und Regeln zu optimieren. Sie haben unsere Vorstellung von dem, was wir »Geist« nennen, nachhaltig bereichert. Sie entwerfen ein Bild von Fuzzy-Mustern, die in großen synaptischen Netzen gespeichert sind.

Die Fuzzy-Muster machen die Begriffsunschärfe aus. Bei den Mustern kann es sich um Nominalmuster wie orangefarbene Karotten oder um Kurvenkugeln oder um weißglühende Kohlen handeln. Oder es kann sich um Verbmuster wie »treten«, »lügen« oder »riskieren« handeln. Studien zeigen, daß wir, wenn wir an ein Nomen wie »Bier« denken, unscharfe Sinnesmuster wie kalt, weißer Schaum und Bernsteinfarbe aus vielen Arealen unserer linken Großhirnhälfte miteinander kombinieren.[32] Lernprozesse haben diese unscharfen Muster über Tausende oder Millionen neuronaler Netze verteilt.

Dies bedeutet nicht, daß im Hirngewebe Fuzzy-Systeme residieren. Das ist recht unwahrscheinlich. Die meisten neuronalen Netze in der Biologie bestehen aus dichten Knäueln von Rückkopplungsschleifen und hängen von Dutzenden weiterer Faktoren ab, die nicht in moderne neuronale Modelle eingehen. Die Regelexplosion selbst schließt aus, daß Gehirne aus Gruppen von Fuzzy-Systemen bestehen. Gehirne müßten mindestens die Größe von großen Kürbissen besitzen, wenn sie genügend Fuzzy-Regeln beherbergen sollten, um ihre motorischen, kognitiven und sensorischen Steuerungsaufgaben zu erfüllen.

Aber niemand behauptet, daß natürliche Gehirne Neuro-Fuzzy-Systeme oder Geno-Fuzzy-Systeme oder irgendein anderes modernes Hybridsystem benutzen. Wir benutzen diese Systeme als Werkzeuge zur Lösung schwieriger Probleme, die wir mit Standardwerkzeugen nicht genausogut beziehungsweise gar nicht lösen können.

Ein Landwirt geht nicht von »logarithmisch-normalverteilten« Wahrscheinlichkeitswerten aus, wenn er einen Terminkontraktpreis auswählt, zu dem er die Weizenernte des nächsten Jahres verkaufen will. Er versucht nicht, die partielle Differentialgleichung von Black-Scholes zu lösen. Er benutzt unscharfe Faustregeln, um den Verkaufspreis seines Terminkontrakts zu ermitteln, und seine jahrelangen Erfahrungen, um diese Regeln zu formulieren und zu optimieren. Mit Neuro-Fuzzy-Systemen können wir uns seine klugen Regeln einfach dadurch aneignen, daß wir ihn beim Kauf und Verkauf von Weizen-Terminkontrakten beobachten. Sie zwingen uns nicht dazu, neue Gleichungen anzunehmen, um den noch komplexeren Gleichungen eines mathematischen Modells gerecht zu werden, obgleich neuronale Systeme gezeigt haben, daß sie selbst die komplexen Muster der Black-Scholes-Gleichungen lernen können.[33]

Dennoch liefern uns die neuronalen Fuzzy-Werkzeuge Anhaltspunkte darüber, wie der Geist beziehungsweise das Gehirn auf einer bestimmten Ebene arbeiten könnte. Sie deuten auf einige Tricks hin, die das Gehirn bei der Speicherung und Verarbeitung von Informationen verwenden könnte. Sie speichern und vergleichen Fuzzy-Muster parallel. Sie leiten Regeln aus Erfahrungen her. Sie bilden Black Boxes, die ihr Bestes tun, um die komplexen Systeme, die sie beobachten, zu nähern oder zu regeln. Der Informationstechniker lernt diese mentalen Tricks und sucht nach weiteren.

Die weitere Erforschung des menschlichen Gehirns könnte weitere mentale Tricks zum Vorschein bringen. Ebenso wie der nächste Aufsatz in einer mathematischen Fachzeitschrift oder die nächste Studie über die Frage, warum Gänse in V-Formation fliegen, oder der nächste Plan für die drahtlose Weiterleitung von Telefonanrufen. Dem Informationstechniker ist es egal, woher diese geistigen Tricks kommen. Er sucht neue Werkzeuge für einen neuen Geist und interessiert sich nur dafür, wie stark diese Werkzeuge und Tricks den Geist der Zukunft erweitern werden. Das nächste Kapitel befaßt sich mit dieser Frage unter dem Aspekt, was unser Geist oder künftige Maschinenintelligenzen über die Informationsstruktur unseres Weltalls aussagen können. Das letzte Kapitel geht weiter und befaßt sich mit der technischen Erweiterung des Geistes.

Es ist recht wahrscheinlich, daß der menschliche Geist künftig irgendeine Form von Neuro-, Fuzzy- oder Geno-System verwenden wird. Er wird auch Addition und Multiplikation benutzen, und er wird Daten in Mengen oder Dateien ordnen. Wir wissen nicht, womit künftige menschliche Geister logisch denken werden oder ob sie überhaupt in einer Weise denken werden, die wir als Denken erkennen würden. Doch eines läßt sich mit großer Wahrscheinlichkeit sagen: Der Geist der Zukunft wird zum Denken keine drei Pfund Fleischmasse mehr benötigen.

11 Die Fit-Welt

Die Welt ist meine Vorstellung.

Arthur Schopenhauer, *Die Welt als Wille und Vorstellung*

*Gemäß Übereinkunft süß und gemäß Übereinkunft bitter,
gemäß Übereinkunft heiß und gemäß Übereinkunft kalt,
gemäß Übereinkunft bunt: In Wirklichkeit existieren nur
Atome und der leere Raum.*

Demokrit

*Der Glaube an diese transzendente Welt stellt die Kraft
unseres Glaubens auf eine fast ebenso harte Probe, wie es
die Lehren der frühen Kirchenväter oder der scholastischen
Philosophen des Mittelalters taten.*

Hermann Weyl, »Mathematics and Logics«, *American
Mathematical Monthly*, Bd. 53, 1946

*Physikalische Objekte sind postulierte Gebilde, die gleichsam
Näherungswerte darstellen und so unsere Beschreibung der
Wirklichkeit vereinfachen, so wie die Einführung der irrationalen Zahlen unsere Axiome der Arithmetik vereinfacht hat.
Das begriffliche Schema physikalischer Objekte ist ein
zweckdienlicher Mythos, einfacher als die exakte Wahrheit
und gleichzeitig diese exakte Wahrheit diffus enthaltend.*

Willard Van Orman Quine, *From a Logical Point of View*

*Wo warst du, als ich die Erde gegründet? Sag es denn, wenn
du Bescheid weißt. Wer setzte ihre Maße? Du weißt es ja.
Wer hat die Meßschnur über ihr gespannt? Wohin sind ihre
Pfeiler eingesenkt?*

Buch Hiob 38, 4–6

$$e^{i\pi} + 1 = 0$$

Leonhard Euler, *Introductio in analysin infinitorum*

Die Bit-Zahl des Kosmos ist, wie man sie auch berechnet, eine Zehn, in eine sehr große Potenz erhoben.

John Wheeler, »Information, Physics, Quantum: The Search for Links«, *Complexity, Entropy, and the Physics of Information*

Möge uns Gott davor behüten, daß wir eine Schimäre unserer Einbildungskraft als ein Muster der Welt ausgeben.

Francis Bacon, *Novum Organum*

Die Redundanz einer Sprache ist eng mit der Existenz von Kreuzworträtseln verbunden.

Claude Shannon, »A Mathematical Theory of Communication«, *Bell System Technical Journal*, Bd. 27, Juli 1948

Welchen eigentümlichen Vorzug hat diese schwache Regung des Gehirns, die wir Denken nennen, daß wir sie zum Urbild der ganzen Welt machen?

David Hume, *Dialoge über natürliche Religion*

Die fundamentalen Teilchen unserer Welt entsprechen den musikalischen Tönen des Superstrings, die physikalischen Gesetze entsprechen den Harmonien, denen diese Töne gehorchen, und das Universum selbst entspricht einer Symphonie von Superstrings.

Michio Kaku, *Strings, Conformal Fields, and Topology*

Der Begriff der »Messung« wird bei näherer Überlegung so unscharf, daß es recht verwunderlich ist, daß er auf der fundamentalsten Ebene der physikalischen Theorie auftaucht.

J. S. Bell, *Speakable and Unspeakable in Quantum Mechanics*

Fast alle existierenden Modelle der Quantengravitation erwarten, daß das klassische Bild der Raumzeit durch Einführung einer Art von Unschärfe modifiziert wird.

D. V. Ahluwalia, »Quantum Gravity: Testing Time for Theories«, *Nature*, Bd. 398, 18. März 1999

Die Physiker wissen, daß jede Gleichung eine Lüge ist.

Gregory Chaitin, Santa Fe Institute[1]

Woraus besteht die Welt? Das ist eine alte Frage, die in den vergangenen 3000 Jahren auf vielfältige Weise beantwortet wurde. Thales behauptete etwa 600 v. Chr., die Welt bestehe aus Wasser. Thales wurde zum Mitbegründer der modernen Philosophie – und der Finanzwirtschaft, als er (wie uns Aristoteles in seiner *Politik* berichtet) einen Terminkontrakt kaufte, der ihm das Nutzungsrecht an sämtlichen Olivenpressen im Jahr darauf sicherte. Dann sagte Heraklit, der Urstoff der Welt sei das Feuer. Anaximenes sah in der Luft den Urstoff. Und Pythagoras sah in den Zahlen die Bausteine der Welt.

Parmenides war vermutlich der erste griechische Philosoph, der behauptete, die Erde sei eine Kugel, ein großer unveränderlicher Materieball. Demokrit widersprach. Er sagte, die Welt aus Materie wandele sich; sie bestehe aus unendlich vielen Atomen, die sich durch ein Meer der Leere bewegten. Während Mystiker in aller Welt sagten, die Welt sei Liebe oder Geist oder Seele.

Abendländische Philosophen gossen diese Weltanschauungen später in die dichte Sprache der Metaphysik. Diese Sprache erwuchs aus den »Forschungen« der christlichen Denker des Mittelalters.

Der französische Philosoph und Offizier René Descartes sagte, die Welt sei Geist und Materie; die Zirbeldrüse im menschlichen Gehirn stelle das Bindeglied zwischen beiden dar. Der holländisch-jüdische Philosoph und Linsenschleifer Baruch Spinoza sagte, die Welt sei reine Substanz. Für den deutschen Philosophen und Mathematiker Gottfried Wilhelm Leibniz bestand die Welt aus einer unendlichen Menge lebendiger, aber kleiner mathematischer Punkte (»Monaden«). Der anglikanische Bischof George Berkeley sagte, die Welt sei lediglich Gottes Vorstellung von ihr, und sie würde verschwinden, wenn Gott blinzele.

Der deutsche Philosoph Immanuel Kant erklärte, die Welt sei das unerreichbare Ding an sich, das unsere Sinne affiziere. Er sagte, wir betrachteten dieses Ding durch Brillen, die von den abstrakten Begriffen von Zeit und Raum, Ursache und Wirkung gefärbt seien.

Der atheistische deutsche Philosoph Arthur Schopenhauer schloß sich Kant an. Er behauptete, wir würden das Ding an sich spüren und dann auf der Grundlage dieser Empfindungen unsere Ideen über die Welt formulieren. Allerdings könnten wir einen flüchtigen Blick auf das nackte Ding an sich erhaschen. Denn wir spürten unseren eigenen Willen, und dieser hänge nicht von Zeit und Raum oder von Ursache und Wirkung ab. Daher, so folgerte er, sei die Welt Wille.

Die moderne Physik gibt dem altgriechischen Philosophen Thales von Milet teilweise recht. Sie räumt ein, daß die Welt »etwas Fließendes« ist, aber sie ist nicht der Ansicht, daß es sich bei diesem Fließenden um Wasser handelt. Dieses Fließende bestehe vielmehr aus Materiewellen. Letztlich handelt es sich also um eine Form von Energie, auch wenn Energie nach der Quantenmechanik lediglich in Form diskreter Einheiten – Paketen – existiert. Die Welt ist somit ein riesiger Energiespeicher.

Einstein zeigte, daß sich Materie beziehungsweise Masse in Energie umwandelt und umgekehrt. Das ist die Lehre aus seiner berühmten Formel, die Energie, Masse und Lichtgeschwindigkeit zueinander in Beziehung setzt ($E = mc^2$). Atomtests erbrachten später den Nachweis, daß Einstein die mathematischen Zusammenhänge richtig verstanden hatte. Zumindest hatte er sie auf ein paar Dezimalstellen genau erfaßt, und das genügte für die Pläne der amerikanischen Regierung.

Dieses Weltmodell auf der Basis der Energie führte zu zahlreichen mathematischen Modellen der Welt. Die große Mehrzahl dieser Modelle beschreibt die Welt als Felder, die den Raum so füllen wie Wasser einen Krug; dies ergibt sich in den meisten Fällen aus den einfachsten Regeln der Differentialrechnung.

Im Jahr 1873 interpretierte James Clerk Maxwell die Welt als einen elektromagnetischen Strom. Die berühmten vier Maxwellschen Gleichungen beschreiben, wie ein elektrischer Strom fließt, von magnetischen Feldlinien umgeben ist und Lichtwellen emittiert. Einstein ging weiter und interpretierte die Welt als einen kurvenförmigen Strom aus Energie und Materie. Dieser Strom emittiert sogar Gravitationswellen mit Lichtgeschwindigkeit. Der Quantentheoretiker Erwin Schrödinger benutzte eine eigene Wellenformel, um die Welt als einen Strom aus Materie zu beschreiben. Er zeigte in der berühmten Gleichung, die seinen Namen trägt, daß die Fortpflanzung von Materiewellen in der Zeit von der Konzentration von Materie im Raum abhängig ist.

Ein radikales Strömungsmodell stammt von dem Physiker Frank Meno von der Universität Pittsburgh. Meno beschreibt die Welt als einen verdichtbaren Strom aus winzigen Kreiseln oder »Gyronen«, die sich um die eigene Achse drehen. Der Fluß der länglichen Gyronen erzeugt Elektrizität, wenn er beschleunigt, und Magnetismus, wenn er rotiert. Ein Teilchen ist ein Wirbel im Gyronenstrom, dessen Vorzeichen (+ oder -) davon abhängt, ob sich der Wirbel nach links oder rechts dreht. Die Entropie entsteht als eine Art Zähigkeit oder Viskosität zwischen den kollidierenden Gyronen. Die ganze Theorie läßt sich auf Standardgleichungen der Strömungslehre zurückführen. Doch für diese mathematische Einfachheit zahlt man den hohen Preis, daß eine Form des Maxwellschen Äthers wiederaufersteht.[2] Die Fortschritte in der Physik des 20. Jahrhunderts beruhen weitgehend darauf, daß man den »Lichtäther« zugunsten des »leeren« Vakuums preisgab.

Komplexere mathematische Modelle beschreiben den Energiestrom in höheren Dimensionen als nur den gängigen vier Raum- und Zeitdimensionen. Der deutsche Mathematiker Theodor Kaluza zeigte im Jahr 1921, daß man durch Hinzufügen einer fünften Dimension aus denselben Gleichungen das Gravitationsfeld Einsteins und das elektromagnetische Feld Maxwells erhält. Die zusätzliche Dimension vereinfachte zwar die mathematische Beschreibung und vereinheitlichte die Physik, schien jedoch in der realen Welt nicht zu existieren.

Die moderne Superstringtheorie geht weit darüber hinaus und arbeitet mit zehn oder sogar 26 Dimensionen. Die zusätzlichen Dimensionen können sich in einer so winzigen Größenordnung »aufwickeln«, daß wir sie nicht erkennen können. Die Superstring-Gleichungen bilden sowohl das Gravitationsfeld als auch das Quantenfeld ab. Demnach besteht die Welt aus winzigen Schleifen vibrierender Saiten. Atomare Teilchen sind dann gleichsam die musikalischen Noten, welche die Natur auf den

Saiten spielt.[3] Einsteins Gravitationsfeld ist eine Version der Superstringtheorie für niedrige Energien.

Diese energiebasierten Weltmodelle führen zu einer neuen Frage: Woraus besteht Energie? Die Mathematik besagt lediglich, daß wir die Welt als Energie betrachten. Wir messen Energie, wenn wir versuchen, den Weltstoff zu messen. Der Stoff spiegelt die Energie wider. Das bedeutet nicht, daß der Stoff selbst Energie ist.

Was also ist Energie? Eine neue Richtung der Physik hat zumindest eine Teilantwort vorgelegt, die reif für das Informationszeitalter ist: Energie ist eine Form von Information. Sie entsteht aus Bits. Die Welt ist ein großer Rechner. Zumindest berechnet die Welt Informationsmuster und speichert diese.

Diese neue Betrachtungsweise ist gleichsam die Vollendung der schwarzweißen (binären) Weltanschauung der Wissenschaft: Alles ist ein Haufen aus Einsen und Nullen. Und es ist eine Sichtweise, die rasch dem Grauen den Weg ebnet.

Das Rätsel des Seins

Einen Apfel in der Hand zu halten ist im Grunde eine mystische Erfahrung. Woran liegt das? Der Apfel befindet sich in unserer Hand. Unsere Hand befindet sich im Raum und hängt an unserem Arm. Unser Arm ist mit unserem Körper verbunden, und unser Körper befindet sich im Raum. Dies sind »Tatsachen«. Eine Vielzahl dieser Tatsachen bilden die komplexe »Tatsache«, daß wir den Apfel halten.

Und wir erleben diese Tatsachen unmittelbar. Ihr »Beweis« ist ein Kinderspiel: direkte Beobachtung. Wir können also durch die Wissenschaft Tatsachen untermauern. Wir können unsere Hand, den Apfel und die Atome, die zwischen ihnen liegen, messen.

Wo bleibt da Platz für Mystizismus? In unserem Kopf. Der Mystizismus liegt in unserer Überzeugung, daß der Apfel in unserer Hand liege. Er liegt in der Überzeugung, daß es einen Apfel und eine Hand gibt, die Teil der Welt sind. Er wurzelt noch tiefer in der Überzeugung, daß *da draußen* eine Welt ist.

Das Problem ist, daß wir nicht beweisen können, daß es da draußen eine Welt gibt. Hier müssen wir unsere Worte sorgfältig abwägen. Wir können nur die inhaltsleeren Tautologien der Logik und Mathematik wie »rot ist rot« oder »1 + 1 = 2« beweisen. Alles andere ist unscharf und approximativ. Wir können keine Tatsache beweisen.

Ein Beweis unterstellt, daß einige Aussagen oder Prämissen wahr sind. Daraus wird dann eine Schlußfolgerung abgeleitet. Man muß wenigstens eine Tatsache als wahr annehmen, um eine Tatsache herzuleiten. Doch anzunehmen, daß eine Tatsache wahr ist, heißt, einen Zirkelschluß zu machen. Es geht ja gerade darum zu beweisen, daß eine Tatsache wahr ist. Angenommen, wir sehen es als erwiesen an, daß der Himmel blau ist. Dann können wir daraus die Tatsache ableiten, daß der Himmel entweder blau oder rot ist. Na und? Die Wahrheit der Konklusion hängt nach wie vor von der Wahrheit der Prämisse ab.

Die Logik hilft uns folglich nicht weiter. Dies beschränkt das »Beweis«-Verfahren auf das Gebiet von Evidenz, Bezeugung und Messung. Formale Beweise werden durch bloße Vermutungen ersetzt. Man kann lediglich behaupten, daß die Evidenz *darauf hindeutet*, daß man den Apfel in seiner Hand hält. Man presse den Apfel fest genug, und der Saft läuft einem über die Finger und tropft auf den Teppich. Dies mag auf mancherlei Fakten über Muskeln, Druck und Teppiche hindeuten. Doch logisch beweist es gar nichts. Das »Gesetz« der Vermutung läuft auf ein bloßes »Zeigen« hinaus.

Zudem kann man nicht sicher sein, ob man überhaupt »zeigt«. Man kann nicht einmal sicher sein, ob man wach ist oder ob das eigene Erleben real ist. Vielleicht ist es ein Traum, ein unangenehmer Drogentrip oder eine angenehme Reise durch eine virtuelle Realität. Oder vielleicht ist es etwas Komplexeres, das ein Nanochirurg auf einem Chip in unser Gehirn einprogrammierte.

Die Wissenschaft hilft uns aufgrund ihrer unscharfen Wahrheitsgrenzen nur bis zu einem gewissen Punkt weiter. Ihre mathematischen Beschreibungen stimmen bestenfalls auf ein paar Dezimalstellen genau. Jede weitere Dezimalstelle verursacht stetig steigende Kosten für ihre Überprüfung, Messung und logische Konsistenz. Binäre Präzision ist kein kostenloses Gut. Wir können sie nicht einmal im Bereich der Tatsachen verwirklichen.

Dies gilt aus einem einfachen, aber tiefgreifenden Grund: Die Wissenschaft müßte ihre mathematischen Größen auf unendlich viele Dezimalstellen genau berechnen können, um eine hundertprozentig wahre Tatsache hervorzubringen. Dann hätten ihre Behauptungen den gleichen binären Status wie die Aussagen der Mathematik und Logik. Doch selbst dann könnte man nicht sicher sein, ob die logische Tatsache mit einem Sachverhalt der realen Welt übereinstimmt. Jemand oder etwas müßte noch immer zeigen.

Wir müssen uns damit abfinden, daß die kleinen Bündel aus neuronalen Netzen, die wir unsere Gehirne nennen, von der Evolution nicht dazu maßgeschneidert wurden, Theoreme zu beweisen oder die Welt mathematisch zu beschreiben. Wir benutzen diese Werkzeuge, so gut wir können. Affen benutzen diese Werkzeuge keineswegs in dieser Weise.

Wir benutzen lediglich die einfachsten dieser mathematischen Werkzeuge. Und wir benutzen sie erst nach einer jahrelangen Ausbildung und dann auch nur, wenn wir unsere geistigen Anstrengungen in einer Weise fokussieren, die wir nur selten länger als ein paar Sekunden durchhalten können. Die meisten von uns schütteln ungläubig den Kopf, wenn sie die komplexen Gleichungen für *pi* und ähnliche Terme sehen, die die Mathematiker Leonhard Euler und Ramanujan zuerst vermuteten und dann bewiesen.[4] Diese Vermutungen durchbrechen die Grenzen unseres Gehirns und stoßen ein kleines Stück in den großen mathematischen Funktionsraum im Himmel vor.

Wir haben in den letzten beiden Kapiteln gesehen, daß uns Fuzzy- und Neuro-Systeme noch ein wenig weiter über diese Grenzen des Gehirns hinaus vordringen lassen. Aber selbst mit diesen und anderen »kognitiven Verstärkern« werden wir das Kantsche Ding an sich nicht zu fassen kriegen.

Letztlich werden wir die Existenz von Apfel und Welt glauben müssen. Wir glauben an etwas, das wir nicht beweisen können. Das aber ist Mystizismus.

Der Apfel erinnert uns an das Rätsel des Seins. Weshalb gibt

es einen Apfel? Weshalb gibt es eine Welt? Weshalb gibt es
etwas und nicht Nichts? Weshalb gibt es nicht bloß den leeren
Raum? Welche Frage beantwortet die Welt? Weshalb weist die
Welt dieses bestimmte Verhältnis von Elektronen zu Photonen
auf und kein anderes? Weshalb bleibt das Verhältnis konstant?
Weshalb gibt es genau diese Anzahl von Atomen in der Welt
und nicht ein Atom mehr oder weniger?

Nachdenkliche Menschen stellen diese Fragen in der einen
oder anderen Form seit Tausenden von Jahren. Sie haben Antworten vorgelegt, die von Wasser über Wille zu Energie reichen.
Einige dieser Antworten haben dazu beigetragen, Kulte, Religionen und Philosophien zu begründen. Andere haben geholfen, sie
niederzureißen. Doch alle Antworten haben das gleiche *bewiesen*: nichts. Die Welt bleibt ein Rätsel.

Warum nicht einen Schritt weiter gehen? Warum nicht darüber nachdenken, was geschieht, wenn man in das Rätsel ein-
dringt und über es hinausgeht? Angenommen, man könnte die
Welt so leicht ausquetschen wie einen Apfel. Was geschieht?
Was geschieht, wenn man die Welt zerstört?

Die Welt in einem Schwarzen Loch: Bit-Welt

Der an der Princeton-Universität lehrende Physiker John Wheeler prägte im Jahr 1967 den Ausdruck »Schwarzes Loch«.[5]
Wheeler hatte bereits früher ein einfaches Gedankenexperiment
publiziert. Angenommen, man wirft einen Stein in ein Schwarzes Loch. Was geschieht mit der Energieerhaltung? Was geschieht mit der Information, die der Stein gespeichert hat? Dies
sind kluge Fragen, und bevor wir sie beantworten, wollen wir
kurz unser Wissen über Schwarze Löcher rekapitulieren.

Schwarze Löcher fungieren in unserem Universum als eine
Art Informationsprisma. Diese seltsamen Objekte ermöglichen
uns auf einfache Weise, die Welt in Information umzuwandeln.
Ein Schwarzes Loch entsteht, wenn ein großer Stern unter seiner eigenen Massenanziehung implodiert. Der Stern muß min-

destens zweieinhalbmal so massiv sein wie unsere Sonne. Ein Stern, der weniger als das etwa Anderthalbfache der Sonnenmasse besitzt, kollabiert mit der Zeit zu einem toten Weißen Zwerg. Im weiteren Verlauf wird er dann kalt und dunkel. Sterne mit Massen zwischen diesen Extremen stürzen im Lauf der Zeit zu einem dichten Neutronenstern oder Pulsar zusammen. Diese Massenverhältnisse setzen voraus, daß die Sterne bereits durch Sonnenwind oder einen direkten Novaausbruch Masse verloren haben. Diese alten Sterne beschließen ihren Entwicklungsweg dann als Schwarze Löcher, Pulsare oder kalte, tote Aschenkugeln.

Das Universum belohnt die größten und massenreichsten Sterne und Weltraumobjekte für ihre Größe. Es verwandelt sie in Schwarze Löcher. Eine zentrale Frage lautet, ob das Universum selbst eines Tages als Schwarzes Loch oder etwas Ähnliches enden wird.

Viele Physiker glauben, daß die starke Röntgenquelle Cygnus X-1 ein Schwarzes Loch ist. Sie ist »nur« 6000 Lichtjahre von der Erde entfernt. Wenn wir einen Lichtstrahl nach Cygnus X-1 schicken würden, bräuchte er 6000 Jahre, um dort anzukommen. Massive Schwarze Löcher liegen möglicherweise im Zentrum zahlreicher Galaxien, wo sie langsam nahegelegene Sterne und andere Weltraummaterie verschlingen. Das Zentrum der Galaxie NGC4258 ist möglicherweise ein massives Schwarzes Loch. Auch im Zentrum unserer Milchstraße liegt möglicherweise ein Schwarzes Loch, das zweieinhalbmillionenmal so massiv wie unsere Sonne ist.[6]

John Wheeler hat die Bezeichnung Schwarzes Loch gewählt, weil selbst Licht aus dem starken Gravitationsfeld eines Schwarzen Lochs nicht entweichen kann. Das Schwarze Loch kann quantenphysikalische Undichtigkeiten entwickeln und dann Strahlung emittieren. Es kann aufgrund dieser Undichtigkeiten gleichsam auslaufen, doch das kann Äonen dauern. Das Schwarze Loch verschlingt jegliche Materie, die ihm zu nahe kommt. Ein großes Schwarzes Loch kann sogar kleine Schwarze Löcher verschlingen und anschließend mit ihnen zu einem noch größeren Schwarzen Loch mit noch stärkerer gravitativer Anziehung verschmelzen. Umgekehrt kann jedoch ein großes

Schwarzes Loch nicht in kleinere Schwarze Löcher zerfallen; seine Topologie ist stabil, und das Loch kann nur wachsen.

Lichtstrahlen werden unter Einwirkung der Gravitation eines Schwarzen Lochs gekrümmt beziehungsweise angezogen. Wenn man einen Laserstrahl auf ein Schwarzes Loch richten würde, dann würde der Strahl in den »Ereignishorizont« des Schwarzen Lochs eintauchen und diese Welt für immer verlassen. Wenn man den Laserstrahl in einem weiten Winkel vom Schwarzen Loch weg aussenden würde, würde sich der Strahl kurzzeitig zum Loch hin krümmen und dann hinter dem Loch wieder geradlinig ausbreiten. Wenn man den Laserstrahl im genau richtigen Winkel aussenden würde (dem exakt Anderthalbfachen des Radius des Schwarzen Lochs), würde der Laserstrahl das Schwarze Loch in einer stabilen Umlaufbahn umkreisen, so wie die Erde die Sonne umläuft oder ein künstlicher Satellit die Erde umkreist.

Die Bezeichnung Schwarzes Loch geht auf Wheeler zurück, doch das mathematische Konzept, das dem Schwarzen Loch zugrunde liegt, hat eine lange Geschichte. Der britische Naturwissenschaftler John Michell zeigte bereits 1784, daß ein Stern hinlänglicher Größe als dunkler Stern wirken und sein eigenes Licht einfangen kann. Er stützte sich dabei lediglich auf die Newtonsche Gravitationstheorie und die Annahme, daß ein Lichtstrahl aus einem Strom von Teilchen (Photonen) besteht. Er zeigte, daß die Massenanziehung eines Sterns in dem Maße wächst, wie seine Fläche abnimmt, also mit zunehmender Massendichte. Der französische Naturwissenschaftler Pierre Simon Laplace veröffentlichte 1799 ein ähnliches Ergebnis.[7]

Die moderne Theorie der Schwarzen Löcher beginnt mit Einsteins Allgemeiner Relativitätstheorie. Einsteins mathematisches Modell besagte, daß die Gravitation keine Anziehungskraft ist, die zwischen Materieklumpen wirkt. Vielmehr krümmen Materie und Energie den Raum. Isaac Newton hatte die Mathematik auf ein paar Dezimalstellen genau richtig herausgearbeitet, als er beschrieb, wie die Erde einen Apfel vom Baum herunterzieht und wie der Apfel gleichzeitig die Erde leicht anzieht. Was Newton jedoch mißverstand, war die Idee der Anziehung. Ein massives Objekt zieht ein zweites Objekt genausowenig an, wie die Sonne die Erde umläuft. Die Anziehung ist eine Illusion.

Die Schwerkraft der Sonne zieht einen Kometen an, weil sich die Sonne wie ein massiver Stein verhält, der auf einem Trampolin liegt, und der Komet wie eine Murmel, die über das Trampolin in die Gravitationssenke des Steins rollt. Je näher die Murmel dem Stein kommt, um so stärker wird sie auf ihrer Bahn zum Stein abgelenkt. Wenn man dies von der Decke aus beobachten würde, würde die Trampolinoberfläche flach aussehen, und der Stein würde scheinbar die Murmel anziehen. Materie verbiegt die Entfernung beziehungsweise die metrische Struktur des Raumzeit-Kontinuums.

Karl Schwarzschild löste im Jahr 1915 als erster die Einsteinschen Krümmungsgleichungen der Allgemeinen Relativitätstheorie, kurz bevor er als Soldat in den Ersten Weltkrieg zog und fiel. Er nahm an, daß eine Sternmasse eine vollkommene Kugel bildet und sich nicht um die eigene Achse dreht. Dann folgerte er mathematisch korrekt daraus, daß Schwarze Löcher dort vorkommen können, wo gewisse Terme in seiner Lösung durch Null geteilt werden, das heißt wo die Krümmung von Raumzeitpunkten gegen unendlich strebt.[8] Einstein und viele andere Physiker bemühten sich vergeblich darum, diese »Schwarzschildschen Singularitäten« zu beseitigen. Weitere Forschungen zeigten, daß die Singularitäten fester Bestandteil unseres gekrümmten Raumes sind.

Der neuseeländische Mathematiker Roy Kerr löste 1964 die Einsteinschen Raumzeitgleichungen für einen Stern, der sich um die eigene Achse dreht. Dieser Eigendrehimpuls erzeugt einen Wirbel – eine Art Gravitationstornado – im Raumzeitgefüge um ein Schwarzes Loch. Andere Physiker zeigten, daß ein Schwarzes Loch auch elektrische Ladung tragen kann, die in gerader Linie aus dem Schwarzen Loch herausströmt. Wieder andere zeigten, daß alle Sterne hinreichender Größe zu einem kugelförmigen Schwarzen Loch zusammenstürzen, ganz gleich, welche Form sie haben, und ganz gleich, ob sie Unebenheiten aufweisen. Die Unebenheiten verwandeln sich in Gravitationswellen beziehungsweise -pulsationen, die sich mit Lichtgeschwindigkeit in der gekrümmten Raumzeit ausbreiten.

Das runde Schwarze Loch hat so im Endstadium seiner Entwicklung Masse, Eigendrehimpuls, Ladung und sonst nichts. John Wheeler hat auch dafür einen bildlichen Ausdruck geprägt, als er Ende der sechziger Jahre sagte: »Ein Schwarzes Loch hat keine Haare.« Das Theorem der Haarlosigkeit besagt, daß eines der rätselhaftesten Objekte im Universum zugleich eines der am einfachsten zu beschreibenden ist. Man braucht lediglich die drei Werte von Masse, Eigendrehimpuls und elektrischer Ladung.

Nehmen wir nun an, wir würden einen Stein in ein solches haarloses Schwarzes Loch werfen. Haben wir nun gerade die Welt eines Teils ihrer Masse und Energie beraubt? Haben wir das »Gesetz« der Energieerhaltung verletzt, das besagt, daß die Gesamtenergie in der Welt konstant bleibt?

Schwarze Löcher ernähren sich von Energie. Mit jedem Biß wird ihre Oberfläche größer, und ihre Gravitation nimmt zu. Befindet sich demnach die Masse, die unsere Welt verliert, im Magen Schwarzer Löcher? Wie können wir dies jemals wissen, wenn wir nicht in ein Schwarzes Loch hineinsehen können?

Wheeler wußte, daß dieser Massenverlust den Zweiten Hauptsatz der Thermodynamik zu verletzen schien.[9] Dieses statistische Gesetz besagt, daß die Entropie beziehungsweise der Grad der Unordnung eines Systems mit der Zeit nur zunehmen kann. Es deutet darauf hin, daß die Welt vermutlich eines Tages einen kalten »Hitzetod« erleiden wird. Die Welt hat in den Feuern des Urknalls mit wenig oder gar keiner Entropie begonnen. Seither dehnt sie sich wie ein Ballon aus, wobei ihr mittlerer Ordnungsgrad ständig ab- und ihre Entropie ständig zunimmt. Dies hält so lange an, bis es zum Hitzetod kommt, es sei denn, es gibt genügend Materie, um die Welt zurück in einen Gravitationskollaps zu ziehen.

Der Steinwurf in ein Schwarzes Loch scheint den Zweiten Hauptsatz der Thermodynamik zu verletzen. Er scheint die Unordnung der Welt zu verringern. Das gleiche Problem würde auftauchen, wenn wir ein Schwarzes Loch mit einem Schwarm kollidierender Moleküle füttern würden. Ihre Unordnung beziehungsweise Entropie würde sich im Loch allmählich verlieren.

Wheelers Student Jacob Bekenstein fand einen Ausweg aus diesem Dilemma. Er glaubte die Entropie an der Oberfläche eines

Schwarzen Lochs ablesen zu können. Stephen Hawking hatte gezeigt, daß sich die Fläche eines Schwarzen Lochs mit der Zeit vergrößert. Dies war sein sogenanntes *Theorem über die Flächenzunahme* (bei zunehmender Entropie).[10] Bekenstein und Hawking verfolgten diese Idee weiter. Schließlich bewiesen sie das, was wir heute die Bekenstein-Hawking-Gleichungen nennen.

Bekenstein hatte recht. Die Fläche eines Schwarzen Lochs mißt seine Entropie beziehungsweise seinen Informationsgehalt. Sie tut mehr, als seine Entropie zu messen. Sie *ist* die Entropie. Die Entropie eines Schwarzen Lochs ist genau gleich einem Viertel seiner Fläche beziehungsweise seines Ereignishorizonts. Folglich gilt der Zweite Hauptsatz der Thermodynamik doch. Die Entropiezunahme im Schwarzen Loch gleicht die Entropie, die durch den Stein beziehungsweise den Schwarm von Molekülen verlorenging, mehr als aus. Die Unordnung nimmt also weiterhin zu.

Dies klingt nur auf den ersten Blick plausibel, denn wir wissen nicht, was sich im Schwarzen Loch befindet. Wir haben kein sicheres Wissen über diese Region der Raumzeit. Wir haben keine Ahnung, was für eine Art von Materie in das Schwarze Loch fiel und es expandieren ließ. Vielleicht war es Sternenstaub oder ein Stapel Zeitungen. Irgendwelche aus einer riesigen Zahl atomarer Teilchen könnten zu der Masse im Schwarzen Loch geführt haben. Wir könnten das gleiche über die große Zahl von Buchstaben sagen, die in einer in einer Mülltonne brennenden Zeitschrift erschienen. Die Entropie mißt diese riesige Zahl.

Die Quantentheorie besagt, daß diese Zahl endlich ist. Die Masse tritt in kleinen Quanteneinheiten auf, so wie die Buchstaben des Alphabets diskrete Einheiten bilden. Das lateinische Alphabet hat 26 Buchstaben, während die Zahl der chinesischen Schriftzeichen in die Tausende geht. Wenn die Masse nicht gequantelt wäre, könnte die Masse eines Schwarzen Lochs aus einer unendlichen verschmierten Menge infinitesimaler Massepunkte bestehen. Die Quantenstruktur ist somit der Schlüssel zum Bekenstein-Hawking-Ergebnis.

Man kann die Schwarze-Loch-Entropie eines Objekts mit einem Taschenrechner berechnen. Man muß die Zahl der möglichen Quantenzustände kennen, aus denen sich die Masse des

Objekts zusammensetzen könnte. Die Stringtheorie hat neue
Wege aufgezeigt, diese Quantenmikrozustände zu zählen.[11]
Aber man kann die Zahl der Zustände auch ohne sie abschätzen.
Dazu nimmt man einfach den Logarithmus dieser Zahl. Dies ist
zwar eine viel kleinere, aber immer noch eine riesige Zahl. Sie
ergibt das, was Wheeler die »Bit-Zahl« des Objekts nennt. Diese
Zahl löst das Objekt in einen Haufen von Einsen und Nullen auf.

Das Schwarze Loch läßt sich demnach mit einer Art Bit-
Maschine vergleichen. Es zerkaut Materie in Buchstabenbits.
Man füttere ein Schwarzes Loch, und es wächst und seine Bit-
Zahl nimmt zu. Das Schwarze Loch verwandelt Dinge oder
»Its« in Bits beziehungsweise binäre Einheiten der Information.

Dies führt zu einer naheliegenden Frage: Was geschieht, wenn
wir das ganze Universum in ein Schwarzes Loch werfen? Erhalten wir eine endliche oder eine unendliche Zahl von Bits? Wie
viele Bits sind wir wert? Die Antwort lautet etwa 10^{120} Bits oder
Informationseinheiten.[12]

Die Bit-Zahl des Kosmos beträgt also etwa 10, 120 mal mit
sich selbst multipliziert. Dies ist eine gigantische Zahl, wenn
wir sie mit der Zahl 10^{87} vergleichen, also der ungefähren Zahl
aller subatomaren Teilchen im bekannten Universum. Selbst
die kleinsten Teilchen sind demnach mit Information überladen.
Diese Bit-Zahl liegt in derselben Größenordnung wie die Zahl
aller möglichen Schachzüge. Daher können wir die Welt auf alle
Schachspiele abbilden, die irgendein superintelligenter Außer-
irdischer spielen könnte. Der Mathematiker Roger Penrose
kommt mit denselben Gleichungen zu einer ähnlichen Bit-Zahl
von 10^{123}.[13]

Die Bit-Zahl der Welt ist zwar eine riesige, aber eine endliche
Zahl. Weshalb ist das so? Weshalb sind wir eine exakte Zahl von
Bits wert und nicht ein Bit mehr oder weniger? Wer oder was
wählte ausgerechnet diese Zahl von Bits für unsere Welt aus
und nicht irgendeine der unendlich vielen anderen Zahlen?
Was hat die Symmetrie gebrochen? Auch dies sind moderne For-
mulierungen der uralten Frage, warum es etwas gibt und nicht
Nichts.

Unterdessen hat John Wheeler auch für dieses binäre Weltmodell einen originellen Namen gefunden: *It from bit.* Für

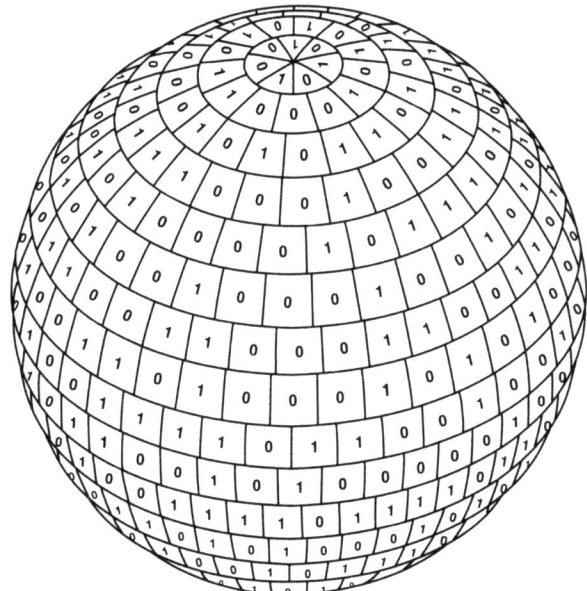

Bit-Welt. Binäre Einheiten beziehungsweise Bits geben den Informationsgehalt der Fläche (des Ereignishorizonts) eines Schwarzen Lochs an.[14]

Wheeler gleicht ein Schwarzes Loch eher einer Bit-Kugel als
einer schwarzen Kugel im leeren Raum (siehe Abb. oben).

Materie entsteht aus Information. Dinge entstehen aus binären Fakten. »Its« gehen aus Bits hervor: »Jede physikalische
Größe, jedes It (es), leitet seine Bedeutung letztlich von Bits,
binären Ja- oder-Nein-Anzeigen, her, eine Konklusion, die wir
in dem Schlagwort *Bit-Welt* zusammenfassen.«[15]

Wheelers »Bit-Welt«-These erklärt nicht, warum es etwas
gibt und nicht Nichts. Die These gibt dem Etwas allerdings eine
neue Qualität. Die Welt wird im Grunde zu einem Haufen von
Bits statt einem Schwarm von Teilchen, die sich in einem schäu-
menden Meer, dem Quantenvakuum, wellenförmig ausbreiten.
Dies ist ein kühnes Weltmodell, das bereits ein neues Forschungsgebiet hervorgebracht hat, das Physik und Informatik
zusammenführt. Aber ist die Welt auf so vollkommene Weise
schwarz und weiß?

Die Welt in einem Fuzzy-Würfel: Fit-Welt

Die »Bit-Welt«-These beruht auf einer alten Prämisse. Sie setzt voraus, daß wissenschaftliche Tatsachen denselben logischen Status wie mathematische Fakten haben. Sie setzt voraus, daß wir oder Gott oder der Geist im Schwarzen Loch die Fakten mit einer Genauigkeit von 0 oder 1 richtig erfassen können, als handele es sich um mathematische Aussagen. Diese Idee ist mit zwei Problemen zugleich behaftet.

Das erste Problem liegt darin, daß sich alle logisch wahren Aussagen gegenseitig implizieren. Dies ist ein Artefakt unserer Definition der logischen Implikation (Wenn-Dann-Satz). Die ganze Wenn-Dann-Aussage ist wahr, wenn sowohl die Prämisse (Wenn-Glied) als auch die Konklusion (Dann-Glied) wahr sind. Die Aussage »Wenn Rot rot ist, dann ist Blau blau« ist wahr, weil Rot rot ist und weil Blau blau ist. Die gleichen logischen Tatsachen bedeuten, daß die umgekehrte Aussage »Wenn Blau blau ist, dann ist Rot rot« ebenfalls wahr ist. Die Wenn-Dann-Struktur deutet darauf hin, daß die Prämissen die Konklusionen implizieren beziehungsweise sich in sie »ergießen«. Die eine leere Tautologie drängt in die andere und umgekehrt. Logische Wahrheit kümmert sich nicht um diese Vermutung. Sie besagt lediglich, daß sich logisch wahre Aussagen gegenseitig implizieren.

Also müssen wir eine Frage zum Schwarzen Loch stellen: Kennt oder besitzt es eine mathematische Wahrheit? Ist eine beliebige Aussage der Form »1 + 1 = 2« Teil seiner Bit-Zahl? Die Quantenwelt gehorcht solchen Gesetzen. Wenn man ein Quark zu einem zweiten Quark addiert, erhält man zwei Quarks. Das Schwarze Loch sollte die Struktur von mindestens einer derartigen wahren Aussage in seiner gigantischen Bit-Zahl für jedes beliebige Stück Materie enthalten.

Doch dies führt zu einer neuen Frage: Kennt das Schwarze Loch all die unendlich vielen mathematischen Wahrheiten, die der ersten Wahrheit logisch äquivalent sind? Wie kann es eine dieser Wahrheiten besitzen und nicht die ganze logische Kette, zu der diese gehört? Wie kann das Schwarze Loch diese Symmetrie brechen? Wo kann das Schwarze Loch all diese Wahrheiten hintun? Wie kann ein Schwarzes Loch endlicher Masse und damit endlicher Bit-Zahl unendlich viele mathematische Wahrheiten enthalten?

Die endliche Bit-Zahl paßt nicht zur unendlichen Menge mathematischer Wahrheiten. Dieses Problem rührt von der gängigen, aber zu pauschalen Annahme her, daß Tatsachen denselben binären Wahrheitsstatus wie mathematische Wahrheiten haben. Und diese Annahme fußt auf wenig mehr als der alten Gewohnheit, sie zu machen.

Auf das zweite Problem haben wir in diesem Buch immer wieder aufmerksam gemacht. Niemand hat bislang eine binäre Wahrheit über die Welt gefunden. Niemand hat bislang wissenschaftliche Erkenntnisse auf mehr als ein paar Dezimalstellen genau berechnet. Vielleicht wird uns dies auch nie gelingen. Vielleicht könnte selbst ein Gott keine binäre Tatsache schaffen. Oder vielleicht ist ein Gott das einzige Ding oder die einzige Kraft, die binäre Fakten hervorbringen kann.

Das vielleicht hieb- und stichfesteste Ergebnis ist eine Vorhersage der Allgemeinen Relativitätstheorie darüber, welche Umlaufbahnen Paare rotierender Neutronensterne (Pulsare) umeinander beschreiben. Vielleicht haben wir dies bis auf 14 Dezimalstellen genau berechnet.[16] Und präzisere Meßinstrumente werden uns vielleicht noch eine um einige weitere Dezimalstellen höhere Präzision verschaffen. Aber was ist das schon? Ein paar Dezimalstellen mehr bringen uns, logisch gesehen, gar nichts. Sie sind nicht besser als gar keine Dezimalstellen, wenn wir sie mit den unendlichen Dezimalstellen vergleichen, die wir für binäre Wahrheiten benötigen.

Fuzzy-Wahrheit ist ein einfacher Weg, um mit diesen und anderen Problemen fertig zu werden. Wir sagen nicht, die Aussage »Das Gasmolekül befindet sich gerade jetzt in diesem Raum« ist zu 100 Prozent oder zu 0 Prozent wahr. Wir sagen vielmehr, daß die Aussage einen Wahrheitswert zwischen diesen Extremen besitzt. Wir könnten sagen, es sei zu 80 Prozent wahr, daß sich das Gasmolekül gerade jetzt in diesem Raum befindet. Wir ersetzen den *Bit*-Wert durch einen *Fit*-Wert bzw. eine Fuzzy-Einheit.

Viele mögen nun den Endruck haben, dies sei nichts anderes, als eine Wette darüber abzuschließen, ob sich das Gasmolekül in dem Raum befindet. Dies ist die statistische bzw. wahrscheinlichkeitstheoretische Betrachtungsweise, die eine Zeitlang eine Art Monopol auf Modelle der Unbestimmtheit besaß. Sie benutzt die gleichen Zahlen zwischen 0 Prozent und 100 Prozent, allerdings oftmals in andersartiger Weise und immer zur Beschreibung eines binären Sachverhalts.

Die statistische Sichtweise sagt, daß sich das Gasmolekül mit einer 80 prozentigen Wahrscheinlichkeit im Raum befindet oder nicht befindet. Sie betrachtet das Ereignis als ein binäres Ereignis. Sie schließt eine Wette darauf ab. Und sie setzt immer null Prozent auf die rein fuzzylogische Behauptung, daß das Gasmolekül gleichzeitig sowohl im als auch nicht im Raum ist. Sie setzt immer hundert Prozent auf das Entweder-Oder-Ereignis, daß das Gasmolekül zur gleichen Zeit entweder im Raum oder nicht im Raum ist. Fuzzy-Wahrheit nimmt in diesen Fällen nie diese beiden Werte von 0 oder 1 an.[17]

Die statistische Sicht setzt die alte binäre Betrachtungsweise von Aristoteles und der klassischen Mathematik fort. Die Annahme ist keine der Logik, sondern eine *über* die Logik. Wheelers »Bit-Welt«-These fährt einfach die Ernte ein.

Fuzzy-Wahrheit tut zwei Dinge auf einen Streich. Eine Fuzzy-Einheit bzw. ein Fit verknüpft in ein- und demselben Wert die Logik und die Unbestimmtheit einer Aussage. Ein Fit-Wert wie etwa 80 Prozent bedeutet, daß die Aussage nur zu 80 Prozent wahr ist, und doch ist diese Aussage selbst vage. Die Unbestimmtheit wird dem Weltbild nicht übergestülpt. Sie ist Teil dieses Bildes.

Fuzzy-Wahrheit erinnert uns auch daran, daß binäre Wahrheit ein seltener Extremfall ist. Wir sollten nicht erwarten, sie umsonst zu bekommen. Wir sollten erwarten, daß sie teuer ist.

Ein Fuzzy-Modell sagt genau dies. Es sagt, daß wir in dieser Welt keine binäre Gewißheit erreichen können. Die Tatsachen der Welt präsentieren sich nicht in Form eines Haufens aus Nullen und Einsen. Diese Extremwerte würden eine unendliche Masse oder Energie erfordern, weil etwas unendlich schnell schwanken müßte.

Dieses Fuzzy-Modell beginnt mit der sogenannten *H*-Zahl. Eine *H*-Zahl ist schlicht die Entropie oder Bit-Zahl eines ungewissen Weltzustands. Wissenschaftler bezeichnen die Entropie im allgemeinen mit dem Symbol *H*. Der Atomtheoretiker Ludwig Boltzmann bewies 1872 in einer wissenschaftlichen Untersuchung das später so genannte *H*-Theorem: Die thermodynamische Entropie kann mit der Zeit nur abnehmen.[18] Dies war ein früher Versuch, den Zweiten Hauptsatz der Thermodynamik aus grundlegenden mathematischen Konzepten herzuleiten.

Auch Claude Shannon bezeichnete die Entropie in seinem bahnbrechenden Werk zur Informationstheorie, das er in den 1940er Jahren bei den Bell Laboratories verfaßte, mit dem Symbol *H*. Sie hat die gleiche mathematische Form wie die Boltzmann-Entropie, und sie beschreibt dieselbe Eigenschaft. Sie mißt die Zufälligkeit (»randomness«) einer vollständigen Wahrscheinlichkeitsverteilung, die eine binäre Welt beschreibt. Shannon baute dabei auf seiner berühmten Diplomarbeit am MIT aus dem Jahre 1938 auf, in welcher er erstmals gezeigt hatte, daß sich die beiden Zustände eines Schaltkreises (offen oder geschlossen) mit Null und Eins modellieren lassen.[19] Diese Arbeit trug mit dazu bei, das binär-digitale Zeitalter einzuläuten.

Die Entropie *H* mißt nicht nur, wie zufallsverteilt ein Haufen von Molekülen ist. Sie mißt auch die Zufälligkeit in ihrer Wahrscheinlichkeitsbeschreibung. Die Entropie ist am höchsten, wenn alle Ereignisse gleich wahrscheinlich sind, wie etwa beim Wurf eines Paars makelloser Würfel. Dies führt zu dem seltsamen Ergebnis, daß das Buch oder der Film am informativsten ist, in dem sämtliche Wörter beziehungsweise Bilder zufallsverteilt sind. Die Entropie ist gleich null, wenn alle Ereignisse gewiß und damit nicht zufallsabhängig sind.

Die Entropie *H* beschreibt einen großen Teil der Welten aus Materie und Information. Aber woher kommt *sie?* Ich bin dieser Frage vom Standpunkt der Wheelerschen »Bit-Welt«-These nachgegangen. Shannon und andere zeigten, daß sich die mathematische Form von *H* aus der einzigartigen Struktur des Logarithmus (der allein Produkte in Summen verwandelt) ergibt. Dies war jedoch eher eine Beschreibung als eine Erklärung. Sie zeigte nicht, wie man *H* zugunsten von etwas Einfacherem eliminiert.

Ich betrachtete *H* als das, was die Physiker ein Potential nennen. Es ordnet jedem Zustand eines Systems eine Zahl zu. Hier ist der Zustand eine Wahrscheinlichkeitsbeschreibung beziehungsweise eine Liste von Zahlen, die sich zu Eins addieren. Daraus folgt, daß *H* die Verdichtbarkeit eines Fluids (ein Gradientenfeld) mißt. Überraschenderweise ist dieses Fluid das abstrakte »Fluid« der unscharfen wechselseitigen Entropie.[20]

Die unscharfe wechselseitige Entropie mißt, wie stark eine unscharfe Beschreibung der Welt mit ihrem Gegenteil übereinstimmt. Sie hat im allgemeinen keine statistische Entsprechung. Die Verdichtbarkeit mißt, wie schwer es ist, ein gegebenes Volumen eines Gases oder einer Flüssigkeit zusammenzupressen. Druckluftflaschen enthalten Druckluft, und Fluggesellschaften erlauben ihren Passagieren nicht, eine gefüllte Flasche mit an Bord zu nehmen, weil sie befürchten, sie könnte während des Flugs explodieren. Die Verdichtung von Wasser ist schwieriger. Schon Kinder lernen, daß ein mit Wasser gefüllter Ballon meist zerbirst, wenn man ihn zusammenzupressen versucht. Diese Nichtkomprimierbarkeit von Wasser gibt einem See eine so scharf abgegrenzte Oberfläche. Dampf ist komprimierbar und besitzt daher keine so deutliche Grenzfläche.

Das Fuzzy-Fluid führt seinerseits zu einer Form von Wellengleichung. Die Welle zeigt, wie die Shannon-Entropie *H* mit der Zeit schwankt. Sie hat die Form einer sogenannten Diffusionsgleichung. Diese Gleichungen kommen in allen Teilgebieten der Naturwissenschaft und Technik zur Anwendung. Sie beschreiben, wie die Veränderung eines Terms im Zeitablauf von seiner Veränderung im Raum abhängt. Die Schrödinger-Gleichung hat diese Form. Ebenso die meisten Diffusionsmodelle. Diese Modelle beschreiben ein so breitgefächertes Spektrum von Phänomenen wie die Ausbreitung eines Gens für blaue Augenfarbe in einer menschlichen Population, die Verteilung eines Insektenschwarms in der Luft oder die Verbreitung von Tollwut durch Füchse in Europa beziehungsweise Waschbären in Nordamerika.[21]

Die unscharfe Wellengleichung geht davon aus, daß die Information erhalten bleibt. Der Gesamtbetrag bleibt konstant, und Information wird weder erzeugt noch zerstört. Eine Form der Wellengleichung würde auch dann noch gelten, wenn die Information nur lokal oder in kleinen Regionen des Systemraums erhalten bliebe. Der Raum selbst ist ein hochdimensionaler Fuzzy-Würfel. Er besitzt so viele Dimensionen, wie es Objekte oder auch subatomare Teilchen gibt, für die man sich interessiert. Jeder Punkt im Würfel beschreibt die Unbestimmtheit (Verschwommenheit) eines Objekts beziehungsweise Teilchens. Die Shannon-Entropie H ändert sich in jedem Punkt in diesem Würfel und definiert eine Welle. Ein Ergebnis ist, daß die Entropie H gemäß dem Zweiten Hauptsatz der Thermodynamik mit der Zeit nur zunehmen kann.

Ein tiefergehendes Ergebnis lautet, daß sich die Entropie im Mittelpunkt des Fuzzy-Würfels, wo die Unschärfe ihr Maximum erreicht, am langsamsten verändert. Dies ist der einzige Punkt im Würfel, wo die unscharfe Beschreibung ihrem eigenen Gegenteil entspricht. Die Shannon-Entropiewelle wächst mit zunehmender Entfernung vom Würfelmittelpunkt und zunehmender Nähe zur Oberfläche immer schneller. Die Oberfläche des Fuzzy-Würfels ist die einzige Stelle, wo in der Systembeschreibung eine 0 oder 1 auftaucht. Die Wellengleichung zeigt, daß sich die Entropie H dann und nur dann unendlich schnell verändert, wenn sie die Würfeloberfläche berührt.[22] Dies ist in einer Welt, in der alle Geschwindigkeiten einschließlich der Lichtgeschwindigkeit endlich sind, unmöglich. Daher gibt es keine 0−1-Bits.

Es gibt nur Fits zwischen diesen Extremwerten. Um vollkommene binäre Gewißheit zu erlangen, bedürfte es einer Geschwindigkeit beziehungsweise Energie, die weit jenseits unserer Möglichkeiten liegen. Die binäre Wahrheit mag für die mathematischen Systeme gelten, mit denen wir arbeiten. Sie gilt nicht für Aussagen über die Welt, in der wir leben. Wir leben folglich nicht in einer »Bit-Welt«, sondern in einer »Fit-Welt«.

Ist die Welt ein Computer?

Besteht die Welt demnach aus Fuzzy-Fluid? Diese Hypothese ist genauso plausibel wie eine Welt aus Nullen und Einsen. Sie bleibt eine mathematische Abstraktion, und sie ist kein mathematisches Modell, das sich leicht überprüfen ließe. Wir könnten Steine oder ganze Planeten in Schwarze Löcher werfen und nicht sicher sein, ob die endgültige Informationsstruktur binär oder unscharf ist. Doch die fuzzylogische Betrachtungsweise zieht dennoch die alte Überzeugung in Zweifel, daß binäre Wahrheiten kostenlos sind.

Sie wirft auch die Frage auf, ob das Sein selbst Grade zuläßt. Dies könnte in der Quantenwelt, in der das Unbestimmtheitsprinzip exakte Werte verbietet, am sinnvollsten sein. Stringtheoretiker haben darauf hingewiesen, daß die Anzahl der Dimensionen, die die Welt besitzt, von Tests und Daten abhängt und nicht von den Diktaten des gesunden Menschenverstands. Die Stringmathematik erfordert zehn Dimensionen, um Inkonsistenzen zu vermeiden. Nur Daten können Aufschluß darüber geben. Das gleiche gilt für die Frage, ob Fits oder Bits ein besseres Modell der Mikrowelt liefern.[23]

Es gibt weitere Modelle, in denen die Welt als Information beschrieben wird.[24] Der Physiker Frank Tipler hat unter Bezug auf die Allgemeine Relativitätstheorie und die Bekenstein-Hawking-Gleichungen argumentiert, die Welt sei Information und werde eines Tages in einem endzeitlichen himmelsähnlichen »Omegapunkt« enden, wenn sie abgeschlossen ist und in einem kosmischen Gravitationskollaps (»Big Crunch«) in sich zusammenstürzt.[25] Der Omegapunkt würde unser Leben und die Variationen unserer Lebensgeschichten in einer Art kosmischen Simulation wiederholen.

Der Physiker Lee Smolin hat diese Ideen in einer kühnen Weise weitergeführt. Welten stürzen unter ihrer eigenen Gravitation in sich zusammen, und aus diesen Kollapsen gehen neue Welten mit geringfügig anderen Anfangsbedingungen hervor. Dies erzeugt ein evolvierendes Labyrinth, in dem Welten entstehen und kollabieren, die durch »Wurmlöcher« – Raumzeitröhren – miteinander verbunden sind. Schwarze Löcher und kosmische Gravitationskollapse erzeugen diese neuen Welten. Darwins natürliche Selektion begünstigt jene Welten, welche die meisten Nachkommen in Form Schwarzer Löcher haben. Unsere Welt ist möglicherweise nur eine solche Welt, die reich an Schwarzen Löchern ist.[26]

Diese und andere Weltbilder auf der Basis von Information werfen eine neue Frage auf. Wenn die Welt wie ein Computer funktioniert, wie steht es dann mit der Umkehrung? Weshalb kann ein Computer oder ein Chip nicht wie eine Welt funktionieren? Dies führt die Diskussion von der Physik weg und hin zur Technik und auf das Gebiet des technisch Machbaren und möglicher künftiger Erfahrungen. Es führt uns zum Himmel in einem Chip.

Teil III

Fuzzy-Kultur

12   Unscharfe digitale Kultur

Der Mensch ist eine Spezies, die ihre Reaktionen selbst erfindet. Kulturen entstehen aus dieser einzigartigen Fähigkeit des Menschen, seine Reaktionen zu erfinden und zu verbessern.

Ashley Montagu, *Culture and the Evolution of Man*

Die Barbaren sind die Besen, welche die historische Bühne von den Überresten einer toten Zivilisation säubern.

Arnold Toynbee, *A Study of History*

Die Informationsautobahn ist eine Revolution, die in den kommenden Jahren Zeitungen, Radio und Fernsehen als Nachrichtenmedien übertreffen wird. Daher glaube ich, daß es an der Zeit ist, ihr gewisse Beschränkungen aufzuerlegen.

Senator James Exon (1996)

Die Imperien der Zukunft werden Imperien des Geistes sein.

Winston Churchill, *Rede am 16. September 1943*

▬▬▬ Unsere digitale Kultur ist keine schwarzweiße Kultur. Sie ist eine Kultur wachsender Vielfalt, die sich aus Tatsachen und Meinungen, Kunst und Wissenschaft und all jenen Fuzzy-Mustern, die wir Ideen nennen, zusammensetzt. Diese digitale Kultur gewährt uns einen neuartigen, flüchtigen Einblick in das vollständige multidimensionale Spektrum der menschlichen Erfahrung, das sich in Ideen ausdrückt.

Viele Gesellschaftskritiker und Politiker äußern sich geringschätzig über einige dieser Ideen und nehmen Anstoß daran, wie leicht sie sich ausbreiten, wiederverwertet werden und sich in neue Ideen oder kulturelle Trends verwandeln. Gesellschaftskritiker und Politiker haben dies schon immer getan. Heute verweisen sie auf das Ausmaß an Klatsch, Gerüchten, Beleidigungen, Pornographie, Glücksspiel, Chiffrierung, Werbung, Gossenjournalismus und an sonstigen niederen Regungen der menschlichen Natur, die ihres Erachtens in der digitalen Kultur aufblühen. Sie sind davon überzeugt, daß diese Ideen herrschende Anschauungen auf den Feldern der Pädagogik, Moral, Religion oder Politik in Frage stellen, aushöhlen oder sogar umstürzen können.

Doch das digitale Medium übermittelt lediglich Angebot an und Nachfrage nach Ideen. Es stellt die Infrastruktur bereit, die ihre Übermittlung ermöglicht. Das digitale Medium beherbergt diesen vielfältigen Markt der Ideen zu niedrigeren Kosten und mit mehr Optionen, als es die anderen Informationsmedien der Vergangenheit taten. Es überträgt Ideen effizienter, als es Wörter tun, die durch Schallwellen in der Luft übertragen werden, oder auch die nicht so flüchtigen Medien wie Tontafeln, Bücher, Flugschriften, Zeitungen oder staatlich überwachte Radio- oder Fernsehkanäle.

Wir erschaffen diese Ideen aus der Welt um uns und den Genen in uns. Wir formen sie aus unseren persönlichen Erfahrungen und unserer dunklen Hominiden-Hardware. Das Internet ist das Emblem der digitalen Kultur.

Das Internet ging aus den drahtgebundenen und drahtlosen Kommunikationswegen hervor, welche die Erdoberfläche und den Himmel durchziehen. Es entstand sehr schnell, und zunächst schienen nur wenige Notiz davon zu nehmen. Ende der neunziger Jahre hatte das Internet etwa 50 Millionen User, und ihre Zahl verdoppelt sich im Schnitt alle ein, zwei Jahre. Und im gleichen Maß nehmen auch die Datenstaus und Systemausfälle im Internet zu.

Das Internet ist ein modernes Beispiel für das, was der verstorbene Wirtschaftswissenschaftler und Nobelpreisträger Friedrich von Hayek eine »spontane Ordnung« beziehungsweise ein evolviertes Sozialsystem wie die englische Sprache oder das Preissystem nannte. Diese Systeme wachsen beziehungsweise entstehen durch Handlungen und nicht durch Planungen. Einige Beobachter haben das Internet in diesem Sinne als »Zufallsprodukt« bezeichnet. Das Internet ist eine neue Institution beziehungsweise ein globales kulturelles Gleichgewicht, das sich weitgehend aus eigener Kraft entwickelt hat. Niemand hat es geplant. Das verunsichert viele Menschen und staatliche Behörden und läßt sie nachhaltig darauf hinarbeiten, es zu kontrollieren.

Das Internet hat alle Regierungen überrascht und einige in flagranti ertappt. Die Regierungen haben umgehend Maßnahmen ergriffen, um das Internet zu zensieren und seinen Informationsfluß zu verringern. Asiatische Regierungen fühlten sich am stärksten bedroht. In Myanmar (dem vormaligen Burma) drohen jedem Bürger, der einen nicht vom Staat genehmigten Netzrechner besitzt, bis zu 15 Jahren Haft. China und Singapur haben versucht, den Internet-Datenstrom durch ihre staatlich kontrollierten Drosselpunkte und Filter zu leiten. China verurteilte Anfang 1999 den Web-Designer Lin Hai zu zwei Jahren Gefängnis, weil er 30 000 E-Mail-Adressen an eine Bürgerrechtsgruppe in den Vereinigten Staaten weitergegeben hatte. Dies war die erste Freiheitsstrafe, die in China für eine Internet-Aktivität verhängt wurde. Solche cyberfeindlichen Techniken und Gesetze haben nur begrenzte Erfolge gezeitigt, obgleich sie zweifellos dazu geführt haben, ein gewisses Maß an politischer Kritik und technischer Kreativität zu unterdrücken.

Wohin wird uns diese digitale Kultur führen? Die drei folgenden Kapitel gehen dieser Frage nach. Wir werden sie nicht beantworten können, aber wir können sie aus neuen Gesichtswinkeln betrachten. Kapitel 13 befaßt sich mit der Eigenart der Kunst und mit der Frage, wie intelligente Systeme oder Maschinen neue Kunst schaffen können. Für viele Menschen ist die Kunst die höchste Ausdrucksform der menschlichen Kultur. Dieses Kapitel betrachtet sie unter dem nüchterneren Blickwinkel mathematischer Funktionsapproximation.

Kapitel 14 befaßt sich mit der Frage, wie man die wachsende Zahl von Internet- und anderen digitalen Datenbanken durchsuchen kann, ohne dabei von kommerziellen Firmen und Behörden ausspioniert zu werden. In diesem Kapitel wird ein Gesetz zum Schutz der digitalen Privatsphäre gefordert, das uns erlaubt, unsere Bits nach eigenem Belieben zu chiffrieren.

Das abschließende Kapitel 15 erkundet jene große digitale Schwelle, die wir überschreiten, wenn wir eines Tages Hirngewebe durch Chips ersetzen werden. Hier verschmelzen Kultur,

Wissenschaft und Politik, wie wir sie kennen, miteinander und verwandeln sich in neue Systeme und Prozesse, deren Entwicklung sich nicht vorhersehen läßt. Die Vermutungen sind Hypothesen, die eine digitale Welt eines Tages testen wird.

Diese digitale Welt wird möglicherweise in der Lage sein, mehr zu tun, als solche Hypothesen zu testen. Sie wird vielleicht neue Welten erfinden, in denen die Hypothesen wahr sind.

13 Smart Art

Schönheit ist Reinigung von Überflüssigem.

Michelangelo

Wie die Wissenschaft ahmt auch die Kunst die Natur nicht nach, sondern schafft sie neu.

Jacob Bronowksi, *Science and Human Values*

Ich bin gefesselt von den blühenden Obstbäumen, den rosa Pfirsichbäumen, den gelb-weißen Birnenbäumen. Mein Pinselstrich hat keine Methode, Ich trage unregelmäßige Pinselstriche auf die Leinwand auf, die ich so lasse, wie sie sind: dick aufgetragene Farbflecken, unbedeckte Stellen Leinwand, hier und da Teile, die ich gänzlich unfertig belasse, Wiederholungen, Roheiten.

Vincent van Gogh, *Brief an Emile Bernard* (April 1888)

Moderne Kunst: ein Aufbegehren gegen die Nachahmung der Wirklichkeit im Namen der autonomen Gesetze der Kunst.

Milan Kundera, *Testaments Betrayed*

Ein willkürliches Spielen mit den Mitteln der Kunst, ohne eigentliche Kenntnis des Zweckes, ist, in jeder, der Grundcharakter der Pfuscherei.

Arthur Schopenhauer, *Die Welt als Wille und Vorstellung*

Abstrakte Kunst: ein Produkt von Unbegabten, das von Charakterlosen an völlig Ratlose verkauft wird.

Al Capp

*Nein, wenn die Künstlerseele lebt, so braucht man sie durch
Kopfgedanken und Theorien nicht zu unterstützen. Sie findet
selbst etwas zu sagen, was dem Künstler selbst im Augenblick
ganz unklar bleiben kann. Die innere Stimme der Seele sagt
ihm auch, welche Form er braucht und von wo sie zu holen
ist …*

Wassily Kandinsky, *Über das Geistige in der Kunst*

*Die Fähigkeit zur subtilen Instrumentation ist ein Geheimnis,
das nicht weitergegeben werden kann. Der Komponist, der
dieses Geheimnis besitzt, sollte es hochschätzen und es nie zu
einer bloßen Sammlung von Formeln herabwürdigen, die
man auswendig lernen kann.*

Nikolai Rimsky-Korsakow, *Die Grundlagen der Instrumentation*

*Nur wahrhaft sinnvolle Polyphonie erschließt die höchsten
Klangwunder des Orchesters.*

Richard Strauss, *Gestalt und Werk*, hrsg. von Ernst Krause

*Daß die Schönheit an Gesetze und Regeln gebunden sei, die
von der Natur der menschlichen Vernunft abhängen, wird
wohl nicht mehr bezweifelt. Die Schwierigkeit ist nur, daß
diese Gesetze und Regeln, von deren Erfüllung die Schönheit
abhängt und nach denen sie bewertet werden muß, nicht
vom bewußten Verstande gegeben sind, und auch weder
dem Künstler, während er das Werk hervorbringt, noch dem
Beschauer oder Hörer, während er es genießt, bewußt sind.
Die Kunst handelt absichtsvoll, doch soll das Kunstwerk als
ein absichtsloses erscheinen und so bewertet werden. Sie soll
schaffen, wie die Einbildungskraft vorstellt, gesetzmäßig
ohne bewußtes Gesetz, zweckmäßig ohne bewußten Zweck.*

Hermann L. F. Helmholtz, *Die Lehre von den Tonempfin-
dungen als physiologische Grundlage für die Theorie der
Musik* (1863)

*Allmählich entdeckte ich das Geheimnis meiner Kunst. Es
besteht aus einer Betrachtung über die Natur, über den Ausdruck eines Traums, der von der Wirklichkeit angeregt wurde.*

Henri Matisse, *Matisse: The Artist Speaks*

Das Ideal des Künstlers liegt darin, ein kristallklares Spiegelbild seines eigenen Selbst zu erzeugen.

M. C. Escher, *On Being a Graphic Artist*

Es ist erstaunlich, wie der Mensch sich so ganz der Täuschung hingeben kann, daß das Schöne auch das Gute sei.

Leo N. Tolstoj, *Die Kreutzersonate*

Die Kunst zeigt auf eine unmittelbare Weise den Status an, der – in Human- und Tiergesellschaften – ein Schlüssel zur Erlangung von Nahrung, Land und Sexualpartnern ist.

Jared Diamond, *The Third Chimpanzee: The Evolution and Future of the Human Animal*

Es gibt keinen weiblichen Mozart, weil es keinen weiblichen Jack the Ripper gibt.

Camille Paglia, *Sexual Personae*

▬▬▬ Was ist Kunst? Philosophen bemühen sich seit Tausenden von Jahren um eine Antwort auf diese Frage. Platon und Aristoteles definierten die Kunst als Nachahmung des Lebens beziehungsweise von Ideen. Für den bedeutenden deutschen Physiker Hermann von Helmholtz war alle Musik eine natürliche Folge der menschlichen Stimme, und um dies zu beweisen, schrieb er ein zukunftsweisendes Werk über die periodische Natur musikalischer Töne und ihre Wahrnehmung im Innenohr. Andere sahen in der Kunst eine spielerische Tätigkeit des Geistes beziehungsweise das Ringen des Geistes um den Ausdruck und die Vermittlung von Ideen. Für den Philosophen George Santayana war Kunst »vergegenständlichte Lust«.

Philosophen sind nicht die einzigen, die sich über das Wesen der Kunst Gedanken machen. Jedes Kind, das schon einmal Fingerfarben auf Papier geschmiert hat, hat sich gefragt, ob das, was es geschaffen hat, Kunst ist. Einige Gesellschaftskritiker haben behauptet, Kritzeleien in Toiletten und Graffiti auf Wänden von Gebäuden sowie Zeichen auf Reklametafeln gehörten zu den kraftvollsten zeitgenössischen Zeugnissen der Kunst. Zensoren in allen Kulturen bemühen sich darum, Kunst zu definieren und eine Trennlinie zwischen Kunst und Nicht-Kunst zu ziehen. Und jetzt ist der Computer in die Kunst eingedrungen, und zwar sowohl als ein Werkzeug der künstlerischen Produktion als auch als der jüngste und vielleicht avantgardistischste Urheber von Kunst.[1] Aber was ist Kunst? Welchen Gegenstand oder welchen Prozeß nennen wir Kunst?

Die meisten Archäologen und Kulturanthropologen stimmen darin überein, daß Kunst eine Form der *symbolischen Darstellung* ist und daß Künstler Symbole schaffen. Sie stimmen auch darin überein, daß die frühesten Fundstücke, die eindeutig künstlerischen Charakter haben, etwa 50000 Jahre alt sind und damit in jene Epoche zurückreichen, in der sich der Mensch erstmals über Afrika hinauswagte und gegen die Eiszeitwelt im Norden kämpfte.[2] Kunst ist zweifellos symbolische Darstellung. Aber ist alle symbolische Darstellung Kunst? Dann müßten auch die Gleichungen der Naturwissenschaft und die Einträge im Amtsblatt als Kunst gelten.

Vermutlich gibt es nur eine Definition von Kunst, die die meisten Menschen gelten lassen. Und die meisten Menschen werden diese Antwort gelten lassen, weil sie die Last der Definition von der Kunst auf deren Urheber überträgt. Diese Definition lautet: Kunst ist das, was ein Künstler tut. Was aber tut ein Künstler?

In diesem Kapitel gehen wir einer mathematischen Antwort auf diese Frage nach. Die Antwort mag nicht zu unseren stereotypen Vorstellungen von Künstlern der Vergangenheit oder Gegenwart passen. Doch sie gibt uns Aufschluß über jene Künstler, die einen Großteil der kommerziellen Kunst und vielleicht auch der »hohen« Kunst der Zukunft schaffen werden: intelligente Maschinen.

Smart Art: Künstler als Funktionen im Kunstraum

Was tut ein Künstler? Ein Künstler drückt sich aus. Er signiert, malt, schreibt, tanzt oder bildhauert. Er drückt sich selbst in einem Medium aus. Der Künstler drückt mehr aus als nur die momentane hormongesteuerte Laune, auch wenn sich diese Laune auf seine Kunst auswirken mag. Er drückt seine Ideen aus und die Stachel des Lebens, die jene erzeugt haben. Folglich ist ein Künstler ein System oder eine Abbildung: *Ein Künstler bildet Erfahrungen auf Symbole ab.*

Der Künstler verwandelt Lebens-Input in Symbol-Output. Bei den Symbolen kann es sich um Farben, musikalische Töne, Wörter, tänzerische Bewegungen oder irgendein anderes Medium handeln.

Wir drücken uns vielleicht in einem Schrei aus, wenn wir uns die Zehen anstoßen. In dem meisten Fällen beruht dieser Schrei nicht auf einer Menge strukturierter Symbole. Daher würden die meisten von uns den Schrei nicht als Kunst ansehen. In gleicher Weise würden wir den planlosen Gang einer Katze über eine Klaviatur oder den Schüttelfrost eines Tänzers, der an Grippe leidet, nicht als Kunst ansehen. Der Künstler muß Erfahrungen auf Symbole abbilden, wenn das Ergebnis als Kunst gelten soll. Das Leben ist das Mahlgut für die Symbolmühle des Künstlers.

Diese funktionale Betrachtungsweise spiegelt wider, was Wassily Kandinsky meinte, als er davon sprach, daß sich »das innere Verlangen des Künstlers in unterschiedlicher Weise zum Ausdruck bringt«. Jedem seine eigene Funktion. Und die Kunstfunktion ändert sich beziehungsweise paßt sich in dem Maß an, wie sich das Gehirn des Künstlers an neue Eingaben anpaßt. Der Künstler sucht nach neuen symbolischen Ausdrucksformen und nach neuen Eingaben, die den Ausdrucksvorgang anregen. Input-Stichproben treiben den schöpferischen Output an. Hier stammt der beste kreative Ratschlag von dem behavioristischen Psychologen B. F. Skinner: Man lasse abwechslungsreiche Stimuli auf sich wirken.

Die funktionale Auffassung der Kunst öffnet auch die Tür zur computergestützten Automatisierung. Sie öffnet die Tür zu jener Art von Maschinenintelligenz, die wir in den Kapiteln 9 und 10 *modellfreie* Funktionsapproximation genannt haben. Intelligente Black Boxes oder fuzzylogische Gray Boxes bilden Eingaben auf Ausgaben ab. Niemand stellt Mutmaßungen über ein mathematisches Modell des Durchsatzprozesses an, den Techniker manchmal auch »Fabrik« nennen. Regeln oder neuronale Synapsen lernen die Input-Output-Struktur und statten die Black Box mit Maschinenintuition aus.

Menschliche Experten benutzen offenbar eine Mischung aus Regeln und neuronalen Assoziationen. Der Geflügelexperte hält das neugeborene Küken ins Licht und legt es dann in die Hennen- oder Hahngruppe. Er hat keine Ahnung von den Gleichungen, welche die nichtlineare Grenze zwischen Hennen und Hähnen in einem erstaunlich hochdimensionalen Kükenmusterraum definieren. Er bestimmt die Geschlechtszugehörigkeit der Küken mit seiner geschulten Intuition, auch wenn er möglicherweise die Gründe, aus denen er dieses Küken als einen Hahn und jenes Küken als eine Henne klassifizierte, nur unvollständig angeben kann. Er tut es *intuitiv*, und das gleiche gilt für den Künstler.

Neuronale Netze können einige der Intuitionen eines Künstlers lernen, indem sie an dessen Symbolmustern geschult werden. Neuronale Netze können mit zunehmender Zahl von Trainingsmustern die Künstlerfunktion immer besser approximieren.[3] Das gleiche gilt für Fuzzy-Systeme, die neuronale Lernverfahren benutzen, um die Fuzzy-Muster in ihren Wenn-Dann-Regeln zu optimieren. Wir haben gesehen, daß sowohl Neuro- als auch Fuzzy-Systeme universelle Funktionsapproximatoren sind. Theoretisch können sie daher jedes Kunstsystem modellieren, sofern sie genügend Neuronen beziehungsweise Regeln verwenden. Sie können dies, weil wir Künstler als Funktionen betrachten können, die Eingabe-Erfahrungen Ausgabe-Symbole zuordnen. Modellfreie Lernsysteme erzeugen Suchkugeln im Kunstraum.

Ein altes Kunstwerk definiert einen Punkt in einem riesigen Kunstraum von Gemälden, Romanfabeln und Liedmelodien.

Der Kunstraum der Gemälde enthält die Gesamtheit aller möglichen Gemälde. Dieser Raum existiert in demselben Sinn, in
dem Zahlen existieren. Er ist eine formale Abstraktion. Er existiert in dem Sinn, daß wir ihn mit Symbolen erfassen und die
Symbole mit formalen Regeln bearbeiten können. Er ist die fortwährend Ausdehnung dessen, was viele eine universelle Bibliothek genannt haben.[4]

Die Mona Lisa von Leonardo Da Vinci ist ein Punkt im Kunstraum der Gemälde. Unmittelbar daneben befinden sich Millionen oder auch unendlich viele Gemälde, die sich nur geringfügig
von der Mona Lisa unterscheiden. Wir würden die meisten dieser Gemälde als identisch betrachten. Weiter weg befinden sich
noch mehr Versionen mit kurzer oder langer Nase oder solche,
in denen Mona asiatische Augen oder dreieinhalb Augen hat.

Der Künstler wählt mit jedem neuen Kunstwerk einen Punkt
in diesem Kunstraum aus. Der Nachahmer wählt einen Punkt in
unmittelbarer Nähe aus. Die bedeutenden Akte künstlerischer
Kreativität wählen nicht nur einen Punkt in einem Kunstraum
aus. Sie definieren einen völlig neuen Kunstraum oder auch eine
neue Region eines Kunstraums. Vincent Van Gogh tat dies für
die Impressionisten, und Pablo Picasso tat es für die Kubisten.
Der graphische Künstler M. C. Escher schuf mit seinen Werken,
die auf der Mathematik von Symmetrie und Krümmung basieren, eine bis dahin namenlose Nische.

Ein Künstler kann eine künstlerische Bewegung ins Leben
rufen oder eine künstlerische Revolution anstoßen, wenn er
oder sie einen neuen Kunstraum definiert.

Die Maschinenkunst beginnt als eine Form des Kopierens. Die
Maschine tastet ein Kunstwerk ab und wählt einen nahegelege-
nen Kunstpunkt beziehungsweise eine Menge nahegelegener
Kunstpunkte aus. Das Lernen geht weiter und wird generalisiert.
Es bildet eine Kugel um den ursprünglichen Kunstpunkt. Künstler können den Lernprozeß steuern, indem sie im Kunstraum
Kugelzentren als Startparameter vorgeben. Kunsträume sind so
riesig, daß ein lernendes System nur mit geringer Wahrscheinlichkeit von selbst einen guten Startpunkt auswählen wird. Dies
wird sich zweifellos in dem Maße verändern, wie die Maschinenintelligenz Fortschritte macht.

Betrachten wir ein Neuro-Fuzzy-System mit adaptiven Wenn-Dann-Regeln. Die Regeln können von einem echten Künstler stammen oder einige seiner Faustregeln nachahmen. Auch statistische Cluster-Verfahren können die erste Menge von Regeln finden, wenn sie Stichprobendaten von hinreichend vielen Kunstwerken erhoben haben und diese mitteln. Dann können neuronale Lernverfahren sowohl die Regeln auf neue Richtungen einstellen als auch den Fuzzy-Regeln beibringen, abstrakte Fuzzy-Muster von Kunstobjekten wie Landschaftsbildern, neuen dreidimensionalen Perspektiven oder lächelnden Gesichtern oder Stirnrunzeln zu speichern.

Ein Neuro-Fuzzy-System könnte die alten Kunstpunkte in einer Menge von Kunstregeln codieren und verdichten. Dann könnten Rauschen oder Chaos die Regeln variieren und nach neuen Minima einer ästhetischen Kostenfunktion suchen. Genetische Algorithmen bieten eine Möglichkeit dazu. Neuronales Lernen hilft, eine unebene Fläche über dem Kunstraum von Gemälden oder Klaviersonaten oder Tanzschrittfolgen zu definieren. Hügelgipfel sind gut beziehungsweise schön, und Hügeltäler sind schlecht beziehungsweise häßlich. Neuronales Lernen formt diese Oberfläche mit jedem neuen Kunstpunkt, den es abtastet.

Danach können genetische Algorithmen versuchen, die höchsten Gipfel auf der Schönheitsfläche zu finden. Sie lassen Hunderte oder Tausende von zufallsgesteuerten Suchagenten los, die sich wie Kugeln verhalten, die wahllos auf der Oberfläche herumspringen. Die schlechten Suchkugeln sterben. Einige der besseren Suchkugeln klettern höher und höher und paaren sich dann, wobei sie hybride Suchkugeln hervorbringen, welche die toten ersetzen. Der sich fortpflanzende Schwarm findet immer höhere Gipfel und liefert so eine immer bessere Regelstruktur.

Das erste Ziel eines intelligenten Kunstsystems besteht darin, die Meister zu kopieren. Alle Künstler verfallen in schöpferische Routinen, die ihren Stil definieren. Intelligente Systeme versuchen diese Routinen als Fuzzy-Muster beziehungsweise -Regeln zu lernen: Wenn die Schattierung auf der linken Seite eines Objekts hell ist, dann mache die Schattierung auf der rechten Seite sehr dunkel. Wenn die Blechbläser nahezu unisono spielen, dann verbinde man die Holzbläser mit den hohen Streichern. Wenn der Held um einen großen Gunstbeweis bittet, ist die Antwort in der Regel nein.

Ein gutes Beispiel aus der Malerei ist van Goghs breiter Stakkato-Pinselstrich. Die meisten angehenden Kunstmaler fertigen Studien oder Übungen im Stile van Goghs und vieler anderer Meister an. Das Gehirn der Studenten lernt rasch viele der Regeln und Muster und Intuitionen, mit denen sie van Goghs prägnanten Stil approximieren. Gerade die Prägnanz des Stils beziehungsweise des »Ausdrucks« eines Künstlers macht ihn leicht kopierbar. Und die einfachste Methode, etwas zu imitieren, besteht darin, die Fuzzy-Regeln, die diese Prägnanz hervorbringen, zu lernen oder zu abstrahieren.

Letztlich geht es darum, über die alten Meister hinauszugehen und neue Meister zu schaffen. Das mag ein weiter Weg sein. Wir müßten riesige und weit auseinanderliegende Regionen alter und neuer Kunsträume absuchen. Wir würden vielleicht erst dann auf neue Meister stoßen, wenn wir diese riesigen Räume rein zufallsgemäß absuchten. Doch all diese Bemühungen setzen voraus, daß wir neue, effiziente Verfahren zur Definition von Kunstobjekten als numerische Punkte (beziehungsweise Vektoren) in Kunsträumen finden. Simple Verfahren verdichten die Kunstwerke nicht und können daher zu bestürzend hochdimensionalen Kunsträumen führen.

Das nächste Ziel der *smart art* besteht einfach darin, über die Meister hinauszugehen. Wir wollen die Meister als »Startparameter« im Kunstraum eingeben. Wir möchten Kugeln wachsen lassen, die um ihre Startparameter als Mittelpunkte angeordnet sind. Wir möchten mehr als die 49 Fabergé-Eier und viel mehr mittelalterliches Buntglas. Diese »Kulturzucht« hat bereits begonnen. In den alten Markennamen steckt noch eine Menge Spaß und Kommerz.

Der Klang der Mathematik

Warum hat Beethoven nicht mehr als neun Symphonien geschrieben? Die alte Antwort lautet, Beethoven sei gestorben, als er über dem Entwurf seiner zehnten Symphonie brütete. Sein Gehirn war die Gans, die die goldenen Eier legte. Anlage und Umwelt schufen die Eier, und dann, nach einiger Zeit, tötete die Natur die Gans. Wir werden uns die nächsten tausend oder Million Jahre mit diesen neun großen Eiern begnügen müssen. Diese Sichtweise stimmt nicht einmal in biologischer Hinsicht.

Wir könnten Beethovens Grab in Wien aufsuchen und seine DNA von seinen Knochen schaben. Oder wir könnten zu diesem Zweck die Haarbüschel Beethovens benutzen, die versteigert worden sind. Dann könnten wir genetische Klone von Beethoven herstellen, wie in dem Film *Jurassic Park* Dinosaurier aus sehr viel schlechter erhaltener DNA geklont wurden. Wir könnten die kleinen Beethovens an den alten Werken des Meisters schulen. Sie könnten die Werke auf dem Klavier oder einem Synthesizer spielen. Oder sie könnten sie vor jubelnden Massen dirigieren. Reiche Philanthropen könnten neue Streichquartette und Konzerte in Auftrag geben und vielleicht Wettbewerbe zwischen den jungen Brüdern veranstalten. Die Zahl der Beethovenschen Werke würde zunehmen und vielleicht auch ihre Qualität.

Natürlich würden viele Gruppen gegen diese »gentechnische Manipulation« protestieren. Einige würden sogar versuchen, Gesetze verabschieden zu lassen, die dies verbieten. Andere würden vielleicht die Menschheit dadurch zu retten versuchen, daß sie das Grab des toten Mannes bombardierten. Doch es gäbe einen starken Anreiz für Beethoven-Klone, die weltweite Nachfrage nach mehr Beethoven zu decken. Das Franchising wäre zu lukrativ, um nicht genutzt zu werden. Es würde zu viele Begierden befriedigen. Es gäbe mehr Beethoven.

Intelligente Systeme brauchen die Knochen des alten Meisters nicht abzuschaben. Sie können beobachten und lernen. Sie können an Kunstmustern trainieren. Sie können die Schlüsselmerkmale der Kunstmuster und die Regeln, die diese Merkmale produzieren, lernen. Und intelligente Systeme können grundsätzlich sämtliche Fähigkeiten erlernen, die Musiker erwerben, wenn die musikalische Übung ihr Gehirn neu modelliert. Computertomographische Aufnahmen des Gehirns haben gezeigt, daß der linke Schläfenlappen bei Musikern größer ist als bei Nichtmusikern. Das Spielen eines Musikinstruments verbessert auch das Sprachgedächtnis.[5]

Musik stellt ein gutes Versuchsgelände dar. Töne setzen sich nach einfachen Regeln aus Frequenzen und Akkorde aus Tönen zusammen. Komponisten arbeiten mit allgemeinen Harmonieregeln, um sich von Akkord zu Akkord zu bewegen. Viele benutzen auch explizite oder implizite Regeln über den melodischen Verlauf: Wenn die Melodielinie in Stufen absteigt, steigt sie anschließend um viele Töne auf. Wenn die Melodielinie zweimal in einer Reihe absteigt, steigt sie anschließend in drei Stufen nach oben. Komponisten von Mozart bis John Williams ordneten auch Akkorde und Themen zu größeren Gruppen oder anderen charakteristischen Mustern.[6]

Musik stellt auch noch aus einem tieferen Grund ein gutes Versuchsfeld dar: Sie ist die Kunstform, die der Mathematik am nächsten steht. Die Frequenzen, aus denen sich Töne zusammensetzen, haben eine exakte mathematische Form. Ein Ton ist Schwingungsenergie, die sich im Zeitablauf verändert. Eine Oktave über einem Ton verdoppelt die Frequenz des Tons und vibriert daher doppelt so schnell. Eine Oktave darunter halbiert die Frequenz und vibriert damit doppelt so langsam. Die alten Griechen beschrieben die einfachsten Töne in Quotienten ganzer Zahlen. Der größte Teil der westlichen Musik basiert noch immer auf diesen einfachen Tönen und Skalen. Östliche Musik und ein Teil der modernen Musik basiert auf komplexeren mathematischen Schemata. Musik ist der Klang der Mathematik.

Wir könnten Beethovens Neunte Symphonie theoretisch als eine lange Differentialgleichung schreiben. Dann würde sich die Musik als eine Art Schallwelle in einem Meer der Stille entfalten.

Musikalische Symbole haben sich als eine grobe Kurzschrift für diese Mathematik herausgebildet. Die Symbole verdichten eine Menge Information über Zeit und Energie. Musikalische

Symbole ermöglichen uns, ohne Mathematik zu komponieren und Musik zu spielen. Beethoven war so schlecht in Mathematik, daß er oftmals lange Zahlenkolonnen addierte, weil er nicht gut multiplizieren konnte.

Das Schwierigste an musikalischen Symbolen ist, in ihren Begriffen denken zu lernen. Viele Menschen spielen einfach nach dem Gehör Klavier oder Gitarre, statt sich die Mühe zu machen, die fremdartig aussehenden musikalischen Symbole lesen zu lernen. Die meisten Menschen können überhaupt keine Noten lesen. Malen und Tanzen bürden einem keine derartigen Einstiegskosten auf. Jeder kann es bis zu einem gewissen Grad. Musik ist nicht so anwenderfreundlich.

Als Teenager mühte ich mich ab, Partituren zu lesen, so wie ich mich später damit abmühte, die zunehmend komplexere Mathematik zu erlernen. Ich hatte zu Weihnachten eine Aufnahme der neun Symphonien Beethovens geschenkt bekommen und wollte diese Meisterwerke verstehen. Also kaufte ich mir ein Exemplar der Partituren und versuchte ihnen Zeile für Zeile zu folgen. Ich stand einer Stunde früher auf als sonst, setzte mir den Kopfhörer auf und spielte jeden Tag einen Satz einer Symphonie immer wieder auf der Stereoanlage ab.

Als erstes stellte ich mir die Aufgabe, einfach Schritt zu halten. Die Musik konnte eine ganze Partiturseite in wenigen Sekunden durchlaufen, wenn das volle Orchester spielte. Auge und Gehirn mußten etwa einem Dutzend Linien beziehungsweise »Stimmen« gleichzeitig folgen. Sie mußten in Echtzeit parallelverarbeiten. Einige Stimmen waren auf derselben Notenlinie aufgetragen, um Platz zu sparen. Die Holzbläser verdoppelten sich fast immer auf diese Weise. Manchmal verdoppelten sich auch die ersten Geigen oder Bratschen und ebenso die Blechinstrumente. Die Neunte Symphonie ging weiter und fügte einen Chor und Gesangssolisten sowie neue Schlaginstrumente hinzu. Wenn ich zurückfiel, versuchte ich so schnell wie möglich wieder Anschluß zu finden.

Dann fiel mir das Lesen der Partitur immer leichter. Ich konnte mit der Musik Schritt halten und erkannte allmählich, wie Beethoven Instrumente gruppierte, um Themen auszudrükken, und wie er seine Akkordmuster wählte. Ich entwickelte ein

grundlegendes Gespür dafür, wie Beethoven seine Klangland-
schaften harmonisch ausbalancierte. Schon bald konnte ich jede
beliebige Seite der Partitur aufschlagen und die Nadel auf die
entsprechende Stelle der LP setzen. Im Lauf der Zeit lernte ich
dann, den viel komplexeren Partituren der Opern Richard Wag-
ners zu folgen. Einige dieser Partiturhefte muß man um 90 Grad
drehen, um das ganze erweiterte Orchester zu erfassen. Das
Ende von *Rheingold* hat so viele Harfenstimmen, daß sie in
einem Anhang untergebracht werden müssen.

Der nächste Fortschritt bestand darin, daß ich eine beliebige
Seite der Partitur aufschlagen und die Musik in meinem Kopf
hören konnte. Erst dann hatte ich das Lehrgeld wirklich bezahlt
und gelernt, die Partitur zu lesen. Zum ersten Mal konnte ich
den kleinsten Teil dessen begreifen, was ein Dirigent sieht, wenn
er auf eine Partitur schaut und sie in Tausende von Anweisungen an das Orchester übersetzt.

Sobald ich die Partitur lesen konnte, konnte ich in Partituren
denken. Also begann ich eigene Orchesterpartituren zu komponieren. Ich nahm Notizbücher für Musikaufzeichnungen mit in
die Schule und arbeitete während des Unterrichts an Partituren.
Anfangs stellte ich fest, daß sich meine schriftlichen Partituren
oft von dem unterschieden, was auf dem Klavier herauskam.
Mit zunehmender Übung und Praxis wurde die Diskrepanz zwischen Idee und Ton und zwischen Klavierskizze und Orchester-
partitur jedoch immer geringer. Im Alter von 18 Jahren überar-
beitete ich meine erste Symphonie.

Die Anlaufkosten hatten mindestens tausend Stunden konzentrierter geistiger Anstrengung betragen. Nur wenige Menschen können soviel Zeit erübrigen. Dennoch sind die meisten
Menschen voller Musik. Wir summen und pfeifen und spielen
Themen und Variationen in unseren Köpfen durch. Und nur
wenige Menschen haben die Geduld, die Minuten beziehungsweise Stunden aufzuwenden, die man benötigt, um nur ein paar
Sekunden Orchestermusik zu notieren. Die orchestrale Inter-
punktion eines Schlußakkords umfaßt Dutzende von Tönen,
die über das ganze Orchester verstreut sind. Dies erklärt, warum
die meisten von uns keine Sonaten, Symphonien oder Rock-
balladen komponieren.

Zweifellos existiert ein echter Bedarf an dieser neuen Kunst. Computer-MIDI-Systeme helfen einigen Musikern, ihren persönlichen Bedarf zu decken. Diese Systeme ordnen Klaviaturanschlägen Partitursymbole zu und ermöglichen die beliebige Mischung von Tonspuren. Doch diese Systeme sind noch nicht intelligent. Sie erfordern noch immer gewisse Kenntnisse der musikalischen Notation. Und natürlich setzen sie unsere Stimmungen nicht in vollständige Partituren um. Sie können den unscharfen Musikmustern, die wir zu pfeifen oder zu summen versuchen, nicht viel Information entnehmen.

Die moderne Computermusik hat diesen Bedarf weitgehend ignoriert. Moderne Komponisten haben ihre Musik oftmals auf Modelle formaler Grammatik beziehungsweise auf mathematische Verfahren wie Markow-Ketten gestützt, die einen zufallsgenerierten Wechsel von einer Note zur nächsten beziehungsweise von Akkord zu Akkord erlauben.[7] Die Modelle sind ausgeklügelt und erfordern oftmals ein hohes Maß an fachlichem Können. Doch das Ergebnis hört sich meist so ähnlich an wie das, was man bei einem Gang durch eine Videopassage hört. Friedrich von Schelling sagte im vorletzten Jahrhundert, Architektur sei »gefrorene Musik«. Man malt sich nur sehr ungern die grauen, ausgebombten Gebäude aus, die entstünden, wenn man Rap-Musik oder atonale Zwölftonmusik »einfrieren« würde.

Dies ist ein Problem eines Großteils der modernen Kunst: Sie ist nicht »schön«. Und je mehr sich ein Künstler auf formale Strukturen wie Arnold Schönbergs Zwölftonreihen oder Kandinskys Farbgrammatiken stützt, um so ungefälliger ist die Kunst.

Wir möchten, daß der Künstler etwas schafft, das wir nicht selbst hervorbringen können und das zugleich mit unseren unscharfen Vorstellungen von Schönheit in Einklang steht. Wir finden diese Schönheit in den Werken von Shakespeare, Bach oder Michelangelo. Diese Künstler arbeiteten mit ausgefeilten Intuitionen beziehungsweise mit neuronalen Assoziativspeichern. Sie arbeiteten nicht mit expliziten Gestaltungsregeln.

Selbst das schlechteste dreiaktige Drehbuch hält sich an die gleichen dramatischen Regeln, die auch Shakespeare benutzte. Und jene Regeln, die Bach formulieren konnte, waren überwiegend die negativen Regeln des Kontrapunkts: Man vermeide parallele Stimmführung (im Unisono) oder reine Quinten. Wir können die schöpferische Leistung der großen Künstler der Vergangenheit nicht nachahmen, weil sie nicht genügend schriftliche Aufzeichnungen hinterließen. Sie bildeten ihre Erfahrungen intuitiv auf Symbole ab.

Die großen Künstler bewiesen ihre Kunstfertigkeit, als sie die großen unstrukturierten Regionen ihres Kunstraums absuchten beziehungsweise die Arbeitsregeln ihrer Kunstformen modifizierten oder grundlegend erneuerten. Die meisten Ingenieure würden es leichter finden, einen Roboter oder ein anderes intelligentes System darauf zu programmieren, eine verdrehte moderne Bronzestatue für piekfeine Einkaufspassagen anzufertigen, als ein solches System darauf zu programmieren, Marmorstatuen im Stil Michelangelos zu bildhauern. Es ist eine Sache, einem Computer Regeln zu geben, und eine ganz andere, ihm Intuition zu geben. Immerhin besteht die Aussicht, daß Neuro- und Fuzzy-Systeme eines Tages solche Intuitionen entwickeln werden.

Die neuronale Musikforschung hat versucht, am Modell zu lernen. Der Pionier der »neuronalen Musik«, Teuvo Kohonen von der Universität Helsinki, hat eine neuronale Musikgrammatik entwickelt, welche die stilistischen Grundmuster anhand von Stichproben lernt – angefangen von mittelalterlichen Madrigalen über Johann Sebastian Bachs zwei- und dreistimmige Phantasien bis zum modernen Jazz und lateinamerikanischen Improvisationen.[8] Kohonens neuronale Musik untermalt oftmals Eröffnungspartys von Konferenzen über neuronale Netze.

Kohonens neue Bach-Musik hört sich an wie Bach, und doch wandert sie durch neue Regionen des Musikraums, die sich kaum nach Bach anhören. Von solchen intelligenten Musiksystemen werden vermutlich zunächst nicht viele CDs verkauft werden. Sie mögen mit der Zeit einem Komponisten von Filmmusik oder einem Regisseur helfen, die Partitur für eine Hintergrundmusik zu vervollständigen, oder uns allen helfen, nach Lust und Laune neue Werke zu schaffen. Vielleicht möchten wir beim Abendessen oder beim Fitneßtraining Hintergrundmusik hören, die sich aus einer Fuzzy-Mischung von 30 Prozent Felix Mendelssohn, 40 Prozent Franz Schubert und 30 Prozent John Phillip Sousa zusammensetzt. Oder vielleicht möchten wir die 30 Prozent Schubert herausnehmen und die Melodie einfügen, die wir summen, wenn wir Fitneßübungen machen oder uns duschen.

Andere Forscher haben chaotische Suchverfahren mit Neuro-Fuzzy-Systemen kombiniert, um Musik in ausgesuchten Stilen zu arrangieren.[9] Chaos variiert Themen. Chaos wirkt als eine Art kontrollierter Zufallsgenerator, der dem Anwender die Möglichkeit gibt festzulegen, wie weit sich die Musik von der Ursprungspartitur entfernen soll. Diese Verfahren der *smart art* sind nur erste Schritte, und es werden viele weitere folgen, wenn die Informationsmaschinen schneller und intelligenter geworden sind.

Die echten Fortschritte werden kommen, wenn Maschinen mit ihren eigenen intuitiven Regeln eigene Symbolsysteme erzeugen. Sie können dann ihre virtuellen Erfahrungen auf ihre Symbolräume abbilden. Dann können auch sie intuitiv schöpferisch tätig sein. Einstweilen werden wir uns mit intelligenten *Karaoke*-Maschinen begnügen müssen.

Kunst um des Computers willen

Smart art wirft ein rechtliches Problem auf: Wem gehört sie? Eigentumsrechte an Kunstwerken sind von jeher unscharf gewesen. Ein Maler, ein Komponist oder ein Drehbuchautor kann einen anderen Künstler in geringem oder erheblichem Umfang plagiieren. Nur wenige dieser Fälle landen vor Gericht. Und heute können reiche Mäzene die digitalen Rechte an vielen Meisterwerken erwerben, die in Museen hängen. Kunsthändler werden bald beschränkte digitale Rechte an Kunstwerken verkaufen, so wie Softwarehersteller beschränkte digitale Rechte an ihren Softwareprogrammen verkaufen. Digitale »Wasserzeichen« werden möglicherweise zur Gewährleistung von Eigentumsrechten im Cyberspace beitragen.[10] Schon heute kaufen oder pachten Firmen das digitale Recht zur Verwertung der Bil-

der verstorbener Schauspieler oder Cartoonfiguren in Bier- oder
Zigarettenwerbung oder in Musikvideos.

Was aber geschieht, wenn jemand ein neues Gemälde oder
einen neuen Roman über das Internet verbreitet? Oder nehmen
wir an, jemand würde einen alten Roman in eine neue »Ver-
zweigungsgeschichte« umschreiben, die sich an zentralen Wendepunkten der Handlung in andere Richtungen entwickelt. Der
Held nimmt diesmal am Ende des ersten Aktes das Bestechungs-
geld. Der Rest der Geschichte besitzt keinerlei Ähnlichkeit mehr
mit dem Rest der alten Geschichte. Wem gehört was und wer
verklagt wen? Ein unscharfes Coase-Theorem ist möglicherweise zu unscharf, um hier hilfreich zu sein.

Smart art macht die ganze Sache rechtlich noch verwickelter.
Nehmen wir an, ein Student erfindet ein neues Softwareprogramm, das wie Barbra Streisand singt oder Romane wie Tom
Clancy oder John Grisham schreibt. Kann der Student neue
Kunstwerke im Stil dieser »Marken« verkaufen, ohne die Rechte
lebender Künstler oder ihrer Erben zu verletzen? Dies mag sich
heute als eine rein akademische Frage anhören. Wie realistisch
sind solche Systeme? Wann wird ein intelligentes System ein
Buch im Stil eines Lieblingsautors schreiben können? Die Antwort lautet, daß dies bereits geschehen ist.

Der Liebesroman *Just This Once* erschien im August 1993.
Der Roman hatte einen neuartigen Untertitel: »Ein Roman,
geschrieben von einem Computer, der programmiert wurde, so
zu denken wie die Bestsellerautorin, und erzählt von Scott
French«. Besagte Bestsellerautorin war Jacqueline Susann, und
sie war seit fast zwanzig Jahren tot.[11]

Scott French hatte künstliche Intelligenz studiert, und er hatte
Susanns *The Valley of the Dolls* und andere Romane von ihr
gelesen. Er ermittelte Tausende von Regeln, die seines Erachtens
ihren Schreibstil und ihre Techniken der Handlungsführung
erfaßten. French nannte das Programm HAL. Mit Hilfe von
HAL erzeugte er eine Geschichte bzw. Symbolfolge, die er später
für die endgültige Fassung des Romans bearbeitete. Er setzte
seine Kenntnis der Romane von Jacqueline Susann in neue Symbole um.

Auch bei angehenden Drehbuchautoren hat sich ein neuer

Markt für intelligente Software herausgebildet. Die Software-programme dienten zunächst dazu, Drehbücher in einer bestimmten Form zu strukturieren. Sie halfen dem Autor, seine Geschichte in die dramaturgische Notation von Film- und Fernsehdrehbüchern umzusetzen. Dann kamen regelbasierte Systeme auf. Diese Programme fassen die Lektionen von Drehbuch-Workshops in einer Reihe von Storyfragen zusammen. Andere Programme empfehlen Handlungskonzepte oder Figurenmerkmale. Fortgeschrittenere Systeme helfen dem Anwender, Geschichten in drei Akte zu packen und dann die Akte zu strukturieren. Die Hersteller haben Zehntausende dieser Programme verkauft. Gerüchteweise verlautet, daß einige ausgebrannte Drehbuchautoren neue Fernsehspiele produzierten, indem sie die Beschreibungen alter Filme in der Fernsehzeitschrift durch solche intelligente Software laufen ließen. Dies würde darauf hinauslaufen, einen Kunstraum auf einen anderen abzubilden.

Intelligente Software hat sogar schon den ersten echten Autor ersetzt. Die in Nebraska erscheinende Zeitung *Humphrey Democrat* hat ihren Sportreporter entlassen und ihn durch ein 100 Dollar teures Software-Programm namens Sportswriter ersetzt.[12] Das Programm ordnet Fakten aus dem Bereich des Sports zu Sätzen und Absätzen, die eine kurze Sportkolumne bilden. Es bildet Sporterfahrungen auf Textsymbole ab.

Die rechtlichen Probleme werden wahrscheinlich in dem Maße zunehmen, wie sich *smart art* allgemein ausbreitet und lukrativer wird. Bislang ist Kunst im Schnitt eine schlechte Kapitalanlage gewesen. Die durchschnittliche Realverzinsung beträgt nur etwa 1,51%.[13] Da fährt man mit Staatsanleihen sehr viel besser. Sie werfen eine höhere und sicherere Rendite ab, und man kann sie nach Belieben verkaufen.

Smart-art-Programme werden eines Tages zur Standardausstattung von Büros und Multimedia-Paketen gehören. Vielleicht möchten Sie, daß eine Wand mit neuen Gemälden im Stile von Dalí oder Rembrandt geschmückt wird, während neue Musik im Stil von Verdi oder der Beatles im Hintergrund gespielt wird. Forscher am MIT und an anderen Einrichtungen arbeiten bereits an Stimmungsdetektoren, die unsere Wände und unsere Autos intelligenter machen und vielleicht zur Steuerung von *Smart-art*-Anwendungen eingesetzt werden könnten.[14] Andere Forschungsprojekte in künstlicher Intelligenz geben dem Anwender in interaktiven Fiktionen die Möglichkeit, die Handlung und die Figuren zu gestalten.[15] Wieder andere Systeme werden uns vielleicht die Verwendung digitaler Schauspieler ermöglichen, mit denen wir unsere eigenen Fernsehshows und -filme herstellen können. Weshalb die alten Filme des 20. Jahrhunderts betrachten, wenn man sie und ihre Schauspieler benutzen kann, um seine eigenen Kunstwerke, in denen man die Hauptrolle spielt, zu bereichern.

Heute können wir einfache digitale Schauspieler steuern, die wenig mehr sind als wandelnde Gerippe in einer Computeranimation.[16] Dies wird sich zweifellos in dem Maß verändern, wie die Computer billiger und leistungsfähiger und die Kunstprogramme intelligenter werden. Mit künftigen Systemen werden wir die Realität subtil verbessern und alte Kunstwerke in neue verwandeln können. Dieselbe Produktnachfrage, die heute die Märkte für Filme und Fernsehen antreibt, wird die Technologie dazu bringen, unseren Wunsch zu erfüllen, in einem Zeichentrickfilm mit Mickey Mouse zu spielen oder in einem Actionfilm eine Maid in Not zu retten oder in einem Pornostreifen mit einem Popstar zu verkehren. Fortgeschrittene Multimediasysteme bieten Gelegenheiten zur Verletzung von Urheberrechten in jeder Hinsicht.

Der Vormarsch der *smart art* wird vielleicht auch die Wissenschaft verändern, die sie hervorbrachte. Die Arbeit von Wissenschaftlern hat große Ähnlichkeit mit der von Künstlern. Beide bilden Erfahrungen auf Symbole ab. Beide befassen sich mit Symbolisierung. Und beide handeln mit Innovationen: Die Wissenschaft enthüllt die Struktur der Welt. Die Kunst bereichert die Welt um Struktur. Weshalb sollten intelligente Systeme da Wissenschaftler nicht ersetzen oder unterstützen können? Die Antwort lautet, daß sie es können und werden.

Neuro- und Fuzzy-Black-Boxes sind lediglich der erste Schritt. Sie lernen komplexe Abbildungen von Inputs auf Outputs, die wir oft nicht verstehen können. Adaptive Fuzzy-Systeme weisen in dieser Hinsicht größere Ähnlichkeit mit der

Kunst auf, weil sie ihre Trainingsdaten in einen Haufen von
Wenn-Dann-Regeln umwandeln. Neuronale Systeme lernen
lediglich die abstrakte Abbildung von Trainingsdaten auf gewünschte Outputs wie Nullen und Einsen.

Strukturierte Systeme werden Wissenschaftlern vielleicht
helfen, einen Datenpool auszuwerten und auf eine Menge sym-
bolischer Hypothesen abzubilden. Wir messen den Zeitablauf in
Sekunden und erkennen Muster in Abhängigkeit von unserem
subjektiven Begriffsvermögen. Objektivere Systeme könnten
in der Größenordnung von Quantenfluktuationen oder aber in
der Größenordnung von geologischen und kosmischen Veränderungen nach zeitlichen Mustern suchen. Diese intelligenten
Systeme könnten die Muster als formale mathematische Vermutungen formulieren. KI-Softwaresysteme zeigen seit Jahrzehnten, daß sie einfache logische und mathematische Theoreme finden und bestätigen können.

Das digitale Zeitalter wird in einen neuen Grenzbereich vor-
stoßen, wenn eine Maschine zum ersten Mal ein neues Gesetz
der Physik, der Soziologie oder der Informationstheorie entdeckt. Dieser Grenzbereich wird die Wahrheit um der Maschine
willen sein. Wir werden das zur Welt gebracht haben, was der
Roboterexperte Hans Moravec unsere »Geisteskinder« nennt.[17]
Es wird jenem Schockerlebnis gleichen, das Eltern haben, wenn
ihr Kind zum ersten Mal mit einer Idee aufwartet, auf die sie
nicht gekommen sind. Doch die Auswirkungen werden viele
Tausend oder Millionen Male weitreichender sein.

Die *smart art* steht vor einer ähnlichen qualitativen Zäsur:
Kunst um des Computers willen. Wir könnten die zehnte oder
hunderste Symphonie im Stile Beethovens genießen, die ein
intelligentes Softwareprogramm komponiert. Doch das Programm könnte schon bald Regionen in neuen Kunsträumen
absuchen, die unsere Vorstellungskraft übersteigen. Und das
Auge einer intelligenten Maschine könnte Gemälde in vier
Dimensionen oder in 4000 Dimensionen sehen. Das *Smart-art*-
System könnte unsere vagen Schönheitsbegriffe aus unserer
winzigen Anzahl von Kunststichproben in wenigen Dimensionen abstrahieren. Es könnte Schönheit in Kunsträumen immer
höherer Dimension und Komplexität suchen oder »erschaffen«.

Das menschliche Ohr wird eine Fuge mit 20 oder 1000 Stimmen niemals erfassen können. Es bedarf eines geübten Ohrs, um einem Kontrapunkt mit nur drei oder vier unabhängigen Stimmen zu folgen. Mozart krönte den letzten Satz seiner letzten Symphonie mit einer kurzen Fugenpassage in fünf Stimmen. Ich bemühte mich im Finale meiner ersten eigenen Symphonie, ein paar Sekunden lang sieben Stimmen zu halten. Ich bin mir sicher, daß Komponisten auf dem Papier diese Zahl von Stimmen verdoppeln könnten, aber ich bezweifle, daß sie sich vorstellen können, wie es sich anhört, wenn sie gemeinsam ertönen. Dies bedeutet nicht, daß es keine wunderschönen Passagen mit zehn oder 20 oder mehr Stimmen gibt. Es sollte eine unendliche Zahl davon geben.

Weshalb also sollte der Geist Schönheit nur in den wenigen Dimensionen finden, die unser Gehirn begreifen kann. Weshalb sollte die Skala der Noten außerhalb des Hörbereichs unseres Gehirns aufhören? Weshalb sollten die Noten nicht schneller voranschreiten können, als unser Gehirn folgen kann?

Wir können versuchen, die *Smart-art*-Systeme der Zukunft auf unsere Regionen des Kunstraums zu beschränken. Dies wird zunächst funktionieren, weil die ersten intelligenten Kunstsysteme einfach sein und nicht viel mehr tun werden als das, was wir oder unsere Lieblingskünstler ihnen sagen werden. Fortgeschrittenere Systeme werden tiefer und breiter suchen und sich schon bald von unseren Regionen des Kunstraums wegbewegen. Sie werden Originäres schaffen, selbst wenn sie zunächst für uns schaffen.

Doch weshalb die künstlerische Kreativität überhaupt einschränken? Dies hat in der Vergangenheit nur selten funktioniert, auch wenn es viele Regierungen und Religionen versucht haben. Wenn die *smart art* unser Gehirn überfordert, dann sollten wir vielleicht darauf verzichten. Vielleicht sollten wir aber auch unser Gehirn erweitern. Oder vielleicht sollten wir uns neue Gehirne zulegen.

14 Geheimagenten

Ein kluger Mensch richtet sich in seinem Glauben deshalb nach der Evidenz.

David Hume, *Eine Untersuchung über den menschlichen Verstand*

Wenn es allgemein üblich würde, Überzeugungen auf Beweise zu gründen und ihnen nur jenen Grad von Gewißheit zuzuerkennen, den ein Beweis rechtfertigt, würden die meisten Übel geheilt, an denen die Welt krankt.

Bertrand Russell, *Warum ich kein Christ bin*

Ich habe im Krieg Menschen getötet, ich habe zum Duell gefordert, um zu töten; ich habe Geld im Kartenspiel vergeudet, habe die Arbeit der Bauern verschlemmt, ich habe sie gezüchtigt, habe ein ausschweifendes Leben geführt, habe betrogen. Lüge, Diebstahl, Wollust jeder Art, Trunksucht, Gewalttätigkeit, Totschlag … kein Verbrechen, das ich nicht begangen hätte. Und für all dies lobten mich meine Genossen, hielten und halten sie mich für einen verhältnismäßig sittlichen Menschen.

Leo Tolstoi, *Meine Beichte*

Handle niemals gegen dein Gewissen – selbst wenn es der Staat von dir verlangt.

Albert Einstein, *Albert Einstein: Philosopher-Scientist*

Sind wir hinter ihren [der Juden] Steuererklärungen her? … Ich kann nur hoffen, daß wir sie ein bißchen drangsalieren … Was ist mit den reichen Juden? Die Bundessteuerbehörde ist voller Juden, Bob [Haldeman]. Schau, daß du sie am Wickel packst!

Präsident Richard M. Nixon, Mitschnitte von Telefonaten aus dem Weißen Haus, 8. und 14. September 1971

Woody Allen: »Glaubst du an Gott?«
*Diane Keaton: »Nun, ich glaube, daß es da draußen jemanden
gibt, der über uns wacht.«*
Woody Allen: »Leider ist es der Staat.«

Dialog aus *Der Schläfer*

*Regiert zu werden heißt von Handlangern beobachtet, über-
prüft, ausspioniert, angewiesen, vom Gesetz getrieben,
numeriert, reglementiert, zum Wehrdienst herangezogen,
indoktriniert, ermahnt, kontrolliert, getadelt, taxiert, bewertet, zensiert und kommandiert zu werden, die weder das
Recht noch die Klugheit, noch die Tugendhaftigkeit, die man
dazu braucht, besitzen. Regiert zu werden heißt, bei jeder
Verrichtung, jeder Transaktion beobachtet, registriert,
gezählt, besteuert, gestempelt, gemessen, beurteilt, lizen-
siert, ermächtigt, ermahnt, behindert, am Gängelband
geführt, verbessert, berichtigt und bestraft zu werden.*

Pierre Joseph Proudhon, *Revolutionäre Ideen*

*Du weißt nicht, was genug ist, bevor du nicht weißt, was
mehr als genug ist.*

William Blake, *Die Hochzeit von Himmel und Hölle*

*Die meisten von uns würden einer GM-, IBM- oder AT & T-
Währung bereitwilliger ihr Vertrauen schenken als den
Währungen vieler Entwicklungsländer, weil die »Währung«,
die von diesen Unternehmen repräsentiert wird, vermutlich
konvertibel bleiben wird. Sobald eine Währung in (pflicht-
gemäß verschlüsselte) Bits übergeht, ist ihre Reichweite
unbegrenzt.*

Nicholas Negroponte, *Wired: 4.11*

*Ich fordere den Kongreß auf, das Gesetz über den obliga-
torischen Einbau von V-Chips in Fernsehgeräte zu verabschieden, damit Eltern Sendungen aussieben können,
die sie als ungeeignet für ihre Kinder erachten.*

Präsident Bill Clinton, 23. Januar 1996

*Wenn ich mich schon in persönlichen Angelegenheiten, in
denen mir alle Umstände des Falles bekannt waren, so oft
geirrt habe, wie oft muß ich mich dann erst in politischen
Angelegenheiten irren, in denen die Umstände so vielfältig,
heterogen, komplex und undurchsichtig sind, daß man sie
nicht begreifen kann? Hierin liegt zweifellos ein soziales
Unglück und darin ein Desiderat; und wäre ich sicher, kein
Unheil anzurichten, würde ich umgehend dem einen abhel-
fen und das andere vollbringen. Doch wenn ich daran denke,
daß viele meiner privaten Pläne fehlgeschlagen sind, daß
Spekulationen scheiterten, daß sich Bevollmächtigte als
unehrlich erwiesen und die Ehe eine Enttäuschung war; daß
ich den Verwandten, dem ich helfen wollte, ins Elend stürzte;
daß sich mein gewissenhaft erzogener Sohn als schlimmer
erwies als die meisten Kinder; daß mich ausgerechnet die
Sache, gegen die ich erbittert kämpfte, reichlich belohnte; daß
mir die Gegenstände, die ich heiß begehrte, wenig Befriedi-
gung gaben, nachdem ich sie einmal erlangt hatte, daß sich
die meisten Freuden aus unerwarteten Quellen speisten –
wenn ich mir diese und zahllose andere Tatsachen vergegen-
wärtige, erkenne ich mit einem Mal sehr klar das Unvermögen meines Verstandes, die Gesellschaft zu kurieren.*

Herbert Spencer, *The Man versus the State*

Frag dich, ob du glücklich bist, und du hörst auf, es zu sein.

John Stuart Mill, *Autobiography*

━━━━━ Wem vertrauen wir? Die meisten von uns vertrauen
ihren Angehörigen und Freunden in unterschiedlichem Maß.
Vielleicht vertrauen wir auf den juristischen oder medizinischen
Rat, für den wir bezahlen, auch wenn wir nicht denselben Rat
bekommen, wenn wir andere Juristen oder Mediziner fragen.
Den Behauptungen von Unternehmen und Behörden schenken
wir deutlich weniger Vertrauen. Wir zweifeln an ihren Motiven
und hinterfragen ihre Erfolgsbilanz.

Wir müssen auch die Behauptungen von Wissenschaftlern
mit Vorbehalt aufnehmen. Wir müssen bei der Würdigung ihrer
Behauptungen zumindest die Beschränktheit ihres Wissens
beziehungsweise ihrer Ziele und die Tatsache, daß ihre Arbeit

mit öffentlichen oder privaten Geldern finanziert wird, berücksichtigen. Wissenschaftler schätzen das tatsächliche Ausmaß ihres Wissens beziehungsweise die Unschärfe seiner Grenzen nur selten richtig ein. Und nur wenige Wissenschaftler betreiben Grundlagenforschung, ohne auf fremde Mittel zurückzugreifen. Die meisten bemühen sich um Fremdmittel, um damit ihre Gemein- und Personalkosten sowie die Aufwendungen für die Beschaffung von Soft- und Hardware sowie Ausrüstungsgütern zu decken.

Wir mögen uns selbst aus Nachlässigkeit vertrauen, aber das bietet uns keine Hilfe, wenn wir diese benötigen. Und wir müssen unseren eigenen vielschichtigen Motiven und gemischten Erfolgsbilanzen ins Auge sehen.

Die Frage, wem man vertrauen soll, läuft im digitalen Zeitalter auf die Frage hinaus, worauf man vertrauen soll. Daten sind es, denen wir vertrauen oder nicht vertrauen müssen. Fakten und Meinungen und Nonsens bilden den Dateninhalt, der in den riesigen Datenbanken der Welt und des Cyberspace vorhanden ist.

Die meisten Daten haben die Form von Licht- oder Stromimpulsen. Daher können wir riesige Mengen davon mit Lichtgeschwindigkeit übertragen. Diese massive Datenübertragung treibt das digitale Zeitalter an und erweitert unsere persönlichen Informationsmöglichkeiten.

Doch diese erweiterten Möglichkeiten sind mit doppelten Kosten verbunden. Da ist zum einen die geometrische Zunahme der Suchkomplexität. Es gibt so viele Daten, daß wir sie nicht vollständig absuchen können, und wir haben nur selten konkrete Suchkriterien. Niemand löst hochkomplexe Gleichungen, um seine Bedürfnisse und sein Budget mit dem örtlichen Nahrungsmittelangebot in Übereinstimmung zu bringen. Die optimale Suche ist ein utopisches Ziel, das jeden Tag in weitere Ferne rückt. Das Beste, was wir erreichen können, ist ein Kompromiß zwischen einer guten und einer schnellen Suche.

Der zweite Kostenpunkt ist ein zunehmender Verlust an Privatsphäre. Immer mehr Menschen, Firmen und Behörden können unsere Daten ausspionieren. Sie können einen Teil beziehungsweise die Gesamtheit unserer personenbezogenen Daten lesen, die Auskunft darüber geben, wo wir arbeiten, mit wem wir sprechen, wie hoch der Kredit ist, den wir aufgenommen haben, oder welche Medikamente wir kaufen. Es bedarf keines auf Abwege geratenen Präsidenten mehr, um unsere Privatsphäre zu verletzen und unseren Steuererklärungen oder medizinischen Akten »hinterherzujagen«. Ein neu eingestellter Datenassistent kann dies mit ein paar Tastenanschlägen bewerkstelligen.

Das Problem verstärkt sich, weil wir einen Teil von uns zurücklassen, wenn wir Datenbanken durchsuchen. Unsere Internet-Klickspuren bleiben im Cyberspace noch lange, nachdem wir uns abgemeldet haben, erhalten. Je mehr wir suchen, um so mehr geben wir über uns preis. Unsere Klickströme können komplexe Programme speisen, die »Profile« für Unternehmen oder Behörden erstellen.[1] Internet-Fernsehen, Cybercash und Internet-Telefonnutzung werden noch detailliertere Klickströme von uns erzeugen.

Wir brauchen jemanden oder etwas, dem wir vertrauen können, daß er auf intelligente Weise Datenbanken für uns absucht. Wir brauchen ihn, damit er auf diskrete Weise unsere digitalen Suchwünsche ausführt und uns so gut wie möglich vor den neugierigen Augen von Privatfirmen und Behörden rund um die Welt abschirmt. Wir brauchen einen zuverlässigen Agenten.

Ein maßgeschneiderter Agent

Wir beginnen jeden Tag mit einem kurzen Gang ins Bad. Unser Blutzuckerspiegel ist niedrig, während unsere Blase voll ist und unser Mund von Bakterien wimmelt. Dies ist ein idealer Zeitpunkt, um seine Biovariablen zu messen, Daten zu sammeln und ein paar überprüfbare Vorhersagen zu machen. Es ist eine ideale Zeit, um mit seinem Software-Agenten zu sprechen.

Kleine Sensoren können die gemessenen Daten verarbeiten und sie zur Auswertung an den Haushaltscomputer schicken. Dieser Computer hat unsere medizinischen Akten gespeichert und könnte einige der Daten übers Internet zur weiteren Analyse senden oder sie speichern oder sie mit ähnlichen Stichproben in anderen Datenbanken vergleichen. Die Ergebnisse könnten uns bei der Auswahl unseres Frühstücks oder bei der richtigen Dosierung von Medikamenten, die wir beim Frühstück einnehmen sollen, helfen. Die Ergebnisse könnten auch dazu beitragen, das mächtige Monopol der Ärzte aufzubrechen.

Ärzteverbände haben Vorschriften erlassen, die den Kreis der Personen, die medizinische Heilbehandlungen vornehmen dürfen und daher mit ihnen konkurrieren, einschränken.* Pflegekräfte stellen die direktesten Konkurrenten der Ärzte dar. Ärzte haben Zulassungs- und Qualifikationsvorschriften verabschiedet, die sicherstellen sollen, daß Pflegekräfte und andere Personen, die ergänzende oder alternative Heilbehandlungen anbieten, wie Hebammen, Chiropraktiker und Homöopathen, ihnen keine Konkurrenz machen.

Die Ärzte haben diese Vorschriften natürlich auch zum Schutz der Patienten erlassen, freilich ohne Rücksicht darauf, ob wir überhaupt wollten, daß sie die Sicherheitsstandards für uns festlegen. Computerexperten könnten sich auf dasselbe Argument stützen, um die Zahl derer, die Software oder Computer herstellen, kaufen oder verkaufen dürfen, zu beschränken. Unsere Bits können für uns genauso wichtig sein wie viele unserer Moleküle.

Viele dieser nichtärztlichen Anbieter von Heilbehandlungen bieten ähnliche Leistungen an wie Ärzte.[2] Eine im *New England Journal of Medicine* veröffentlichte Studie kommt zu dem Ergebnis, daß diese nichtärztlichen Anbieter von Amerikanern sogar häufiger konsultiert werden als Ärzte.[3] Viele Menschen ziehen zumindest bei der Grundversorgung und bei der Behandlung gewisser Erkrankungen schlicht das Risiko/Kosten-Verhältnis von nichtapprobierten Anbietern von Heilbehandlungen

---

* Die folgenden Ausführungen gelten für die Rechtslage in den Vereinigten Staaten und lassen sich in dieser Form nicht auf Deutschland übertragen. In Deutschland regelt der Gesetzgeber die entsprechende Rechtsmaterie, und der Umfang der ärztlichen Selbstverwaltung ist eingeschränkter. Davon unberührt bleibt freilich der Einfluß der Ärztelobby auf den Gesetzgebungsprozeß (A. d. Ü.).

vor. Auch fördert der Staat zwar die Ausbildung von Medizinern, nicht aber die nichtärztlicher Heilbehandler.

Ärzteverbände beschränken den Wettbewerb auch dadurch, daß sie die Zahl der medizinischen Fakultäten, deren Ausbildung staatlich anerkannt wird, sowie die Zulassungsquoten für Studenten begrenzen. Mehr als die Hälfte der medizinischen Hochschulen in den Vereinigten Staaten wird mit öffentlichen Mitteln finanziert.[4] Eine Verringerung des Angebots an medizinischen Leistungen erhöht die Kosten des Gesundheitswesens und das Einkommen der Ärzte, während es für die übrigen Bürger eine Beschneidung ihrer Wahlfreiheit bedeutet. Das Internet wird dazu beitragen, dieses Ärztemonopol auszuhöhlen.

Ärzteverbände haben schon vor langer Zeit Vorschriften verabschiedet, die den Zugang unliebsamer Konkurrenten von außerhalb des jeweiligen Bundesstaates einschränken. Das Internet wird den Patienten ermöglichen, medizinische Leistungen nicht nur außerhalb ihres Bundesstaates, sondern auch außerhalb ihres Landes nachzufragen. Weshalb soll man nicht eine Kreditkartengebühr bezahlen und seine medizinischen Daten und Fragen an Fachleute in Schweden, Indien oder China schikken? Die US-Behörde für Lebens- und Arzneimittelsicherheit (FDA) und andere Behörden haben nur eine geringe Chance, solche binären Handelsgeschäfte zu unterbinden. Und ihre Chance wird weiter sinken, sobald wir unsere digitale Kommunikation sicher verschlüsseln können.

Nehmen wir nun an, wir hätten unseren persönlichen medizinischen Software-Agenten. Der Agent besteht aus einer Reihe von Softwareprogrammen, die suchen und lernen können. Der Agent weiß viel mehr über Ihre Gesundheit und Ihre medizinische Vorgeschichte als Sie. Er kennt die Werte all Ihrer Biovariablen und Biorhythmen für jeden Tag der vergangenen Monate oder Jahre. Der Agent kennt die Lebensmittelkombinationen, die Sie mögen, und die Behandlungen, die Sie nicht mögen, und solche, die Sie sich leisten können. Er sucht Tausende von Datenbanken für Sie ab und verhandelt in Ihrem Namen mit anderen Agenten, damit er Ihre Daten besser verstehen und Ihnen bessere Behandlungsoptionen zu günstigeren Preisen anbieten kann. Und Sie können ihm vertrauen.

Ihrem medizinischen Agenten liegt nur Ihr Interesse am Herzen, weil er keine anderen Interessen hat. Sein einziges Ziel besteht darin, Ihnen die beste ärztliche Versorgung zum günstigsten Preis zu verschaffen. Sein Urteil wird nicht vom Blutzuckerspiegel, von Erschöpfung oder von Sorgen über das persönliche Einkommen oder die Rückzahlung eines Studentendarlehens beeinflußt.

Die ersten medizinischen Agenten unterliegen vielleicht demselben juristischen Risiko im Hinblick auf Kunstfehler wie heutige Ärzte. Ärzteverbände werden zweifellos verlangen, daß medizinische Agenten Sicherheits- und juristische Anforderungen erfüllen müssen, die sie festlegen und überwachen werden. Dies wird zunächst die Konkurrenz durch Agenten einschränken. Doch dies ist zugleich ein praktischer, wenn auch eigennütziger Weg, um mit einem echten Problem fertig zu werden: Wen verklagen Sie, wenn Ihr Agent Sie vergiftet? Die Antwort wird nicht allein von Ärzten bestimmt werden. Die Computermärkte sind dafür zu effizient.

Die ersten medizinischen Agenten werden vermutlich intelligente Diagnose-Tools sein, die der Verbraucher etwa zum Preis einer medizinischen Vorsorgeuntersuchung erwerben kann. Diese Tools werden nicht viel mehr sein als Blut- und Urintests mit eingebauten Chips für den Einsatz zu Hause. Die Verbraucher werden diese intelligenten Tools im Rahmen von Produktgarantien auf eigenes Risiko benutzen. Doch ihr Preis wird sinken, und ihre Fähigkeiten werden zunehmen, und immer mehr Menschen werden sie einsetzen. Billigere und intelligentere Systeme werden im Lauf der Zeit die unscharfe Grenze zwischen Diagnose und Verordnung sowie aktiver Behandlung überqueren.

Die Armen werden vielleicht am meisten profitieren, wenn Angebot und Nachfrage nach billigen, intelligenten medizinischen Agenten zunehmen und die Gesundheitsversorgung im digitalen Zeitalter prägen werden. Die Armen werden sich die individualisierte, qualitativ hochwertige Gesundheitsversorgung leisten können, die heute noch den Wohlhabenderen vorbehalten ist. Und die Welt wimmelt von armen Menschen, die eine viel bessere Gesundheitsversorgung benötigen, als sie das gegenwärtige geschlossene System menschlicher Experten erbringen kann.

Medizinische Agenten werden das Ärztemonopol erschüttern. Und das gleiche werden juristische Agenten mit dem Juristenmonopol tun und andere Agenten mit hochqualifizierten Berufen in den Bereichen Wirtschaftsprüfung, Kapitalanlage und Bildung. Weshalb nicht die Ausbildung jedes Studenten maßschneidern, so wie wir seine medizinische und finanzielle Beratung maßschneidern würden? Kabel- und Satellitensysteme ermöglichen schon heute vielen Studenten, Kurse an weit entfernten Colleges und Universitäten von zu Hause zu verfolgen. Intelligente Agenten werden darüber hinausgehen und als Supertutoren vor Ort fungieren. Agenten werden die großen Gleichmacher des digitalen Zeitalters sein.

Geheime Suchagenten

Intelligente Agenten stehen im Mittelpunkt intensiver Forschungsanstrengungen auf dem Gebiet der Multimedia-Technologie.[5] Intelligente Agenten können in vielfältigen »Verkleidungen« auftreten. Es sind Softwareprogramme, auch wenn diese Software in einem Chip gespeichert ist, der in einem Armaturenbrett, einem Kopfhörer oder einem Roboterarm sitzt. Ihre Vielfalt verdankt sich den unterschiedlichen Strategien, mit denen Forscher die Agenten mit Intelligenz ausstatten. Ein Großteil dieser »Intelligenz« beschreibt lediglich, wie Agentenprogramme rasch logische Fälle prüfen, Zahlen verarbeiten oder Objekte vergleichen, wenn sie eine Datenbank durchsuchen.

Die meisten Agenten wirken als Datenbankfilter. Daten strömen in den Agenten, und nur ein Teil davon strömt wieder heraus. Die Suche des Agenten hat tatsächlich einige der Daten herausgefiltert und die übrigen gefunden oder abgebildet. Der Agent bildet vielleicht eine Datenbank auf nur eines dieser Objekte oder auf eine Teilmenge der Objekte ab. Ein medizinischer Agent tut dies, wenn er eine Datenbank nach Medikamentenpreisen absucht und das billigste Medikament für das Leiden seines Meisters findet.

Der Agent wirkt als geeigneter Teilmengenfilter, wenn er mehr als eine beste Übereinstimmung findet. Dann braucht der Agent ein Schema für die »Konfliktlösung«, damit er die Objekte in der bevorzugten Teilmenge ordnen beziehungsweise die besten der Besten finden kann.

Internet-Browser sind Filteragenten. Der User gibt ein Schlüsselwort ein, und dann sucht der Browser seine Datenbank von Websites nach übereinstimmenden Schlüsselwörtern ab. Die Schlüsselwörter »Rembrandt-Gemälde« erbringen vielleicht nur einige hundert Sites oder »Treffer«, während das Schlüsselwort »Kunst« vielleicht Hunderttausende oder Millionen von Sites erbringt.

Die meisten Browser versuchen diese Sites in einer Rangordnung zu sortieren, weil sehr viele Treffer unbrauchbar sind. Die Schlüsselwörter »Rembrandt-Gemälde« rufen vielleicht alle versandten E-Mail-Botschaften von Usern auf, deren echter Name oder Net-Pseudonym mit Rembrandt endet und alle Nachrichten, die auf diese Botschaften antworten. Die unintelligente Suche ist eine erschöpfende Suche. Sie verläßt sich auf Schnelligkeit und Datenzugang, während die intelligente Suche die Datenbank durch Wissen einschränkt. Wissen ist der Kern der Intelligenz eines Suchagenten: *Mehr Wissen bedeutet weniger Suche.*

Angenommen, Sie möchten die registrierte Telefonnummer einer Person in den Vereinigten Staaten finden. Sie gehen in ein Zimmer und finden einen riesigen Stapel mit allen aktuellen US-amerikanischen Telefonbüchern. Wenn Sie kein Wissen besäßen, müßten Sie sämtliche Telefonbücher durchsuchen und alle Nummern anrufen. Wenn Sie die Stadt kennen, in der die Person wohnt, könnten Sie die Suche auf nur ein Telefonbuch einschränken. Wenn Sie wissen, daß der Nachname der Person mit einem G beginnt, könnten Sie die Suche innerhalb dieses Telefonbuchs auf jene Namen beschränken, die mit einem G beginnen. Wenn Sie die Buchstaben ihres Nachnamens kennen, könnten Sie die Suche auf diese Namen einschränken und so weiter.

Wissen läßt den effektiven Suchraum schrumpfen. Das Schwierige besteht darin, dieses Wissen in Symbolen und Zahlen zu erfassen, so daß es von einem Computer verarbeitet werden kann.

Viele KI-Agenten verknüpfen binäre Logikbäume mit interaktiven Softwareprogrammen.[6] KI-Agenten helfen Käufern bereits dabei, in Online-Schallplattengeschäften die günstigsten CDs aufzuspüren.

KI-Logikbäume können die Form von Expertensystemen mit binären Wenn-Dann-Regeln haben. Oder sie können grammatische Analysebäume definieren. Oder es sind keine reinen Bäume, weil sie geschlossene Logikschleifen enthalten wie in einem semantischen oder kausalen Netz aus Verbindungen und Konzeptknoten. Die Softwareprogramme zeichnen sich zwar durch eine große Vielfalt aus, doch die meisten basieren auf Symbolen beziehungsweise Textfolgen. Ihr Wissen ist im allgemeinen explizit und fußt mehr auf Wörtern als auf Zahlen.

Neuronale und Fuzzy-Verfahren eröffnen einen verwandten, aber andersartigen Weg, um die Maschinenintelligenz eines Agenten zu steigern. Diese Verfahren haben oftmals eine Benutzerschnittstelle, die mit natürlicher Sprache arbeitet, doch die Verfahren selbst arbeiten in der Regel mit Zahlen statt mit Logiksymbolen oder Textfolgen.

Neuronale Netze lassen die Agenten Fuzzy-Muster oder -Begriffe aus unvollkommenen Stichproben lernen. Dabei handelt es sich um intuitives Wissen. Der User gibt dem Agenten keine Regeln vor, und er versucht auch nicht, die Fuzzy-Muster mit Wörtern zu definieren. Der User zeigt dem neuronalen Netz lediglich Stichproben der Muster, indem er es an den Objekten in der Datenbank trainiert. Dann kann das neuronale Netz die neuen Objekte schnell parallel mit den alten Objekten, die in der Datenbank gespeichert sind, auf Gleichheit prüfen.

Angenommen, ein Architekt entwirft ein neues Gebäude und fordert einen neuronalen Agenten auf, das ähnlichste unter allen Gebäuden zu finden, die in einer Bilddatenbank von Gebäuden gespeichert sind. Das neuronale Netz zieht die übereinstimmenden Gebäudemuster aus seinem verteilten Assoziativspeicher heraus, ganz gleich, wieviele Bilder die Datenbank enthält. Das neuronale Netz vergleicht die gespeicherten Gebäude nicht nacheinander mit dem Gebäudeentwurf, ebensowenig wie es unser Gehirn täte, wenn wir versuchen würden, die Frage des

Architekten aus dem Gedächtnis zu beantworten. Wir würden einfach irgendwie mit der Antwort aufwarten.

Informatiker nennen diese Art der Suche *inhaltsadressiert*.[7] Das neuronale Netz schlägt anders als ein serielles Standardsuchverfahren nicht die Adresse der gespeicherten Muster nach. Statt dessen sucht es die ähnlichsten Gebäudemuster, und zwar je nach dem Grad der Übereinstimmung zwischen den gespeicherten Mustern und dem Inhalt beziehungsweise der Beschreibung des Gebäudeentwurfs. Diese Form der Suche erfordert ein zusätzliches Schema, um den Konflikt zwischen den besten Treffern zu lösen.

Diese neuronale Suche funktioniert gut, solange das Netz genügend Neuronen und Synapsen besitzt und über genügend Zeit und Rechnerleistung verfügt, um alle Gebäudebilder in seinem Assoziativspeicher abzulegen. Dann kann das neuronale Netz die Datenbankmuster verstreut in seinem Assoziativspeicher halten und eine allzu starke Interferenz zwischen den gespeicherten Mustern verhindern.

Die Herausforderung besteht darin, ein neuronales Netz mit einer großen Zahl von Gebäudemustern, die einander ähneln oder in einem metrischen Sinne nahe beieinander liegen, zu füttern. Dann braucht das neuronale Netz möglicherweise zusätzliche Synapsen und Tausende oder Millionen weiterer Trainingsdurchläufe, um die feinen Unterschiede zwischen den Mustern zu lernen. Ein menschlicher Experte würde ebenfalls mehr Zeit darauf verwenden, die ähnlichen Gebäudemuster zu studieren, wenn er imstande sein wollte, sie von im Gedächtnis gespeicherten Mustern zu unterscheiden.

Agenten können Fuzzy-Systeme zu wenigstens zwei verschiedenen Zwecken benutzen. Sie können damit erstens die Unschärfe beziehungsweise den Grad der Übereinstimmung bei der Assoziativsuche definieren.[8] Der Gebäudeentwurf fungiert als ein Punkt im Gebäuderaum (beziehungsweise in der Menge oder der Datenbank) aller gespeicherten Gebäudemuster. Dann können fuzzylogische Suchverfahren unscharfe Kugeln definieren, in deren Mittelpunkt der neue Gebäudeentwurf steht. Die Kugel ist eine mathematische Fiktion, da der Gebäuderaum aus einer diskreten Menge von Gebäudemustern besteht.

Eine kleine Kugel definiert eine präzise Suche. Eine 90 prozentige Suchkugel enthält nur jene Gebäudemuster, die zu wenigstens 90 Prozent mit dem Gebäudeentwurf beziehungsweise Kennbegriff übereinstimmen. Eine 20 prozentige Suchkugel ist viel größer als die 90 prozentige und dürfte in der Regel viel mehr Gebäudemuster enthalten. Eine 20 prozentige Suchkugel definiert eine viel breitere Suche, da Gebäudemuster leichter ihre Zugehörigkeitsanforderung erfüllen. Sie enthält alle Gebäudemuster aus der 90 prozentigen Suchkugel und vermutlich noch viel mehr. Der Gebäudeentwurfspunkt definiert den Mittelpunkt einer unendlichen Zahl ineinander gepackter unscharfer Suchkugeln in der Datenbank.

Die unscharfe Übereinstimmung kann von einem unscharfen Maß der Entsprechung abhängen. Die Fuzzy-Entsprechung mißt, wie sehr sich zwei Gebäudebilder gleichen oder ähneln. Zwei Bürogebäude ähneln sich vermutlich stärker, als jedes der beiden Bürogebäude einer Bibliothek oder einer Kirche ähnelt. Wie sehr zwei Gebäudebilder einander gleichen, hängt davon ab, in welchem Umfang jedes im anderen enthalten ist, beziehungsweise davon, inwieweit jedes Gebäude eine Teilmenge des anderen ist. Dies reduziert die Fuzzy-Gleichheit auf ein Maß unscharfer gegenseitiger Teilmengigkeit beziehungsweise gegenseitiger Einschließung.[9] Dann verbindet der Suchagent die Mathematik unscharfer Mengen mit der Mathematik des neuronalen Lernens. Der Agent kann den Grad der Übereinstimmung auf die jeweilige Aufgabe beziehungsweise die vorrangigen Wünsche seines Meisters zuschneiden.

Ein Agent kann Fuzzy-Systeme auch dazu verwenden, um mit Fuzzy-Regeln seine Wissensbasis zu erweitern und Schlüsse von Eingabe-Übereinstimmungen auf Suchausgaben zu ziehen. Fuzzy-Regeln sind irgendwo zwischen den expliziten Wortregeln und Symbolen der KI und den erlernten numerischen Input-Output-Verknüpfungen neuronaler Netze angesiedelt.

Der User beziehungsweise der Agent kann die Fuzzy-Regeln verbal formulieren, aber die Regeln haben eine numerische Form, wie wir in Kapitel 9 sahen. Die Fuzzy-Regel »Wenn das Gebäude rechteckig ist, dann gefällt dem User das Gebäude sehr« definiert ein Fuzzy-Regelpflaster, das die unscharfe

Menge ästhetisch hochgeschätzter Gebäude mit der unscharfen Menge rechteckiger Gebäude verknüpft. Neuronales Lernen kann diese Fuzzy-Mengen so optimieren, daß sie mit dem übereinstimmen, was der User unter rechteckig und ästhetisch ansprechend versteht, und so die Nische des Users in dem unscharfen Begriffsraum definieren.

Fuzzy-Regeln können dem User helfen, einem Agenten seine Präferenzen beizubringen. Ein Agent braucht Anleitung, wenn er für seinen Meister sucht. Fuzzy-Systeme können diese Anleitung geben und strukturieren.

Die elementarste Anleitung bezieht sich auf die Neigungen und Abneigungen des Meisters. Ein Agent muß diese Präferenzen kennen, wenn er die Anrufe oder E-Mails seines Meisters beantwortet oder wenn er dessen Morgenzeitung aus allen Zeitungen und Nachrichtenquellen der Welt zusammenstellt. Der Agent muß ein Profil seines Meisters lernen. Wirtschaftswissenschaftler nennen dieses Profil eine Präferenzkarte oder Nützlichkeitsfunktion.[10]

Ein gutes Profil läßt den Agenten alle Objekte in der Datenbank nach einer Präferenzskala ordnen. Dann wüßte der Agent, daß dem User ein gotisches Gebäude besser gefällt als ein modernes Gebäude. Dies ist eine *ordinale* Rangfolge.

Ein besseres Profil läßt den Agenten sagen, um wieviel mehr sein Meister ein gotisches Gebäude mag als ein modernes, schwarzverglastes Gebäude. Der Agent könnte den Objekten in der Datenbank Wert- oder Nützlichkeitszahlen zuweisen. Dies ist eine *kardinale* oder numerische Rangfolge.

Neuronale und Fuzzy-Systeme können mit kardinalen Reihenfolgen leichter arbeiten, aber sie sind vom User schwerer zu erhalten. Der Agent muß dem User vielleicht Hunderte von Fragen der Form »Wie sehr mögen Sie dieses Gebäude?« oder »Mögen Sie dieses Gebäude zwei- oder dreimal so sehr wie das vorangegangene?« stellen. Oder der Agent muß diese Zahlen ableiten oder erraten, wenn er den User dabei beobachtet, wie er Gebäude, die ihm gefallen, auswählt, und solche, die ihm mißfallen, löscht.

Der Abfrageprozeß mag sich als mühsam und langwierig erweisen. Dies mag selbst dann der Fall sein, wenn der Agent eine Spracherkennungsschnittstelle hat, über die sich der User mit dem Agenten unterhalten kann, statt ihn mit Tastenanschlägen und Mausklicks zu füttern. Zukünftige Schnittstellensysteme werden vielleicht mit Netzhautanzeigen oder superempfindlichen Hirnwellendetektoren arbeiten.[11]

Adaptive Fuzzy-Systeme können das Frage- und Antworttraining beschleunigen oder doch zumindest ein größeres Maß an Regelstruktur daraus ableiten. Neuronales Lernen erweitert und optimiert die unscharfen Mengen und Regeln. So kann man eine schnelle Fuzzy-Approximation des Profils beziehungsweise der Präferenzkarte des Users erhalten. Die Karte ist eine unebene Fläche aus Hügeln und Tälern, die auf der Basis einer Datenbank oder eines hochdimensionalen Musterraums definiert ist. Der User mag die Hügelmuster, während er die Talmuster nicht mag. Die Höhe der Hügel beziehungsweise die Tiefe der Täler gibt an, wie sehr der User diese Muster mag oder nicht mag. Das Problem besteht wie immer darin, daß niemand weiß, wie die Fläche aussieht.

Wirtschaftswissenschaftler gehen seit Jahrzehnten einfach davon aus, daß diese Nützlichkeitsflächen existieren, und zwar verborgen in den Gehirnen von Käufern und Verkäufern auf Märkten. Doch sie waren nicht so keck, konkrete Schätzungen für die Gleichungen, die diese Flächen definieren, vorzulegen.

Neuro-Fuzzy-Agenten können uns das Mutmaßen abnehmen. Die Vermutungen werden alles andere als vollkommen sein, aber sie werden sich in dem Maß verbessern, wie das Agentensystem mehr Frage-Antwort-Paare aufnimmt und sich die Schnittstellentechnik verbessert.

Der Agent versucht die Extrema der Präferenzkarte durch Teilflächen abzudecken. Er bildet seine ersten Fuzzy-Regeln bei oder nahe den ersten Stichproben, die der User ihm gibt. Der User klickt vielleicht durch einen Strom von Gebäudebildern auf einem Computerbildschirm und gibt an, wie sehr er jedes Bild mag oder nicht mag. Der Agent betrachtet diese Antworten als einige der Extrema auf dem zugrundeliegenden, aber unbekannten Profil des Users. Der Agent deckt diese Extrema ab und füllt den Raum um sie herum mit anderen Regelpflastern. Durch beständige neuronale Optimierung werden diese Regelflächen verschoben, um sie der wachsenden Datenmenge optimal anzupassen. Das Fuzzy-System des Agenten bildet seine eigene, sich stetig wandelnde unebene Oberfläche, die das Profil des Users immer besser approximiert.[12]

Das schwierigste Problem des Neuro-Fuzzy-Ansatzes besteht in der Frage, wie es die Muster darstellt, die es zu modellieren versucht. Ein Bild besteht aus Tausenden winziger Bildelemente (Pixel). Am unklügsten ist es, die vielen Veränderungen jedes Pixels pro Sekunde zu modellieren. Computer sind nicht schnell beziehungsweise leistungsfähig genug, als daß Neuro-Fuzzy-Systeme dies auf eine effiziente Weise bewerkstelligen könnten.

Daher braucht das Agentensystem ein vorgelagertes System, das jedes Bild zu Konturen beziehungsweise Energiemaßen oder auch Farbblöcken verdichtet.[13] Es gibt eine riesige Literatur über solche Techniken auf dem Gebiet der Mustererkennung. Intelligente Agenten werden diese vermutlich mit zahlreichen KI-Verfahren, neuronalen Netzen, Fuzzy-Systemen, genetischen Suchalgorithmen und Dutzenden weiterer Technologien verknüpfen.

Zukünftige Agenten werden mehr sein als unsere digitalen Suchhunde. Sie werden vielleicht unsere engsten Freunde sein. Sie werden lebendige Tagebücher und Gefährten sein, mit denen wir unsere tiefsten Geheimnisse teilen und bei denen wir uns den verläßlichsten Rat holen. Sie werden unsere Geheimagenten sein.

Stellen wir uns einen Agenten vor, der die ethische Weisheit eines Albert Einstein oder Bertrand Russell oder Leo Tolstoi oder irgendeines anderen großen Denkers der Vergangenheit besäße. Intelligente Systeme werden deren Weisheit aufnehmen, indem sie die Regelstruktur und die Konzeptmuster ihrer schriftlichen Werke in gleicher Weise aufnehmen, wie wir dies für intelligente Kunstsysteme im vorangegangenen Kapitel beschrieben haben.

Einige User wünschen sich vielleicht einen hybriden Agenten. Seine Weisheit könnte aus einer Fuzzy-Mischung wie etwa 30 Prozent Einstein, 40 Prozent Buddha und 30 Prozent Benjamin Franklin bestehen. Andere werden sich vielleicht auf bekanntere Gestalten der Popkultur wie Elvis Presley, Isaac Asimov oder

John Wayne stützen. Software-Unternehmen werden die Ver-
wertungsrechte für viele dieser historischen Persönlichkeiten
von deren Erben oder von Buchverlagen oder Filmstudios, die
ihre digitalen Rechte besitzen, erwerben müssen.

Ich zum Beispiel hätte gern einen persönlichen Agenten, der
sein Wissen aus den Schriften des Philosophen, Wirtschaftswis-
senschaftlers und echten Humanisten John Stuart Mill schöpft,
der im 19. Jahrhundert lebte.[14] Mill war einer der tiefsten und
universellsten Geister überhaupt. Schon in jungen Jahren be-
herrschte er Latein und Griechisch, und er gehörte zu den Mitbegründern der modernen Volkswirtschaftslehre und der utilita-
ristischen Sozialphilosophie, die auf dem Grundsatz »Den
größten Nutzen für die größte Zahl (von Menschen)« aufbaut.
Für viele Briten war er schon zu Lebzeiten ein Lehrer der Weisheit, auch wenn sie ihn nicht für eine zweite Amtsperiode ins
Parlament wählten. Mills Buch *System der deduktiven und
induktiven Logik* ist seit seiner Veröffentlichung im Jahr 1843
ein Klassiker dessen, was wir heute Wissenschaftstheorie nennen. Sein kurzes Buch *Über die Freiheit* ist noch immer die vielleicht erhellendste Abhandlung über die Notwendigkeit persönlicher Freiheit und gesellschaftlicher Toleranz und inspiriert
noch heute Denker aller politischen Richtungen.

Anderen mag Mill zu pedantisch und langatmig vorkommen.
Und wieder andere werden Mill vielleicht mit Dutzenden oder
Hunderten weiterer bedeutender Denker der Vergangenheit
kombinieren wollen. Sie werden vielleicht immer mehr intelligente Agenten ineinanderschachteln wollen, um sich intelligente Superagenten maßzuschneidern.

Dieser Impuls, Agenten über das notwendige Maß hinaus zu
vermehren, mag sich als unwiderstehlich erweisen, verheißen
sie doch enormes Wissen und gigantische Suchleistung zu niedrigen Kosten. Die Cybergier wird vielleicht zum Zusammenbruch des Cyberspace führen.

Agentenexplosion und intelligente Märkte

Nicht alle Informatiker mögen intelligente Agenten. Einige haben die Sorge, daß wir uns allzusehr auf Agenten verlassen werden oder daß das Arbeiten mit Agenten dazu führen könnte, Menschen wie Maschinen zu behandeln. Jaron Lanier, der Pionier der virtuellen Realität, teilt diese Sorge:

> Intelligente Agenten sind abscheulich. Ich bin besorgt, daß Menschen allmählich und vielleicht nicht einmal bewußt ihr Leben verändern werden, um Agenten intelligent erscheinen zu lassen. Wenn ein Agent intelligent wirkt, bedeutet dies vielleicht im Grunde genommen nichts anderes, als daß sich Menschen so weit selbst verdummt haben, daß ihr Leben leichter durch den einfachen Datenbankentwurf ihrer Agenten repräsentiert werden kann.[15]

Intelligentere Agenten können diese und ähnliche Bedenken ausräumen. Doch ihre zunehmende Suchleistung und Intelligenz können Anlaß zu neuer Besorgnis sein.

Vielleicht die größte Bedrohung, die von wohlfeilen Agenten ausgeht, ist eine Cyberversion des Fluchs der Dimensionalität: eine exponentielle Agentenvermehrung. Unser persönlicher Agent wird viele Agenten benötigen, um seine Aufgaben zu erfüllen. Er wird wegen bestimmter Aufgaben und Dienstleistungen mit den Agenten anderer Personen verhandeln müssen. Und er wird seine eigene Sklavengaleere von Taskagenten für Hunderte oder Tausende von Such- und Verarbeitungsaufgaben überwachen müssen. Unser persönlicher Agent wird ein hierarchisches System von Agenten sein oder das, was Marvin Minsky vom MIT eine »Mentopolis« genannt hat.[16]

Es wird vermutlich keine sichere Methode geben, um Agenten davon abzuhalten, weitere Agenten zu erzeugen. Diese neuen Agenten können zweckgebundene Aufgaben ausführen und noch mehr Agenten erzeugen. Dies kann rasch zu einer exponentiellen Zunahme der Agenten führen. Wie sollen sie alle im Internet genügend Platz finden?

Viele Forscher haben den Zusammenbruch des Internets vorhergesagt. Mehr User ziehen mehr User an, und ihre Bit-Ströme können die verdrahteten und drahtlosen Pfade des Cyberspace überschwemmen. Dies hat bereits zu Verzögerungen und Ausfällen geführt.

Das Problem der exponentiellen Agentenvermehrung mag sich als gravierender erweisen. Wir können rasch so viele Agenten erzeugen, daß die Leistungsfähigkeit jedes Informationssystems überfordert wird. Netz-Firmen oder Behörden werden vielleicht versuchen, die Zahl der Agenten pro User zu begrenzen, aber das mag sich als schwer durchsetzbar erweisen, zumal der Anreiz für die User, ihr Agentenbudget zu begrenzen, nicht sonderlich groß sein dürfte. Und wenn andere Personen ihr Agentenbudget einschränken, dann kann sich jeder beliebige User einen größeren relativen Informationsgewinn sichern, wenn er sein Budget überschreitet. Der Cyberspace ist eine bitbasierte Tragödie der Gemeinschaftsgüter.

Eine Form des in Kapitel 6 dargelegten Coase-Theorems könnte dazu beitragen, dies zu verändern. Gegenwärtig sind die Eigentumsrechte im Cyberspace viel zu unscharf. Wenn wir auf irgendeine Weise allen Bit-Strompfaden binäre Eigentumsrechte zuweisen würden, dann müßten die User sparsamer damit umgehen. Die unsichtbare Hand des Coase-Theorems könnte die Gesamtzahl der Software-Agenten im Gleichgewicht halten und eine Art Pareto-Optimum für Internet-User gewährleisten. Ein Heer von Agenten dürfte für die meisten User schlicht zu teuer sein.

Auch Mikropfennige werden hilfreich sein. Ein vollkommen effizienter Markt würde für jede E-Mail-Nachricht oder Suchanfrage, die wir verschicken, eine geringe Gebühr erheben. Und vielleicht bezahlte man einer Versicherungsgesellschaft eine noch geringere Gebühr, um jeden Bit-Strom zu versichern. Die Zerlegung des digitalen Pfennigs in Mikropfennige oder sogar Nanopfennige erlaubt diese feinkörnige Buchhaltung. Mikrowährungen würden auch Firmen und Studenten dabei helfen, im Netz Geld zu verdienen. Und Mikrogebühren würden die Zahl und den Umfang von E-Mail-Sendungen, die das Internet verstopfen, verringern. Einige Netz-Häuptlinge würden gegen diese geringen Gebühren protestieren, da der Cyberspace ihres

Erachtens eine Gratis-Tauschbörse ist. Doch Firmen werden diese Gebühren dennoch erheben.

Das Coase-Theorem legt auch die Vermutung nahe, daß im Cyberspace sehr viel mehr Auktionen in Lichtgeschwindigkeit stattfinden werden. Der Cyberspace wird sich vielleicht aus einem sehr großen bitbasierten Gemeinschaftsgut in einen sehr großen intelligenten Markt aus komplexen und sich verschiebenden Agentengleichgewichten verwandeln.

Das Coase-Theorem verheißt das Pareto-Optimum, also ein Marktergebnis, bei dem selbst Gott einen Agenten nur dann besserstellen könnte, wenn er einen anderen schlechter stellte. Bei den Agenten kann es sich ebensogut um Software-Agenten wie um Hollywood-Agenten handeln. Dieses stabile Gleichgewicht setzt voraus, daß Eigentumsrechte wohldefiniert oder binär und die Transaktionskosten gleich null sind. Auf diese Weise können die Agenten so lange verhandeln und alle gewünschten Gegenstände tauschen, bis es nichts mehr zu tauschen gibt. Mikrowährungen können zur Senkung der Transaktionskosten beitragen, während sie uns gleichzeitig helfen, allen Netzaktionen und -transaktionen binäre Eigentumsrechte zuzuordnen.

Auktionen in Lichtgeschwindigkeit werden den Geltungsbereich des Coase-Theorems erweitern. Das Coase-Theorem gewinnt in dem Maß an Geltungskraft, wie mehr Agenten mehr Güter kaufen und verkaufen. Die meisten von uns halten keine Auktionen ab, wenn sie untereinander Atome oder Bits handeln. Schnelle Bit-Transaktionen werden dazu führen, daß immer mehr von uns oder von unseren Agenten schnelle und billige Tauschgeschäfte durchführen, und dies fördert die Tendenz zu Auktionen.

Wir können oftmals mehr für uns herausholen, wenn wir unsere Waren versteigern, als wenn wir einfach nur über sie verhandeln. Doch Atom-Auktionen sind meist mit Schwierigkeiten verbunden, und zwar wegen der Kosten für das Finden von Bietern und der atombasierten Kosten für das Anstellen von Preisvergleichen für unsere Güter oder Dienstleistungen. Die Wirtschaftswissenschaftler Jeremy Bulow und Paul Klemperer haben nachgewiesen, daß Auktionen im allgemeinen ökonomisch vorteilhafter sind als Verhandlungen: »Die Bedeutung von Verhandlungsgeschick ist gering im Vergleich zum Nutzen zusätzlichen Wettbewerbs.«[17] Dies gilt, wenn die Agenten bei der Auktion ihre Gebote unabhängig voneinander abgeben, wie sie es wahrscheinlich bei schnellen weltweiten Auktionen um kleine Bit-Aufgaben tun werden.

Ideen-Märkte und virtuelles Geld (elektronischer Kredit) haben geholfen, die ersten und einfachsten intelligenten Bit-Märkte zu bilden. Der Wirtschaftswissenschaftler Robin Hanson ersann noch während seines Studiums am Caltech das Konzept von Ideen-Märkten und Ideen-Futures (Terminkontrakte):

> Stellen wir uns ein Wettbüro für strittige wissenschaftliche Fragen vor, bei dem die Chancen aus heutiger Sicht entsprechend der herrschenden wissenschaftlichen Meinung festgelegt werden. So könnten die Menschen etwa Wetten darüber abschließen, ob die kalte Kernfusion bis zum Jahr 2020 zur Stromerzeugung eingesetzt wird. Gegenwärtig sind die Chancen relativ gering – sagen wir 20 zu 1. Doch in dem Maß, wie die Ergebnisse neuer Forschungen bekannt würden und immer mehr Menschen zur Überzeugung gelangten, daß die kalte Kernfusion funktioniert, würden die Chancen steigen. Und wenn die kalte Kernfusion im Jahr 2020 Realität wäre, würden diese frühen Optimisten eine Menge Geld machen. Solche Wettmärkte würden zu »Ideen-Futures«-Märkten werden – ganz ähnlich Mais-Futures-Märkten, außer daß man auf die künftige Klärung einer wissenschaftlichen Streitfrage statt auf den künftigen Maispreis setzt. Das System könnte das Interesse und die Mitwirkung der Allgemeinheit an der Wissenschaft steigern. Und die Wettchancen könnten als ein wissenschaftliches Barometer dienen, an dem sich die Massenmedien und die Politik orientieren könnten.[18]

Auf ein paar Websites laufen Versuche mit Ideen-Futures-Märkten, aber bislang geht es dabei nicht um echtes Geld.[19] Andernfalls könnten einige Regierungen einwenden, daß diese innovativen Bit-Märkte mit ihren Ideen-Futures nichts anderes als die altbekannten Glücksspiele in digitaler Verkleidung seien.

Doch selbst geldfreie Varianten von Ideen-Futures könnten eine sachlichere Debatte über öffentliche Fragen auslösen. Diese

Debatten könnten Anhaltspunkte darüber liefern, wie man Fuzzy-Steuerformulare gestalten und welche Verwendungszwecke man auf ihnen angeben sollte. Virtuelles Geld oder digitaler Cash kann Ideen-Futures eine echte finanzielle Schlagkraft verleihen.

Virtuelles Geld ist die neueste Methode, um Kredit von einem Ort, einer Person oder Institution auf eine andere zu übertragen. Die Kreditübertragung erfolgte schon immer eher durch die Bewegung von Bits als durch die von Atomen. Wir übertragen seit Hunderten von Jahren Kredit auf diese Weise, angefangen von Schuldanerkenntnissen und Schuldscheinen bis hin zu Schecks. Virtuelles Geld läßt uns Kredite über das Internet oder über kleinere persönliche oder institutionelle Kommunikationssysteme übertragen. Das Netz hat bereits Cybercash-Banken mit digitalen Kunstnamen wie First Virtual Holdings oder DigiCash hervorgebracht. Virtuelles Geld ist ein ideales Werkzeug für Netztransaktionen in Mikrowährungen.

Der mehrere Billionen Dollar schwere Markt für Finanzderivate arbeitet weitgehend auf der Grundlage von virtuellem Geld. Ebenso der riesige, hauptsächlich in London angesiedelte Euro-Dollarmarkt. Der Euro-Dollarmarkt zeichnet sich des weiteren dadurch aus, daß er der größte staatenlose Markt der Welt ist. Die US-Regierung kontrolliert beziehungsweise reguliert den Euro-Dollarmarkt nicht, obwohl sie es gern täte.

Der Euro-Dollarmarkt nimmt in groben Zügen zukünftige Privatwährungen vorweg. Der mit dem Nobelpreis ausgezeichnete Wirtschaftswissenschaftler Friedrich von Hayek äußerte schon vor langer Zeit die Ansicht, Privatwährungen seien eine effiziente Möglichkeit, um die Weltdevisenmärkte zu stabilisieren und den Bestrebungen eines Landes, die eigene Währung durch eine inflationäre Geldpolitik zu entwerten, Grenzen zu setzen. Dies hat eine umfangreiche Literatur über das hervorgebracht, was die Wirtschaftswissenschaftler *free banking* (völlige Transaktionsfreiheit bei Bank- und Devisengeschäften) nennen.[20]

Hayek überraschte viele seiner europäischen Kollegen in den siebziger Jahren, als er sagte, sie sollten ihr langgehegtes Ziel einer europäischen Einheitswährung aufgeben. Weshalb Rechnungen nicht in Schweizer Franken, britischen Pfund oder japanischen Yen begleichen oder Zahlungen in diesen Währungen empfangen, wenn es einem so lieber ist? Man lasse die Währungen miteinander konkurrieren und die Verbraucher entscheiden. Die Verbraucher würden sich von schwachen Währungen ab- und stärkeren zuwenden.

Die Weltmärkte würden Länder bestrafen beziehungsweise belohnen, je nachdem, wie solide die Währungspolitik ihrer Zentralbanken wäre. Renten- und Aktienfonds behandeln Staaten schon heute auf diese Weise, und zwar mit Lichtgeschwindigkeit. Ein Großteil des Geldes, das Ende 1994 während der Peso-Krise aus Mexiko abfloß, war E-Geld von Investmentfonds.

Nur wenige Volkswirte nahmen Hayek in den siebziger Jahren ernst. Die Transaktionskosten waren zu hoch, als daß etwa ein französischer Staatsbürger bei jedem Kauf die Wahl zwischen zahlreichen Währungen gehabt hätte. Virtuelles Netzgeld hat seither jedoch diese Kosten so stark reduziert, daß das Handeln mit konkurrierenden Währungen für zumindest einige große Vermögenstransfers sinnvoll ist. Intelligente Agenten werden es für uns alle möglich machen. Und doch haben die elf Staaten der europäischen Währungsunion den entgegengesetzten Weg beschritten und Anfang 1999 die neue monopolistische Euro-Währung eingeführt.

Dennoch könnten demnächst Privatwährungen ihren Durchbruch erleben. Jeder von uns könnte theoretisch seine eigene Währung einführen. Wir können unsere Privatwährung an einen Warenkorb binden oder ein reines Papiergeld ohne Deckung wie *Monopoly*-Geld oder den US-Dollar ausgeben. Allerdings müßten wir die Geldmärkte davon überzeugen, daß wir unsere Währung nicht nach Belieben ab- oder aufwerten und wir die Umtauschbarkeit zwischen unserer Währung und der ihren aufrechterhalten. Das ist freilich sehr unwahrscheinlich.

Großunternehmen beziehungsweise -banken könnten sich eine entsprechende Reputation erwerben. Es könnte Jahre dauern, doch einige Großunternehmen haben vielleicht die Zeit und entsprechend hohe Gewinnerwartungen, um es zu probieren. Was könnte es schaden, ihnen diese Freiheit zu lassen?

Unser Agent könnte jederzeit die Einzelheiten der virtuellen Geldtransaktionen mit ihren Agenten aushandeln.

Die digitale Kultur drängt auf eine ständige Ausweitung des Bit-Stroms. Elektronisches Geld und Währungswettbewerb sind nur zwei Möglichkeiten, wie die digitale Kultur die Machtkonzentrationen, die unsere alte Atomkultur noch immer weitgehend prägen, in Frage stellen kann. Die digitale Kultur drängt auf eine verstärkte Dezentralisierung von Information und auf mehr »schöpferische Zerstörung«, aus der Innovationen hervorgehen. Kulturelle Konflikte sind dabei unvermeidlich. Der bislang größte Konflikt dreht sich um die Sicherheit der Kommunikation.

Ein Gesetz zum Schutz der digitalen Privatsphäre

Die Privatsphäre könnte im digitalen Zeitalter dem Untergang geweiht sein. Wir möchten frei und sicher kommunizieren und Geschäfte abwickeln können, egal, ob wir unsere Kreditkartennummer im Laden, übers Telefon oder übers Internet weitergeben. Wir möchten, daß unsere Agenten vertraulich für uns arbeiten und unsere Übertragungen und digitalen Signaturen schützen. Die Regierungen vertreten einen anderen Standpunkt.

Viele Regierungen rund um die Welt haben Gesetze verabschiedet, um die Privatsphäre ihrer Bürger bei der digitalen Kommunikation einzuschränken. Sie haben vage Gesetze verabschiedet, welche die Redefreiheit einschränken, den Inhalt von Meinungen zensieren und Behörden das Recht geben, Telefone und andere Datenleitungen anzuzapfen und Usern und deren Agenten zu verbieten, ihre Bit-Ströme zu verschlüsseln.

Natürlich haben Regierungen dies zu unserem eigenen Besten getan – im Namen der nationalen Sicherheit, zum Schutz von Kindern oder zur Bekämpfung des organisierten Verbrechens. Und sie haben dies getan, obwohl schon Gesetze existieren, die das gleiche Verhalten in der Welt der Atome verbieten.

Die Vereinigten Staaten haben bei vielen dieser Maßnahmen

zur Beschränkung des Fernmeldegeheimnisses die Initiative ergriffen. Sie haben amerikanischen Firmen und Bürgern gesetzlich untersagt, Datenverschlüsselungsprogramme zu verwenden, obwohl andere Firmen und Bürger die gleiche Software in Europa und Teilen Asiens kaufen können. Die US-Regierung hat den Sicherheitsbehörden im Rahmen ihres zum Scheitern verurteilten Kampfes gegen Drogen ständig weitere und größere Fahndungs- und Beschlagnahmebefugnisse eingeräumt. Sie hat weite Bereiche der Internet-Pornographie verboten, auch wenn diese Verbote bislang vor den Gerichten überwiegend keinen Bestand hatten. Die amerikanische Regierung und andere Regierungen haben hingegen keine durchgreifenden gesetzgeberischen Schritte eingeleitet, um die Privatsphäre bei der digitalen Kommunikation zu schützen oder zu fördern.

Ich hatte im Herbst 1994 die Gelegenheit, einen dieser gesetzgeberischen Angriffe auf das Fernmeldegeheimnis persönlich mitzuerleben. Ich vermute, daß das, was ich erlebt habe, viele Male rund um die Welt geschehen ist und weiterhin geschehen wird. Die Erfahrung lehrt uns, daß der Staat still und leise Gesetze verabschiedet, die digitale Grundrechte einschränken, wenn ähnliche Vorhaben zur Beschränkung ähnlicher Freiheitsrechte auf der Ebene gesprochener und geschriebener Sprache zu Protesten oder Ausschreitungen führen könnten.

In diesem Fall ging es darum, daß das FBI, das amerikanische Gegenstück zum deutschen Bundeskriminalamt, darauf drängte, die Befugnis zum Abhören digitaler Telefone zu erhalten, da immer mehr Telefonsysteme von analog auf digital umgestellt wurden. Um dieses Beispiel richtig einzuordnen, muß man die jüngsten Vorstöße des FBI gegen die private Datenverschlüsselung in digitalen Systemen noch einmal Revue passieren lassen.

Das FBI hat mindestens seit 1992, als es an einer Vorlage des General Accounting Office für den Unterausschuß für Telekommunikation des Repräsentantenhauses mitarbeitete, auf Gesetze gedrängt, die das Anzapfen digitaler Leitungen erlauben. Die Vorlage beschrieb die nach Einschätzung des FBI bestehende dringende Notwendigkeit, das Recht auf freie digitale Kommunikation gesetzlich so einzuschränken, daß das FBI und andere Behörden den Datenverkehr ständig anzapfen können:

Nach Ansicht des FBI ist das Abhören ein unabdingbares Instrument der Informationsbeschaffung im Rahmen der Verbrechensbekämpfung. Die Bundesregierung und 37 Bundesstaaten haben das Abhören gesetzlich geregelt.

Das FBI besitzt heute die technische Fähigkeit, gewisse Technologien abzuhören, wie etwa die analoge Sprachkommunikation, die durch Kupferdrähte öffentlicher Netze übertragen wird. Seit 1988 hat das FBI jedoch festgestellt, daß aufgrund der raschen Ausbreitung neuer Technologien wie etwa mobiler und integrierter Sprach- und Datendienste und der Entstehung neuer Technologien wie persönlicher Kommunikationsdienste, Satelliten und persönlicher Kommunikationskennziffern diese Abhörmöglichkeiten bedroht sind.

Als Antwort auf diesen raschen technologischen Wandel hat das FBI im April und Mai 1992 zwei Gesetzesvorschläge vorbereitet. Der Mai-Entwurf ersetzte den April-Entwurf. Laut dem FBI sollen diese Entwürfe sicherstellen, daß die Behörde die neuen Telekommunikationstechnologien genauso effizient abhören kann wie die älteren analogen Kommunikationstechniken auf der Basis von Kupferdraht.[21]

Das FBI hat seinen Entwurf zu einem Abhörgesetz aus dem Jahr 1992 als ein Instrument zur Verbrechensbekämpfung dargestellt. Der für die Abhörtechnologie zuständige FBI-Direktor, James Kallstrom, beschrieb die Befürchtungen des FBI: »Wir sehen für die Strafverfolgung einen steinigen Weg vor uns, weil die [neue, digitale] Technologie nicht mit den geeigneten Leistungsmerkmalspaketen entworfen wurde.«[22] Diese »geeigneten Leistungsmerkmale« waren eben jene, die uns oder unsere Agenten daran hindern würden, verschlüsselte Nachrichten über Telefon, Fax, E-Mail oder ein drahtloses oder irgendein sonstiges digitales System zu versenden.

Doch im Grunde genommen ging es nicht um die Technologie. Es ging und geht um das im Ersten Verfassungszusatz verbriefte Recht jedes US-Bürgers auf freie Meinungsäußerung. Wir tun unsere Meinung heute einfach viel mehr in Bit-Folgen aus Einsen und Nullen kund, als wir es in der Vergangenheit taten.

Neue Telefonsysteme haben dieser alten Sorge um die Redefreiheit neue Nahrung gegeben. Die neuen digitalen Telefone wandeln unsere Äußerungen in lange Bit-Folgen um. Wir können abhörsicher unsere persönliche Meinung äußern, wenn wir jene Einsen und Nullen mit der neuesten intelligenten Software verschlüsseln. Diese Software basiert auf einer großen und wachsenden Literatur über Verschlüsselungsmathematik.[23]

Das FBI wollte und will noch immer sicher sein, daß es die Binärcodes, die wir benutzen, knacken kann. Es wollte die Codes, die wir benutzen dürfen, beschränken, und es wollte sicher sein, daß es die Codes, die es uns benutzen läßt, entschlüsseln kann. Das FBI wollte und will nicht, daß wir in einer Sprache sprechen, die es nicht hören oder verstehen kann.

Die zunehmende Umstellung von analogen auf digitale Kommunikationssysteme hat dem FBI einen Teil seiner Macht geraubt. Gesetzliche Abhörmaßnahmen sind ein wesentlicher Teil dieser Macht.

Der Kongreß verabschiedete 1968 ein Gesetz, das richterlich angeordnete Abhörungen zuläßt. Dies war eine Reaktion auf eine Entscheidung des Obersten Gerichtshofs im Jahr 1967, die sämtliche Abhörmaßnahmen als rechtswidrig untersagte. Um die richterliche Anordnung einer Abhörung zu erwirken, muß das FBI die »wahrscheinliche Ursache« eines Verbrechens oder eine Bedrohung der nationalen Sicherheit nachweisen. »Wahrscheinliche Ursache« bedeutet heute in der Praxis jedoch vielfach nur, daß das FBI eine Abhörung beantragt. Dies rührt weitgehend von den erweiterten Fahndungs-, Beschlagnahme- und Vermögenseinziehungsbefugnissen her, welche die Regierungen Reagan, Bush und Clinton sowie der Oberste Gerichtshof dem FBI, der Polizei und anderen Behörden übertrugen, um ihre Schlagkraft im Kampf gegen das organisierte Verbrechen und insbesondere die Drogenkriminalität zu steigern.

Die Telefone waren 1968, als AT & T noch ein Monopol auf den Fernsprechverkehr in den Vereinigten Staaten besaß, analog. Viele Telefone sind noch heute analog. Man spricht ins Telefon, und dieses wandelt die gesprochenen Wörter in geringfügige Änderungen des elektrischen Stroms um, der durch Drähte zu einem anderen Telefon, einer Richtfunkstrecke oder

einer Satellitenverbindung fließt. Das FBI kann leicht einen
Telefon- oder Fax-Anruf abhören, wenn es das analoge Signal
abfangen kann.

Die meisten neuen Kommunikationssysteme sind digital.
Und jede Telefongesellschaft benutzt ihre eigenen digitalen
Systeme und Geräte, um digitale Nachrichten zu senden und
zu empfangen. Das FBI kann unsere Bit-Codes aus Einsen und
Nullen nur dann knacken, wenn es direkten Zugriff auf sie hat.
Es hat diesen Zugriff auf unsere drahtlosen Telefone und Faxe,
da diese Bits durch die Luft übertragen werden. Das FBI und
die Polizei dürfen ein Mobiltelefon ohne richterliche Anordnung abhören. Das FBI und andere Sicherheits- und Verteidi-
gungsbehörden können einen Teil, wenn nicht all unsere Anrufe
nach dem Zufallsprinzip überprüfen und nach Schlüsselwörtern
absuchen. Diese Zufallsprüfungen ereignen sich sehr viel häufiger, als die meisten Menschen ahnen.

Doch das FBI bekam nicht, was es wollte. Es erhielt nicht die
gewünschte Verpflichtung der Anbieterfirmen zur Installation
der »geeigneten Leistungsmerkmale«, um unsere Codes knak-
ken zu können. Beschwerden aus der Wirtschaft und Bedenken
wegen des Eingriffs in die Privatsphäre trugen dazu bei, daß der
Entwurf des FBI über ein Abhörgesetz in den Schubladen ver-
schwand.

Dann wollte die Regierung Clinton Anfang 1994 mit ihrem
gescheiterten »Begrenzerchip«-Vorschlag das gleiche für das
FBI erreichen. Bürgerrechtler lenkten die Aufmerksamkeit der
Medien auf den Begrenzerchip und sorgten dafür, daß auch die-
ses Vorhaben zurückgezogen wurde. Nach diesem Plan wären
Entschlüsselungschips direkt in alle neuen amerikanischen
Computer, Telefone, Modems und Satelliten eingebaut worden.

Doch eine neue Version des FBI-Entwurfs zu einem Abhörgesetz aus dem 1992 tauchte heimlich wieder auf und wurde zu
dem Abhörgesetz, das 1994 rechtskräftig wurde. Dieses Gesetz
verbot zwar nicht die private Datenverschlüsselung, wie es
einige der früheren FBI-Entwürfe gefordert hatten. Dieser Streit
dauert immer noch an. Doch das Gesetz aus dem Jahr 1994 gab
dem FBI, der Drogenbekämpfungsbehörde und anderen Sicherheitsbehörden das formelle Recht, unsere digitale Telefon- und

Faxkommunikation abzuhören, wenn sie dies für notwendig
erachten.

Die Gesetzesvorlage des FBI aus dem Jahr 1994 umging das
Telefon zu Hause und richtete sich direkt an die Telefongesellschaften. Das FBI hatte behauptet, daß es 1993 mehrere
richterlich angeordnete Abhörmaßnahmen wegen schlechten
Leitungszugangs nicht habe durchführen können. Der neue Entwurf über ein Abhörgesetz regelte dies und mehr. Der Entwurf
verpflichtete das FBI, den Telefongesellschaften 500 Millionen
Dollar für die Umrüstung der Telefonleitungen entsprechend
den Wünschen des FBI zu zahlen. Die Telefongesellschaften
mußten Vorrichtungen installieren, die dem FBI und anderen
Behörden ermöglichten, sich »einzuschalten« und digitale Kommunikation mitzuhören. So zahlten die Steuerzahler für einen
weiteren Verlust ihrer Freiheit.

Die FBI-Vorlage aus dem Jahr 1994 war nicht mit dem Man-
telgesetz zur Reform der Telekommunikation, das im Februar
1996 verabschiedet wurde, identisch, obgleich seine Befürworter
es vor seiner Ratifizierung ein Gesetz zur Reform der Telekommunikation nannten. Der 1996 im Rahmen des Mantelgesetzes
verabschiedete *Communications Decency Act* untersagte größtenteils die Übertragung von Gesprächen und Bildern sexuellen
Inhalts im Internet. Die Gerichte haben das Gesetz zwar in Frage
gestellt und es weitgehend entschärft, doch eine andere Fassung
oder andere, ähnliche Gesetze könnten in Zukunft durchaus verabschiedet werden.

Das Telekommunikationsgesetz von 1996 zwang die Hersteller von TV-Geräten auch dazu, einen Gewaltzensur- beziehungsweise »V-Chip« in ihre neuen Fernsehgeräte einzubauen.
Dies gehörte zum Vermächtnis des gescheiterten Begrenzer-
chips. Präsident Clinton führte das V-Chip-Gesetz als eine seine
wichtigsten Errungenschaften an, als er sich 1996 zur Wieder-
wahl stellte. Ein Absatz des V-Chip-Gesetzes verlangte von den
Fernsehsendern überdies, den Inhalt ihrer Fernsehprogramme
hinsichtlich Sexualität und Gewalt zu beurteilen.

Der FBI-Entwurf über ein Abhörgesetz aus dem Jahr 1994
wurde im Oktober verabschiedet. Ein Student machte mich etwa
einen Monat, bevor es verabschiedet wurde, darauf aufmerksam.

Das *Wall Street Journal* und einige andere Zeitungen erwähnten kurz das Vorhaben, aber in den Medien fand keine breite Diskussion darüber statt. Die Reporter, mit denen ich sprach, waren der Meinung, für die meisten Amerikaner sei das Problem »zu technisch«.

Zunächst hatte das Repräsentantenhaus eine solche vom FBI unterstützte Gesetzesinitiative des Demokraten Don Edwards in namentlicher Abstimmung verabschiedet. Der demokratische Senator Patrick Leahy hatte einen ähnlichen Antrag mit 16 zu 1 Stimmen durch den Rechtsausschuß des Senats geboxt. Anschließend brachte er den Senat dazu, seine Fassung des Edwards-Entwurfs nur Momente, bevor der Kongreß in die Ferien ging, zu verabschieden.

Wenige Stunden vor der Ratifizierung des Abhörgesetzes durch den Senat rief ich im Büro von Senator Leahy an. Ein junger Mitarbeiter sagte mir, daß das Gesetz über eine »Telekommunikationsreform«, wie er sich ausdrückte, nicht vorankomme. Der Entwurf müsse noch zwei Hürden nehmen. Doch er könne jede Minute zur Abstimmung gebracht werden.

Ich sagte ihm, daß ich einen Kommentar zum Abhörgesetz für die *Los Angeles Times* schriebe,[24] und verlangte mit einer autorisierten Person zu sprechen. Er reichte mich an eine junge Juristin weiter. Sie sagte, sie könne mir den Entwurf des Abhörgesetzes nicht faxen, weil er Hunderte von Seiten umfasse. Sie sprach ebenfalls vom Gesetz zur »Telekommunikationsreform« und weigerte sich, es »Abhörgesetz« zu nennen, obgleich es in der Presse und von Netizens so genannt wurde. Ich bat sie darum, die Hauptpunkte des Gesetzes zu resümieren, doch ich versprach mich und nannte es »Abhörgesetz«. Sie sagte, dies zeige meine Voreingenommenheit und Unkenntnis, und legte auf.

Das Gesetz wurde noch am selben Abend verabschiedet und später von Präsident Clinton unterzeichnet. So bekam das FBI sein Abhörgesetz, aber dieses verbietet noch immer nicht die private Datenverschlüsselung. Die Regierung hat sogar einige der gesetzlichen Bestimmungen über den Export von Verschlüsselungstechniken gelockert, um Softwareherstellern bei der Bekämpfung digitaler Piraterie zu helfen. Doch das FBI bemüht sich nach wie vor um eine Erweiterung seiner Abhörbefugnisse.[25]

Das FBI hat sich auch das Recht verschafft, unsere digitalen Kreditauskünfte auszuschnüffeln. Der Kongreß hat in aller Stille im Januar 1996 den Intelligence Authorization Act (Ermächtigungsgesetz für nachrichtendienstliche Ermittlungen) verabschiedet. Dieses Gesetz erlaubt dem FBI, ohne vorherige richterliche Anordnung zentrale Teile unserer digitalen Kreditauskünfte abzufangen. Damit umgeht es einen wesentlichen Schritt jedes ordentlichen rechtsstaatlichen Verfahrens. Das FBI muß lediglich den Verdacht hegen, daß der Betreffende einen Spion oder einen Terroristen oder einen Bekannten eines Spions oder Terroristen kennt. Das FBI muß den Betreffenden nicht davon in Kenntnis setzen, daß es ihn überwacht beziehungsweise überwacht hat. Das Gesetz verpflichtet Kreditfirmen, die Überprüfungen durch das FBI vor dem Betreffenden geheimzuhalten.

Das FBI benötigt zwar eine richterliche Anordnung oder eine Beschlagnahmeverfügung, wenn es den gesamten Auskunftsbericht prüfen will, aber das braucht die Behörde in der Regel gar nicht. Das neue Gesetz erlaubt dem FBI, die früheren und gegenwärtigen Adressen sowie den beruflichen Werdegang des Betreffenden einzusehen und seine Kreditgeber und sonstigen finanziellen Kontakte in Erfahrung zu bringen. Das FBI könnte diese digitalen Fakten in seine eigenen neuronalen Netze oder andere intelligente statistische Programme einspeisen und auf diese Weise ein Profil der betreffenden Person erstellen oder auch aktualisieren. Das FBI kann seine eigenen geheimen Software-Agenten erfinden, die unsere Agenten überwachen.

Der Kampf um die Sicherung der digitalen Privatsphäre wird bis weit ins 21. Jahrhundert andauern. Im Grunde genommen möchte das FBI noch immer, daß wir Codes benutzen, die es oder die National Security Agency entschlüsseln kann. Die NSA kann in ihrem gigantischen unterirdischen Rechenzentrum in Fort Meade Codes mit den unterschiedlichsten Verfahren knacken. Auch wird die NSA wie die meisten anderen staatlichen Nachrichtendienste kaum kontrolliert. Sogar Abgeordnete des Kongresses waren überrascht, als sie 1995 erfuhren, daß sich die Verantwortlichen des US-Spionagesatellitenprogramms im supergeheimen National Reconnaissance Office heimlich, aber legal über eine Milliarde Dollar an nicht verausgabten Budgetmitteln beschafft hatten.[26]

Das FBI möchte, daß wir unsere digitale Privatsphäre ganz oder teilweise preisgeben, damit es und die Geheimdienste ihre Aufgaben besser erfüllen und effizienter nach mutmaßlichen Verbrechern fahnden können. Doch wir brauchen diese durch Verschlüsselungstechniken gewährleistete digitale Privatsphäre, damit wir unsere Bit-Ströme vor Dieben und Verbrechern und den mächtigen Behörden, die nach ihnen fahnden, schützen können. Wir brauchen ein Gesetz zum Schutz der digitalen Privatsphäre. Wir brauchen eine Verfassungsänderung oder wenigstens ein Bundesgesetz, welches das Recht verbürgt, daß wir *unsere persönlichen Daten nach Belieben verschlüsseln dürfen.* Ein Satz würde genügen, diese digitale Freiheit zu sichern. Es bedürfte keines Thomas Jefferson, um ihn zu formulieren.

Ein Gesetz zum Schutz der digitalen Privatsphäre würde den Ersten Verfassungszusatz für das Informationszeitalter aktualisieren. Das Gesetz würde keinen Pfennig an Steuergeldern kosten, und ein wagemutiger Politiker könnte sich als Vorkämpfer eines solchen Gesetzes in der Öffentlichkeit profilieren. Dann wären wir nicht länger auf den guten Willen von Behörden angewiesen, die keinerlei Aufsicht unterliegen, tonnenweise Computer kaufen und Datenbanken mit Lichtgeschwindigkeit untereinander austauschen.

Das schwierige technologische Problem besteht in dem Entwurf intelligenter digitaler Agenten, mit denen wir unsere Geheimnisse teilen können. Forschungen auf dem Gebiet der Informatik werden mit diesem Problem ringen und es auf neue Weise – durch Verbindungen von Wissenschaft und Märkten – angehen. Unsere Agenten werden sich vielleicht als so intelligent erweisen, daß sie neue, sichere Verfahren zur Verschlüsselung unserer Bit-Ströme finden. Oder unsere Agenten werden Bit-Stromattrapen erzeugen müssen, die schnüffelnde Hacker, Auskunfteien und Behörden in die Irre führen.

Das politische Problem stellt eine größere Herausforderung dar. Wir müssen Verfahren finden, die sicherstellen, daß unsere Agenten die Geheimnisse, die wir mit ihnen teilen, für sich behalten. Sonst wird uns der Staat diese Aufgabe abnehmen.

15   Der Himmel in einem Chip

Mein Leib und meine Wille sind Eines.

Arthur Schopenhauer, *Die Welt als Wille und Vorstellung*

Der lebendigste Gedanke ist immer noch schwächer als die dumpfeste Wahrnehmung.

David Hume, *Eine Untersuchung über den menschlichen Verstand*

Jedem Vorgang unsers Lebens gehört nur auf einen Augenblick das Ist; sodann für immer das War. Jeden Abend sind wir um einen Tag ärmer. … Unser Daseyn hat keinen Grund, darauf es fußte, als die dahinschwindende Gegenwart. Daher hat es wesentlich die beständige Bewegung zur Form, ohne Möglichkeit der von uns stets angestrebten Ruhe. Es gleicht dem Laufe eines bergab Rennenden, der, wenn er stillstehn wollte, fallen müßte und nur durch Weiterrennen sich auf den Beinen erhält.

Arthur Schopenhauer, *Parerga und Paralipomena*

Wenn wir sind, ist der Tod nicht da. Wenn der Tod da ist, sind wir nicht. Der Tod betrifft uns überhaupt nicht.

Epikur, *Brief an Menoikeus*

Priester: Aber du glaubst doch gewiß, daß uns nach diesem Leben etwas erwartet?
Sterbender: Was denn, mein Freund? Das Nichts. Es hat mir noch nie Angst gemacht. Ich sehe darin nur etwas, das uns tröstet und Demut lehrt. Alle anderen Theorien sind Werke des Hochmuts. Diese allein ist vernünftig.

Marquis de Sade, *Gespräch zwischen einem Priester und einem Sterbenden*

Ich glaube nicht, daß sich irgendein Mensch davor fürchtet, tot zu sein, er fürchtet nur den Streich des Todes.

Francis Bacon, *An Essay on Death*

Ich fürchte mich nicht vor dem Tod. Ich möchte nur nicht dabei sein, wenn es passiert.

Woody Allen

Wir sind ein Bündel aus ichbezogenen Ängsten, Hoffnungen, Begierden, Mißgunst und Eigendünkel, die alle zum Tode verurteilt sind.

C. S. Lewis, *Mere Christianity: Let's Pretend*

Der Klerus jeder Staatskirche bildet eine große Korporation.

Adam Smith, *The Wealth of Nations*

Ich kritisiere an organisierten Glaubensgemeinschaften, daß sie den Namen Gottes mißbrauchen. Soweit die Religion überprüfbar ist, scheint sie falsch zu sein.

Sir Karl Popper[1]

Die Religion stützt sich vor allem und hauptsächlich auf die Angst. Teils ist es die Angst vor dem Unbekannten und teils, wie ich schon sagte, der Wunsch zu fühlen, daß man eine Art älteren Bruder hat, der einem in allen Schwierigkeiten und Kämpfen beisteht. Angst ist die Grundlage des Ganzen – Angst vor dem Geheimnisvollen, Angst vor Niederlagen, Angst vor dem Tod.

Bertrand Russell, *Warum ich kein Christ bin*

Die alten Männer, die er als Junge gekannt hatte, hatten ihrerseits alte Männer gekannt. Sie zählten nicht. Sie waren Episoden. Sie waren vorübergezogen wie Wolken an einem sommerlichen Himmel. Auch er war eine Episode und würde vergehen. Der Natur lag nichts daran. Sie hatte dem Leben eine Aufgabe gestellt und ein Gesetz gegeben. Die Arterhaltung war die Aufgabe des Lebens. Sein Gesetz war der Tod.

Jack London, *The Law of Life*

*Welch ein Abstand ist doch zwischen unserm Anfang und
unserm Ende! Jener in dem Wahn der Begier und dem Ent-
zücken der Wollust; dieses in der Zerstörung aller Organe
und dem Moderdufte der Leichen. Auch geht der Weg zwischen Beiden, in Hinsicht auf Wohlseyn und Lebensgenuß,
stetig bergab: die sälig träumende Kindheit, die fröhliche
Jugend, das mühsälige Mannesalter, das gebrechliche, oft
jämmerliche Greisenthum, die Marter der letzten Krankheit
und endlich der Todeskampf.*

Arthur Schopenhauer, *Parerga und Paralipomena*

*Der Tod ist dem Menschen von außen auferlegt – wir sollten
uns nicht länger damit abfinden.*

Alan Harrington, *The Immortalist*

*Man kann sich unmöglich vorstellen, zu welcher Höhe sich
die Macht des Menschen über die Natur in tausend Jahren
emporschwingen wird. Man wird gewiß sämtliche Krankheiten verhüten oder heilen können, die des Alters nicht ausge-
nommen, und wir werden unsere Lebensspanne nach Belieben selbst über das vorsintflutliche Maß [über 1000 Jahre]
hinaus verlängern können.*

Benjamin Franklin, *Brief an Joseph Priestly,* 8. Februar 1780

*Der Tod ist ebensowenig naturgegeben oder unvermeidlich
wie die Pocken oder die Diphtherie. Der Tod ist eine Krankheit
und genauso heilbar wie andere Krankheiten. Über die
Äonen hat uns unsere Ohnmacht, den Tod zu verhüten, dazu
gezwungen, den Tod, um unserer seelischen Gesundheit willen, zu verdrängen und ihn bedingungslos als das unver-
meidbare Ende hinzunehmen. Doch angesichts des wissenschaftlichen Fortschritts ist dies nicht länger notwendig –
oder auch nur wünschenswert.*

Stanley Kubrick, *Playboy*-Interview, 1968

*Die Kosten der elektronischen Datenverarbeitung sind
in den letzten 20 Jahren um einen Faktor von mehr als
100 000 gesunken.*

Bill Gates, ehemaliger Vorstandsvorsitzender von Microsoft,
The Wall Street Journal, 16. März 1995

Die Definition des »Mooreschen Gesetzes« bezieht sich mittlerweile auf praktisch jedes beliebige Phänomen der Halbleiterindustrie, das, wenn es in einem halblogarithmischen Diagramm dargestellt wird, näherungsweise eine Gerade beschreibt.

Gordon E. Moore, vormaliger Chairman von Intel, »Lithography and the Future of Moore's Law«

Wir legen Sicherungskopien von Computerdateien an. Weshalb nicht von uns selbst? Eine zweijährige Aufzeichnung der Signale, die in unserem Corpus callosum erzeugt werden, würde wohl einen guten Datensatz liefern.

Marvin Minsky[2]

Dieser selbe Gedanke belehrt, daß das Wesen der Seele wie des Lebens körperlich ist ...

Lukrez, *De rerum natura*, III, V. 163 f.

Unser Gehirn ist ein materielles Objekt. Das Verhalten materieller Objekte wird von den Gesetzen der Physik beschrieben. Die Gesetze der Physik lassen sich auf einem Computer modellieren. Daher läßt sich das Verhalten unseres Gehirns auf einem Computer modellieren, quod erat demonstrandum.

Ralph C. Merkle, »Uploading: Transferring Consciousness from Brain to Computer«, *Extropy*, Bd. 5, Nr. 1, 1993

Gott ist, was der Geist wird, wenn er den Horizont unseres Begriffsvermögens überschritten hat.

Freeman Dyson, *Infinite in All Directions*

▬▬▬ Ist die Biologie unser Schicksal? Diese Frage quält und erfreut Eltern seit uralten Zeiten. Die biologische Hardware eines Kindes ist das Produkt der genetischen Hardware seiner Eltern. Kinder folgen also bis zu einem gewissen Grad den genetischen Abdrücken ihrer Eltern, wenn auch nicht deren Fußspuren. Dies sorgt dafür, daß einige der elterlichen Gene im Genpool erhalten bleiben, während zugleich dem Entwicklungspotential des Kindes gewisse Grenzen gesetzt werden. Es setzt auch ihrem Intellekt gewisse Grenzen.

Der Intellekt wurzelt in neuronaler Software (»Wetware«). Kultur und Umwelt können diese Wetware fördern und gestalten. Ein Kätzchen oder ein Kind wird auf einem Auge blind aufwachsen, wenn man dieses Auge nach der Geburt für ein paar Wochen mit Heftpflaster verklebt.[3] Das Pflaster entzieht den Blicken die Umwelt und hält die informationsreichen Lichtstimuli ab. Die neuronalen Pfade und Schaltkreise brauchen diese Signale aus der Umwelt, um zu wachsen und sich selbst zu strukturieren.

Alle Signale gestalten unsere Wetware bis zu einem gewissen Grad, weil diese Wetware formbar ist. Alle visuellen und Geruchsreize sowie Schmerzen drücken der Wetware ihren Stempel auf. Sie alle verändern die Art und Weise, wie sich Neuronen entladen, Hormone fließen und Synapsen ihre chemischen Neurotransmitter freisetzen. Diese Veränderungen der Wetware wirken auf diese selbst zurück. Dies löst weitere Veränderungen aus, da die Knäuel aus Neuronen und Synapsen schnell einem neuen dynamischen Gleichgewicht zustreben. Und so lernen wir aus Erfahrung, ob wir wollen oder nicht.

Denken formt unsere Wetware in größerem Maßstab. Denken ist eine Art umfassende Eigenprogrammierung. Gedanken schwirren als nichtlineare Resonanzen durch unsere neuronalen Netze und vielleicht durch unser ganzes Gehirn. Diese flüchtigen Resonanzmuster sind nicht statisch. Sie lernen, das heißt, sie adaptieren sich und evolvieren zu neuen Resonanzmustern. Sie verknüpfen neue Signale aus der Welt mit alten Signalen und Gedanken, die im Wetware-Gedächtnis gespeichert sind.[4] Dies erzeugt umfassende mentale Gleichgewichte höchster Komplexität. Auch sie sind rückgekoppelt und erzeugen neue Gleichgewichte oder neue Gedanken. Die Resonanzmuster hinterlassen elektromagnetische Abdrücke, die wir Hirnwellen nennen, und produzieren den irrlichternden Aufmerksamkeitsstrom, den wir Bewußtsein nennen.

Unsere Gene geben die Randbedingungen all dieser Prozesse vor. Es spielt keine Rolle, wie intensiv oder wie gut wir denken.

Wir denken noch immer im selben alten (fleischlichen) Gewand. Und Fleisch stirbt.

Das Fleisch besteht aus Zellen, und die Natur hat in alle Zellen den Tod einprogrammiert.[5] Die Biochemiker nennen dieses Phänomen »programmierter Zelltod« (Apoptose). Alle vielzelligen Organismen teilen diese düstere Mitgift der Natur und desgleichen viele einzellige Lebensformen und Schleimpilze. Dieser einprogrammierte Tod hat Zellgruppen vermutlich geholfen, schwache Zellen schnell auszusondern. Doch dann mußte die Natur eine chemische Todesschutzreaktion hervorbringen, mit der Gewinner ihre Selbstmordprogramme so lange unterdrücken konnten, bis sie ihre genetischen Daten weitergegeben hatten.

Unsere Gene verdammen uns zu Alterung und Krankheit.[6] Mit zunehmendem Alter häufen sich die Zellschädigungen, und unsere Zellen reparieren diese Schädigungen immer schlechter. Der Todes-Countdown einer Zelle beginnt mit ihrer ersten Teilung. Jede der etwa 50 Zellteilungen schneidet ein wenig mehr von dem begrenzten DNA-Telomerase-Band ab. Die Zellen sterben, wenn das Band aufgebraucht ist.

Die Zellschädigungen erzeugen mit der Zeit jene unscharfen Muster aus trockener Haut, leicht brechenden Knochen, schwindenden Sinnen, versagenden Organen und ausfallenden Zähnen, die wir Alter nennen. Diese geschwächten Zellen unterdrücken unsere abnormen Gene nicht mehr so effizient wie früher. Daher können Krankheiten auf genetischer Basis wie Brust-, Prostata- oder Hirnkrebs unsere Zellen in Massen zerstören.

Unseren genetischen Ahnen war es egal, ob wir langsam durch natürlichen Verschleiß oder schneller, aber mit rasenden Schmerzen starben. Ja, selbst unser Tod war ihnen egal. Ihnen lag lediglich daran, daß wir nicht vor Erreichen des durchschnittlichen Fortpflanzungsalters starben. Die Viren, Tumoren und Wölfe konnten uns danach ruhig den Garaus machen. Diese »Killer« merzten Lebensformen und genetische Muster aus, die sich zu spät fortpflanzten. Daher programmierten unsere genetischen Vorfahren unsere Gene durch vorzeitiges Ableben. Sie programmierten diese mit dem obersten biologischen Befehl: Pflanze dich fort, bevor du stirbst.

Unsere Kultur, die sich in den letzten Jahrtausenden herausgebildet hat, beruht ebenfalls auf diesem biologischen Gebot. Die Wissenschaft und die Märkte helfen uns, die Natur zu beherrschen, und sie verschaffen uns die Werkzeuge und den Reichtum, die wir zum Überleben und zur Fortpflanzung benötigen. Die Sprache ist evolutionsgeschichtlich als ein Werkzeug entstanden, durch das wir unsere Gedanken im Dienste unseres Ringens mit der Natur und miteinander zum Ausdruck bringen können. Moral- und Rechtssysteme, welche die Familie begünstigen, setzten sich durch, während weniger kinderfreundliche Systeme vermodert und vom Baum der Kultur heruntergefallen sind.

Religiöse Mythen und Kirchen entstanden ebenfalls, um die Familie zu unterstützen. Der Druck, mehr Mitglieder zu gewinnen, hat konkurrierenden Religionen und Kirchen eine eigene lebensähnliche Struktur gegeben. Staaten (Gewaltmonopole) gingen aus älteren Stammesverbänden hervor, die hauptsächlich auf das Wohl der Sippe bedacht waren, und aus späteren Bemühungen dieser Stämme, konkurrierende Stämme niederzuwerfen beziehungsweise sich gegen sie zu verteidigen.[7] Der Eroberungs- und Unterwerfungstrieb macht die Staaten zu Gebilden, die, ähnlich Organismen, eine Evolution durchlaufen. Die Kunst ist als ein symbolisches Nebenprodukt all dieser sozialen Bestrebungen entstanden, die darauf abzielen, sich ein stetig wachsendes Reservoir an Produktions- und Reproduktionsmitteln zu sichern.

Diese kulturelle Ausrichtung auf Fortpflanzung und Tod wirft eine einfache Frage auf, die wir uns seltsamerweise nur selten stellen: Weshalb finden wir uns so tatenlos mit dem Tod ab? Weshalb beurteilen wir nicht jede neue Idee oder Handlung danach, wie gut sie uns hilft, den Tod zu bezwingen? Schließlich müßten wir uns nicht fortpflanzen, wenn wir nicht sterben würden und wir unsere Gene an unsere sich wandelnde Umwelt anpassen könnten. Wir könnten unseren Platz in dem fließenden Genstrom behalten, statt uns mit einem schwindenden Teilanspruch auf künftige Plätze zu begnügen. Der Tod verursacht unendlich hohe Opportunitätskosten. Weshalb also ist die Abschaffung des Todes nicht unser oberstes gesellschaftliches Ziel?

Die Antwort hängt mit unserer Einschätzung des technologischen Fortschritts zusammen. Die meisten Menschen erwarten, daß die Wissenschaft die menschliche Lebenserwartung weiter erhöht. Doch nur wenige Menschen glauben, daß die Wissenschaft in der nahen oder fernen Zukunft die Lebenserwartung auf Hunderte oder Tausende von Jahren erhöhen wird. Die meisten Menschen sind *Thanatisten*. Sie halten den Tod für ebenso zwangsläufig und schicksalhaft wie Steuern.

Dies erklärt, weshalb bislang weniger als eintausend Menschen einen Vertrag über die Tieftemperatur-Konservierung ihres Leichnams in flüssigem Stickstoff abgeschlossen haben. Die Tieftemperatur- oder kryotechnische Konservierung basiert auf zahlreichen Wetten auf die Zukunft der Gesellschaft und die molekulare Biotechnologie, und sie ist nicht billig. Doch diese »Deanimierungstechnik«, die darauf abzielt, die heute eingefrorenen Zellen eines Tages zu neuem Leben zu erwecken, ist die einzige bekannte Technik, die auch nur die geringste wissenschaftliche Chance hat, den Tod zu besiegen.

Einbalsamierung und Einäscherung eröffnen diese Chance nicht. Gebete und der auf dem Sterbebett geäußerte Wunsch nach einem Leben nach dem Tod mögen denjenigen trösten, der sie äußert. Aber Glaube gilt nicht als wissenschaftlicher Beweis, ganz gleich, wie stark oder ehrfürchtig das Gefühl ist oder wie viele von uns ihn teilen.

Der Rest der Menschheit hat sich aus Nachlässigkeit dazu entschlossen, der Experimentalgruppe der Kälteschläfer fernzubleiben und in der Kontrollgruppe der Thanatisten zu verharren. In diesem laufenden Sozialexperiment wird die Zeit die Gewinner von den Verlierern trennen. Unterdessen ist die Kultur zutiefst von der thanatistischen Sichtweise durchdrungen.

Auf Partys scherzen wir darüber, daß wir an der Himmelspforte mit Petrus handeln werden. Der Volksmund weiß: »Das Leben ist hart und endet meist tödlich.« Die Kunst beklagt den Tod in traurigen Liedern, düsteren Gemälden und tragischen Erzählungen, und sie tut dies, seit unsere Vorfahren in Höhlen lebten. Die Religionen haben in allen Kulturen und in allen Zeitaltern Geschichten vom Leben nach dem Tod erzählt. Die Religion erzeugt auf diese Weise einen *moral hazard*: ihre Verhei-

Der Himmel in einem Chip

ßung eines Lebens nach dem Tod mindert unsere Entschlossenheit, den Tod zu bezwingen.

Die Religionen sind die vielleicht reinsten Ausgeburten des Thanatismus. Die meisten Religionen verheißen Belohnungen im Himmel oder Bestrafungen in der Hölle, auch wenn keine Religion auch nur den Funken eines wissenschaftlichen Beweises für diese übersinnlichen, ja phantastischen Behauptungen erbracht hat.[8] Die Leidenschaft, die der Psychologe William James den *Willen zum Glauben* genannt hat, sitzt tiefer als unser kortikaler Glaube an die Wissenschaft.[9]

Der Wille zum Glauben reicht bis in unsere Gene und Hormone hinein. Unsere tiefsten Erkenntnisse über Ethik und Autorität wurzeln in diesen biologischen Strukturen, weil sie die rauhen Überlebensstrategien unserer toten Ahnen codieren. Vielleicht gibt es keine Gene, die uns dazu drängen, an Gott zu glauben oder die Befehlskette hinauf zu salutieren. Aber es gibt gewiß keine Gene, die uns zur Besonnenheit mahnen, wenn eine Behauptung nicht bewiesen ist. Das Herz füllt rasch die Stellen aus, die der Kopf frei gelassen hat.

Wir sollten nicht erwarten, daß sich die digitale Kultur blind mit dem Thanatismus abfindet. Die digitale Kultur sieht die Welt als Informationsflüsse beziehungsweise Bit-Ströme aus Einsen und Nullen. Sie sieht Lebensformen als Informationsmaschinen, die Bit-Ströme speichern und verarbeiten. Gehirne stehen demnach auf derselben Bit-Grundlage wie Computer.

Wir verlieren unsere Software oder unsere Dateien nicht für immer, wenn unser Computer abschaltet oder abstürzt oder auseinanderfällt. Wir reparieren die Hardware beziehungsweise übertragen die bitbasierte Software auf neue Hardware. Wir optimieren die Informationsmaschine oder ersetzen sie durch eine neue. Warum tun wir nicht das gleiche mit unserem Geist? Weshalb reparieren wir nicht das Fleisch mit besserem Fleisch oder ersetzen das Fleisch durch etwas Dauerhafteres? Weshalb machen wir unseren Geist und unsere Stimmung von unserem Blutzuckerspiegel abhängig?

Unserem Gehirn fehlt ein Schlüsselmerkmal von Computern und Software: Es hat *keine Sicherungskopie*. Wir haben keine Sicherungskopie von unseren wertvollsten biologischen und mentalen Daten. Jede Sekunde zerfällt unser Gedächtnis ein wenig mehr, und wir vergessen ein wenig mehr von unserem Leben. Wir erinnern uns kaum an unser Leben vor ein paar Tagen, geschweige denn vor ein paar Jahren. Unsere neuronale Wetware läßt unsere Vergangenheit entgleiten, und zwar sehr viel schneller, als wir uns dessen vielleicht bewußt sind. Die Struktur selbst der Art und Weise, wie unsere Synapsen neue Muster lernen, liefert uns einem exponentiellen Gedächtnisschwund aus.[10]

Wir leben unser körperliches und geistiges Leben wie sorglose Musiker, die nie die Noten aufschreiben, die sie spielen, und die schon bald vergessen, welche Noten sie gespielt haben. Dies ist die größte Gefahr des Lebens im Fleische, und wir können uns bei unseren genetischen Ahnen dafür bedanken.

Die stumme und blinde Evolution hat uns gezwungen, in Maschinen zu leben, die keine Sicherungskopien haben. Sollten wir uns einfach damit abfinden und weiterhin schlafen, Schlaganfälle erleiden und sterben? Das Gehirn ist eines der großen Rätsel der Wissenschaft, aber es ist auch eines der großen Fiaskos der Technik. Wir würden einen Zahn, ein Auge oder ein Gehirn nie so auslegen, wie es die Natur getan hat. Wie könnten sich die Dinge verändern, wenn wir die Teile unseres Gehirns selbst entwerfen und ersetzen könnten? Was wäre, wenn wir Sicherungskopien von unseren Fleischmaschinen anlegen könnten?

Vom Hirnlaib zum Chipnetz

Wir können erkunden, welche Möglichkeiten Gehirnen vielleicht demnächst offenstehen werden, indem wir uns anschauen, wie sie kooperieren: Weshalb ist es so schwer, als Gesellschaft, Team oder Familie zusammenzuarbeiten? Weshalb haben alle Symphonien nur einen Urheber?

Die biologische Antwort lautet, daß Gehirne nicht gut miteinander kommunizieren. Gehirne haben keinen direkten Zugriff aufeinander. Unsere Schädel stehen dem im Wege.

Wenn wir sprechen, schreiben oder gestikulieren, schickt

unser Gehirn Signale durch komplexe Netzwerke aus Nerven und Muskeln. Dann wird eine Version dieser Signale über die Ausdrucksmedien Stimme, Papier oder Tastatur ausgegeben. Das aufnehmende Gehirn muß diesen Prozeß umkehren. Es muß die rauschenden Sinnesdaten in elektrische Impulse und chemische Signale umwandeln. Dann muß es diese Signale durch mehrere Schichten neuronaler Filter schicken. Erst dann kann das Gehirn diese Signale als Symbole verarbeiten.

Betrachten wir nun ein Gedankenexperiment. Stellen wir uns einen großen Laib Fleisch im Zentrum eines Raumes vor, in dem sich eine Anzahl Menschen befinden. Die Menschen bereiten den Laib Fleisch zu. Jede Person nimmt ihr Gehirn heraus und wirft es auf den Boden, als wäre es ein Laib Brot. Die Laibe verschmelzen zu einem großen Fleisch- oder Hirnlaib, zu einem »Supergehirn«.

Jede Person hat ihr eigenes Stück Hirnlaib. Das verankert ihre Identität im Raum-Zeit-Kontinuum. Doch jetzt können sich alle Gehirne in derselben neuralen Sprache unterhalten, so wie sich die beiden Hälften eines Gehirns miteinander unterhalten. Die Gehirne können denselben Fluß an Sinnessignalen empfangen. Oder sie können die Arbeit unter sich aufteilen.

Wie wäre es, in einem solchen »Supergehirn« zu leben oder zu denken? Zunächst gäbe es das, was William James die »blühende, dröhnende Verwirrung« all der inneren Gespräche genannt hat. Doch schon bald würde man sich daran gewöhnen, so wie man sich an das Hintergrundgeplapper auf einer Party oder in einem Einkaufszentrum gewöhnt.

Zunächst würde einen auch das parallele Sprechen und Denken ziemlich anstrengen. Doch selbst daran würde man sich in dem Maß gewöhnen, wie sich die neuronale Muskulatur anpassen würde, um die neuen Verarbeitungsanforderungen zu erfüllen. Meinungsverschiedenheiten und Diskussionen könnten neue Gipfel erklimmen. Und man stelle sich nur die Kunst und die Wissenschaft vor, die das Supergehirn erzeugen könnte. Es gäbe gemeinschaftlich verfaßte Symphonien.

Es gäbe etwas Neues in dem Supergehirn: gemeinschaftliches Denken. Dies ist eine organische Version des »kollektiven Bewußtseins«. Das Supergehirn würde ein riesiges neuronales

Netz beziehungsweise dynamisches System bilden. Daher würde es abkühlen oder eine Balance herstellen, wenn es durch Inputs stimuliert wird. Das ganze Supergehirn würde mitschwingen. Die Resonanzpunkte würden die Gruppengedanken definieren, so wie die Resonanzformen neuronaler Netze in unseren Gehirnen unsere viel einfacheren Gedanken definieren.[11]

Das dynamische System Supergehirn würde sich in komplexe Resonanzmuster einschwingen. Zu diesen Mustern würden auch chaotische oder aperiodische Attraktoren gehören. Die Chaos-Gedanken würden Neues in das Supergehirn einbringen. Sie würden neue Information erzeugen. Oder die Chaos-Gedanken würden vielleicht einfach die Lust am Denken um ihrer selbst willen ausdrücken.

Dies ist keine Science-fiction. Es ist ein Problem der technischen Auslegung. Wir können theoretisch das Supergehirn durch ein »Chip-Netz« aus Dutzenden oder Tausenden digitaler Seelen ersetzen.

Das menschliche Gehirn kann etwa 10^{18} – eine Milliarde Milliarde – Bits an essentieller Information speichern. Das Gehirn verarbeitet diese Bits mit einer Geschwindigkeit von etwa 10^{16} Bits pro Sekunde. Diese Zahlen sind nicht genau. Aber sie stimmen ungefähr auf eine Zehnerpotenz genau.[12] Der menschliche Körper selbst besteht aus etwa 10^{28} oder zehn Milliarden Milliarden Milliarden Atomen.

Wie groß müßte ein Chip sein, um unser Gehirn zu ersetzen? Welche Chipgröße bräuchten wir, um unser Gehirn *upzuloaden?*

Heute bräuchten wir einen Chip von der Größe eines Hauses oder Bürogebäudes. Vor ein paar Jahren noch hätten wir einen Chip von der Größe eines Wolkenkratzers gebraucht. Schon bald wird der Chip nur noch die Größe eines Zuckerwürfels besitzen oder sogar noch kleiner sein.

Dies ist, wie so viele Beschleunigungen im digitalen Zeitalter, auf das Mooresche Gesetz zurückzuführen. Erinnern wir uns daran, daß dieses empirische »Gesetz« beziehungsweise dieser beobachtete Trend besagt, daß sich die Zahl der Schaltkreise auf einem Computerchip alle zwei Jahre oder in noch kürzeren Abständen verdoppelt. Das geometrische Gesetz von Moore gilt

seit über 20 Jahren in dem Wettlauf um stetig zunehmende Pro-
zessorleistungen, und es fungiert heute als eine Art von optimi-
stischem Gegengift der Informationstechnik gegen das unerbitt-
liche Malthusianische Gesetz des Bevölkerungswachstums.

Wir können davon ausgehen, daß das Mooresche Gesetz noch
wenigstens zehn Jahre gelten wird. Vielleicht wird es trotz quan-
tenmechanischer und anderer physikalischer Grenzen, an die
wir in Zukunft stoßen werden, sogar noch länger gelten.[13] Eine
Form des Mooreschen Gesetzes der Verdopplung und Miniatu-
risierung der Schaltkreise wird vielleicht auch für Nanoprozes-
soren und Quantencomputer gelten.[14]

Das Mooresche Gesetz impliziert, daß unser Gehirn bis zum
Jahr 2020 grundsätzlich auf einen Chip passen wird, der die
Größe eines Zuckerwürfels hat. Dies könnte auch schon 2010
der Fall sein, wenn sich die Anzahl der Schaltkreise, die auf einen
Chip passen, weiterhin alle 18 Monate verdoppelt. Es könnte
aber auch erst gegen 2030 so weit sein, falls sich das Mooresche
Gesetz verlangsamt.

Das genaue Jahr oder auch das genaue Jahrzehnt spielen keine
Rolle. Die Gesellschaft wird schon bald mit einer nackten, aber
aufregenden Tatsache konfrontiert sein: Computerchips werden
bald die gleiche Datenverarbeitungskapazität wie das menschliche Gehirn besitzen. Dann werden Chips für immer die alten
menschlichen Referenzwerte übertreffen. Dies wird nicht
bedeuten, daß wir einfach unser Gehirn herausnehmen und
einen Chip einstecken können. Wir werden auch Durchbrüche
und ständige Fortschritte auf der Ebene von Chip-Neuronen-
Schnittstellen erzielen müssen. Diese Ergebnisse werden vielleicht ein weiteres Jahrzehnt in Anspruch nehmen, oder sie werden vielleicht zu neuen Durchbrüchen bei der Chip-Konstruk-
tion führen, die den gesamten Prozeß beschleunigen.

Junge Menschen der Gegenwart werden vielleicht die Verwirklichung des Chip-Gehirns erleben. Und wenn nicht sie,
dann werden es jedenfalls ihre Kinder oder spätestens ihre Enkel
erleben. Diejenigen, die nicht bis dahin warten können, um sich
upzuloaden, können als eine näherungsweise Form von Sicherungskopie ihre synaptischen Topknoten kryotechnisch aufbe-
wahren.

Aber was würden diejenigen, die sich uploaden, sehen? Was geschieht mit den musikähnlichen Mustern des Selbst, wenn sie von einem Instrument auf ein anderes übergehen und dann mit den anderen Mustern in einem Chipnetz-Orchester verschmelzen? Was geschieht mit dem *Ich* in *mir*?

Das Gehirn stückchenweise auf Chips ziehen

Angenommen, wir können unser Gehirn auf einen Chip laden. Was geschieht mit uns? Sterben wir zunächst einmal? Bleiben wir im Gehirn oder im Chip oder in beiden?

Der Geist scheint sich in der gleichen Weise aufzuspalten beziehungsweise zu verzweigen, wie sich einige Zellen teilen und als neue Zellen heranwachsen. Wie können wir sicher sein, daß unsere persönliche Identität im Chip erhalten bleibt? Angenommen, wir machen einhundert Kopien des Chip-Gehirns. Welche davon sind wir?

Das Problem besteht darin, daß der Geist im Chip nicht vom Geist im Gehirn abhängt. Das Gehirn kann weiterleben oder sterben. Dies wirkt sich nicht auf den Chip aus. Wie kann dann unser Selbstbewußtsein vom Gehirn auf einen Chip springen? Wie überlebt es diesen Übergang von Fleisch in Nicht-Fleisch?

Dies ist eine digitale Version des alten Leib-Seele-Dualismus in der abendländischen Philosophie. Der französische Philosoph René Descartes war der Ansicht, daß Geist und Körper in der Zirbeldrüse in unserem Gehirn zusammentreffen. Er hatte das gleiche Problem beim Tod wie wir beim Chip-Transfer. Seine Seele lebte im Gehirn und mußte dann von dort in eine Halle im Himmel oder eine Zelle in der Hölle springen. Unser Geist muß vom Fleisch auf einen Chip springen, und der Spalt scheint genauso groß zu sein.

Eine Möglichkeit des Transfers bestünde darin, im eigenen Gehirn einzuschlafen und dann im Chip aufzuwachen. In gewissem Sinn stirbt man jede Nacht, wenn man einschläft. Wir behalten jedoch aufgrund der Kontinuität von Erinnerungen und Träumen unsere Identität, wenn wir aufwachen.

Aber woher wissen wir, daß unser Ich im alten Gehirn nicht

gestorben ist? Wir wissen es nicht. Warum dann ein neues Ich auf anderer Grundlage schaffen, wenn das alte Ich nach wie vor stirbt? Es geht doch bei der ganzen Operation gerade darum, nicht zu sterben.

Die Fuzzigkeit weist uns einen Ausweg. Die Fuzzy-Weltanschauung hält sogar das Bewußtsein für ein graduelles Phänomen. Man erlebt dies am eigenen Leib, wenn man langsam einschläft oder aufwacht oder wenn ein Drink oder ein Schlag auf den Kopf die mentale Präsenz verringern. Und man erlebt dieses Gefühl des Wandels im Kontinuum des Bewußtseins auch, wenn der Geist beim Anblick eines blinkenden blauen Polizeilichts oder durch einen Schuß Koffein oder sonstige Drogen in Schwung kommt.

Die Idee hinter der Fuzzy-Weltanschauung ist, daß man in kleinen Schritten vom Ding zum Nichtding übergeht, so wie der Tag allmählich in die Nacht übergeht. Es gibt keine binären Sprünge vom Ding ins Nichtding oder vom Gehirn ins Nichtgehirn oder vom Nichtchip in den Chip. Die alte Idee, das Gehirn durch einen Chip zu ersetzen, erfordert einen binären Sprung. Dies ist die Quelle der Bifurkation. Also gehen wir in kleinen Schritten vom Gehirn auf einen Chip über. Wir ziehen das Gehirn stückchenweise auf Chips.

Man stelle sich folgendes vor: Nanochirurgen öffnen Ihren Schädel, und Sie sind bei vollem Bewußtsein. Bei den Nanochirurgen kann es sich um Menschen oder Roboterarme handeln, die winzige Nanoroboter steuern, welche die Moleküle Ihres Schädels und Gehirns stapeln und entstapeln.

Vielleicht tragen Sie während des Eingriffs eine Virtual-Reality-Brille und fliegen als ein Goldadler über die Rocky Mountains. Oder vielleicht möchten Sie sich in einer TV-Sitcom oder in einem Rockvideo sehen. Oder vielleicht möchten Sie die Nanooperation aus mehreren Winkeln im Operationssaal beobachten.

Zunächst schneiden die Nanochirurgen ein kleines graues Stück aus Ihrem Gehirn heraus. Sagen wir, es belaufe sich auf ein Prozent Ihres Gehirns. Sie spüren nichts und merken auch keine Veränderung Ihrer Wahrnehmungen oder Erinnerungen. Sie sind noch immer Sie selbst.

Dann ersetzen die Chirurgen das Stück Hirngewebe durch einen winzigen Nanochip, der in Schwamm eingeschlagen und mit Nanosensoren bestückt ist. Dieses Chiplet hat ungefähr die gleichen Input-Output-Anschlußstellen wie das Stück Hirngewebe. Das Chiplet simuliert das alte Stück Hirngewebe, so wie es ein modernes neuronales Netz täte. Aber das Chiplet arbeitet eine Million Mal schneller, als es Ihre alte graue Substanz tat. Es kann mehr Daten speichern und verarbeiten als der gesamte Rest Ihres Gehirns. Daher würden Sie vielleicht eine Steigerung Ihrer kognitiven Fähigkeiten bemerken, als ob Sie gerade ein Glas Eistee mit einem Schuß Acetylcholin und Noradrenalin getrunken hätten.

Die Nanochirurgen schneiden als nächstes einen zweiten Würfel Hirngewebe heraus und ersetzen ihn durch ein Chiplet, das in einen ähnlichen Mantel aus sensorgesteuerten Anschlußstellen eingehüllt wird. Ein neuronales Netz hat dieses Chiplet ebenfalls so nachbearbeitet, daß es die Funktionen des zweiten Stücks Hirngewebe ausführt. Das Chiplet schickt dieselben Eingaben an dieselben Ausgaben. Auch hier muß es nicht zu einem Riß in der Kontinuität Ihres Bewußtseins kommen. Und Sie werden vielleicht wieder erleben, daß Ihre Gedanken ein wenig schneller und besser laufen.

Vielleicht stellen Sie fest, daß Sie mental viel agiler und konzentrierter sind. Das Wesentliche ist, daß Sie auf diese Weise Ihr Bewußtsein wiederfinden und es nie verlieren. Sie verlieren sich selbst nie.

Nun schneiden die Nanochirurgen ein drittes Stück Hirngewebe heraus und ersetzen es. Dann tauschen sie ein viertes Stück aus und so weiter, bis sie die Aufgabe vollendet haben.

Jetzt sind Sie nicht nur *im* Chip. Sie sind der Chip beziehungsweise das Netz aus Chiplets. Sie können in der gleichen stetigen Weise aus dem Chiplet-Netz auf einen Masterchip oder ein Netz aus Masterchips übergehen. Das Nanoskalpell, der Nanolaser oder der Nanoteilchenstrahl mußten Ihren Bewußtseinsstrom zu keinem Zeitpunkt unterbrechen. Nicht Sie starben, sondern das Fleisch starb. Und ein besserer Nanochirurg könnte die Schritte umkehren und das Gehirn Stück für Stück wieder zusammenbauen. Dieser Geist würde einen großen Riß in seinem Bewußtsein erleben. Aber dieser Geist sind nicht Sie.

Der Vorzug dieses unscharfen Prozesses liegt darin, daß Sie die ganze Zeit auf Ihrem Weg in die chipgestützte Pseudo-Unsterblichkeit bei Bewußtsein bleiben können. Sie gehen allmählich von Fleisch in Nichtfleisch über und vermeiden die mentale Bifurkation, die bei einer vollständigen Ersetzung des Gehirns durch Chips auftreten könnte.

Die elektrochemische Wolke von Mustern, die wir »Ich« nennen, muß nicht sterben oder sich auflösen, wenn wir die Muster in einem neuen Medium codieren. Wir können aus dem Fleisch aussteigen, bevor es gebrechlich wird. Und mit der Zeit wird alles Fleisch hinfällig. Dagegen feit uns keine Sicherungskopie.

Himmel in einem Chip

Angenommen also, wir wachen in einem Chip auf. Jetzt können wir die vielen Behauptungen, die Philosophen seit Jahrhunderten über Geist und Materie aufstellten, überprüfen.[15] Oder vielleicht möchten wir unseren informationstechnischen Entwurf nach der einen oder anderen philosophischen Denkschule ausrichten. Dabei würde uns ein Chip-Geist nicht so sehr Antworten auf alte Fragen über den Geist liefern, als uns neue Fragen erkunden lassen.

Vielleicht möchten wir es mit Leibniz halten und unseren Chip-Geist mit der sich langsam bewegenden Fleischmaschine synchronisieren, die ihn beherbergt, und eine Geist-Fleisch-Harmonie begründen. Vielleicht möchten wir auch Descartes folgen und die beiden Welten getrennt halten. Oder wir nehmen die radikalen Reduktionisten und Physikalisten beim Wort und ignorieren sie und die ganze Frage, wer wir, philosophisch betrachtet, sind.

In digitaler Hinsicht sind wir ein Bit-Strom. Wir sind ein Muster von Mustern in einem Bit-Strom. Und Gott stehe uns bei, wenn wir (bis dahin) keine zuverlässigen Verschlüsselungstechniken besitzen.

Wenn irgendein Philosoph gewinnt, dann vielleicht Arthur

Schopenhauer, der im 19. Jahrhundert lebte. Für ihn war die Welt Wille. Unser Wille umfaßt unsere gesamte unmittelbare Erfahrung. Er ist keine gefilterte Wahrnehmung und kein erinnerter Gedanke oder sonstiger Gedächtnisinhalt. Er ist das *factum brutum* selbst. Jetzt ist die Welt unsere Vorstellung davon. Und unser Körper und unser Wille sind eins. Sie sind Informationsmuster im Bit-Strom.

Angenommen nun, wir haben uns erfolgreich upgeloadet. Unser Gehirn hat sich von Fleisch auf Silizium umgestellt, aber wir haben das gleiche Ich. Zumindest anfangs. Die alten Erinnerungen sind noch immer vorhanden, aber jetzt greifen wir nicht mehr in gleicher Weise auf sie zu. Sie sind nicht nur dann lebendig, wenn wir sie abrufen. Sie sind so intensiv wie beim ersten Erleben. Und wir können sie bearbeiten, als wären es Träume, die wir kontrollieren.

Unser Gedächtnis ist nichts anderes als eine kleine Datenbank, auf die wir lichtschnell zugreifen können. Wir können Armeen von Software-Agenten befehligen und Tausende oder Millionen von Datenbanken und Wissensnetzen durchsuchen. Und wir können das gesamte gespeicherte Wissen über Kunst, Wissenschaft, Zeitgeschehen und Geschichte abfragen, so wie wir heute eine Zeitung überfliegen. Und wir können fühlen und handeln, und dies entweder allein oder gemeinsam mit Tausenden anderer Chip-Seelen.

In einem Gehirn sehen wir einen Apfel und quetschen ihn in unser Gehirn. Die Hand berührt den Apfel, und die Augen sehen sein Spiegelbild. Diese Signale werden ins Gehirn eingespeist. Dann werden Befehlssignale vom Gehirn an die Hand und die Augen rückgeleitet.

In einem Chip geschieht das gleiche, nur in größerem Umfang und schneller. Wir haben mehr Typen von Sinnesdaten. Wir können alle Bereiche des Spektrums sehen und den Unterschall und Überschall hören. Wir können Schmerz- und Lustsignale dämpfen oder verstärken und neue Muster aus Emotionen und Empfindungen weben und sie abschalten, wenn wir ihrer überdrüssig werden. Wir können Gedanken und Erinnerungen beliebig bearbeiten. Wir können sämtliche Erinnerungen beziehungsweise modifizierten Erinnerungen genauso intensiv wiedererleben, wie wir den jeweiligen Augenblick erleben. Und wir können alles oder einen Teil davon mit anderen im Chip-Netz beziehungsweise Chip-Laib teilen.

Auch unser subjektives Zeitempfinden verändert sich. Langsame neurale Zeit kann sich zu ultraschneller *Nanozeit* beschleunigen. Im Chip vergeht die Zeit eine Million oder Milliarde Mal langsamer, wenn man dies wünscht. Die Zeit, die man für die Lektüre dieses Buches braucht, mag einem dann wie Jahre vorkommen. Ein guter Kristallchip könnte sich Jahrtausende oder Jahrmillionen oder auch so lange halten, bis er in einen Stern oder ein Schwarzes Loch fällt. Im besten Fall könnte er fast so lange haltbar sein, bis das Universum in sich selbst zusammenstürzt und im Großen Gravitationskollaps sein Ende findet oder im kosmischen Wärmetod zergeht. Man multipliziere dies mit den Millionen oder Milliarden neuer subjektiver Sekunden pro alter Sekunde, und man bekommt eine technische Näherung für die Ewigkeit.

Dieses lange Leben in einem Chip ist vielleicht die größtmögliche Annäherung an das Himmelreich in einer Welt aus Materie, Energie und Information. Es kann Himmel oder Hölle in einem Chip sein. Wir können frei wählen. Bit-Ströme sind ebensowenig zweckgerichtet wie die blinden Pfade der darwinistischen Evolution.[16] Der Wille muß einem Bit-Strom einen beliebigen Wert oder Zweck auferlegen, selbst wenn der Wille selbst Teil eines Bit-Stroms ist.

Der Staat ist also keine schicksalhafte Notwendigkeit. Wir werden nur dann arbeiten oder regiert werden müssen, wenn wir es wollen. Es wird nur dann Krankheit, Schmerz oder Tod geben, wenn wir mit ihnen spielen wollen. Das Virtuelle wird real sein, und das Reale wird virtuell sein in demselben Strom aus Elektronen und Photonen. Das ökonomische Wachstumsprinzip würde in einem Chip kaum materiellen Beschränkungen unterliegen.[17] Reines Denken könnte die alten utopischen Welten von Platon, Thomas Morus oder Karl Marx erschaffen, oder es könnte neue Welten erschaffen.

Hier kann die bitbasierte digitale Kultur mit den alten atombasierten Religionen konkurrieren. Sie muß nicht, aber mit der Zeit wird sie es zweifellos. Adam Smith erörterte den Markt für

Religionen erstmals in seinem Werk *Untersuchung über die Natur und die Ursachen des Reichtums der Völker.* Er behauptete, Konkurrenz würde die Religionen beziehungsweise, genau genommen, die religiösen Unternehmen verbessern. Die empirischen Daten scheinen seine Auffassung zu bestätigen.[18] Lassen wir also den echten Wettbewerb beginnen.

Gläubige würden ihren Glauben vielleicht auch auf die Bit-Ströme eines Chips übertragen. Der frommste Gläubige könnte sein imaginäres spirituelles Schicksal hinausschieben, wenn er sein Ich für ein paar Nano-Jahrtausende auf einen Chip uploaden würde. Supergehirne aus Chips werden vielleicht tiefschürfende neue Erkenntnisse über die Natur Gottes und der Erstursachen gewinnen. Menschliche Gehirne sind zu komplexen religiösen Einsichten in der Lage, zu denen Fliegen- und Hundegehirne nicht fähig sind. Die Zunahme der Erkenntnis wird gewiß so lange anhalten, wie wir immer leistungsfähigere Chip-Gehirne bauen.

Gläubige könnten ihre Chip-Gehirne auch so gestalten, daß sie ihren Visionen vom Himmel entsprächen beziehungsweise diese erweiterten. Andere könnten den Himmel in ihren eigenen Bits und in ihrer eigenen Weise erkunden. Hier beginnt der wirkliche Wettbewerb.

Die Religion besitzt kein Monopol auf den Begriff des Himmels. Wer hätte dies je behauptet? Das wäre, als würde man das Fliegen den Vögeln und die Elektrizität den Blitzen vorbehalten. Der Himmel ist ein viel zu wunderbarer Begriff, als daß man ihn auf die angstgeprägten Einbildungen längst verstorbener Männer und Frauen aus vorwissenschaftlicher Zeit beschränken sollte.

Der Religion ist es auch nicht gelungen, den Mechanismus der Seele zu erklären. Sie hat nicht erklärt, wie man Himmel oder Hölle ohne Körper empfinden kann, selbst wenn Gläubige Beweise für die Existenz dieser Orte vorlegen könnten. Die Seele führt einen irgendwie von hier nach dort. Was aber kann eine Seele tun, wenn sie dort ankommt? Wie empfindet, denkt oder handelt sie im Himmel? Eine Seele ohne Sinne kann weder Trauben schmecken noch Harfen hören, noch Licht sehen. Atome und Bits würden geradewegs durch das verheißene Phantom hindurchgehen.

Eine digitale Seele oder ein digitaler Geist hätten diese Probleme nicht. Ein digitaler Geist besitzt eine physikalische Identität, weil er ein einzigartiges Muster von Mustern in einem Bit-Strom ist. Und er kann andere Muster mindestens ebensogut wahrnehmen, wie es ein Geist aus Fleisch kann. Wenn wir in unserem Gehirn den mentalen Geschmackszustand einer verzehrten roten Traube wahrnehmen können, dann können wir denselben mentalen Geschmackszustand auch in unserem Chip-Geist wahrnehmen, wenn wir ihn mit den gleichen Sinnessignalen speisen. Beide Instrumente können dieselbe Musik spielen. Aber das digitale Instrument kann die Musik mit größerer Intensität spielen und kann sie in unendlich vielfältigerer Weise variieren und bearbeiten.

Die Religionen haben den Himmel auch zu einer ethischen Absurdität gemacht. Was hat es mit Gerechtigkeit zu tun, jemandem als Gegenleistung für endlichen Schmerz oder für endliche gute Taten oder Anbetung unendliche Lust zu gewähren?

Benjamin Franklin erledigte diese wunschbestimmte Sehnsucht nach einem ewigen Mahl in seinem Brief an Joseph Huey vom 6. Juni 1753: »Unter dem Himmel stellen wir uns einen Zustand der Glückseligkeit von höchstem Grade und ewiger Dauer vor: Derjenige, der dafür, daß er einem Durstigen ein Glas Wasser gegeben hat, erwartete, mit einer fruchtbaren Pflanzung entlohnt zu werden, wäre in seinen Forderungen bescheiden gegenüber denjenigen, die vermeinen, für das wenige Gute, das sie auf Erden wirkten, den Himmel zu verdienen.«

Dieses himmlische Tauschgeschäft ist die vielleicht größte Verdummungsstrategie aller Zeiten. Es ist zweifellos eines der zynischsten Tauschgeschäfte von Gegenwarts- und Zukunftswert: Zahle heute und kassiere nach deinem Tod. Die meisten großen Religionen haben ein solches ewiges Gratismahl in einem vermeintlichen Jenseits als Gegenleistung für Gehorsam und Spenden und oftmals für eine völlige geistige Kontrolle im Hier und Jetzt verheißen. Die Extremvariante verspricht ein ewiges Paradies im Gegenzug für einen schnellen Mord oder auch Selbstmord. Doch Gerechtigkeit heißt Maß um Maß. Dies allein spricht für zeitliche Beschränkungen im Himmel, die direkt proportional zu den eigenen guten Taten im Leben sind. Keine endliche Summe endlicher guter Taten addiert sich zu einem unendlichen Lohn. Einmal mehr widerspricht also die religiöse Vorstellung vom Himmel ihren eigenen Annahmen.

Der Himmel in einem Chip vermeidet diese Probleme. Wir benutzen kein Rad, keine Zahnbürste, keine Glühlampe und kein anderes Produkt der Technik, weil wir es verdienen, sie zu benutzen. Wir benutzen sie, weil sie verfügbar sind und wir sie uns leisten können. Unser bester Himmel in einem Chip wird immer nur eine technische Näherung sein. Die endliche Struktur des Universums erlegt jedem Chip-Himmel diese fundamentalen Zeitgrenzen auf. Und die Verheißung unseres persönlichen digitalen Himmels erzeugt keinen *moral hazard* – kein Risiko, daß wir unsere Anstrengungen in dieser Hinsicht selbstgefällig vernachlässigen. Diese Verheißung kann unsere Entschlossenheit, den Tod zu bezwingen und mehr Forschung und Innovation in dieser Richtung zu betreiben, nur steigern.

Wird es der Mühe wert sein? Ist die digitale Quasi-Unsterblichkeit eines Designerhimmels die Zeit und Energie wert, die wir dafür aufbringen müßten? Die ägyptischen Pyramiden zeigen, wie tief sich das menschliche Herz nach primitiven Formen der Unsterblichkeit sehnt. Der Himmel in einem Chip kann dieses Verlangen weitgehend stillen, und zwar höchstwahrscheinlich zu einem Preis, der unter dem durchschnittlichen Preis eines heutigen Computers liegt.

Der Chip-Himmel leistet mehr, als die praktischen Probleme religiöser Himmelsvorstellungen zu lösen. Er krönt die mit der Religion rivalisierende Weltanschauung der Wissenschaft. Der Schöpfungsmythos wird vom Urknall beziehungsweise einer ganzen Serie davon abgelöst, wenn das Universum oszilliert oder sich in einem unendlichen Labyrinth von Baby-Welten, Schwarzen Löchern und chipartigen Bit-Pools verzweigt. Das göttliche Gesetz wird von den binären Gesetzen der Mathematik und den Fuzzy-Gesetzen der Wissenschaft abgelöst. An die Stelle der Seele treten komplexe Muster der Informationsverarbeitung in rückgekoppelten neuronalen Schaltkreisen aus Fleisch, Silizium, Licht, Plasma oder irgendeiner anderen Form strukturierter Energie.

Der Wiederauferstehungsmythos wird durch die Tieftemperaturkonservierung und die Zellreparatur durch Nanocomputer und Nanoroboter oder durch den sanften Schlaf, der uns vom Gehirn zum Chip hinübergeleitet, abgelöst. Und die Götter werden durch unsere digitalen Supergehirne und alle Welten, die diese sich vorstellen können, ersetzt.

Warum in einem Himmel leben, den wir erschaffen haben, und dann Befehle von einem außerirdischen Despoten entgegennehmen? Warum überhaupt Befehle von irgend jemandem oder irgendeiner Regierung oder irgendetwas anderem entgegennehmen? Warum in unserem eigenen Himmel leben und nicht Gott *sein*? Warum den besten Platz im Haus aufgeben? Jede Chip-Seele hat vielleicht die Chance, solche Fragen zu erkunden.

Ist somit die Biologie unser Schicksal? Die Biologie mag für die etwa 100 Milliarden Menschen, die vor uns auf diesem Planeten lebten, schicksalsbestimmend gewesen sein. Wir verdanken ihnen unsere Gene. Aber sie sind für uns keine Richtschnur mehr, so wie wir nach unserem Tod für unsere Nachfahren keine Richtschnur sein werden. Die Biologie ist für die Geister, die uns nachfolgen werden, nicht mehr schicksalsbestimmend.

Die Biologie war nie mehr als eine Tendenz. Sie war lediglich die erste schnelle und primitive Methode, mit Fleisch Berechnungen auszuführen. Chips sind unser Schicksal.

Danksagung

Mehrere kluge Menschen haben mir durch ihren Rat geholfen, das Manuskript, aus dem dieses Buch hervorging, zu verbessern. Mein besonderer Dank gilt Eamon Dolan, Janet Goldstein, Rick Kot, Daniel McNeill und besonders Laura Wood und Douglas Pepper von Harmony Books.

Anmerkungen

Wie schon auf S. 4 vermerkt, wurde der äußerst umfangreiche Anmerkungsteil der Originalausgabe mit z. T. sehr ausführlichen mathematischen Ableitungen stark gekürzt, indem eine Beschränkung auf die Literaturhinweise und -angaben erfolgte. Die in eckigen Klammern gesetzten Anmerkungsziffern im Text verweisen auf Anmerkungen, die nur in der englischen Originalausgabe enthalten sind. Der komplette Anmerkungsapparat (in Englisch) kann per E-Mail unter der Adresse info@piper.de (Stichwort „Kosko Notes") angefordert werden.

1 Einleitung: schleichende Unschärfe

1 [...] Für technische Einzelheiten vgl. Schroeder, M., Petersen, J., Klawonn, F. und Kruse, R., »Two Paradigms of Automotive Fuzzy Logic Applications«, in *Applications of Fuzzy Logic – Towards High Machine Intelligence Quotient Systems*, ed. M. Jamshidi, Prentice Hall, 1997. So verwendet der GM-Saturn in seinem automatischen Getriebe z. B. ebenfalls ein Fuzzy-System: Legg, G., »Transmission's Fuzzy Logic Keeps You on Track«, *Electronic Design News*, 23 December 1993, 60–63 [...].

2 Egusa, Y., Akahori, H., Morimura, A. und Wakami, N., »An Application of Fuzzy Set Theory for an Electronic Video Camera Image Stabilizer«, *IEEE Transactions on Fuzzy Systems* 3, no. 3 (August 1995): 351–56.

3 Altrock, C. von, »Recent Successful Fuzzy Logic Applications in Industrial Automation«, *Proceedings of the Fifth IEEE International Conference on Fuzzy Systems (FUZZ-96)*, vol. 3, 1845–51, New Orleans, September 1996. Für weitergehende Informationen zu Anwendungen in Deutschland vgl. Altrock, C. von, *Fuzzy Logic and Neuro-Fuzzy Applications Explained*, Prentice Hall, 1995.

4 [...] Vgl. Bubak, M., Moscinski, J. und Jewulski, J., »Fuzzy-logic Approach to HTR Nuclear Power Plant Model Control«, *Annals of Nuclear Energy* 10, no. 9 (1983): 467–71; Akin, H. L. und Altin, V., »Rule-Based Fuzzy Logic Controller for a PWR-type Nuclear Power

Plant«, *IEEE Transactions on Nuclear Science* 38, no. 2 (1991): 883–90; Kuan, C. C., Lin, C. und Hsu, C. C., »Fuzzy Logic Control of a Steam Generator Water Level in Pressurized Water Reactors«, *Nuclear Technology* 100, no. 1 (1992): 125–34; Iijima, T., Nakajima, Y. und Nishiwaki, Y., »Application of Fuzzy Logic Control Systems for Reactor Feed-Water Control«, *Fuzzy Sets and Systems* 74, no. 1 (1995): 61–72. [...] Ruan, D. und van der Wal, A. J., »Controlling the Power Output of a Nuclear Reactor with Fuzzy Logic«, *Information Sciences* 110, no. 3 (October 1998): 151–77.

5 [...] Da Rocha, A. F., Morooka, C. K. und Alegre, L., »Smart Oil Recovery«, *IEEE Spectrum*, July 1996, 48–51. Vieira, P. und Gomide, F., »Computer-Aided Train Dispatch«, *IEEE Spectrum*, July 1996, 51–53.

6 De Ru, W. G. und Eloff, J. H. P., »Enhanced Password Authentication through Fuzzy Logic«, *IEEE Expert: Intelligent Systems and Their Applications*, November 1997, 38–45.

7 [...] Kim, C., Seong, K. A. und Lee-Kwang, H., »Design and Implementation of a Fuzzy Elevator Group Control System«, *IEEE Transactions on Systems, Man, and Cybernetics* 28, no. 3 (May 1998): 277–87. Cox, E. D., *Fuzzy Logic for Business and Industry*, Charles River Media, 1995. *Electronic Engineering Times* publizierte ebenfalls ein Sonderheft über eingebettete Fuzzy-Systeme in seiner Ausgabe vom 29. Juli 1996. [...] Baig, E. und Dunkin, A., »Taming the E-Mail Monster«, *Business Week*, 2 March 1998.

8 Die folgende Auflistung enthält die wichtigsten Lehrbücher über Fuzzy-Logik und Fuzzy-Systeme, die in den letzten Jahren erschienen sind: Kundel, A., *Fuzzy Mathematical Techniques with Applications*, Addison-Wesley, 1986; Pal, S. K. und Dutta Majumder, D. K., *Fuzzy Mathematical Approach to Pattern Recognition*, Wiley, 1986; Klir, G. J. und Folger, T. A., *Fuzzy Sets, Uncertainty, and Information*, Prentice Hall, 1988; Miyamoto, S., *Fuzzy Sets in Information Retrieval and Cluster Analysis*, Kluwer, 1990; Kosko, B., *Neural Networks and Fuzzy Systems: A Dynamical Systems Approach to Machine Intelligence*, Prentice Hall, 1991; Zimmermann, H. J., *Fuzzy Set Theory – and Its Application*, 2nd edition, Kluwer, 1991; Terano, T., Asai, K., Sugeno, M., *Fuzzy Systems Theory and Its Applications*, Academic Press, 1992; Driankov, D., Hellendoorn, H. und Reinfrank, *An Introduction to Fuzzy Control*, Springer-Verlag, 1993; Yager, R. R. und Filev, D. P., *Essentials of Fuzzy Modeling and Control*, Wiley, 1994; Klir, G. J. und Yuan, B., *Fuzzy Sets and Fuzzy Logic: Theory and Applications*, Prentice Hall, 1995; Pedrycz, W., *Fuzzy Sets Engineering*, CRC Press, 1995; Ross, T. J., *Fuzzy Logic with Engineering Applications*, McGraw-Hill, 1995; Kosko, B., *Fuzzy Engineering*, Prentice Hall, 1996; Lin, C.-T. und Lee, C. S. G., *Neural Fuzzy Systems*, Prentice Hall, 1996; Petry, F. E., *Fuzzy Databases: Principles and Applications*, Kluwer, 1996; Jamshidi, M.,

Applications of Fuzzy Logic – Towards High Machine Intelligence Quotient Systems, Prentice Hall, 1997; Jang, J.-S., R., Sun, C.-T. und Mizutani, E., *Neuro-Fuzzy and Soft Computing*, Prentice Hall, 1997; Rouvray, D. H., *Fuzzy Logic in Chemistry*, Academic Press, 1997; Wang, L.-X., *A Course in Fuzzy Systems and Control*, Prentice Hall, 1997; Berkan, R. C. und Trubatch, S. L., *Fuzzy Systems Design Principles: Building IF-THEN Rule Bases*, IEEE Press, 1997; Klir, G. J., St. Clair, U. H. und Yuan, B., *Fuzzy Set Theory: Foundations and Applications*, Prentice Hall, 1997; Cox, E., *The Fuzzy Systems Hundbook*, 2nd edition, Academic Press, 1999; Yen, J. und Langari, R., *Fuzzy Logic: Intelligence, Control, and Information*, Prentice Hall, 1999.

9 Erörtert in McNeill, D. und Freiberger, P., *Fuzzy Logic*, Simon & Schuster, 1993, und in Kosko, B., *Fuzzy Thinking*, Hyperion, 1993.

10 Kosko, B. und Isaka, S., »Fuzzy Logic«, *Scientific American*, July 1993, 76–81.

11 [...] Clarke, A. C., *The Ghost from the Grund Banks*, Bantam Spectra, 1990, S. 127. [...] Harrison, H. und Minsky, M., *The Turing Option*, Warner Books, Paperback, October 1993, S. 210.

14 [...] Mitaim, S. und Kosko, B., »What Is the Best Shape for a Fuzzy Set in Function Approximation?« *Proceedings of the IEEE International Conference on Fuzzy Systems (FUZ-96)*, vol. 2, September 1996, 1237–43; Mitaim, S. und Kosko, B., »Adaptive Joint Fuzzy Sets for Function Approximation«, *Proceedings of the IEEE 1997 International Conference on Neural Networks (ICNN-97)*, vol. 1, July 1997, 537–42. Siehe auch Anmerkung 15 in Kapitel 10 unten.

15 [...] Kosko, B., *Fuzzy Engineering*, Prentice Hall, 1996, S. xx.

17 [...] Für weitergehende Informationen vgl. Kosko, B., »Fuzzy Entropy and Conditioning«, *Information Sciences* 40, (1986): 165–74; Kosko, B., *Neural Networks and Fuzzy Systems*, Prentice Hall, 1991; Kosko, B., *Fuzzy Engineering*, Prentice Hall, 1996.

18 [...] Vgl. Kosko, B., »Fuzziness Versus Probability«, *International Journal of General Systems* 19, no. 2–3 (1990): 211–40. Dieser Aufsatz gab den Anstoß zu einer Debatte über den Unterschied zwischen Unschärfe und Wahrscheinlichkeit, der *IEEE Transactions on Fuzzy Systems* ihre Ausgabe im Februar 1994 widmete.

19 Legg, G., »Transmission's Fuzzy Logic Keeps You on Track«, *Electronic Design News*, 23 December 1993, 60–63. Vgl. auch Anmerkung 1 oben.

20 Whitehead, A. N. und B. Russell, *Principia Mathematica*, Frankfurt/M., 1994 [...] Für weiterführende Informationen vgl. Lane, R., »Peirce's Entanglement with the Principles of Excluded Middle and Contradiction«, *Transactions of the Charles S. Peirce Society* 33, no. 3, Summer 1997.

21 Russell, B., *Die Philosophie des Logischen Atomismus*, München, 1979.

22 »Soweit sich die Gesetze der Mathematik auf die Wirklichkeit beziehen,

sind sie nicht gewiß. Und soweit sie gewiß sind, beziehen sie sich nicht auf die Wirklichkeit.« Einstein, A., »Physics and Reality«, *Journal of the Franklin Institute,* 1936. Der positivistische Philosoph Friedrich Waismann führt dieses Zitat an in seinem Aufsatz »How I See Philosophy« in der Anthologie *Logical Positivism,* A. J., Ayer, ed., The Free Press, 1959, S. 360.

23 Russell, B., »Vagueness«, *Australian Journal of Psychology and Philosophy* 1 (1923): 84–92. [...]

24 Lukasiewicz, J., *Selected Works,* Borkowski, ed., *Studies in Logic and the Foundations of Mathematics,* North Holland, 1970; »Aristotle on the Law of Contradiction«, *Articles on Aristotle,* vol. 3, *Metaphysics,* J. Barnes, M. Schofield und R. Sorabji, eds. St. Martin's Press, 1979, S. 50–62.

26 Black, M., »Vagueness: An Exercise in Logical Analysis«, *Philosophy of Science* 4 (1937): 427–55, und ders., »Reasoning with Loose Concepts«, *Dialogue* 2 (1963): 1–12.

27 *Logical Positivism,* ed., A. J. Ayer, New York: The Free Press, 1959. Für Erweiterungen und Kritik am logischen Positivismus der frühen dreißiger Jahre vgl. Popper, K. R., *Logik der Forschung,* Tübingen, 1982; Hempel, C. G., *Aspects of Scientific Explanation and Other Essays in the Philosophy of Science,* The Free Press, 1965; Nagel, E., *The Structure of Science,* Hackett, 1979; Quine, W. V. O., *Theories and Things,* Harvard University Press, 1981; Quine, W. V. O., *Unterwegs zur Wahrheit,* Paderborn, München, 1995.

28 Vgl. Willard Van Orman Quine »What Price Bivalence?« *Journal of Philosophy* 78 (February 1991): 90–95. [...]

29 Zadeh, L. A., »Fuzzy Sets«, *Information and Control* 8 (1965): 338–53. Zadeh veröffentlichte seine gesammelten Aufsätze in *Fuzzy Sets and Applications: Selected Papers,* eds. R. R. Yager, S. Ovchinnikov, R. M. Tong und H. T. Nguyen, Wiley-Interscience, 1987. [...] Klir, G. J., »An Introduction to the Special Issue on a Quarter-Century of Fuzzy Systems«, *International Journal of General Systems* 17, no. 2 (June 1990): 89–93. Siehe auch Zadeh, F., *My Life and Travels with the Father of Fuzzy Logic,* TSI Press, 1998.

30 Die erste internationale Fachzeitschrift für Fuzzy-Theorie war North Hollands *Fuzzy Sets and Systems,* sie erscheint seit 1978. Wiley begann das *International Journal of Intelligent Systems* im Jahr 1986. North Holland zog 1987 nach mit dem *International Journal of Approximate Reasoning.* Das Institute of Electrical and Electronics Engineers (IEEE) rief 1993 die *IEEE Transactions on Fuzzy Systems* ins Leben.

31 Holmblad, L. P. und Ostergaard, J. J., »Control of a Cement Kiln by Fuzzy Logic«, *Fuzzy Information and Decision Processes,* eds. M. M. Gupta und E. Sanchez, North Holland, 1983, S. 389–99.

32 Vgl. Mamdani, E. H. und Assilian, S., »An Experiment in Linguistic Synthesis with a Fuzzy Logic Controller«, *International Journal of*

Man-Machine Studies 7 (1977): 1–13. Mamdani, E. H., »Application of Fuzzy Logic to Approximate Reasoning Using Linguistic Synthesis«, *IEEE Transactions on Computers* 26, no. 12 (December 1977): 1182–91.

33 LIFE-Mitglieder veröffentlichten viele ihrer Forschungsergebnisse in *Applied Research in Fuzzy Technology: Three Years of Research at the Laboratory for International Fuzzy Engineering (LIFE), Yokohama, Japan*, ed. A. L. Ralescu, Kluwer, 1994.

34 Vgl. Yasunobu, S., Miyamoto, S. und Ihara, H., »Fuzzy Control for Automatic Train Operation System«, *Proceedings of the 4th IFAC/ IFIP/IFORS International Conference on Control in Transportation System*, Baden-Baden, 1983: 33–39.

35 Schwartz, D. G. und Klir, G. J., »Fuzzy Logic Flowers in Japan«, *IEEE Spectrum*, July 1992, 32–35.

36 Perry, T. S., »Profile: Lotfi A. Zadeh«, *IEEE Spectrum* 32, no. 6 (June 1995): 32–35.

37 [...] Für weiterführende Informationen vgl. Kosko, B., »Fuzzy Systems as Universal Approximators«, *IEEE Transactions on Computers* 43, no. 11 (November 1994): 1329–33. Kosko, B., *Neural Networks and Fuzzy Systems*, Prentice Hall, 1991; Kosko, B., *Fuzzy Engineering*, Prentice Hall, 1996. Kosko, B., »Global Stability of Generalized Additive Fuzzy Systems«, *IEEE Transactions on Systems, Man und Cybernetics* 29, no. 3 (August 1998): 441–52.

3 Links und rechts und keines von beiden: das politische Fuzzy-Quadrat

1 [...] Friedman, L. M., *American Law*, W. W. Norton, 1998.

2 [...] »Social Power vs. State Power«, in Nock, A. J., *On Doing the Right Thing and Other Essays*, Harper & Row, 1928.

3 [...] Vgl. Kenneth Arrow, *Social Choice and Individual Values*, 2nd edition, Yale University Press, 1970. [...] Blair, D. H. und Pollak, R. A., »Rational Collective Choice«, *Scientific American*, August 1983, 88–95. Siehe auch Paun, G., »An Impossibility Theorem for Indicators Aggregation«, *Fuzzy Sets and Systems*, 1983, 205–10. Für eine eingehendere Behandlung siehe Billot, A., *Economic Theory of Fuzzy Equilibria: An Axiomatic Analysis*, 2nd edition, Springer-Verlag, 1995.

6 Der frühere Sprecher des US-Repräsentantenhauses Newt Gingrich befürwortete umfassende marktwirtschaftliche Reformen in *To Renew America*, Harper Collins, 1995. [...]

7 *Western Liberalism: A History in Documents from Locke to Croce*, eds. E. K. Bramsted und K. J. Melhuish, Longman, 1978. Vgl. auch den Klassiker des »konservativen« Liberalismus: Burke, E., *Betrachtungen über die französische Revolution*, Frankfurt/M., 1967.

8 [...] Vgl. McWilliams, P., *Ain't Nobody's Business If You Want To: The Absurdity of Consensual Crimes in a Free Society*, Prelude Press, 1993.

9 »Tackling Drugs Together: A Strategy for England 1995–1998«, British Government White Paper, May 1995; »National Household Survey on Drug Abuse«, U. S. Substance Abuse and Mental Health Administration, 1993; »What American Users Spend on Illegal Drugs, 1988–1993, Office of National Drug Control Policy, Spring 1995; »Tobacco Industry Profile, 1994«, Tobacco Institute, Washington, D. C.

10 Johnson, P., *Modern Times: The World from the Twenties to the Eighties*, Harper & Row, 1983. Johnson erkundet die Ursprünge einige dieser Ideologien in *The Birth of the Modern: World Society 1815–1830*, Harper Collins, 1991.

11 Viele Autoren haben auf die Zirkularität der Termini »rechts« und »links« hingewiesen. [...] Vgl. u. a. Greenfield, M., »The Tyranny of the Spectrum«, *Newsweek*, 25 September 1995.

12 Vgl. Donald P. Green und Ian Shapiro, *Pathologies of Rational Choice: A Critique of Applications in Political Science*, Yale University Press, 1984. Die Zeitschrift *Critical Review* widmet dieser Debatte über die »Theorie rationaler Wahlakte« eine Doppelnummer in vol. 9, no. 1–2, Winter/Spring 1995.

13 [...] Kosko, B., »Fuzzy Entropy and Conditioning«, *Information Sciences* 40 (1986) 165–74; 1986; Kosko, B., *Neural Networks and Fuzzy Systems*, Prentice Hall, 1991; Kosko, B., *Fuzzy Engineering*, Prentice Hall, 1996.

14 Vgl. Paul A. Samuelson, *Foundations of Economics Analysis*, Cambridge: Harvard University Press, 1948.

15 [...] Vgl. Thomas Hobbes, *Leviathan*, Hamburg, 1996.

16 Aus dem Aufsatz »Things and Their Place in Theories« in Quine, W. V. O., *Theories and Things*, Harvard University Press, 1983, S. 11.

17 Barlow, J. P., »Decrypting the Puzzle Palace«, *Communications of the Association for Computing Machinery (ACM)* 35, no. 7 (July 1992): 25–31. Vgl. auch Bruce Schneier, »Differential and Linear Cryptanalysis«, *Dr. Dobb's Journal* 21, no. 1 (January 1996): 42–48, und derselbe, *Applied Cryptography*, 2nd edition, Wiley, 1996. [...] Vgl. auch Chuang, I. L., Laflamme, R., Shor, P. W. und Zurek, W. H., »Quantum Computers, Factoring, and Decoherence«, *Science* 270 (8 December 1995): 1633–36, und Lloyd, S., »Quantum-Mechanical Computers«, *Scientific American*, October 1995, 140–45. [...] Vgl. Spiller, T. S., »Quantum Information Processing: Cryptography, Computation, and Teleportation«, *Proceedings of the IEEE* 84, no. 12 (December 1996): 1719–46, [...] und Townsend, P. D., »Quantum Cryptography on Multi-User Optical Fibre Networks«, *Nature* 385 (2 January 1997): 47–49. Siehe auch Rivest, R. L., »The Case Against Regulating Encryption Technology«, *Scientific American*, October 1998, 116–17.

18 »The Myth of the Powerless State«, *The Economist*, 7 October 1995, 15–16.

19 Rush Limbaugh legt seine konservativen Anschauungen dar in *The Way Things Ought to Be*, Pocket Books, 1992. [...]

20 [...] Vgl. Hayek, F. A., *The Constitution of Liberty*, University of Chicago Press, 1960, S. 397–98 (dt.: *Die Verfassung der Freiheit*, Tübingen, 1971).

21 [...] *Market Liberalism*, eds. D. Boaz und E. H. Crane, Cato Institute, 1993, S. 8–9.

22 [...] Mill, J. S., *Autobiography*, Penguin, 1989 (Ersterscheinung 1873), S. 90–91.

23 [...] Seib, G. F., »Less Is More: Libertarian Impulses Show Growing Appeal Among the Disaffected«, *Wall Street Journal*, 20 January 1995, S. A- 1.

24 *The Portable Thomas Jefferson*, ed. M. D. Peterson, Viking Press, 1975. [...]

25 [...] Foster, A. E. et al., »Jefferson Fathered Slave's Last Child«, *Nature* 396 (5 November 1998): 27–28. Diese Studie war nicht schlüssig: Vgl. Marshall, E., »Which Jefferson Was the Father?« *Science* 283 (8 January 1999): 153–54.

26 Wilkinson, F., »Sidewalks for Sale: Libertarians are Flourishing on Capitol Hill, on Campus, and On Line«, *Rolling Stone*, 6 April 1995. [...] McHugh, J., »Politics for the Really Cool«, *Forbes*, 8 September 1997, 172–79. [...] Murray, C., *What It Means to Be a Libertarian: A Personal Interpretation*, Broadway Books, 1997.

27 Cowan, J. und Nelson, R., »Age Discrimination – Against the Young«, *Los Angeles Times*, 7 August 1994.

28 [...] Perot, R., *Not for Sale at Any Price*, Hyperion, 1993, S. 105. Vgl. auch Perot, R., *United We Stand*, Hyperion, 1992, S. 78.

29 *The Columbia Encyclopedia*, 5th edition, Columbia University Press, 1993, S. 926.

30 Zitiert in Boaz, D., *Libertarianism: A Primer*, The Free Press, 1997. Boaz hat auch eine Sammlung von klassischen Schriften zum Liberalismus herausgegeben: *The Libertarian Reader: Classic and Contemporary Writings from Lao-Tzu to Milton Friedman*, The Free Press, 1997.

31 Byock, J. L., *Medieval Iceland: Society, Sagas, and Power*, University of California Press, 1988.

32 [...] Vgl. Nolan, D. F., »Classifying and Analyzing Politico-Economic Systems«, *The Individualist*, January 1971.

33 Samuelson, P. A., *Economics*, 10th edition, McGraw-Hill, 1976, S. 884–86 (dt.: *Volkswirtschaftslehre*, Wien, 1998).

34 Maddox, W. S. und Lilie, S. A., *Beyond Liberal and Conservative*, Cato Institute, 1984, Table 3.

35 [...] Vgl. Grim, P., »Self-Reference and Chaos in Fuzzy Logic«, *IEEE Transactions on Fuzzy Systems* 1, no. 4 (November 1993): 237–53.

36 Skinner, B. F., *Science and Human Behavior*, The Free Press, 1953, S. 411.

37 [...] Vgl. Zakaria, F., »The Rise of Illiberal Democracy«, *Foreign Affairs* 76, no. 6 (December 1997): 22–43.

38 [...] Bleakley, F. R., »It's No Wonder Some People Call Economics The Dismal Science«, *Wall Street Journal*, 4 November 1997.

39 [...] »Spend, Spend, Spend«, Sonderheft von *The Economist* über »The Future of the State«, 20 September 1997, 7–11.

40 [...] Für weitere Einzelheiten vgl. Kosko, B., »Equations of State«, *Liberty* 11, no. 4 (March 1998): 46–47.

4 Das Fuzzy-Steuerformular

1 Mead, C. A. und Conway, L., *Introduction to VLSI Systems*, Addison-Wesley, 1980. [...] Mead, C. A., *Analog VLSI and Neural Systems*, Addison-Wesley, 1989. [...]

2 Rhodes, R., *Die Atombombe oder Die Geschichte des 8. Schöpfungstages*, Nördlingen, 1988. [...] Vgl. auch Rhodes, R., *Dark Sun: The Making of the Hydrogen Bomb* (Simon and Schuster, 1995).

3 [...] Deutch, J. M., »When the Bullets Meet the Bytes«, *Los Angeles Times*, 30 March 1995.

4 »Dual-Use: Fool's Gold or Mother Lode?« briefing, EIA 22nd Annual Spring Technology & Budget Conference, 30–31 March 1993, Washington, D. C. [...] Vgl. auch Kelley, M. R. und Watkins, T. A., »In From the Cold: Prospects for Conversion of the Defense Industrial Base«, *Science* 268 (28 April 1995): 525–32.

5 [...] Vgl. Taylor, S. T., »Beating Swords into Police Wares«, *Technology Transfer Business*, Winter 1995, 31–36, [...] und Shine, E. und Armstrong, L., »Liftoff: Michael Armstrong Has Made Hughes an Electronics and Telecom Contender«, *Business Week*, 22 April 1996, 137.

6 [...] Scott, W. B., »U.S. Labs Embrace Technology Transfer«, *Aviation Week & Space Technology*, 23 August 1993, 64–66.

7 [...] Vgl. Nelson, R., »The Simple Economics of Basic Scientific Research«, *Journal of Political Economy* 67 (1959): 297–306. Arrow, K., »Economic Welfare and the Allocation of Resources for Invention«, in *The Rate and Direction of Inventive Activity*, Princeton University Press, 1962. [...] May, R. M., »The Scientific Investments of Nations«, *Science* 281 (3 July 1998): 49–51.

8 [...] Stephan, P. E., »The Economics of Science«, *Journal of Economic Literature* 34 (September 1996): 1199–1235.

9 [...] Horton, B., »Taking Knowledge from Bench to Bank«, *Nature* 395 (24 September 1998): 409–10.

10 [...] Kealey, T., *The Economic Laws of Scientific Research*, St. Martin's Press, 1996, S. 228–29.

11 A. J. Lotka veröffentlichte sein empirisches »Gesetz« erstmals in »The Frequency Distribution of Scientific Productivity«, *Journal of the Washington Academy of Science* 16, no. 12 (19 June 1926): 317–23. Vgl. auch De Solla Price, D. J., *Little Science, Big Science ... And Beyond*, Columbia University Press, 1963. [...] Stephan, P. E., »The Economics of Science«, *Journal of Economic Literature* 34 (September 1996): 1204.

12 Harmon, L. R., »The High School Backgrounds of Science Doctorates«, *Science* 133 (10 March 1961): 679–88.

13 [...] Vgl. Rubenson, D., »Forget ZEVs, LEVs, SIPs, and FIPs – Just Fix the Clunkers«, *Los Angeles Times*, 29 December 1995, S. B-9. [...] Cone, M., *Los Angeles Times*, 30 March 1996, S. A-1. Dixon, L. und Garber, S., »Air Board's Revision Was Not a Dirty Deal«, *Los Angeles Times*, 26 April 1996. [...] Riezenman, M. J. und Jones, W. D., »EV Watch: Court Strikes Down New York EV Plan«, *IEEE Spectrum* 13, no. 9 (September 1998): 19–20.

14 [...] Skinner, B. F., *Science and Human Behavior*, The Free Press, 1953.

15 [...] Gold, M. und Ferrell, D., »Going for Broke«, *Los Angeles Times*, 13 December 1998, S. A-1.

16 Epstein, R. A., *Takings: Private Property and the Power of Eminent Domain*, Harvard University Press, 1985, S. 297–300. [...]

17 Brennan, R. P., *Dictionary of Scientific Literacy*, Wiley, 1992, S. 58.

19 Vgl. u. a. Kosko, B., »It's a Perfect Day to Consider Other Ways of Collecting Taxes«, *Los Angeles Daily News*, 17 April 1995.

20 [...] Vgl. Hayek, F. A., *The Road to Serfdom*, University of Chicago Press, 1944, S. 55 (dt.: *Der Weg zur Knechtschaft*, München, 1981).

21 Vgl. Rawls, J., »Justice as Fairness«, *Philosophical Review*, 1955, 164–94, und ders., *A Theory of Justice:* Harvard University Press, 1971, S. 11.

22 [...] Cowan, J. und Nelson, R., »Age Discrimination – Against the Young«, *Los Angeles Times*, 7 August 1994, Metrosec.

23 [...] Bartlett, D. L. und Steel, J. B., »Corporate Welfare: Part I«, *Time*, 9 November 1998: 36–54.

24 Der Erzkapitalist David Friedman hat marktwirtschaftliche Szenarien zur Privatisierung der nationalen Verteidigung bewertet. [...] Vgl. Friedman, D., *The Machinery of Freedom: Guide to a Radical Capitalism*, 2nd edition, Open Court Press, 1989, S. 140.

26 [...] Vgl. Kocherlakota, N. R., »The Equity Premium: It's Still a Puzzle«, *Journal of Economic Literature* 34 (March 1996): 42–71.

27 [...] Vgl. Fichera, J. S. und Rubin, R. M., »Uncle Sam, Venture Capi-

talist«, *Wall Street Journal*, 2 May 1996. Siehe auch Friedman, M., »Social Security Socialism«, *Wall Street Journal*, 26 January 1999.

28 Gray, G. W., »The Nobel Prizes«, *Scientific American* 181, no. 6 (December 1949).

29 [...] Joshi, P. A. und Parrish, M., »A Cool $ 30 Million: Whirlpool Wins Prize for Designing Environmentally Safe Refrigerator«, *Los Angeles Times*, 30 June 1993, sec. D.

30 Zuckerman, H. A., »The Proliferation of Prizes: Nobel Complements and Nobel Surrogates in the Reward System of Science«, *Theoretical Medicine* 13 (1992): 217–31.

31 [...] Wooley, M., »From Rhetoric to Reality«, *Science* 269 (15 September 1995): 1495.

5 Die Rechte der Genome

1 [...] Vgl. Rubin, A. J., »Abortion Providers at Lowest Mark Since '73«, *Los Angeles Times*, 11 December 1998.

2 [...] Ewart, W. R. und Winikoff, B., »Toward Safe and Effective Medical Abortion«, *Science* 281 (24 July 1998): 520–21.

3 [...] John Paul II, »The Defense of Every Life«, in *Crossing the Threshold of Hope*, Knopf, 1994, S. 205 (dt.: Johannes Paul II., *Die Schwelle der Hoffnung überschreiten*, Hamburg, 1994).

4 [...] Dahlburg, J.-T., »Faith and Practice: A Changing World Puts Abortion in the Spotlight«, *Los Angeles Times*, 24 January 1995, World Report.

5 Vgl. Kapitel 13 von Kosko, B., *Fuzzy Thinking: The New Science of Fuzzy Logic*, Hyperion, 1993.

6 [...] *Roe v. Wade*, 93 Supreme Court 705 (1973), *Supreme Court Reporter*, vol. 93, S. 705, 1973.

7 [...] Lavelle, M., »When Abortions Come Late in a Pregnancy«, *U. S. News & World Report*, 19 January 1998, 31–32.

8 Eine binäre Lebenskurve ist eine Stufenfunktion, die unvermittelt von 0% lebendig auf 100% lebendig ansteigt. Der binäre Sprung kann zu einem beliebigen Zeitpunkt zwischen Empfängnis und Geburt stattfinden. [...] Eine fuzzige Lebenskurve steigt graduell von 0% zu 100% lebendig an.

9 [...] Epstein, R. A., »The Killing Grounds: Book Review of Ronald Dworkin's *Life's Dominion: An Argument About Abortion, Euthanasia, and Individual Freedom*«, *Reason* 25, no. 6 (November 1993): 58–61.

10 [...] Olson, M. V., »A Time to Sequence«, *Science* 270 (20 October 1995): 394–96. [...] Vgl. außerdem Stephens, J. C. et al., »Mapping the Human Genome: Current Status«, *Science* 250 (12 October 1990):

237–44. [...] Garner, H. R., »The Human Genome Project: On Target for 2006«, *IEEE Spectrum* 34, no. 1 (January 1997): 100–101. The Human Genome Project unterhält eine ausführliche Website unter http://www.ornl.gov/TechResources/Human_Genome/home.html. Das US-amerikanische Patentamt erteilt mittlerweile regelmäßig Patente auf Gene, und dies wird vermutlich mit Entdeckungen im Rahmen des Humangenomprojekts so weitergehen. [...] Vgl. Marshall, E., *Science* 275 (7 February 1997): 780–81. [...] Waterston, R. und Sulston, J. E., »The Human Genome Project: Reaching the Finish Line«, *Science* 282 (6 October 1998): 53–54; Collins, F. S. et al., »New Goals for the U.S. Human Genome Project: 1998–2003«, *Science* 282 (23 October 1998): 682–89.

11 [...] Vgl. Hudson, T. J. et al., »An STS-Based Map of the Human Genome«, *Science* 270 (22 December 1995): 1945–54. [...] Schuler, G. D. et al., »A Gene Map of the Human Genome«, *Science* 274 (25 October 1996): 540–46.

12 *Science* berichtete über die erste vollständige Kartierung des Genoms eines freilebenden Organismus: Fleischmann et al., *Science* 269 (1995): 496. [...] Haseltine, W. A., »Discovering Genes for New Medicines«, *Scientific American*, March 1997: 92–97; Gruber, M., »Map the Genome, Hack the Genome«, *Wired*, October 1997: 153–56.

13 Fraser, C. M. et al., »The Minimal Gene Complement of *Mycoplasma Genitalium*«, *Science* 270 (20 October 1995): 397–403. [...] Über die Hefe *Saccharomyces cerevisiae* vgl. Goffeau, A. et al., »Life with 6000 Genes«, *Science* 274 (25 October 1996): 546–67. [...] Und zu *Helicobacter pylori* siehe Tomb, J.-F. et al. »The Complete Genome Sequence of the Gastric Pathogen *Helicobacter Pylori*«, *Nature* 388 (7 August 1997): 539–47.

14 [...] Clayton, R. A., White, O., Ketchum, K. A. und Venter, J. C., »The First Genome From the Third Domain of Life«, *Nature* 387 (29 May 1997): 459–62; Blattner, F. R. et al., »The Complete Genome Sequence of *Escherichia coli* K-12«, *Science* 277 (5 September 1997): 1453–62; Kunst, F. et al., »The Complete Genome Sequence of the Gram-Positive Bacterium *Bacillus Subtilis*«, *Nature* 390 (20 November 1997): 249–56; Klenk, H.-P. et al., »The Complete Genome Sequence of the Hyper thermophilic, Sulphate-Reducing Archaeon *Archaeoglobus Fulgidus*«, *Science*, 390 (27 November 1997): 364–70; Fraser, C. M. et al., »Genomic Sequence of a Lyme Disease Spirochaete, *Borrelia Burgdorferi*«, *Nature* 390 (11 December 1997): 580–86.

15 Deckert, G. et al., »The Complete Genome of the Hyperthermophilic Bacterium *Aquifex Aeolicus*«, *Nature* 392 (26 March 1998): 353–57; Cole, S. T. et al., »Deciphering the Biology of *Mycobaterium tuberculosis* from the Complete Genome Sequence«, *Nature* 393 (11 June 1998): 537–44; Fraser, C. M. et al., »Complete Genome Sequence of *Trepo-*

nema palladium, the Syphilis Spirochete«, *Science* 281 (17 July 1998): 375–88; Stephens, R. S. et al., »Genome Sequence of an Obligate Intracellular Pathogen of Humans: *Chlamydia trachomatis*«, *Science* 282 (23 October 1998): 754–60; Gardner, M. J. et al., »Chromosome 2 Sequence of the Human Malaria Parasite *Plasmodium falciparum*«, *Science* 282 (6 November 1998): 1126–32; Meinke, D. W. et al., »*Arabidopsis thaliana:* A Model Plant for Genome Analysis«, *Science* 282 (23 October 1998): 662–81; Undersson, S. G. E. et al., »The Genome Sequence of *Rickettsia prowazekii* and the Origin of Mitochondria«, *Nature* 396 (12 November 1998): 133–40; Wilmut, I., »Cloning for Medicine«, *Scientific American,* December 1998, 58–63; The *C. elegans* Sequencing Consortium, »Genome Sequence of the Nemotode *C. elegans:* A Platform for Investigating Biology.« *Science* 282 (11 December 1998): 2012–18.

16 [...] Vgl. Wilson, E. O., *Der Wert der Vielfalt,* Piper, München 1992, S. 199 f.

17 [...] Garrett, L., »The Dots are Almost Connected ... Then What?«, *Los Angeles Times Magazine,* 3 March 1996, S. 49.

18 Kosko, B., *Nanotime,* Avon Books, 1997.

19 [...] Vgl. Davis, L, ed., *Genetic Algorithms and Simulated Annealing,* Morgan Kaufmann, 1987.

20 [...] Adleman, L. A., »Computing with DNA«, *Scientific American,* August 1998, 54–61. Der erste Aufsatz über DNA-Computing stammt von Adleman, L. A., »Molecular Computation of Solutions to Combinatorial Problems«, *Science* 266 (11 November 1994): 1021–24.

21 Service, R. F., »Microchip Arrays Put DNA on the Spot«, *Science* 282 (16 October 1998): 396–99.

6 Die Rechte von Walen

1 [...] Vgl. Havel, V., »The Hope for Europe«, *The New York Review of Books,* 20 June 1996: 38.

2 Locke, J., *The Second Treatise of Government,* 1681. Zitiert nach *Political Writings of John Locke,* ed. David Wootton, Mentor, 1993, S. 274.

3 [...] Vgl. Nozick, R., *Anarchy, State, and Utopia,* Basic Books, 1974, S. 174–75 (dt.: *Anarchie, Staat, Utopie,* München, 1976). [...]

4 [...] Long, W. R., »Pride Pushed Peru, Ecuador into Their Lethal Border Clash«, *Los Angeles Times,* 5 February 1995: S. A-7.

5 [...] Vgl. Long, W. R., »How Gold Led Tribe Astray«, *Los Angeles Times,* 29 August 1995, S. A-1.

6 Coase, R. H., »The Problem of Social Cost«, *The Journal of Law & Economics* 3, no. 1 (October 1960): 1–44. Siehe auch ders., *The Firm, The Market, and The Law,* University of Chicago Press, 1988.

7 [...] Vgl. Coase, R. H., »The Institutional Structure of Production«, *American Economic Review* 82, no. 4 (September 1992): 713–19. [...] Siehe auch Debreu, G., »The Mathematization of Economic Theory«, *American Economic Review* 81, no. 1 (March 1991): 1–7, und ders., *Mathematical Economics: Twenty Papers of Gerard Debreu*, Cambridge University Press, 1983.

8 [...] Vgl. dazu Hirschleifer, J., *Price Theory and Applications*, 2nd edition, Prentice Hall, 1980, S. 536. [...] Stigler, G. J., »The Economists' Traditional Theory of the Economic Functions of the State«, in *The Citizen and the State: Essays on Regulation*, University of Chicago Press, 1975, S. 107. [...] Makowski, L und Ostroy, J. M., »Appropriation and Efficiency: A Revision of the First Theorem of Welfare Economics«, *American Economic Review* 85, no. 4 (September 1995): 808–27. [...] Arrow, K. J., »An Extension of the Basic Theorems of Classical Welfare Economics«, in J. Neyman, ed., *Proceedings of the Second Berkeley Symposium on Mathematical Statistics and Probability*, University of California Press, 1951, S. 507–32.

9 [...] Vgl. Henderson, J. M. und Quandt, R. E., *Microeconomic Theory: A Mathematical Approach*, 3rd edition, McGraw-Hill, 1980, S. 286. [...] Samuelson, P. A., *Economics*, 10th edition, McGraw-Hill, 1976, S. 634 (dt.: *Volkswirtschaftslehre*, Wien, 1998). [...] Mas-Colell, A., *The Theory of General Economic Equilibrium: A Differentiable Approach*, Cambridge University Press, 1985; Border, K. C., *Fixed Point Theorems with Applications to Economics and Game Theory*, Cambridge University Press, 1985; Hildenbrund, W. und Kirman, A. P., *Introduction to Equilibrium Analysis*, North Holland, 1976.

10 Cheung, S. N. S., »The Fable of the Bees: An Economic Investigation«, *Journal of Law & Economics* 16 (April 1973).

11 [...] Vgl. dazu Farrell, J., *Journal of Economic Perspectives* 1, no. 2 (Fall 1987): 113–29. [...] Samuelson, P. A., *Japan and the World Economy*, vol. 7, 1995, S. 1–7.

12 [...] Yeager, L. B., »Tautologies in Economics and the Natural Sciences«, *Eastern Economic Journal* 20, no. 2 (Spring 1994): 157–69. Der Philosoph Carl Hempel ist der Frage nachgegangen, wie wir diese abstrakten Symbole in meßbare Größen überführen und auf diese Weise logische Tautologien in überprüfbare Hypothesen umwandeln. Vgl. Hempel, C. G., »The Theoretician's Dilemma: A Study in the Logic of Theory Construction«, in Hempels Anthologie *Aspects of Scientific Explanation*, The Free Press, 1965, S. 173–226, und Craig, W., »On Axiomatizability Within a System«, *Journal of Symbolic Logic* 18 (1953): 30–32.

13 [...] Vgl. Hunter, G., *Metalogic: An Introduction to the Metatheory of Standard First Order Logic*, University of California Press, 1973.

15 [...] Für weiterführende Informationen und andere Schlußverfahren

der mehrwertigen Logik vgl. Kapitel 1 von Kosko, B., *Fuzzy Engineering*, Prentice Hall, 1996.

16 Dunham, W., *Journey Through Genius: The Great Theorems of Mathematics*, Wiley, 1990, S. 138.

17 [...] Vgl. Zadeh, L. A., »Probability Measures of Fuzzy Events«, *Journal
of Mathematical Analysis and Applications* 10 (1968): 421–27 und
Watkins, F. A., »Fuzzy Engineering«, Ph. D. dissertation, Department
of Electrical Engineering, University of California at Irvine, 1994 (University Microfilms International, 300 North Zeeb Road, Ann Arbor,
Michigan 48106).

19 [...] Ronald Coase hatte bereits 1959 eine solche Versteigerung gefordert. Coase, R. H., »The Federal Communications Commission«, *Journal of Law & Economics* 2 (October 1959): 1–40. McMillan, J., »Selling
Spectrum Rights«, *Journal of Economic Perspectives* 8, no. 3 (Summer
1994): 145–62.

20 [...] Hodges, C. A., »Mineral Resources, Environmental Issues, and
Land Use«, *Science* 268 (2 June 1995): 1305–12. [...] Nriagu, J. O., »A
History of Global Metal Pollution«, *Science* 272 (12 April 1996): 223–
24.

21 [...] Vgl. St. John, J., *Noble Metals*, Time-Life Books, 1984, p. 87.

22 [...] Hess, K., Jr., »The West at War With Itself«, *Reason*, 27, no. 2 (June
1995): 18–25. [...]

23 [...] Vgl. Zorpette, G., »A Slow Start for Emissions Trading«, *IEEE
Spectrum*, July 1994, 49–52. [...] Doherty, B., »Selling Air Pollution«,
Reason 28, no. 1 (May 1996): 32–37. [...] Stavins, R. N., »What Can
We Learn from the Grand Policy Experiment? Lessons from *SO₂ Allo-
wance Trading*«, *Journal of Economic Perspectives* 12, no. 3 (Summer
1998): 69–88.

24 [...] Vgl. Kerr, R. A., »Acid Rain Control: Success on the Cheap«, *Science* 282 (6 November 1998): 1024–27.

25 [...] Fineman, M., »Future Is Cloudy for Mexico City Smog Law«, *Los
Angeles Times*, 25 November 1995, S. A-2.

26 [...] Whitehead, H., *Science* 282 (27 November 1998): 1708–11.

27 [...] Clarke, A. C., *In den Tiefen des Meeres*, Goldmann, 1962. Solche
High-Tech-Gehege bleiben einstweilen Zukunftsmusik. Unterdessen
bemühen sich die Staaten mit einer Kombination aus Steuern, Fang-
quoten und vollständigen Verboten, den Fischfang in dem globalen
Gemeinschaftsgut »Meer« zu kontrollieren. [...] Vgl. dazu Cook, R.
M., Sinclair, A. und Stefansson, G., »Potential Collapse of North Sea
Cod Stocks«, *Nature* 385 (6 February 1997): 521–22.

28 [...] »Survey: The Deep Green Sea«, *The Economist*, 23 May 1998, 13;
Boyd, C. E. und Clay, J. W., »Shrimp Aquaculture and the Environment«, *Scientific American*, June 1998, 58–65.

29 [...] Costanza, R. et al., »Principles for Sustainable Governance of the
    Oceans«, *Science* 281 (10 July 1998): 198–99.

30 [...] Vgl. Wilson, E. O., *Der Wert der Vielfalt*, Piper, München 1992,
    S. 411 f. [...] Simons, P., »Costa Rica's Forests are Reborn«, *New Scientist*, 22 October 1988, S. 44–45. [...] Hanski, Ikka und Gyllenberg, M.,
    »Uniting Two General Patterns in the Distribution of Species«, *Science*
    275 (17 January 1997): 397–402.

31 [...] Baden, J. und Stroup, R., »Saving the Wilderness«, *Reason* 13 (July
    1981): 28–36; Baden, J. und Stroup, R., »Endowment Areas: A Clearing
    in the Policy Wilderness«, *Cato Journal* 2 (Winter 1982): 691–708. [...]
    Budiansky, S., »Killing with Kindness«, *U. S. News & World Report*, 25
    November 1996, 47–49. [...] Satchell, M., »Save the Elephants: Start
    Shooting Them«, *U. S. News & World Report*, 25 November 1996,
    51–53. [...] Anderson, T. L., »Dances with Myths«, *Reason* 28, no. 9
    (February 1997): 45–50.

32 [...] Moffat, A. S., »Temperate Forests Gain Ground«, *Science* 282 (13
    November 1998): 1253.

33 [...] Covault, C., »Japan Monitors Whales from Space«, *Aviation Week
    & Space Technology*, 16 October 1995, 25.

34 Palsboll, P. J. et al., »Genetic Tagging of Humpback Whales«, *Nature*
    388 (21 August 1997): 767–69.

35 Vgl. dazu das Phänomen der »intellektuellen Optimierung« in den
    Romanen *Sternenflut* (München, 1985) und *Entwicklungskrieg* (München, 1990) des Physikers David Brin. [...]

36 Kellogg, W. W. und Schneider, S. H., »Climate Stabilization: For Better
    or Worse?« *Science* 186 (1974): 1163–72, [...] und Schneider, S. H. und
    Londer, R., *The Coevolution of Climate and Life*, Sierra Club Books,
    1984, S. 438.

37 [...] »A Brief History of Derivatives«, *The Economist*, Survey of Corporate Risk Management, 10 February 1996, 10. Siehe auch Baxter, M.
    und Rennie, A., *Financial Calculus: An Introduction to Derivative Pricing*, Cambridge University Press, 1996.

38 Ponte, L, *The Cooling*, Prentice Hall, 1976, S. 149–51. [...] Simpson, R.
    H. und Malkus, J. S., »Experiments in Hurricane Modification«, *Scientific American* 211, no. 6 (1964). [...] Schneider, D., *Scientific American*, March 1997, 112–17.

39 [...] Vgl. McKenzie, E., *Privatopia: Homeowner Associations und the
    Rise of Residential Private Governments* (Yale University Press, 1994)
    und die Rezension des Buches durch den Wirtschaftswissenschaftler
    Fred Foldvary im *Cato Journal* 15, no. 1 (Spring 1995): 143–45.

40 [...] Eichman, B., »Ocean Colonization: A Practical Approach«,
    Extropy: The Journal of Transhuman Thought 6, no. 1 (Spring 1994):
    5–14.

41 [...] Savage, M. T., *The Millennial Project: Colonizing the Galaxy in*

Eight Easy Steps, Little, Brown, 1994, S. 26–35. […] Savage, M. und
Spangle, K., »Aquarius Rising: A Preview of the New Millennium«,
First Foundation News! 1, no. 5 (April 1995): 4–5.
42 […] Dyson, F. J., »Search for Artificial Stellar Sources of Infra-red
Radiation«, *Science* 131 (3 June 1960): 1667–68. Vgl. auch Dyson, F.
J., *Innenansichten,* Basel/Stuttgart, 1981.

7 Smart Wars

1 […] Van Creveld, M., *Technology and War: From* 2000 *B. C. to the
Present,* The Free Press, 1989, S. 48–49.
2 Vgl. Negroponte, N., *Being Digital,* Knopf, 1995; Kosko, B., »Smarter
Weapons, Harder Fights«, *Liberty* 5, no. 1 (September 1991): 37–38;
Kosko, B., »Invest in Higher Machine IQ«, *Reason,* October 1992,
S. 42–44.
3 […] Keegan, J., *A History of Warfare,* Knopf, 1993, S. 68–69 (dt.: *Die
Kultur des Krieges,* Berlin, 1995).
4 […] Hudson, C. I. und Hass, P. H., »New Technologies: The Prospects«
in *Beyond Nuclear Deterrence,* eds. J. J. Holst und U. Nerlich, Crane,
Russak & Company, 1977, S. 108. […] Builder, C. H., *Strategic Conflict
Without Nuclear Weapons,* RAND Corporation Report R-2980-FF/RC,
April 1983, S. 22.
5 […] »Block 20 capabilities would allow demonstration of relative tar-
geting and a 20-foot CEP by mid-1996«, »Precision Bomb Programs
May Merge«, *Aviation Week & Space Technology,* 27 September 1993,
45.
6 […] Perkins, F. M., »Optimum Weapon Deployment for Nuclear
Attack«, *Operations Research,* 1961, S. 77–94. […]
7 […] Vgl. Tolstoi, L., *Krieg und Frieden,* Vierter Band, übertragen von
Claire von Glümer und R. Löwenfeld. Neu durchgesehen von Ludwig
Berndl, Jena 1925, S. 151 f. Tolstoi behauptet die obenstehende Kräfte-
gleichheit, nachdem er seine Version des Zweiten Newtonschen Axioms
dargelegt hat ($F = ma$, d. h. die Kraft, die auf einen Körper wirkt, ist
gleich dem Produkt aus der Masse des Körpers und seiner Beschleuni-
gung), a. a. O., Dritter Band, S. 330 f.
8 Tolstoi beginnt Teil Drei von Buch Drei von *Krieg und Frieden* mit einer
Beurteilung des »neuen Zweigs der Mathematik«, den wir heute Integralrechnung nennen, und wie man mit ihrer Hilfe die historische Bewegung aus der Summe der individuellen Willensäußerungen ableiten
kann. […]
9 […] Tolstoi, a. a. O., S. 4 ff.
10 […] Brown, R. H., »Theory of Combat: The Probability of Winning«,
Operations Research 11 (1963): 418–25. […] Siehe auch Taylor, J. G.,

»Simple-Approximate Battle-Outcome-Prediction Conditions for Variable-Coefficient Lanchester-Type Equations of Modern Warfare«, *Naval Research Logistics Quarterly* 30 (1983): 113–31; Taylor, J. G. und Brown, G. G., »Annihilation Prediction for Lanchester-Type Models of Modern Warfare«, *Operations Research* 31, no. 4 (July 1983): 752–71.

11 [...] Brooks, F. C., »The Stochastic Properties of Large Battle Models«, *Operations Research,* January 1965, S. 1–17.

12 [...] Jones, A., *The Art of War in the Western World,* University of Illinois Press, 1987, S. 640. [...] Weiss, H., »Combat Models and Historical Data: The US Civil War«, *Operations Research* 14: 759–90.

13 [...] Engel, J. H., »A Verification of Lanchester's Law«, *Operations Research* 2 (1954): 163–71. Vgl. auch Braun, M., *Differential Equations und Their Applications,* Springer-Verlag, 1978, S. 291–99.

14 [...] Vgl. Schaffer, M. B. »Lanchester Models of Guerrilla Engagements«, *Operations Research* (May 1968): 457–88; Kisi, T. und Hirose, T., »Winning Probability in an Ambush Engagement«, *Operations Research* (1967): 1137–38.

15 [...] Dewar, J. A., Gillogly, J. J. und Juncosa, M. L., *Non-Monotonicity, Chaos und Combat Models,* RAND Report R-3995-RC, ISBN 0-8330-1140-5, RAND Corporation, 1991.

16 [...] Vgl. Tsai, H. K., Ellenbogen, J. C., »Bounding Potentially Pathological Nonlinear Behavior in Combat Models and Simulations«, *Phalanx,* December 1992; Palmore, J., »Dynamical Instability in Combat Models«, *Phalanx,* December 1992; Davis, P. K., »Dynamic Instability ...«, *Phalanx,* December 1992; Louer, P. E., »More on Nonlinear Effects«, *Phalanx,* March 1993; Helmbold, R. L., »Combat Analysis«, *Phalanx,* March 1993. [...] Allen, P., Gillogly, J. und Dewar, J., »Non-Monotonic Effects in Models with Stochastic Thresholds«, *Phalanx,* December 1993, 15–20, und Cooper, G., »Non-Monotonicity and Other Combat Modeling Ailments«, *Phalanx,* June 1994.

17 [...] *Aviation Week & Space Technology,* 1 February 1993: 26–27.

18 [...] Fulghum, D. A., »US Developing Plan to Down Cruise Missiles«, *Aviation Week & Space Technology,* 22 March 1993: 46–47.

19 [...] Hutcheson, G. D. und Hutcheson, J. D., »Technology and Economics in the Semiconductor Industry«, *Scientific American,* January 1996: 54–62.

20 [...] Patterson, D. A., »Microprocessors in 2020«, *Scientific American,* September 1995: 62–67.

21 [...] Macknight, N., *Tomahawk Cruise Missile,* Mil-Tech Series, Motorbooks International, 1995, S. 75.

22 [...] Herring, T. A., »The Global Positioning System«, *Scientific American,* February 1996, 48. Für weitere Informationen über das GPS-System siehe das Sonderheft der *IEEE Proceedings* vom Januar 1999.

[...] Siehe auch Zaloga, S., »Missiles Ride Gulf Air Wave«, *Aviation Week & Space Technology*, 8 January 1996: 129, und Morrocco, J. D., »New Roles Envisioned for Fiber-Optic Guided Missiles«, *Aviation Week & Space Technology*, 9 November 1998: 86–87.

23 Die Zeitschrift *Neural Networks* widmete der automatischen Zielerkennung eine Doppelnummer (vol. 9, no. 7/8, 1995). [...] Die *IEEE Transactions on Image Processing* haben der automatischen Zielerkennung ebenfalls ein Sonderheft gewidmet. Vgl. etwa Bhanu, B., Dudgeon, D. E., Zelnio, E. G., Rosenfeld, A., Casasent, D. und Reed, I. S., »Introduction to the Special Issue on Automatic Target Detection and Recognition«, *IEEE Transactions on Image Processing* 6, no. 1 (January 1997): 1–6.

24 [...] Scott, W. B., *Aviation Week & Space Technology*, 31 May 1993: 37–38.

25 [...] Vgl. Fulghum, D. A., »Cheap Cruise Missiles – A Potent New Threat«, *Aviation Week & Space Technology*, 6 September 1993: 54.

26 [...] Alexander, B., *How Great Generals Win*, W. W. Norton, 1993, S. 22.

27 [...] Rhodes, R., *Dark Sun: The Making of the Hydrogen Bomb*, Simon und Schuster, 1995, S. 565.

28 [...] Zorpette, G. und Frank, S. J., »Patent Blunder«, *Scientific American*, November 1998: 42.

29 [...] Fedarko, K., Kroon, R., Purvis, A. und Thompson, M., »Land Mines: Cheap, Deadly, and Cruel«, *Time*, 13 May 1996: 54–55. Siehe auch Fialka, J. J., »Killing Fields: Land Mines Prove to Be Even Harder to Detect than They Are to Ban«, *Wall Street Journal*, 17 May 1996, S. A-1; Strado, G., »The Horror of Land Mines«, *Scientific American*, May 1996, 40–45; Nadis, S., »Political Will and Cash Needed to Speed up Removal of Landmines,« *Nature* 385 (9 January 1997): 101; Mecham, M., »Kaman Mine Detector Lidar System Debuts in Singapore«, *Aviation Week & Space Technology*, 9 March 1998: 71.

30 [...] Plett, G. L., Doi, T. und Torrieri, D., »Mine Detection Using Scattering Parameters and an Artificial Neural Network«, *IEEE Transactions on Neural Networks* 8, no. 6 (November 1997): 1456–67; Gader, P., Keller, J. M., Frigui, H., Liu, H. und Wang, D., »Landmine Detection Using Fuzzy Sets with GPR Images«, *Proceedings of the 1998 IEEE World Congress on Computational Intelligence* 1 (May 1998): 232–36. [...] Czarnik, A. W., »A Sense of Landmines«, *Nature* 394 (30 July 1998): 417–18; siehe auch Filippidis, A., Jain, L. C. und Martin, N. M., »Using Genetic Algorithms and Neural Networks for Surface Land Mine Detection«, *IEEE Transactions on Neural Networks*, vol. 47, no. 1, January 1999, 176–88.

31 [...] Vgl. Edwards, P. N., *The Closed World: Computers and the Politics of Discourse*, MIT Press, 1994. Siehe auch Kennedy, W. V., *Intelligence*

Warfare: Penetrating the Secret Worlds of Today's Advanced Technology Conflict, Crescent Books, 1987.

32 [...] Stix, G., *Scientific American,* December 1995: 92–98. [...] Scott, W. B., »Information Warfare Demands New Approach«, *Aviation Week & Space Technology,* 13 March 1995: 86. [...] Cohen, E. A., »A Revolution in Warfare«, *Foreign Affairs,* March 1996: 37–54. Siehe auch Schwartau, W., *Information Warfare: Chaos on the Electronic Superhighway,* New York: Thunder's Mouth Press, 1994; Urban, E. C., »The Information Warrior«, *IEEE Spectrum Magazine,* November 1995: 66–81; »Cyber Wars: Logic Bombs May Soon Replace More Conventional Munitions«, *The Economist,* 13 January 1996: 77–78; Schwartz, P., »Warrior in the Age of Intelligent Machines«, *Wired,* April 1995: 137–38; Munro, N., »Infowar Disputes Stall Defense Policy«, *Washington Technology,* 25 May 1995; Fialka, J. J., »Pentagon Studies Art of Information Warfare to Reduce Its Systems' Vulnerability to Hackers«, *Wall Street Journal,* 3 July 1995: S. A-10; Waller, D., »Onward Cyber Soldiers«, *Time,* 21 August 1995: 38–46; Fulghum, D. A., »Duplication Enemy Voices Becoming a Combat Skill«, *Aviation Week & Space Technology,* 8 July 1996: 48–49; Mann, P., »Cyber Threat Expands with Unchecked Speed«, *Aviation Week & Space Technology,* 8 July 1996: 63–64; Venzke, B., »Information Warrior: Winn Schwartau«, *Wired,* August 1996: 136–37; McKenna, J. T., »Rome Lab Targets Info Warfare Defenses«, *Aviation Week & Space Technology,* 12 August 1996: 65–67; Rapaport, R., »World War 3.1: The Shape of Things to Come?« *Forbes ASAP,* 7 October 1996: 125–32; Regis, E., »BioWar«, *Wired,* November 1996: 142–53; McKenna, J. T., »Tighter Security Urged for Defense Computers«, *Aviation Week & Space Technology,* 20 January 1997: 60–61; Mann, P., »Government/Industry Alliance Urged Cyber Threats«, *Aviation Week & Space Technology,* 13 July 1998: 65–68.

33 [...] Vgl. *Foresight Update,* no. 19 (1995): 7; [...] Merkle, R., »A Proof About Molecular Bearings«, *Nanotechnology* 4 (1993): 86–90. Eric Drexler gab der Nanotechnologie in seinem Buch *Engines of Creation: The Coming Era of Nanotechnology,* Anchor Press, 1986, ihren Namen. [...] Siehe auch ders., *Nanosystems: Molecular Machinery, Manufacturing und Computation,* Wiley, 1992. [...] Stix, G., »Trends in Nanotechnology: Waiting for Breakthroughs«, *Scientific American,* April 1996: 94–99; [...] Heath, J. R., Kuekes, P. J., Snider, G. S. und Williams, R. S., »A Defect-Tolerant Computer Architecture: Opportunities for Nanotechnology«, *Science* 280 (12 June 1998): 1716–21. Siehe auch die Nanotech-Websites http://nano.xerox.com/nano und http://www.foresight.org und das Internet-Bulletinboard unter sci.nanotech.

9   Unebenheiten pflastern

1 Der Mathematiker Richard Bellman prägte den Ausdruck »Fluch der Dimensionalität« in seinem Buch *Dynamic Programming,* Princeton University Press, 1957.

2 [...] Vgl. Gough, D. O., Leibacher, J. W., Scherrer, P. H. und Toomre, J., »Perspectives on Helioseismology«, *Science* 272 (31 May 1996): 1281–83. [...] Kuhn, J. R., Bush, R. I., Schleick, X. und Scherrer, P., »The Sun's Shape and Brightness«, *Nature* 392 (12 March 1998): 155–57.

3 [...] Für weitere Informatonen siehe Kosko, B., »Fuzzy Systems as Universal Approximators«, *IEEE Transactions on Computers* 43, no. 11 (November 1996): 1329–33. Eine frühere Version erschien in den *Proceedings of the First IEEE International Conference on Fuzzy Systems (FUZZ-92),* March 1992, 1153–62; Dickerson, J. A. und Kosko, B., »Fuzzy Function Approximation with Ellipsoidal Rules«, *IEEE Transactions on Systems, Man, and Cybernetics* 26, no. 4 (August 1996): 542–60.

4 Ebrahim Mamdani veröffentlichte in den siebziger Jahren zahlreiche Aufsätze über Fuzzy-Systeme, und diese begründeten das moderne Gebiet der Fuzzy-Technik: Mamdani, E. H. und Assilian, S., »An Experiment in Linguistic Synthesis with a Fuzzy Logic Controller«, *International Journal of Man-Machine Studies* 7 (1977): 1–13; Mamdani, E. H., »Application of Fuzzy Logic to Approximate Reasoning Using Linguistic Synthesis«, *IEEE Transactions on Computers* 26, no. 12 (December 1977): 1182–91. Mamdani stützte sich dabei stark auf Lotfi Zadeh: Zadeh, L. A., »Outline of a New Approach to the Analysis of Complex Systems and Decision Processes«, *IEEE Transactions on Systems, Man, and Cybernetics* 3 (1973): 28–44. Er zieht eine Bilanz in Mamdani, E., »Twenty Years of Fuzzy Control: Experience Gained and Lessons Learned«, *Proceedings of the 2 nd IEEE International Conference on Fuzzy Systems (FUZZ-93),* March 1993: 339–44. Didier Dubois und Ronald Yager stellten zahlreiche dieser frühen Aufsätze in dem Sammelband *Readings in Fuzzy Sets for Intelligent Systems,* eds. Dubois, D., Prade, H. und Yager, R. R., Morgan Kaufmann, 1993, zusammen. [...] Siehe auch Sugeno, M., »An Introductory Survey of Fuzzy Control«, *Information Sciences* 36 (1985): 59–83; Terano, T., Asai, K. und Sugeno, M., *Fuzzy Systems Theory and Its Applications,* Academic Press, 1992. [...] Takagi, T. und Sugeno, M., »Fuzzy Identification of Systems and its Applications to Modeling und Control«, *IEEE Transactions on Systems, Man, and Cybernetics* 15 (1985): 116–32. All diese Fuzzy-Systeme sind Sonderfälle des allgemeinen additiven Fuzzy-System-Modells, das diskutiert wird in Kosko, B., *Fuzzy Engineering,* Prentice Hall, 1996. Weitere Texte sind: Zimmerman, H. J., *Fuzzy Set*

Theory and its Application, Kluwer, 1985; Kundel, A., *Fuzzy Mathematical Techniques with Application,* Addison-Wesley, 1986; Klir, G. J. und Folger, T. A., *Fuzzy Sets, Uncertainty, and Information,* Prentice Hall, 1988; Kosko, B., *Neural Networks and Fuzzy Systems: A Dynamical Systems Approach to Machine Intelligence,* Prentice Hall, 1991; Yager, R. R. und Filev, D. P., *Essentials of Fuzzy Modeling and Control,* Wiley, 1994; Klir, G. J. und Yuan, B., *Fuzzy Sets and Fuzzy Logic: Theory und Applications,* Prentice Hall, 1995; Pedrycz, W., *Fuzzy Sets Engineering,* CRC Press, 1995; Ross, T. J., *Fuzzy Logic with Engineering Applications,* McGraw-Hill, 1995; Yen, J. und Langari, R., *Fuzzy Logic: Intelligence, Control, and Information,* Prentice Hall, 1999.

5 [...] Für weiterführende Informationen siehe Ackerman, E., Gatewood, L., Rosevear, J. und Molnar, G., »Blood Glucose Regulation and Diabetes«, in *Concepts and Models of Biomathematics,* ed. F. Heinmets, Marcel Dekker, 1969, S. 131–56.

6 [...] Bronowski, J., »The Creative Process«, *Scientific American,* September 1958.

7 Popper, K. R., *The Logic of Scientific Discovery,* Harper & Row, 1959, S. 41 (dt.: *Logik der Forschung,* Tübingen, 1982).

9 Die meisten Lehrbücher zur Quantenmechanik wenden die Schrödinger-Gleichung auf ein »wasserstoff-*ähnliches*« Atom an. [...] Vgl. Levine, I. N., *Quantum Chemistry,* 2nd edition, Allyn und Bacon, 1974, S. 98.

10 [...] Vgl. Bremermann, H. J., »Optimization Through Evolution and Recombination«, in *Self-Organizing Systems,* ed. M. C. Yovits, Spartan Books, 1962, S. 93–106.

11 [...] Simon, H. A. und Munakata, T., »The Implications of Kasparov vs. Deep Blue: AI Lessons«, *Communications of the ACM* 40, no. 8 (August 1997): 23–25.

12 Michie, D., »Problems of Computer-aided Concept Formation«, in *Applications of Expert Systems,* vol. 2, ed. J. R. Quinlan, Addison-Wesley, 1987.

13 Leech, W. J., »A Rule-based Process Control Method with Feedback«, *Advances in Instrumentation* 41 (1987): 169–75.

14 Fayyad, U. M., Smyth, P., Weir, N. und Djorgovski, S., »Automated Analysis and Exploration of Image Databases: Results, Progress, and Challenges«, *Journal of Intelligent Information Systems* 4 (1995): 1–19.

15 [...] Langley, P. und Simon, H. A., »Applications of Machine Learning and Rule Induction«, *Communications of the ACM* 38, no. 11 (November 1995): 55–64.

16 [...] Vgl. Pearl, J., »On the Evidential Reasoning in a Hierarchy of Hypotheses«, *Artificial Intelligence* 28 (1986): 9–15; Pearl, J., *Probabilistic Reasoning in Intelligent Systems: Networks of Plausible Inference,* Morgan Kaufmann, 1988; Shafer, G. und Pearl, J., eds., *Readings*

in Uncertain Reasoning, Morgan Kaufmann, 1990. Siehe auch Heckerman, D., Mamdani, A. und Wellman, M., »Real-World Applications of Bayesian Networks«, *Communications of the ACM* 38, no. 3 (1995): 24–26. Pedrycz, W. und Gomide, F., »A Generalized Fuzzy Petri Net Model«, *IEEE Transactions on Fuzzy Systems* 2, no. 4 (November 1994): 295–301; Scarpelli, H., Gomide, F. und Yager, R. R., »A Reasoning Algorithm for High-Level Fuzzy Petri Nets«, *IEEE Transactions on Fuzzy Systems* 4, no. 3 (August 1996): 282–94.

17 Einen Überblick über die japanischen Fuzzy-Anwendungen gibt Nakamura, K., »Applications of Fuzzy Logical Thinking in Japan: Current and Future«, *Proceedings of the IEEE International Conference on Fuzzy Systems (FUZZ-95),* March 1995: 1077–82; Hirota, K. und Sugeno, M., eds., *Industrial Applications of Fuzzy Technology in the World,* World Scientific, 1995. Für Fuzzy-Anwendungen in Europa siehe Altrock, C. von, *Fuzzy Logic and NeuroFuzzy Applications Explained,* Prentice Hall, 1995; Baldwin, J., ed., *Fuzzy Logic,* Wiley, 1996. Siehe auch Patyra, M. J. und Mylnek, D. M., *Fuzzy Logic: Implementation and Applications,* Wiley, 1996. Zwei zentrale Anwendungen in der Konsumelektronik sind Fuzzy-Systeme, die das Verwackeln des Bildes bei einer Videokamera ausgleichen und die Bremsen eines Autos stabilisieren: Egusa, Y., Akahori, H., Morimura, A. und Wakami, N., »An Application of Fuzzy Set Theory for an Electronic Video Camera Image Stabilizer«, *IEEE Transactions on Fuzzy Systems* 3, no. 3 (August 1996): 351–56; Mauer, G. F., »A Fuzzy Logic Controller for an ABS Braking System«, *IEEE Transactions on Fuzzy Systems* 3, no. 4 (November 1995): 381–88. Fuzzy-Systeme können auch Kommunikationsnetze steuern: Beauchamp, J. N. und Kundel, A., »A Linguistic Approach for the Control of Information Flow in a Battlefield Environment«, *IEEE Transactions on Fuzzy Systems* 6, no. 4 (November 1998): 588–95.

18 […] Vgl. Da Rocha, A. F., Morooka, C. K. und Alegre, L., »Smart Oil Recovery«, *IEEE Spectrum* 33, no. 7 (July 1996): 48–51. […] Vieira, P. und Gomide, F., »Computer-Aided Train Dispatch«, *IEEE Spectrum* 33, no. 7 (July 1996): 50–51.

19 […] Das allgemeine additive Modell wurde erstmals beschrieben in Kosko, B., *Neural Networks and Fuzzy Systems: A Dynamical Systems Approach to Machine Intelligence,* Prentice Hall, 1991. […] Für eine detaillierte Analyse von SAM-Systemen und ihrer Anwendungen auf vielen Gebieten der Informatik siehe Kosko, B., *Fuzzy Engineering,* Prentice Hall, 1996. […] Vgl. auch Specht, D. F., »A General Regression Neural Network«, *IEEE Transactions on Neural Networks* 4, no. 4 (1991): 549–57; Moody, J. und Darken, C., »Fast Learning in Networks of Locally Tuned Processing Units«, *Neural Computation* 1 (1989): 281–94; […] Mitaim, S. und Kosko, B., »What Is the Best Shape for a

Fuzzy Set in Function Approximation?« *Proceedings of the IEEE International Conference on Fuzzy Systems (FUZZ-96)*, vol. 2, September 1996: 1237–43.

20 [...] Vgl. Kosko, B., *Neural Networks and Fuzzy Systems.* Zadeh, L. A., »The Concept of a Linguistic Variable and Its Application to Approximate Reasoning (Part 3)«, *Information Sciences* 9 (1975): 43–80; [...] Zadeh, L. A., »Fuzzy Logic, Neural Networks, and Soft Computing«, *Communications of the ACM* 37, no. 3 (1994): 77–84.

21 Kim, H. M., Dickerson, J. A., Kosko, B., »Fuzzy Throttle and Brake Control for Platoons of Smart Cars«, *Fuzzy Sets and Systems* 84, no. 3 (1997); Dickerson, J. A., Kim, H. M. und Kosko, B., »Fuzzy Control for Platoons of Smart Cars«, *Proceedings of the IEEE International Conference on Fuzzy Systems (FUZZ-94)*, July 1994: 1632–37.

22 [...] Dickerson, J. A. und Kosko, B., »Virtual Worlds as Fuzzy Cognitive Maps«, *Presence* 3, no. 2 (Spring 1994): 173–89.

23 [...] Kosko, B., »Optimal Fuzzy Rules Cover Extrema«, *International Journal of Intelligent Systems* 10, no. 2 (February 1995): 249–55; eine frühere Version erschien in den *Proceedings of the 1994 World Congress on Neural Networks (INNS WCNN-94)*, vol. 1, June 1994: 697–98.

24 [...] Vgl. Watkins, F. A., »The Representation Problem for Additive Fuzzy Systems«, *Proceedings of the IEEE FUZZ-95*, vol. 1, March 1995: 117–22.

25 Mitaim, S. und Kosko, B., »What Is the Best Shape for a Fuzzy Set in Function Approximation?« *Proceedings of the IEEE International Conference on Fuzzy Systems (FUZZ-96)*, vol. 2, September 1996: 1237–43.

26 [...] Michel, A. N., »Stability: The Common Thread in the Evolution of Feedback Control«, *IEEE Control Systems,* June 1996: 50–60.

27 [...] Kosko, B., »Hidden Patterns in Combined and Adaptive Knowledge Networks«, *International Journal of Approximate Reasoning* 2, no. 4 (1988): 377–93. [...] Taber, W. R., »Knowledge Processing with Fuzzy Cognitive Maps«, *Expert Systems with Applications* 2., no. 1 (February 1991): 82–87; Styblinski, M. A. und Meyer, B. D., »Signal Flow Graphs vs. Fuzzy Cognitive Maps in Application to Qualitative Circuit Analysis«, *International Journal of Man-Machine Studies* 35 (1991): 175–86; Taber, W. R., »Matters of Degree«, *Helix* 4, no. 3 (1995): 50–55; Pelaez, C. E. und Bowles, J. B., »Using Fuzzy Cognitive Maps as a System Model for Failure Modes and Effects Analysis«, *Information Sciences* 88 (1996): 177–99; Schneider, M., Shnaider, E., Kundel, A. und Chew, G., »Automatic Construction of FCMs«, *Fuzzy Sets and Systems* 93 (1998): 161–72. [...] Lendaris, G. G., »On the Human Aspects in Structural Modeling«, *Technological Forecasting and Social Change* 14 (1979): 329–51. *Societal Systems,* Wiley, 1976.

28 [...] Tanaka, K. und Sugeno, M., »Stability Analysis and Design of Fuzzy Control Systems«, *Fuzzy Sets and Systems* 45, no. 2 (24 January 1992): 135–56. [...] Für Einzelheiten siehe Kosko, B., »Global Stability in Feedback Additive Fuzzy Systems«, *Proceedings of the IEEE FUZZ-96*, vol. 3, September 1996, 1924–30; Kosko, B., »Global Stability of Generalized Additive Fuzzy Systems«, *IEEE Transactions on Systems, Man, and Cybernetics* 28, no. 3 (August 1998): 441–52. [...] Tanaka, K. und Yoshioka, K., »Design of Fuzzy Controller for Backer-Upper of a FiveTrailers and Truck«, *Proceedings of the IEEE FUZZ-95*, March 1995, 1543–48. [...] Mitaim, S. und Kosko, B., »Adaptive Stochastic Resonance«, *Proceedings of the IEEE: Special Issue on Intelligent Signal Processing* 86, no. 11 (November 1998): 2152–83.

10 »Optimale Hirnschädigung«

1 Mango, L. J, Tjon, R. und Herriman, J. M., »Computer-Assisted Pap Smear Screening Using Neural Networks«, *Proceedings of the INNS World Congress on Neural Networks (WCNN-94)*, vol. 1, June 1994: 84–89. Das Juli-Heft (Jahrgang 1997) der *IEEE Transaction on Neural Networks* ist ein »Special Issue on Everyday Applications of Neural Networks.«

2 [...] Grossberg, S., *Studies of Mind und Brain*, Reidel, 1982; Rumelhart, D. E. und McClelland, J. L., eds., *Parallel Distributed Processing: Explorations in the Microstructure of Cognition*, vol. 1, MIT Press, 1986; Kohonen, T., *Self-Organization and Associative Memory*, 3rd edition, Springer-Verlag, 1988; Minsky, M. L. und Papert, S. A., *Perceptrons: An Introduction to Computational Geometry*, expanded edition, MIT Press, 1988; Anderson, J. und Rosenfeld, E., eds., *Neurocomputing: Foundations of Research*, MIT Press, 1988; Anderson, J. A., Pellionisz, A. und Rosenfeld, E., eds., *Neurocomputing 2: Directions for Research*; Grossberg, S., *Neural Networks and Natural Intelligence*, MIT Press, 1988; Mead, C. A., *Analog VLSI and Neural Systems*, Addison-Wesley, 1989; Wasserman, P. D., *Neural Computing: Theory and Practice*, Van Nostrund Reinhold, 1989; Hecht-Nielsen, R., *Neurocomputing*, Addison-Wesley, 1990; Kosko, B., *Neural Networks and Fuzzy Systems: A Dynamical Systems Approach to Machine Intelligence*, Prentice Hall, 1991; Kosko, B., *Neural Networks for Signal Processing*, Prentice Hall, 1991; White, H., *Artificial Neural Networks: Approximation and Learning Theory*, Blackwell, 1992; Chester, M., *Neural Networks: A Tutorial*, Prentice Hall, 1993; Anderson, J. A., *Introduction to Practical Neural Modeling*, MIT Press, 1994; Haykin, S., *Neural Networks: A Comprehensive Foundation*, Macmillan, 1994; Bose, N. K. und Liang, P., *Neural Network Fundamentals with Graphs, Algorithms, and Appli-*

cations, McGraw-Hill, 1996. [...] Siehe auch Anderson, J. A. und Rosenfeld, E., eds., *Talking Nets: An Oral History of Neural Networks,* MIT Press, 1998.

3 [...] Vgl. *The Economist,* 15 April 1996, 76.

4 [...] Hecht-Nielsen, R., »Replicator Neural Networks for Universal Optimal Source Coding«, *Science* 269 (29 September 1995): 1860–63. [...] Cottrell, G. W., Munro, P. und Zipser, D., »Image Compression by Back Propagation: An Example of Extensional Programming«, in *Advances in Cognitive Science,* vol. 3, ed. N. E. Sharkey, Ablex, 1987.

5 [...] Grossberg, S., »The Attentive Brain«, *American Scientist* 83 (September 1995): 438–49; Grossberg, S., »How Does a Brain Build a Cognitive Code?« *Psychological Review* 87 (1980): 1–51. [...] Kosko, B., »Unsupervised Learning in Noise«, *IEEE Transactions on Neural Networks* 1, no. 1 (March 1990): 44–57; Kosko, B., »Adaptive Bidirectional Associative Memories«, *Applied Optics* 26, no. 23 (December 1987): 4947–60. [...] Werbos, P. J. »Generalization of Backpropagation with Application to a Recurrent Gas Market Model«, *Neural Networks* 1 (1988): 338–56; Williams, R. J. und Zipser, D., »A Learning Algorithm for Continually Running Fully Recurrent Neural Networks«, *Neural Computation* 1, no. 2 (Summer 1989): 270–80.

6 [...] LeCun, Y., Denker, J. S. und Solla, S. A., »Optimal Brain Damage«, in *Advances in Neural Information Processing Systems* 2, ed. D. S. Touretzky, Morgan Kaufmann, 1990. Ein verwandtes Verfahren zum Ausputzen neuronaler Netze trägt den ebenso provozierenden Namen »optimaler Hirnchirurg« (»optimal brain surgeon«): Hassibi, B. und Stork, D. G., »Second Order Derivatives for Network Pruning: Optimal Brain Surgeon«, in *Advances in Neural Information Processing Systems* 5, eds. S. J. Hanson, J. D. Cowan und C. L. Giles, Morgan Kaufmann, 1993, S. 164–71; Reed, R., »Pruning Algorithms – A Survey«, *IEEE Transactions on Neural Networks* 4., no. 5 (September 1993): 740–47. [...] Chechik, G., Meilijson, I. und Ruppin, E., »Synaptic Pruning in Development: A Computational Account«, *Neural Computation* 10 (1998): 1759–77.

7 [...] Vgl. Widrow, B. und Stearns, S. D., *Adaptive Signal Processing,* Prentice Hall, 1985.

8 [...] Kirkpatrick, S., Gelatt, C. D. und Vecchi, M. P., »Optimization by Simulated Annealing«, *Science* 220, no. 4598 (13 May 1983): 671–80. Geman, S. und Hwang, C.-R., »Diffusions for Global Optimization«, *SIAM Journal of Control und Optimization* 24, no. 5 (September 1986): 1031–43. [...] Geman, S. und Geman, D., »Stochastic Relaxation, Gibbs Distributions, and the Bayesian Restoration of Image«, *IEEE Transactions on Pattern Analysis and Machine Intelligence* 6, no. 6 (November 1984): 721–41. [...] Szu, H., »Fast Simulated Annealing«,

in *Neural Networks for Computing*, ed. J. Denker, American Institute of Physics, 1986, S. 420–25.

9 [...] Holland, J. H., *Adaptation in Natural and Artificial Systems*, University of Michigan Press, 1975; Davis, L., ed., *Genetic Algorithms and Simulated Annealing*, Morgan Kaufmann, 1987; Goldberg, D. E., *Genetic Algorithms in Search, Optimization, and Machine Learning*, Addison-Wesley, 1989; Koza, J. R., *Genetic Programming: On the Programming of Computers by Means of Natural Selection*, MIT Press, 1992; Holland, J. H., *Adaptation in Natural and Artificial Systems*, MIT Press, 1992; Kauffman, S. A., *The Origins of Order: Self-Organization and Selection in Evolution*, Oxford University Press, 1993; Koza, J. R., *Genetic Programming II: Automatic Discovery of Reusable Programs*, MIT Press, 1994. Mitchell, M., *An Introduction to Genetic Algorithms*, MIT Press, 1996.

10 Holland, J. H., »Genetic Algorithms«, *Scientific American*, July 1992: 66–72.

11 [...] Goldberg, D. E., »Genetic und Evolutionary Algorithms Come of Age«, *Communications of the ACM 37*, no. 3 (March 1994): 113–19.

12 Packard, N., »A Genetic Learning Algorithm for the Analysis of Complex Data«, *Complex Systems 4* (1990): 573–86; Caldwell, C. und Johnston, V. S., »Tracking a Criminal Suspect Through Face-Space with a Genetic Algorithm«, *Proceedings of the Fourth International Conference on Genetic Algorithms*, 1991: 416–21. [...] Lipton, M. J., Rosenhof, H. P. und Liston, G., »Genetic Algorithms«, *PC AI*, September 1996: 16–27. [...] Tang, K. S. et al., »Genetic Algorithms and Their Applications«, *IEEE Signal Processing* 13, no. 6 (November 1996): 22–37; Ng, S. C. et al., »The Genetic Search Approach«, *IEEE Signal Processing* 13, no. 6 (November 1996): 38–46.

13 [...] Hush, D. R. und Horne, B. G., »Progress in Supervised Neural Networks«, *IEEE Signal Processing Magazine* 10, no. 1 (January 1993): 8–39.

14 [...] Funabashi, M., Maeda, A., Morooka, Y. und Mori, K., »Fuzzy and Neural Hybrid Expert Systems: Synergetic AI«, *IEEE Expert* 10 (August 1995): 32–40.

15 [...] Mitaim, S. und Kosko, B., »What is the Best Shape for a Fuzzy Set in Function Approximation?« *Proceedings of the IEEE International Conference on Fuzzy Systems (FUZZ-96)*, vol. 2, September 1996: 1237–43; [...] Kosko, B., *Fuzzy Engineering*, Prentice Hall, 1996; Mitaim, S. und Kosko, B., »Adaptive Joint Fuzzy Sets for Function Approximation«, *Proceedings of the IEEE 1997 International Conference on Neural Networks (ICNN- 97)* 1, June 1997: 537–42.

16 Herrnstein, R. J. und Murray, C., *The Bell Curve: Intelligence and Class Structure in American Life*, The Free Press, 1994.

17 [...] Berger, J. M. und Mandelbrot, B., »A New Model for Error Cluster-

ing in Telephone Circuits«, *IBM Journal* 7 (July 1963): 224–36; Mandelbrot, B., »The Variation of Certain Speculative Prices«, *Journal of Business* 36 (October 1963): 394–419. Für neuere Anwendungen siehe Nikias, C. L. und Shao, M., *Signal Processing with Alpha-Stable Distributions and Applications,* Wiley, 1995; Grigoriu, M., *Applied Non-Gaussian Processes,* Prentice Hall, 1995.

18 Kim, H. M. und Kosko, B., »Fuzzy Prediction and Filtering in Impulsive Noise«, *Fuzzy Sets and Systems* 77, no. 1 (15 January 1996): 15–34; Kosko, B., *Fuzzy Engineering,* Prentice Hall, 1996. […] Pacini, P. J. und Kosko, B., »Adaptive Fuzzy Frequency Hopper«, *IEEE Transactions on Communications* 43, no. 6 (June 1995): 2111–17. […] Mitaim, S. und Kosko, B., »Adaptive Stochastic Resonance«, *Proceedings of the IEEE* 86, no. 11 (November 1998): 2152–83.

19 Karr, C. L., »Genetic Algorithms for Fuzzy Controllers«, *AI Expert* 6, no. 2 (1991): 26–33; Sanchez, E., »Genetic Algorithms, Neural Networks, and Fuzzy Logic Systems«, *Proceedings of the 2nd International Conference on Fuzzy Logic and Neural Networks (Iizuka-92),* vol. 1, July 1992: 17–19; Karr, C. L. und Gentry E. J., »Fuzzy Control of pH Using Genetic Algorithms«, *IEEE Transactions on Fuzzy Systems* 1, no. 1 (February 1993): 46–53; Homaifar, A. und McCormick, E., »Simultaneous Design of Membership Functions and Rules Sets for Fuzzy Controllers Using Genetic Algorithms«, *IEEE Transactions on Fuzzy Systems* 3, no. 2 (May 1995): 129–39; Perneel, C., Themlin, J.-M., Render, J.-M. und Acheroy, M., »Optimization of Fuzzy Expert Systems Using Genetic Algorithms and Neural Networks«, *IEEE Transactions on Fuzzy Systems* 3, no. 3 (August 1995): 300–12; Kim, J. und Zeigler, B. P., »Hierarchical Distributed Genetic Algorithms: A Fuzzy Logic Controller Design Application«, *IEEE Expert,* June 1996: 76–84; Jang, J.-S., Sun, C.-T. und Mizutani, E., *Neuro-Fuzzy and Soft Computing: A Computational Approach to Learning and Machine Intelligence,* Prentice Hall, 1997; Herrera, F. und Magdalena, L., »Introduction: Fuzzy Genetic Systems«, *International Journal of Intelligent Systems* 13, no. 10 (October 1998): 887–90. Wang, C.-H., Hong, T.-P. und Tseng, S.-S., »Integrating Fuzzy Knowledge by Genetic Algorithms.« *IEEE Transactions on Evolutionary Computing,* vol. 2, no. 4, November 1998: 134–49.

20 […] Katayama, R., Kajitani, Y., Kuwata, K. und Nishida, Y., »Developing Tools and Methods for Applications Incorporating Neuro, Fuzzy, and Chaos Technology«, *Computers and Industrial Engineering* 24, no. 4 (October 1993): 579–92. […] Ditto, W. und Munakata, »Principles and Applications of Chaotic Systems«, *Communications of the ACM* 38, no. 11 (November 1995): 96–102; Aihara, K. und Katayama, R., »Chaos Engineering in Japan«, *Communications of the ACM* 38, no. 11 (November 1995): 103–7; Osana, Y., Hattori, M. und Hagiwara,

M., »Chaotic Bidirectional Associative Memory«, *Proceedings of the IEEE International Conference on Neural Networks (ICNN-96)*, June 1996: 816–21. [...] Vincent, T. L., »Control Using Chaos«, *IEEE Control Systems Magazine*, December 1997: 65–76.

21 [...] »Corporate Risk Management«, *The Economist*, 10 February 1996, survey, 6–9. [...] Tufano, P., »How Financial Engineering Can Advance Corporate Strategy«, *Harvard Business Review*, January 1996, 136–46. [...] Merton, R. C., »Financial Innovation and Economic Performance«, *Journal of Applied Corporate Finance*, Winter 1991: 12–22.

22 [...] Black, F. und Scholes, M., »The Pricing of Options and Corporate Liabilities«, *Journal of Political Economy* 81 (1973): 637–54; Merton, R., »Theory of Rational Options Pricing«, *Bell Journal of Economics and Management Science* 4 (1973): 41–183; Cox, J. und Ross, S., »The Valuation of Options for Alternative Stochastic Processes«, *Journal of Financial Economics* 3 (1976): 145–66. [...] Black, F., »The Pricing of Commodity Contracts«, *Journal of Financial Economics*, September 1976: 167–79; Malliaris, A. G., »Ito's Calculus in Financial Decision Making«, *SIAM Review* 25, no. 4 (October 1983): 481–96. Für ausführliche praktische Anwendungen der Gleichgewichtslösung siehe Kolb, R. W., *Understanding Futures Markets*, 3rd edition, Simon & Schuster, 1991.

23 [...] »Long-term Sickness?« *The Economist*, 3 October 1998, 81–83.

24 Kolb, R. W., *Financial Derivatives*, 2nd edition, Blackwell Business, 1996, S. 242–44.

25 Es gibt eine umfangreiche Literatur über den Einsatz neuronaler Netze in Finanzmärkten: Moody, J., »Principled Architecture Selection for Neural Networks: Application to Corporate Bond Rating Prediction«, in *Advances in Neural Information Processing Systems*, vol. 4, eds. J. Moody, S. J. Hanson und R. P. Lippmann, Morgan Kaufmann, 1991; Malliaris, M. und Salchenberger, L., »A Neural Network Model for Estimating Option Prices«, *Journal of Applied Intelligence* 3 (1993): 193–206; Wu, L. und Moody, J., »A Smoothing Regularizer for Feedforward and Recurrent Neural Networks«, *Neural Computation* 8, no. 3 (1996): 463–91; Glaria-Bengoechea, A. et al., »Stock Market Indices in Santiago de Chile: Forecasting Using Neural Networks«, *Proceedings of the IEEE International Conference on Neural Networks (ICNN-96)*, June 1996: 2172–75. [...] Refenes, A.-P., N., Burgess, A. N. und Bentz, T., »Neural Networks in Financial Engineering: A Study in Methodology«, *IEEE Transactions on Neural Networks* 8, no. 6 (November 1997): 1222–67; Saad, E. W., Prokhorov, D. V. und Wunsch, II, D. C., »Comparative Study of Stock Trend Prediction Using Time Delay, Recurrent, and Probabilistic Neural Networks«, *IEEE Transactions on Neural Networks* 9., no. 6 (November 1998): 1456–70.

26 [...] Deboeck, G., ed., *Trading on the Edge: Neural, Genetic, and Fuzzy*

Systems for Chaotic Financial Markets, Wiley, 1994; Bauer, R. J., *Genetic Algorithms and Investment Strategies,* Wiley, 1994; Cox, E. D., *Fuzzy Logic for Business and Industry,* Charles River Media, 1995; John, G. H., Miller, P. und Kerber, R., »Stock Selection Using Rule Induction«, IEEE Expert, October 1996: 52–58; Trippi, R. R. und Lee, J. K., *Artificial Intelligence in Finance & Investing: State-of-the-Art Technologies for Securities Selection and Portfolio Management,* Irwin Professional Publications, 1996.

27 [...] Malkiel, B. G., *A Random Walk Down Wall Street,* 1990, S. 150–51. [...] Samuelson, P. A., »Proof that Properly Discounted Present Values of Assets Vibrate Randomly«, *Bell Journal of Economics und Management Science* 4 (1973): 369–74.

28 [...] Valentine, D. und Sheff, D., »Don Valentine Interview«, *Upside,* May 1990: 63–77.

29 [...] Malkiel, B. G., »Is the Stock Market Efficient?« *Science* 243, (10 March 1989) 1313–18. [...] Siehe Fischer, D. E. und Jordan, R. J., *Security Analysis and Portfolio Management,* 6th edition, Prentice Hall, 1995, S. 264–76.

30 [...] Buffett, W. E., 1992 *Annual Report of Berkshire Hathaway Incorporated,* Spring 1993, S. 11.

31 [...] Editorial, »That Astonishing Microchip«, *The Economist,* March 1996, 13, 23.

32 [...] Damsio, H. et al., *Nature* 380, no. 6574 (11 April 1996): 499–505; Caramazza, A., »The Brain's Dictionary«, Ibid., 485–86.

33 [...] Hutchison, J. M., Lo, A. W. und Poggio, T., »A Nonparametric Approach to Pricing and Hedging Derivatives Securities via Learning Networks«, *Journal of Finance* 49, no. 3 (1994): 851–89; Barucci, E., Lundi, L. und Cherubini, U., »Computational Methods in Finance: Option Pricing«, *IEEE Computational Science & Engineering* 3, no. 1 (Spring 1996): 66–80; Refenes, A.-P., N., Burgess, A. N. und Bentz, T., »Neural Networks in Financial Engineering: A Study in Methodology«, *IEEE Transactions on Neural Networks* 8, no. 6 (November 1997): 1222–67.

11 Die Fit-Welt

1 Gregory J. Chaitin ist einer der Begründer der modernen Komplexitätstheorie. [...] Vgl. seinen Aufsatz »Randomness and Mathematical Proof«, *Scientific American,* May 1975, 47–54, und sein Buch *Information, Randomness, and Incompleteness: Papers on Algorithmic Information,* 2nd edition, World Scientific, 1990. Chaitin machte die als Motto zitierte Äußerung auf der Konferenz »The Limits to Scientific Knowledge« am Santa Fe Institute, 24–26 May 1994. Vgl. Horgan, J.,

An den Grenzen des Wissens. Siegeszug und Dilemma der Naturwissenschaften, Luchterhand, München 1997, S. 370.

2 [...] Meno, F. M., »Photons, Electrons, and Gravitation as Aether Dynamics«, *Physics Essays* no. 2 (1995): 245–54, ders., »Electromagnetics as Fluid Mechanics«, *Physics Essays* 7, no. 4 (1994): 450–52. Meno publizierte seine Gyronen-Theorie erstmals in Meno, F. M., »A Planck-Length Atomistic Kinetic Model of Physical Reality«, *Physics Essays* 4, no. 1 (1991): 94–104. Für eine modernere Sicht des Äthers vgl. Wilczek, F., »The Persistence of Ether«, *Physics Today,* vol. 52, no. 1 (January 1999): 11.

3 [...] Schwartz, J. H., »Superstring Unifications«, Kapitel 15 in *300 Years of Gravitation,* eds. S. Hawking und W. Israel, Cambridge University Press, 1987, S. 670. [...] Siehe auch Gross, D. J., Harvey, Martinec, E. und Rohm, R., »Heterotic String«, *Physical Review Letters* 54, no. 6 (11 February 1985): 502–5. [...] Für Einzelheiten siehe Brink, L. und Henneaux, M., *Principles of String Theory,* Plenum Press, 1988. [...] Bauerle, C. et al., »Laboratory Simulation of Cosmic String Formation in the Early Universe Using Superfluid ^3He«, *Nature* 382, no. 6589 (25 July 1996): 332–34. [...] Ruutu, V. M. H. et al., »Vortex Formation in Neutron-Irradiated Superfluid ^3He as an Analogue of Cosmological Defect Formation«, *Nature* 383, no. 6589 (25 July 1996): 334–36. [...] Bevan, T. D. C. et al., »Momentum Creation by Vortices in Superfluid *He* as Model of Primordial Baryogenesis«, *Nature* 386 (17 April 1997): 689–92. [...] Duff, M. J., »The Theory Formerly Known as Strings«, *Scientific American,* February 1998, 64–69; Nündi, N. K. und Alam, S. M. K., »Stringy Wormholes«, *General Relativity and Gravitation* 30, no. 9 (September 1998): 1331–40.

4 Leonhard Euler wurde 1707 in der schweizerischen Stadt Basel geboren und starb 1783 – blind, aber noch immer produktiv – in St. Petersburg, wo er zum engeren Kreis um Katharina die Große gehört hatte. Er war der Meisterschüler von Johann Bernoulli. [...] Vgl. Dunham, W., *Journey Through Genius: The Great Theorems of Mathematics,* Wiley, 1990, pp. 212–17. Der indische Zahlentheoretiker Srinivara Ramanujan wurde 1887 in Madras geboren und starb dort 1920.

5 [...] Vgl. zur Entstehung der Bezeichnung »Schwarzes Loch« Thorne, K. S., *Black Holes and Time Warps: Einstein's Outrageous Legacy,* W. W. Norton, 1994, S. 256–57 (dt.: *Gekrümmter Raum und verbogene Zeit,* München, 1994).

6 [...] Eckart, A. und Genzel, R., »Observations of Stellar Proper Motions Near the Galactic Center«, *Nature* 383, no. 6599 (3 October 1996): 415–17. [...] Begelmen, M. C. und Rees, M. J., *Gravity's Fatal Attraction: Black Holes in the Universe,* W. H. Freeman, 1996. [...] Hawking, S. W., *Black Holes and Baby Universes and Other Essays,* Bantam, 1993, S. 104 (dt.: *Einsteins Traum,* Reinbek, 1993). Burns, J. O und

Price, R. M., »Centaurus A: The Nearest Active Galaxy«, *Scientific American*, November 1983. [...] Van der Marel, R. P., de Zeeuw, P. T., Rix, H.-W. und Quinlan, G. D., »A Massive Black Hole at the Center of the Quiescent Galaxy M32«, *Nature* 385 (13 February 1997): 610–12. [...] Genzel, R., »How Black Holes Stay Black«, *Nature* 391 (1 January 1998): 17–18. [...] Mirabel, I. F. und Rodriguez, L. F., »Microquasars in our Galaxy«, *Nature* (16 April 1998): 673–76.

7 Michell trug seine Hypothese über dunkle Sterne am 27. November 1783 vor der Royal Society in London vor. [...] Siehe *Philosophical Transactions of the Royal Society of London* 74 (1783). [...] Laplace veröffentlichte seinen Aufsatz zu diesem Thema im Jahr 1799. Für Einzelheiten siehe Thorne, K. S., *Black Holes and Time Warps: Einstein's Outrageous Legacy*, W. W. Norton, 1994, S. 121–23, 594; Hawking, S. W. und Ellis, G. F. R., *The Large Scale Structure of Space-Time*, Cambridge University Press, 1973, S. 365–68.

8 Albert Einstein stellte im Jahr 1915 die heute nach ihm benannten Feldgleichungen der Allgemeinen Relativitätstheorie auf. [...] Vgl. Wald, R. M., *General Relativity*, University of Chicago Press, 1984, S. 72–73.

9 [...] Vgl. Bekenstein, J. D., »Black Hole Thermodynamics«, *Physics Today*, January 1980: 24–31. Myers, R., »Pure States Don't Wear Black«, *General Relativity und Gravitation* 29, no. 10 (October 1998): 1217–21.

10 [...] Hawking, S. W. und Ellis, G. F. R., *The Large-Scale Structure of Space-Time*, Cambridge University Press, 1973: 318. Siehe auch Hawking, S. W., »Gravitational Radiation from Colliding Black Holes«, *Physics Review Letters* 26 (1971): 1344–46; [...] ders., »Black Holes and Thermodynamics«, *Physical Review D* 13, no. 2 (15 January 1976): 191–97; [...] Susskind, L., »Black Holes and the Information Paradox«, *Scientific American*, April 1997: 52–57.

11 [...] Strominger, A. und Vafa, C., »Microscopic Origin of the Bekenstein-Hawking Entropy«, *Physics Letters B* 379 (27 June 1996): 99–104.

12 [...] Davies, P. C. W., »Why Is the Physical World So Comprehensible?« in *Complexity, Entropy, and the Physics of Information: Proceedings of the Santa Fe Institute in the Sciences of Complexity*, vol. 8, ed. W. H. Zurek, Addison-Wesley, 1990, S. 68.

13 [...] Penrose, R., *The Emperor's New Mind: Concerning Computers, Minds, and the Laws of Physics*, Oxford University Press, 1989, S. 343 (dt.: *Computerdenken*, Heidelberg, 1991).

14 Wheeler, J., »Time Today«, *Physical Origins of Time Asymmetry*, eds. Halliwell, J., Perez-Mercader, J. und Zurek, W., Cambridge University Press, 1994.

15 [...] Wheeler, J. A., »Information, Physics, Quantum: The Search for Links«, in *Complexity, Entropy, and the Physics of Information: Pro-*

ceedings of the Santa Fe Institute in the Sciences of Complexity, vol. 8, ed. W. H. Zurek, Addison-Wesley, 1990, S. 5. [...] Zurek, W. H., »Complexity, Entropy und the Physics of Information – A Manifesto«, in *Complexity, Entropy, and the Physics of Information: Proceedings of the Santa Fe Institute in the Sciences of Complexity*, vol. 8, ed. W. H. Zurek, Addison-Wesley, 1990, S. vii. [...] Siehe auch Wheeler, J. A., »Time Today«, *Physical Origins of Time Assymetry*, eds. J. J. Halliwell, J. Perez-Mercader und W. Zurek, Cambridge University Press, 1994, und Wilczek, F., »Getting Its from Bits«, *Nature*, vol. 397 (28 January 1999): 303–6.

16 [...] Penrose, R., »The Nature of Space and Time«, *Scientific American*, July 1996: 61–62. Vgl. auch Hawking, S. und Penrose, R., *The Nature of Space and Time*, Princeton University Press, 1996.

17 [...] Für Einzelheiten siehe Kapitel 1 und 7 von Kosko, B., *Neural Networks and Fuzzy Systems: A Dynamical Systems Approach to Machine Intelligence*, Prentice Hall, 1991. Vgl. auch Anmerkungen 16 und 17 in Kapitel 1 oben.

18 [...] Vgl. Brush, S. G., »Kinetic Theory, Volume 2: Irreversible Processes«, in *Selected Readings in Physics*, Pergamon Press, 1966). Kac, M. und Ford, G. W., »*H* Theorem«, *Encyclopedia of Physics*, eds. R. G. Lerner und G. L. Trigg, 2nd edition, 1991.

19 [...] Siehe Shannon, C., E., »A Symbolic Analysis of Relay and Switching Circuits«, *Transactions American Institute of Electrical Engineers* 58 (1938); wiederabgedruckt in Shannon, C. E., *Claude Elwood Shannon: Collected Papers*, eds. N. J. A. Sloan und A. D. Wyner, IEEE Press, 1993. Shannon veröffentlichte die Grundzüge seiner Informationstheorie in Shannon, C. E., »A Mathematical Theory of Communication«, *The Bell System Technical Journal* 27 (July): 379–23; (October 1948): 623–56. [...] Für Einzelheiten und verwandte Ergebnisse siehe Cover, T. M. und Thomas, J. A., *Elements of Information Theory*, Wiley, 1991. [...] Matzner, R. A. et al., »Geometry of a Black Hole Collision«, *Science* 270 (10 November 1995): 941–47.

20 [...] Für weitere Informationen siehe Kosko, B., »Addition as Fuzzy Mutual Entropy«, *Information Sciences* 73, no. 3 (1 October 1993): 273–84. Pykacz, J., »Fuzzy Quantum Logics and Infinite-Valued Lukasiewicz Logic«, *International Journal of Theoretical Physics* 33, no. 7 (1994): 1403–16; und Mesiar, R., »*h*-Fuzzy Quantum Logics«, *International Journal of Theoretical Physics* 33, no. 7 (1994): 1417–25. [...] Gudder, S. P., *Quantum Probability*, Academic Press, 1988.

21 [...] Murray, J. D., *Mathematical Biology*, Springer-Verlag, 1989.

22 [...] Für Einzelheiten siehe Kapitel 12 »Fuzzy Cubes und Fuzzy Mutual Entropy«, von Kosko, B., *Fuzzy Engineering*, Prentice Hall, 1996.

23 [...] Forward, R. L., »Negative Matter Propulsion«, *Journal of Propulsion* 6, no. 1 (January 1990): 28–37.

24 [...] Brown, J., »Is the Universe a Computer«, *The New Scientist*, 14 July 1990: 37–39; Barrow, J. D. und Tipler, F. J., *The Anthropic Cosmological Principle*, Oxford University Press, 1986; [...] Barrow, J. D., *Theories of Everything: The Quest for Ultimate Explanation*, Oxford University Press, 1991, S. 203–4; [...] Stonier, T., *Information and the Internal Structure of the Universe*, Springer-Verlag, 1993; [...] Susskind, L., »The World as Hologram«, *Journal of Mathematical Physics* 36, no. 11 (November 1995): 6377–96.

25 [...] Für kritische Stellungnahmen vgl. Stenger, V. J., »Scientist Nitwit Atheist Proves Existence of God«, *Free Inquiry* 15, no. 2 (Spring 1995): 54–55; und Price, M. C., »Review of *The Physics of Immortality*«, *Extropy: The Journal of Transhumanist Thought* 7, no. 1 (1995): 42–45. [...] Vgl. auch Appenzeller, T., »Weighing the Universe«, *Science* 272 (7 June 1996): 1426; [...] Perlmutter, S. et al., »Discovery of a Supernova Explosion at Half the Age of the Universe«, *Nature* 381, no. 1 (January 1998): 51–54.

26 [...] Smolin. L., »Did the Universe Evolve?« *Classical Quantum Gravity* 9 (1992): 173–91. Der Soziobiologe John Maynard Smith kritisiert diese Übertragung evolutionsbiologischer Konzepte auf die kosmische bzw. superkosmische Ebene in »On the Likelihood of Habitable Worlds«, *Nature* 384 (14 November 1996): 107. Vgl. auch Smolin, L., *Warum gibt es die Welt?*, München, 1999.

13   Smart Art

1 [...] Miller, P., »Technology for Art's Sake«, *IEEE Spectrum* 35, no. 7 (July 1998): 30–37.

2 [...] Appenzeller, T., »Art: Evolution or Revolution?« *Science* 282 (20 November 1998): 1451–54.

3 Kosko, B., »Art For Computer's Sake«, *IEEE Spectrum* 32, no. 5 (May 1995): 10–12.

4 [...] Quine, W. V. O., *Quiddities: An Intermittently Philosophical Dictionary*, Harvard University Press, 1987, S. 225–27.

5 Siehe Schlaug, G., Gaencke, L., Huang, Y. und Steinmetz, H., *Science* 268 (1995): 699–701; [...] Chan, A. S., Ho, Y.-C. und Cheung, M.- C., »Music Training Improves Verbal Memory«, *Nature* 396 (12 November 1998): 128.

6 [...] Rothstein, E., *Emblems of Mind: The Inner Life of Music and Mathematics*, Avon, 1995, S. 125. »The Mozart of Santa Cruz«, *The Economist*, 30 August 1997: 64.

7 [...] Holtzman, S. R., *Digital Mantras: The Languages of Abstract and Virtual Worlds*, MIT Press, 1994.

8 [...] Kohonen, T., »A Self-Learning Musical Grammar, or Associative

Memory of the Second Kind,« *Proceedings of the* 1989 *International Joint Conference on Neural Networks (IJCNN-89)* 1, June 1989, 1–5. Siehe auch *Music and Connectionism,* MIT Press, 1991.

9 [...] Vgl. Kawashima, J. und Nagashima, T., »An Experiment on Arranging Music by a Chaos Neural Network«, *Proceedings of the 3rd International Conference on Fuzzy Logic, Neural Networks, and Soft Computing (Iizuka-94),* August 1994, 429–30; Kang, H. J. und Park, M., »Music Autocomposition Using Chaotic Dynamics«, *Proceedings of the 3rd International Conference on Fuzzy Logic, Neural Networks, and Soft Computing (Iizuka-94),* August 1994: 431–34.

10 [...] Zhao, J., »Watermarking by Numbers«, *Nature* 384, no. 6609 (12 December 1996): 514. Siehe auch Okerson, A., »Who Owns Digital Works?« *Scientific American,* July 1996: 80–84.

11 Lyall, S., »Book Notes: Program for a Best Seller«, *New York Times,* 23 June 1993. [...] Boudreau, J., »A Romance Novel with Byte: Author Teams up with Computer to Write Book in Steamy Style of Jacqueline Susann«, *Los Angeles Times,* 11 August 1993, S. E- 6.

12 [...] Bulkeley, W. M., »Semi-Prose, Perhaps, But Sportswriting By Software is a Hit«, *Wall Street Journal,* 29 March 1994, S. A-1.

13 [...] Pesando, J. E., »Art as an Investment: The Market for Modern Prints«, *American Economic Review* 83, no. 5 (December 1993): 1075–89.

14 [...] Pentland, A. P., »Smart Rooms«, *Scientific American,* April 1996: 68–76.

15 Hayes-Roth, B., »Interactive Fiction: Character-Based Interactive Story Systems«, *IEEE Intelligent Systems* (November 1998): 12–15.

16 [...] Thalmann, N. M. und Thalmann, D., »Digital Actors for Interactive Television«, *Proceedings of the IEEE,* July 1995: 1022–31.

17 [...] Moravec, H., *Mind Children: The Future of Robot and Human Intelligence,* Harvard University Press, 1988, S. 1 (dt.: *Mind Children,* Hamburg, 1990).

14   Geheimagenten

1 [...] Eisenberg, A., »Privacy und Data Collection on the Net«, *Scientific American,* March 1996: 120; [...] »Is Your Computer Spying on You?« *Consumer Reports,* May 1997, 6; [...] Branscum, D., »bigbrother@ the.office.com: Your Boss Can Track Every Click You Make«, *Newsweek,* 27 April 1998, 78.

2 [...] Rooks, J. et al., »Outcomes of Care in Birth Centers: The National Birth Center Study«, *New England Journal of Medicine* 321 (1989): 1804. Durund, M. A., »The Safety of Home Birth: The Farm Study«, *American Journal of Public Health* 82 (March 1992): 450–53; Hafner-

Eaton, C. und Pearce, L., »Birth Choices, the Law und Medicine: Balancing Indivisual Freedoms and Protection of the Public's Health«, *Journal of Health Politics, Policy, and Law* 19 (Winter 1994): 815. [...] Meade, T. W. et al., »Low Back Pain of Mechanical Origin: Randomized Comparison of Chiropractic and Hospital Patient Treatment«, *British Medical Journal* 300 (1990): 1435; Cherkin, D. et al., »Patient Evaluations of Low Back Pain Care From Family Physicians and Chiropractors«, *Western Journal of Medicine* 150 (1989): 351.

3 Eisenberg, D. et al., »Unconventional Medicine in the United States: Prevalence, Costs, and Patterns of Use«, *New England Journal of Medicine* 328, no. 4 (1993): 246–52.

4 [...] Mullan, F. et al., »Doctors, Dollars, and Determination: Making Physician Work-Force Policy«, *Health Affairs*, 1993, 138–51. [...] Blevins, S. A., »The Medical Monopoly: Protecting Consumers or Limiting Competition?« *Policy Analysis*, no. 246 (Cato Institute, Washington, D.C., 15 December 1995): 1–36.

5 [...] Maes, P., »Agents that Reduce Work und Information Overload«, *Communications of the ACM* 37, no. 7 (July 1994): 31–40; und die *Proceedings of the First International Conference on Autonomous Agents*, ACM Press, February 1997. Für eine Liste aktueller Workshops und Konferenzen siehe die Agent Society unter www.agent.org. Leser können das Agenten-Schulungsprogramm von Green, S. et al., »Software Agents: A Review« unter http://www.cs.tcd.ie/research_group/aig/iag/ downloaden. Vgl. auch Detmer, W. M. und Shortliffe, E. H., »Using the Internet to Improve Knowledge Diffusion in Medicine«, *Communications of the ACM* 40, no. 8 (August 1997): 101–8; Larsson, J. E. und Hayes-Roth, B., »Guardian: An Intelligent Autonomous Agent for Medical Monitoring and Diagnosis«, *IEEE Intelligent Systems*, February 1998: 58–64; Morreale, P., »Agents on the Move«, *IEEE Spectrum*, April 1998: 34–41; [...] Hill, J. W., »Telepresence Technology in Medicine: Principles und Applications«, *IEEE Proceedings: Special Issue on Virtual and Augmented Reality in Medicine* 86, no. 5 (March 1998): 569–80; [...] Robinson, K., »Telemedicine: Technology Arrives but Barriers Remain«, *Biophotonics International*, July 1998: 40–47.

6 [...] O'Leary, D. E., Kuokka, D. und Plant, R., »Artificial Intelligence and Virtual Organizations«, *Communications of the ACM* 40, no. 1 (January 1997): 52–59; O'Leary, D., »The Internet, Intranets, and the AI Renaissance«, *IEEE Computer Magazine*, January 1997: 71–78. [...] Byrne, J. A., »Virtual Management«, *Business Week*, 21 September 1998: 80–82; Falchuk, B. und Karmouch, A., »Visual Modeling for Agent-Based Applications«, *IEEE Computer Magazine*, December 1998: 31–38.

7 [...] Für Einzelheiten vgl. Kohonen, T., *Content Addressable Memories*, Springer-Verlag, 1980; Kohonen, T., *Self-Organization and Associative*

Memory, Springer-Verlag, 1985. Siehe auch Kosko, B., »Unsupervised Learning in Noise«, *IEEE Transactions on Neural Networks* 1, no. 1 (March 1990): 44–57.

8 Radecki, T., »Mathematical Model of Information Retrieval System Based on the Concept of Fuzzy Thesaurus«, *Information Processing & Management* 12, no. 5 (1976): 313–18; Zemankova, M., »FILIP: A Fuzzy Intelligent Information System with Learning Capabilities«, *Information Systems* 14, no. 6 (1989): 473–86; Nomoto, K. et al., »A Document Retrieval System Based on Citations Using Fuzzy Graphs«, *Fuzzy Sets and Systems* 38 (1990): 207–22; de Mantaras, R. L. et al., »Knowledge Engineering for a Document Retrieval System«, *Fuzzy Sets and Systems* 38 (1990): 223–40; Ogawa, Y. et al., »A Fuzzy Document Retrieval System Using the Keyword Connection Matrix and a Learning Method«, *Fuzzy Sets and Systems* 39 (1991): 163–79; Wu, J. K. et al., »CORE: A Content-Based Retrieval Engine for Multimedia Information Systems«, *Multimedia Systems* 3 (1995): 25–41; Gomes, R., Pacheco, R., Martins, A., Weber, R. und Barcia, R., »Product Pricing Decision Support Fuzzy Systems Through the Internet«, *Proceedings of the 1998 IEEE International Conference on Fuzzy Systems (FUZZ-98),* vol. 2, May 1998: 1664–69. [...] Schatz, B. R., *Science* 275 (17 January 1997): 327–34; Kim, H. M. und Kosko, B., »Neural Fuzzy Motion Estimation and Compensation«, *IEEE Transactions on Signal Processing* 45, no. 10 (October 1997): 2515–32.

10 [...] »Representation of a Preference Ordering by a Numerical Function«, in Debreu, G., *Mathematical Economics: Twenty Papers of Gerard Debreu,* Cambridge University Press, 1983, S. 105–110.

11 [...] Lusted, H. S. und Knapp, R. B., *Scientific American,* October 1996: 82–87; Proctor, P. »Retinal Displays Portend Synthetic Vision, HUD Advances«, *Aviation Week & Space Technology,* 15 July 1996: 58; Wildes, R. P., »Iris Recognition: An Emerging Biometric Technology«, *Proceedings of the IEEE* 85, no. 9 (September 1997): 1348–63. [...] Vgl. auch Woodward, J. D., »Biometrics: Privacy's Foe or Privacy's Friend?« *Proceedings of the IEEE* 85, no. 9 (September 1997): 1480–92. [...] Loizou, P. C., »Mimicking the Human Ear«, *IEEE Signal Processing Magazine,* Fall 1998: 101–30. [...] Birbaumer, N. et al., »A Spelling Device for the Paralyzed«,*Nature* 398, 25 March 1999: 297–98.

12 [...] Mitaim, S. und Kosko, B., »Neural Fuzzy Agents that Learn Profiles and Search Databases«, *Proceedings of the IEEE International Conference on Neural Networks (ICNN-97),* June 1997: 467–72; Mitaim, S. und Kosko, B., »Neural Fuzzy Agents for Profile Learning and Adaptive Object Matching«, *Presence* 7, no. 6 (December 1998): 617–37.

13 [...] Caelli, T. und Reye, D., »On the Classification of Image Regions of Colour, Texture and Shape«, *Pattern Recognition* 26, no. 4 (1993): 461–70.

14 Der englische Philosoph John Stuart Mill tritt in meinem Cyberthriller *Nanotime* (Avon Books 1997) sowohl als intelligenter Neuro-Fuzzy-Agent als auch als *dramatis persona* auf.

15 Lanier, J., »My Problems with Agents«, *Wired,* November 1996: 157–60.

16 Minsky, M., *Mentopolis,* Stuttgart 1994.

17 [...] Bulow, J. und Klemperer, P., »Auctions Versus Negotiations«, *American Economic Review* 86, no. 1 (March 1996): 180–94; [...] Bakos, Y., »The Emerging Role of Electronic Marketplaces on the Internet«, *Communications of the ACM,* August 1998: 35–42; [...] Aalberts, R. J., Townsend, A. M. und Whitman, M. E., »The Threat of Long-Arm Jurisdiction to Electronic Commerce«, *Communications of the ACM* 41, no. 12 (December 1998): 15–20.

18 Hanson, R., »Idea Futures«, *Wired,* September 1995: 125.

19 Das World Wide Web beherbergt die ersten experimentellen Ideen-Future-Märkte unter http://if.arc.ab.ac/if.shtml und http://www. ideafutures.com. Im Web gibt es auch eine fiktive Börse – die Hollywood Stock Exchange –, an der User Aktien im Wert von 2 Dollar an bald herauskommenden Hollywood-Filmen erstehen können: www.hsx.com.

20 [...] Hayek, F. A., *Entnationalisierung des Geldes,* Tübingen, 1977. Free Banking ist in den Vereinigten Staaten und anderen Ländern seit langem üblich: Selgin, G. A., *The Theory of Freebanking: Money Supply Under Competitive Note Issue,* Rowman und Littlefield, 1983; White, L. H., *Competition und Currency: Essays on Free Banking and Money,* New York University Press, 1984; Selgin, G. A. und White, L. H., »How Would the Invisible Hand Handle Money?« *Journal of Economic Literature* 32 (December 1994): 1718–49; Dowd, K., *Laissez-Faire Banking,* Routledge, 1993.

21 »FBI: Advanced Communications Technologies Pose Wiretapping Challenges«, Briefing Report to the Chairman, Subcommittee on Telecommunications und Finance, Committee on Energy und Commerce, House of Representatives; General Accounting Office; B-249358, July 1992, S. 2.

22 Zitiert aus einem Interview in Adam, J. A., »Wanted: Wiretappable Equipment«, *IEEE Institute* 16, no. 5 (October 1992): 7.

23 [...] Vgl. Patterson, W., *Mathematical Cryptology for Computer Scientists and Mathematicians,* Rowman & Littlefield, 1987; siehe auch Beth, T., »Confidential Communication on the Internet«, *Scientific American,* December 1995: 88–91; [...] Gillman, D. W., Mohtashemi, M. und Rivest, R. L., »On Breaking a Huffman Code«, *IEEE Transactions on Information Theory* 42, no. 3 (May 1996): 972–76; [...] Zimmermann, P. R., »Cryptography for the Internet«, *Scientific American,* October 1998: 110–15.

24 Kosko, B., »... And Constitutional Rights Lag Behind«, *Los Angeles*

Times, 19 December 1994, Meinungsseite. Der ursprüngliche Titel dieses Beitrags, der von der Redaktion geändert wurde, lautete »Time for a
Digital Rights Act.«

25 [...] Serrano, R. A., »Agencies Seek Update in Wiretap Access«, *Los
Angeles Times,* 29 November 1996, S. A-1. [...] Rivest, R. L., »The Case
Against Regulating Encryption Technology«, *Scientific American,*
October 1998: 116–17.

26 [...] Pincus, W., *Los Angeles Times,* 24 September 1995, S. A-29.

15 Der Himmel in einem Chip

1 Zerin, E., »Karl Popper on God: The Lost Interview«, *Skeptic* 6, no. 2
(1998): 46–49.

2 KI-Pionier Marvin Minsky machte diese Äußerung im Dezember 1995
in einem Vortrag auf einer Konferenz in Las Vegas: Cheney, R., »The
3rd International Conference on Anti-Aging Medicine and Biomedical
Technology: A Review«, *Cryonics* 17, no. 1 (First Quarter 1996): 19–
22.

3 [...] Hubel, D. H. und Wiesel, T. N., »Receptive Fields of Striate Cortex
of Very Young, Visually Inexperienced Kittens«, *Journal of
Neurophysiology* 26 (1963): 994–1002; Wiesel, T. N. und Hubel, D.
H., »Comparison of the Effects of the Unilateral and Bilateral Eye Clo-
sure on Cortical Unit Responses in Kittens«, *Journal of Neurophysiology* 28 (1965): 1029–40. [...] Siehe auch Sinha, P. und Poggio, T.,
»Role of Learning in Three-Dimensional Form Perception«, *Nature*
384 (5 December 1996): 460–63. Wylie, D. R. W., Bischof, W. F. und
Frost, B. J., »Common Reference Frame for Neural Coding of Transla-
tional and Rotational Optic Flow«, *Nature* 392 (19 March 1998): 278–
81.

4 [...] Grossberg, S., »Adaptive Pattern Classification and Universal
Recoding, II: Feedback, Expectation, Olfaction und Illusions«, *Biological
Cybernetics* 23 (1976): 187–202. Siehe auch Grossberg, S., *Studies of
Mind and Brain,* Reidel, 1982.

5 [...] Ameisen, J. C., »The Origin of Programmed Cell Death«, *Science*
272 (31 May 1996): 1278–79.

6 Einen Überblick über die neuesten Forschungsergebnisse von zellge-
stützten Theorien des Alterns findet man in Lithgow, G. J. und Kirk-
wood, T. B. L., »Mechanisms and Evolution of Aging«, *Science* 273 (5
July 1996): 80–81; Irmler, M. et al., »Inhibition of Death Receptor
Signals by Cellular FLIP«, *Nature* 388 (10 July 1997): 190–95; Bari-
naga, M., »Death by Dozens of Cuts«, *Nature* 280 (3 April 1998): 32–
34. [...] Siehe auch Weinberg, R. A., »Bumps on the Road to Immortality«, *Nature* 396 (5 November 1998): 23–24.

7 [...] McGuire, M. C. und Olson Jr., M., »The Economics of Autocracy und Majority Rule: The Invisible Hand und the Use of Force«, *Journal of Economic Literature* 34 (March 1996): 72–96.

8 [...] Martin, M., *Atheism: A Philosophical Justification,* Temple University Press, 1990. Siehe auch Flew, A., »The Presumption of Atheism«, in *God, Freedom und Immortality,* Prometheus Books, 1984; [...] Kaminer, W., »The Last Taboo: Why America Needs Atheism«, *The New Republic,* 14 October 1996: 24–32.

9 [...] James, W., *The Will to Believe,* erstmals veröffentlicht 1896, wiederabgedruckt in der Anthologie *William James: Writings 1878–1899,* Viking Press, 1992, S. 464.

10 [...] Hebb, D. O., *The Organization of Behavior,* Wiley, 1949; [...] Hayek, F. A., *The Sensory Order: An Inquiry in the Theoretical Foundations of Psychology,* University of Chicago Press, 1952; [...] Grossberg, S., »On Learning and Energy-Entropy Dependence in Recurrent und Nonrecurrent Signed Networks«, *Journal of Statistical Physics* 1 (1969): 319–50. [...] Bear, M. F., »How Do Memories Leave Their Mark?« *Nature* 385 (6 February 1997): 481–82.

11 Frühere Versionen einiger dieser Ideen sind erschienen in Kosko, B., »Heaven in a Chip«, *Datamation,* 15 February 1994: 12–13, wiederabgedruckt *Free Inquiry,* Fall 1994: 37–38; und »Chipping Away at Your Brain«, *Datamation,* 15 April 1994: 96–97.

12 [...] Merkle, R. C., »Uploading: Transferring Consciousness from Brain to Computer«, *Extropy* 5, no. 1 (Fall 1993): 5–8; [...] Moravec, H., *Mind Children,* Harvard University Press, 1988; [...] Soloviev, M. V., »A Cell Repair Algorithm«, *Cryonics* 19, no. 1 (First Quarter 1998): 22–27. Uploading hat auch eine Homepage: http://sunsite.unc.edu/jstrout/uploading/MUHomePage.html.

13 [...] Moore, G. E., »The Microprocessor: Engine of the Technology Revolution«, *Communications of the ACM* 40, no. 2 (February 1997): 112–14. Siehe auch Moore, G. E., »Cramming More Components onto Integrated Circuits«, *Proceedings of the IEEE* 86, no. 1 (January 1998): 82–85. [...] Service, R. E., »Can Chip Devices Keep Shrinking?« *Science* 274 (13 December 1996): 1834–36. Geppert, L., »Semiconductor Lithography for the Next Millennium«, *Spectrum,* April 1996: 33–38; Hutcheson, G. D. und Hutcheson, J. D., »Technology and Economics in the Semiconductor Industry«, *Scientific American,* January 1996: 54–62; Hirschman, K. D., Tsybeskov, L., Duttagupta, S. P. und Fauchet, P. M., »Silicon-based Visible Light-emitting Devices Integrated into Microelectronic Circuits«, *Nature* 384 (28 November 1996): 338–41; Klein, D. L. et al., »A Single-Electron Transistor Made From a Cadmium Selenide Nanocrystal«, *Nature* 389 (16 October 1997): 699–701; Penzias, A. A., »The Next Fifty Years: Some Likely Impacts of Solid-State Technology«, *Proceedings of the IEEE* 86, no. 1 (January 1998): 289–90.

14 [...] Merkle, R. C., »Reversible Electronic Logic Using Switches«, *Nanotechnology* 4 (1993): 21–40. [...] Guo, L., Leobandung, E. und Chou, S. Y., »A Silicon-Electron Transfer Memory Operating at Room Temperature«, *Science* 275 (31 January 1997): 649–51. [...] Siehe auch DiVencenzo, D. P., »Quantum Computation«, *Science* 270 (13 October 1995): 255–61; Lloyd, S., »Quantum-Mechanical Computers«, *Scientific American*, October 1995: 140–45; Lloyd, S., »Universal Quantum Simulators«, *Science* 273 (23 August 1996): 1073–78; Orlov, A. O. et al., »Realization of a Functional Cell for Quantum-Dot Cellular Automata«, *Science* 277 (15 August 1997): 928–30; Jones, J. A., »Fast Searches with Nuclear Magnetic Resonance Computers«, *Science* 280 (10 April 1998): 229.

15 Der Philosoph Daniel Dennett beschreibt und kritisiert die wichtigsten Theorien des Geistes in Dennett, D. C., *Philosophie des menschlichen Bewußtseins*, Hamburg, 1994. Vgl. auch Searle, J. R., *The Rediscovery of Mind*, MIT Press, 1992; Searle, J. R., »The Mystery of Consciousness«, *New York Review of Books*, 2 November 1995: 60–66, und 16 November 1995: 54–61. Dennett antwortet auf die von Searle geäußerte Kritik in ausführlichen Leserbriefen an die *New York Review of Books*, 21 December 1995: 83–85. [...] Siehe auch Churchland, P., *A Neurocomputational Perspective: The Nature of Mind and the Structure of Science*, MIT Press, 1993; Churchland, P. S. und Sejnowski, T. J., *The Computational Brain*, MIT Press, 1992; More, M., »Thinking About Thinking: An Interview with Paul Churchland«, *Wired*, December 1996: 252–53.

16 [...] Vgl. Dawkins, R., *Und es entsprang ein Fluß in Eden*, München, 1998. Siehe auch Dawkins, R., *Der blinde Uhrmacher*, München, 1987; Dennett, D. C., *Darwins gefährliches Erbe*, Hamburg, 1997. [...] Vgl. die Aussagen des Paläontologen Stephen Jay Gould in Kapitel 2 von Brockman, J., *The Third Culture*, Touchstone, 1995, S. 52 (dt.: *Die dritte Kultur*, München, 1996).

17 [...] Romer, P. M., »Why, Indeed, in America? Theory, History, and the Origins of Modern Economic Growth«, *American Economic Review* 86, no. 2 (May 1996): 202–6. Siehe auch Romer, P. M., »Growth Based on Increasing Returns Due to Specialization«, *American Economic Review* 77, no. 2 (May 1987): 56–62; Romer, P. M., »The Origins of Endogenous Growth«, *Journal of Economic Perspectives* 8, no. 1 (Winter 1994): 3–22; Solow, R. M., »Perspectives on Growth Theory«, *Journal of Economic Perspectives* 8, no. 1 (Winter 1994): 45–54.

18 [...] Iannaccone, L. R., »Introduction to the Economics of Religion«, *Journal of Economic Literature* 36 (September 1998): 1465–96.

Namen- und Sachregister

Seitenangaben, die sich auf den Anmerkungsteil beziehen, sind kursiv gesetzt; die jeweilige Fußnotenziffer ist mit FN gekennzeichnet.

PIPER

Richard P. Feynman
Es ist so einfach

Vom Vergnügen, Dinge zu entdecken. Herausgegeben von
Jeffrey Robbins. Mit einem Vorwort von Freeman Dyson.
Aus dem Amerikanischen von Inge Leipold. 279 Seiten. Geb.

Richard Feynman (1918-1988) hat die Welt verändert – durch
seine genialen Ideen in der Physik, durch seine besondere Art Dinge
zu durchdenken, und seine unnachahmliche Fähigkeit, anderen
Menschen komplizierte Zusammenhänge zu erklären. Auch dieses
Buch läßt seine Leser gleich verstehen, warum der 1988 verstorbene
Nobelpreisträger bis heute eine Kultfigur geblieben ist. »Es ist so
einfach«: das ist Originalton Feynman in zehn kurzen Kapiteln. Sie
zählen zum Besten dessen, was er hinterlassen hat.
Er betrieb Physik aus purer Neugier und Freude daran, herauszufinden wie die Welt funktioniert. Die Logik der Naturwissenschaften,
ihre Methoden, die Ablehnung von Dogmen, die Fähigkeit zu zweifeln, das war es, was Feynman umtrieb. Feynman zu lesen ist ein
Genuß, egal, ob er über Physik, die Zukunft des Computerzeitalters,
über Religion oder Philosophie schreibt.

PIPER

Ian Robertson
Das Universum in uns

Wie wir das ungenutze Potential des Gehirns ausschöpfen
können. 350 Seiten. Geb.

»Lauschen Sie! Hören Sie ein Flugzeug, das über Ihnen fliegt? Das
Bellen eines Hundes? Das Zwitschern von Vögeln? Während Sie
sich ganz auf das konzentrieren, was Sie hören, schicken Sie einen
elektrischen Spannungsstoß durch Millionen von Neuronen in ihrem
Gehirn. Dadurch verändern Sie es«. So beginnt Ian Robertsons
spannendes und leicht verständliches Buch. Der Autor, Psychologe
und Hirnforscher, erklärt und begründet die inzwischen vielfach be-
legte Theorie von der Plastizität des Gehirns. Er zeigt, wie unser
Gehirn durch unsere Alltagserfahrungen, etwa durch Liebe, Streß,
Lesen, Lernen, Gespräche, Musizieren, modelliert wird. Mit vielen
Beispielen kann er verdeutlichen, wie Menschen das Potential ihres
Gehirns besser ausschöpfen können. Duch ständiges lernen nämlich,
also durch Gehirntraining, gestalten wird das Gehirn von der Kindheit bis ins hohe Alter. Mit seinem Buch vermittelt Ian Robertson
vor allem auch Hoffnung. Denn das Potential des Gehirn ist auch im
Alter noch unerschöpflich.